GÖPPINGER ARBEITEN ZUR GERMANISTIK

herausgegeben von

Ulrich Müller, Franz Hundsnurscher und Cornelius Sommer

Nr. 327

'erniuwet'

Studien zu Art, Grad und Aussagefolgen der Rolandsliedbearbeitung in Strickers 'Karl'

von

Rüdiger Brandt

KÜMMERLE VERLAG 1981

D 82 (Diss. TH Aachen)

Kümmerle Verlag, Göppingen 1981
Postanschrift: Jägerstrasse 11 · D-7081 Lauterburg
Druck: Polyfoto — Vogt KG, Stuttgart
ISBN 3-87452-530-9
Printed in Germany

Vorwort

Die vorliegende Arbeit wurde im Frühjahr 198o abgeschlossen, von der Philosophischen Fakultät der RWTH Aachen als Dissertation angenommen und fast unmittelbar anschließend für den Druck überarbeitet.

Über die negativen Randerscheinungen des im Prinzip sicher zu begrüßenden Veröffentlichungszwanges zu lamentieren, lohnt im Nachhinein kaum. Immerhin mag erwähnt werden (um solchen Rezensionen schon hier freudig zuzustimmen, die dergleichen bevorzugt bei Dissertationen unbestechlich aufdecken), daß auch ich dieser Arbeit ein Register, einen breiteren Zeilenabstand und mehr Korrekturgänge gewünscht hätte. Was mich mehr bedrückt ist die Tatsache, daß ich für die vorliegende Fassung Ergebnisherleitungen, Einbeziehung bzw. Kommentierungen zusätzlicher Textstellen u.a., dem Zwang zur Kürzung folgend, auf ein m.E. theoretisch nicht immer vertretbares Maß hinunterdrücken mußte (ein Druckzwang sui generis).

Jedes Vorwort zu einer neu erscheinenden Arbeit verstärkt den Formelcharakter von Danksagungen; jeder Autor steht einigermaßen hilflos da mit seinem Wunsch, dieser Dank möge n i c h t formelhaft erscheinen und so ankommen, wie er gemeint ist:

Zu danken habe ich in einem umfassenden, schlechthin undifferenzierbaren Sinn an erster Stelle und vor allem meinen Eltern.

Ein herzlicher Dank gilt Herrn Professor Dr. Cramer: durch seine Bereitschaft, mir bei Konzeption und Durchführung der Arbeit immer wieder größtmögliche Freiheit zu gewähren, hat er mir Arbeitsbedingungen zugestanden, die für mich nicht nur unter abstrakt-wissenschaftlichen Aspekten, sondern auch persönlich sehr wichtig waren.

Den Herausgebern der 'Göppinger Arbeiten zur Germanistik', vor allem aber Herrn Professor Dr. Müller danke ich für die Aufnahme dieser Untersuchung in ihre Reihe, für ausführliche Beratung bei der Drucklegung und freundlichen Zuspruch.

Frau AOR Dr. Edith Wenzel und Herrn Professor Dr. Horst Wenzel möchte ich meinen Dank abstatten für gar nicht zu überschätzende Hilfe und Gesprächsbereitschaft im direkten und indirekten Zusammenhang mit dieser Arbeit.

Herrn Professor Dr. Witte bin ich verpflichtet für die Bereitschaft, kurzfristig ein Gutachten für diese Arbeit zu übernehmen; dankbar bin ich ihm auch für Anregungen bzgl. literaturtheoretischer Fragen.

Für über das normale Maß weit hinausgehende Hilfe bei der Beschaffung auswärtiger Literatur danke ich den Damen der Stadtbibliothek Düren und stellvertretend deren Leiterin, Frau Dipl.-Bibl. Neumann-Wiegand.

Düren, im Herbst 198o

R.B.

"Dann aber dächte ich, lohnte es gar nicht mehr der Mühe, über diesen Gegenstand zu sprechen."

"Über Bücher, die bloß Mode sind und weiter nichts als Mode, gewiß nicht. Lehrreich aber möchte es sein, jenen Wechsel von Stimmungen und sich verändernden geistigen Bedürfnissen von einem höheren Standpunkt aus zu betrachten; geschichtlich diesen Wandel und seine innere Notwendigkeit zu erforschen, um zu erfahren, was der Geist gemeint oder gesucht habe, um auf diesem Weg die echte Geschichte des Menschen und der Staaten so gut wie die der Poesie zu vergegenwärtigen, statt daß wir seit langer Zeit alles haben liegenlassen, was uns nicht unmittelbar interessiert oder beim ersten Anblick verständlich ist, und so selbst wieder in der Geschichtsansicht einem kleinlichen Zeitgeist, einer vorübergehenden Stimmung, einem wechselnden Bedürfnis, ja einer nichtigen Mode dienstbar sind, ohne diese traurige Knechtschaft in unserem Hochmut auch nur im mindesten zu ahnen."

Ludwig Tieck

(Aus der Vorrede zur Neuausgabe der "*Insel Felsenburg*")

Inhaltsverzeichnis

Einleitung: 'Epigonalität'; Unterhaltungsliteratur

Seit Mitte der fünfziger Jahre dieses Jahrhunderts ist eine verstärkte Beschäftigung der Altgermanistik mit Stricker zu verzeichnen. RUPPs Wort von der "Strickerrenaissance" (1), das in neueren Untersuchungen die Runde macht (2), betraf allerdings längere Zeit nur die Kleindichtung und den 'Amis'; für die beiden Großepen 'Daniel' und 'Karl' (i.F.: K) zeigte sich kaum Interesse. Man kann zwar "die eigens dem 'Karl' gewidmeten Arbeiten der letzten sechs Jahrzehnte" nicht "an einer Hand abzählen" (3), aber wesentlich mehr als fünf Finger benötigte man bis 1974 nicht zum Nachrechnen.

Während sich HAACKE (4) 1959 mit seiner Wertung des K noch in völliger Übereinstimmung mit den tradierten Meinungen befand und dementsprechend vorging, begründen die seit 1971 zum K erschienenen Untersuchungen ihr jeweiliges Vorhaben mit der Insuffizienz eben der bisherigen Ausgangskriterien.

Die Auseinandersetzungen mit der älteren Sekundärliteratur werden also meist auf dem Feld der Literatur t h e o r i e begonnen, wobei sich die einzelnen Forschungsberichte durch ein hohes Maß an Reflexion auszeichnen (5). Daß diese Auseinandersetzungen oft in Form einer Generalabrechnung geführt

---

1) RUPP, H. in Archiv 198/1962 S.175

2) So z.B. bei SINGER, J.: Untersuchungen zur Überlieferungsgeschichte von Strickers Karl dem Großen. Diss. Bochum 1971. S.8 A 7 und GEITH, K.-E.: Carolus Magnus. Studien zur Darstellung Karls des Großen in der deutschen Literatur des 12. und 13. Jahrhunderts. Bern u. München 1977. S.164.

3) So SCHNELL, R.: Strickers 'Karl der Große'. Literarische Tradition und politische Wirklichkeit. In: ZfdPh 93/1974. Sonderheft. S-5o-8o. Hier S.5o. SCHNELL führt die Dissertation SINGERs (s.o. A 2) und auch die beiden Arbeiten von HALL noch nicht auf; die Dissertation VON DER BURGs konnte ihm bei Abfassung seines Aufsatzes noch nicht vorliegen. (HALL, C.D.: Ritter, fröude, ere and saelde in Konrad's Rolandslied and Stricker's Karl der Große. University of Michigan. Diss. DA 28/1967 63o A. (ders.): The saelde-group in Konrad's Rolandslied and Stricker's Karl der Große. In: Monatshefte 61/1969. S.347-36o. VON DER BURG, U.: Strickers Karl der Große als Bearbeitung des Rolandsliedes. Studien zu Form und Inhalt. Göppingen 1974 (auch Diss. Bochum 1974).)

4) HAACKE, D.: Konrads Rolandslied und Strickers Karl der Große. In: PBB (W) 81/1959. S.274-294.- Diese Übereinstimmung ist trotz der Tatsache zu konstatieren, daß H. der erste war, der sich mit dem K ausschließlich unter anderen als textkritischen, reimtechnischen, überlieferungsgeschichtlichen und metrischen Fragen beschäftigt hat.

5) Bestechend vor allem VON DER BURG (s.o. A 3) S.1-12.

wird, kann sicher nicht grundsätzlich kritisiert werden. Ein Problem bleibt jedoch immer die Vermittlung zwischen (scheinbarer 'Nur'-)Theorie und dem, was allemal noch immer als 'echte Praxis' zählt (1). Diese Vermittlung ist oft deshalb so schwer zu leisten, weil man in der Theorie sehr hoch ansetzen will (und sicher auch muß), die folgende Textarbeit aber aus Gründen der Arbeitskapazität immer nur bestimmte Aspekte aufgreifen kann. Der theoretische Rahmen scheint daher oft durch die 'konkreten' Arbeitsergebnisse nur zu einem geringen Teil ausgefüllt. Es fragt sich, ob es aus der Perspektive der Plausibilität heraus nicht oft sinnvoller wäre, bestimmte Teile der jeweils kritisierten Position eingehender zu behandeln, theoretisch zu widerlegen und die Chancen, welche der gewählte Neuansatz bietet, am Einzelgegenstand aufzuzeigen. Sicher ist dies nicht immer möglich, zumal dann nicht, wenn die Positionen derart kontrovers sind, daß eine Auseinandersetzung nur auf dem Weg ad fontes geführt werden kann. Sollen jedoch die eigenen theoretischen Prämissen den Charakter eines bloßen Lamentos über die (jeweils) älteren verlieren, ist die Auseinandersetzung mit e i n z e l n e n Punkten der Gegenposition angebracht, mit Punkten, die in Zusammenhang stehen mit dem eigenen Untersuchungsziel.

Konkret: Die mangelnde Behandlung des K in der Forschung ist vornehmlich zurückzuführen auf die Verdikte von 'Epigonalität' und 'bloßer Unterhaltungsliteratur'. Will man also diese Vor-urteile kritisieren, genügt es nicht, sich mit dem Geniebegriff der klassischen Literatur sowie der ihr folgenden Germanistik auseinanderzusetzen und deren Ideologiegebundenheit zu kritisieren (das kann man im Rahmen einer Einleitung ohnehin nur schlagworthaft). Nötig ist vor allem ein Hinterfragen der einzelnen Kriterien.

Die Generalabrechnung mit der sog. 'alten' Germanistik hat offensichtlich nicht funktioniert; der Münchener Germanistentag von 1966 mag zwar das "äußerliche Zeichen eines Umschwunges" (2) gewesen sein - aber eben nur das äußerliche, so äußerlich, wie der "Umschwung" oft selbst geblieben ist.

Wenn BRALL schreibt:

> "Auf die Unzulänglichkeit eines solchen Verdikts (sc. der Epiginalität; R.B.), sowohl was seine unbefragt normativen Voraussetzungen wie die in ihm festgeschriebene Einengung von Verständnismöglichkeiten betrifft, braucht wohl kaum mehr kritisch hingewiesen zu werden, zumal die Einschätzung von Texten als 'Epigonendichtung' in nicht wenigen Fällen das nur beiläufige wissenschaftliche Interesse der Literaturhistoriker bekundet." (3),

dann enthält diese Äußerung doch einige Bedenklichkeiten, so sehr man auch die Urteile "unbefragt" und "festgeschrieben oft bejahen muß. Die kritisierte Einschätzung der Texte

---

1) Beispiele aus anderen Themenbereichen, an denen das deutlich wird, sind etwa GRIMMINGERs Untersuchungen zum frühen Minnesang und die 1. Auflage von KAISERs Interpretation der Artusepen Hartmanns.

2) VON DER BURG/Diss. (s.S.3 A 3) S.6

3) BRALL, H.: Strickers Daniel von dem blühenden Tal. In: Euphorion 7o/1976. S.222-257. Hier S.222.

bekundet gerade n i c h t "das nur beiläufige Interesse" schlechthin;sie bekundet vielmehr ein a n d e r e s , aber ebenso als wissenschaftlich deklariertes Interesse. Das Urteil 'unwissenschaftlich' hat, als Argument gebraucht, den Kritisierten noch nie überzeugen können. Überzeugen kann nur der Beweis, daß auch die Beschäftigung mit 'Epigonen' Aufschlüsse über Ursachen und Folgen von Literatur liefern kann, daß für 'Epigonalität' evtl. nur unsichere oder unzutreffende Kriterien existieren, daß Textvergleiche nur auf Grund gleicher Maßstäbe durchgeführt werden können usw. Das ist keine Frage von Takt oder Taktik; auch eine 'neue' Wissenschaft kann nur existieren mit einer Basis von sich verständigenden Wissenschaftlern. Und da nach wie vor auch nach den von BRALL kritisierten Prämissen gearbeitet wird, muß eben sehr wohl "auf die Unzulänglichkeit" derselben "kritisch hingewiesen werden" - jedoch nicht nur hingewiesen: sie müssen ersetzt werden, ersetzt in Auseinandersetzung mit ihnen und ganz sicher auch unter kritischer Aneignung von Teilergebnissen.

Der folgende Abschnitt, bewußt in den Rahmen einer Einleitung gestellt, soll den Versuch einer solchen Vorgehensweise eben an den Objekten des Epigonen- und Unterhaltungsbegriffs beinhalten.

> "Mit dem 'Daniel' und dem 'Karl' steht er (= Stricker; R.B.) inmitten der Flut der höfischen Epigonen und wäre so zweifellos ohne größere Bedeutung geblieben, wenn er nicht mit seinen maeren und bîspel ein für das ganze Spätmittelalter vorbildliches Werk geschaffen hätte." (1)

In FISCHERs Äußerung stoßen wir auf eine häufig anzutreffende Einschätzung, die VON DER BURG als die "bipolare Bewertung" (2) Strickers beschreibt. Die Tatsache, daß Strickers Kleindichtung zumindest gattungsmäßig für den deutschsprachigen Raum etwas relativ Neues darstellt, setzt für seine Großepik bzgl. des Innovativen oder eben Nichtinnovativen einen Maßstab besonderer Art. Es handelt sich dabei aber um einen Maßstab, dessen Möglichkeiten entweder als sehr begrenzt anzusehen oder in Frage zu stellen sind. Dient er zur Beschreibung des Umstandes, daß Daniel und K konventioneller sind als Strickers Kleinepik, dann ist er nicht zu kritisieren, reicht aber auch nur zu einer solchen Aussage und zu nichts weiter. Soll er dagegen dazu dienen, Daniel und K begründeter und schärfer hinsichtlich ihrer Konventionalität werten zu können, wird er zum untauglichen Instrument. Gattungsmäßige Mehrgleisigkeit mittelalterlicher Dichter ist ja nicht gerade selten. Natürlich sind meist Schwerpunkte festzustellen, aber dies ist bei Stricker ja auch der Fall. Sowohl Hartmann wie Wolfram und Gottfried haben z.B. neben ihren Epen Lyrik verfaßt; aber nirgendwo gab es in der Forschung Ansätze, auf Grund konstatierbarer Unterschiede eine Reduktion der Innovations f ä h i g k e i t auf ein Gebiet vorzunehmen. Daß im Gegenteil manchmal viel Spürsinn darauf

---

1) Fischer, H.: Strickerstudien. Diss. München 1953. S.175.

2) VON DER BURG/Diss. (s.S. 3 A 3) S.5.

verwendet wurde, Konventionalitäten interpretativ zu kaschieren, ist eine andere Folge der gleichen, in der Kanonisierungstradition festzumachenden Ursache. Das gattungsmäßig Neue an Strickers Kleindichtung ist keine Basis, von der aus irgendwelche gehaltlichen Einordnungen bzgl. der Epen erfolgen dürfen.

Solange ferner die Datierung der Werke alles andere als gesichert ist und vor allem eine Festlegung ihrer Reihenfolge reine Spekulation bleiben muß, kann auch die Produktion kleinerer Dichtungen nicht als Folge (und damit auch zeitliche Darauf-Folge) des Versagens bei der Bewältigung größerer Stoffmassen interpretiert werden. Die Zusammenhänge zwischen Datierung und gehaltlicher Bewertung stellen überhaupt und nicht nur im Fall Strickers eines der deutlichsten Beispiele für Zirkelschlüsse dar: Datierungen werden, auf Grund immanenter Deutungen festgelegt, ihrerseits wieder zu Argumenten für Interpretationen des Gehalts; beides wird dann oft von Hand zu Hand weitergereicht und verfestigt sich schließlich zu angeblichen 'Fakten'. Derselben quasi beliebigen und nur durch die Forschungstradition begrenzten Handhabbarkeit in der Interpretation ist speziell auch die "auffällig changierende Kritik" (1) Rudolfs von Ems ausgeliefert. Aber ob sich sein 'swenn er wil der Strickaere/so macht er guotiu mære'(2) auf eins der beiden Epen im Verhältnis zum jeweils anderen, auf beide Epen im Vergleich zur Kleindichtung, auf die Kleindichtung im Verhältnis zu einem speziellen Epos oder auf 'gute' und 'schlechte' Kleindichtung bezieht, ist einfach nicht auszumachen; alle Vermutungen darüber zeichnen sich vorzugsweise dadurch aus, daß sie den Geschmack des Interpreten zu dem Rudolfs machen - womit dann überdies dem Epigonen Rudolf ein sicheres Urteil über den Epigonen Stricker zugetraut wird.

Der Begriff der Epigonalität im pejorativen Sinn ist Produkt des ersten Drittels des 19. Jhs (3). Er war seitdem eigentlich nie nur ein spezifisch literaturbezogener Terminus, sondern sollte auch zur Deutung übergeordneter geistes- und entwicklungsgeschichtlicher Zusammenhänge dienen. Da eine Philosophiekritik hier weder beabsichtigt noch möglich ist, beschränke ich mich in der folgenden Auseinandersetzung auf die direkt auf Literatur bezogenen Aspekte. Daß ich dabei von der mittelalterlichen Literatur aus und auf sie bezogen argumentiere, läßt sich durch den Untersuchungsgegenstand rechtfertigen, vor allem aber durch die Tatsache, daß der Begriff auf sie angewendet worden ist.

Man könnte zunächst die Frage stellen, ob eine Kritik des Epigonenbegriffs überhaupt noch aktuell ist. Diese Frage muß aus vier Gründen entschieden bejaht werden: Erstens wenden sich Untersuchungen, die über den Zeitraum nach der staufischen 'Klassik' arbeiten, heute fast regelmäßig vehe-

---

1) VON DER BURG/Diss. (s.S.3. A 3) S.9.

2) Rudolf von Ems: Alexander. Hrsg. von V. JUNK. 2 Teile. Leipzig 1928 f. V.3257 f.

3) Zur Wortgeschichte s. WINDFUHR, M.: Der Epigone. Begriff, Phänomen und Bewußtsein. In: Archiv für Begriffsgeschichte. Bd.4. Bonn 1959. S.182-2o9. Hier S.182-189.

ment gegen die ihren Gegenstand betreffenden Epigonalitätsbehauptungen; eine Untersuchung des Begriffs ist also schon deshalb angebracht, um Neuansätze in ihrer Bedeutung erfassen zu können. Zweitens wird dort durchaus kein Scheingegner aufgebaut, und da Untersuchungen über epigonale Texte absolut und relativ nur in geringer Zahl vorhanden sind, ist eine Befragung auch angebracht, weil eine hohe Wahrscheinlichkeit des Weiterwirkens älterer Ergebnisse mangels genügend neuerer besteht. Drittens taucht der Begriff sowohl in allgemeinen als auch in Fachwörterbüchern (BEST, v. WILPERT) auf, wobei deren definitorische Art der Abhandlung dem Dargestellten einen direkten Faktencharakter verleiht (1). Und viertens ist der Begriff anscheinend dauernd in Gefahr, eine communis opinio auszudrücken, die überhaupt nicht existiert: manche, die ihn heute (in Zustimmung oder Ablehnung) benutzen, sind sich der damit ursprünglich behaupteten Sachverhalte nicht mehr bewußt; andere bringen das, was früher mit 'Epigonalität' bezeichnet wurde, unter neuem Namen wieder ein; aus beidem resultiert schließlich die Entstehung von Pseudo-Synonymen, deren Bedeutung genauso unklar bleibt wie die des Ausgangsterminus.

Mir scheint das Hauptproblem der Epigonalitätsdiskussion (die es allerdings in extenso nicht gibt) darin zu liegen, daß zwischen den verschiedenen Anwendern des Begriffs erhebliche Unterschiede bzgl. der jeweils dahinterstehenden Reflexion bestehen. Das bedingt eine gewisse Unangreifbarkeit des Terminus: Jeder ist davon überzeugt, daß es 'so etwas wie Epigonalität' gibt - auch ich bin es; die Angriffe der Gegner bleiben oft bei der Kritik am Normativen schlechthin stehen oder richten sich speziell nur gegen die Abqualifizierung eines einzelnen Autors; die Theoretiker des Epigonalen, die für die Beibehaltung des Begriffes implizit durch Anwendung plädieren, sind z.T. sehr um Differenzierung bemüht und gehen durchaus nicht immer unkritisch vor. Zwischen diese Parteien engagierter Kritiker und ernstzunehmender Befürworter aber schiebt sich eine breite Pufferschicht von Nur-Anwendern des Begriffs, die sich um die Theorie keine Gedanken mehr machen, und das hat eine schwerwiegende Folge: Diese Schicht zieht fast die ganze Kritik auf sich, es kommt also oft gar nicht mehr zu einer Begegnung zwischen den eigentlichen Kontrahenten.

Noch einige Bemerkungen zum folgenden Verfahren: Mir geht es hier ausschließlich um die Praktikabilität der bisher gelieferten Kriterien für 'Epigonalität'. Ob der Begriff an sich beibehalten werden sollte, diese Frage wäre einer eigenen Untersuchung wert. Es ist auch nicht die Absicht meiner Kritik, 'transparentere' Kriterien für Geschmacksurteile zu liefern;

---

1) Schon insofern trifft CYSARZ' Behauptung allgemein nicht zu, der Begriff 'Epigonendichtung' sei "im letzten Menschenalter aus der Literaturgeschichte verschwunden". (Art. 'Epigonendichtung' in: Reallexikon der deutschen Literaturgeschichte. Begr. von P. MERKER u. W. STAMMLER. 2. Aufl. hrsg. von W. KOHLSCHMIDT u. W. MOHR. Bd.1. Berlin 1958. S.372-373. Hier S.372)

andererseits ist ebensowenig daran gedacht, Geschmacksurteile aus der Literaturwissenschaft hinauszudefinieren. Es wird nur ihre Relevanz für eine historisch orientierte Wissenschaft bestritten, die an Erkenntnissen über Zustandekommen und Wirkung von Literatur interessiert ist. 'Geschmack' läßt sich nicht ausschalten, muß aber selbst zum Untersuchungsobjekt werden können - zur Wirkung von Literatur gehört ja sehr stark auch die ästhetische. Zum 'erkenntnisleitenden Interesse' aber darf Geschmack nicht werden. Indem er nämlich beweisbar oft sowohl die Untersuchungsobjekte selektiert als auch falsche Perspektiven schafft, ist er als Ergebnis und andererseits Ursache einer fehlorientierten Subjektivität zu beurteilen. Der Akzent liegt hierbei auf 'fehlorientiert', da auch Subjektivität schlechthin weder umgangen werden kann noch soll. Insofern würde ein 'Transparentermachen' der (synchronen) Geschmackskriterien nur scheinbar der Objektivität dienen; in Wirklichkeit käme die Suche nach anerkannten oder anerkennbaren Normen doch wieder nur Bemühungen um ein 'positives Literaturrecht' gleich. Eine solche Suche ist erstens zur Erfolglosigkeit verdammt, zweitens dient sie trotz des Anspruchs auf Eindeutigkeit gerade nicht der Klärung, weil Widersprüche nicht wirklich aufgehoben, sondern nur definitorisch verdrängt werden. Sie verhindert also eine Klärung, weil man sich eines Teils des dazu nötigen Instrumentariums beraubt hat.

Die Berechtigung dazu, hier nur die schon existierenden Kriterien für 'Epigonalität' zu untersuchen, leitet sich für mich also daraus ab, daß s i e für die Einengung der Untersuchungsobjekte (Texte) und für Fehldeutungen verantwortlich sind. So schreibt etwa WINDFUHR:

> "Durch die einseitige Blickrichtung von rückwärts, von der Vergangenheit her, verkannte man vielfach, daß in dem Werk manches angeblichen Epigonen bereits die Ansätze zu einer neuen Entwicklung zu finden waren." (1),

um dann aber sofort zu behaupten:

> "Trotz dieser Einschränkungen bleibt der Epigonenbegriff unentbehrlich, weil er ein wichtiges Phänomen des geistigen und künstlerischen Lebens bündiger und präziser, als andere Kategorien es vermögen, bezeichnen kann und weil er in der Geschichte des menschlichen Bewußtseins eine bedeutende Rolle gespielt hat und noch spielt." (2)

Das Phänomen aber ist ein auf Grund von Einzelbeobachtungen erschlossenens. Die Einzelbeobachtungen werden als Kriterien für das Vorhandensein von Epigonalität verwendet. Der Begriff kann "bündiger", aber niemals "präziser" und vor allem nicht richtiger sein als die Kriterien, aus denen er gewonnen wurde. Die Kriterien müssen also Untersuchungsgegenstand sein.

Ich summiere zunächst alle auftauchenden Erklärungen für Epigonalität. Laut der angebotenen inhaltlichen Füllungen sind Epigonen gekennzeichnet durch:

---

1) WINDFUHR/Epigone (s.S. 6 A 3) S.189

2) ebd.

- Nachahmung in stofflicher und in
- formaler Hinsicht,
- unschöpferische Tätigkeit,
- Fixierung auf g r o ß e Vorbilder,
- hohes handwerklich-technisches Niveau,
- eine epigonale Zeit, die sie hervorbringt,
- Ideale auf niedrigerer Ebene oder Nichterreichung höherer,
- Profanisierung,
- Vordergründigkeit. (1)

Ohne hier schon auf die Brauchbarkeit der Bestimmungen im Einzelnen einzugehen, muß eins vorab geklärt werden: der Epigone, der Plagiator, der Eklektizist und der Kompilator sind sauber auseinanderzuhalten. Von den Einzelbedeutungen her wäre dieser Hinweis eigentlich überflüssig; es hat sich aber gezeigt, daß das Desinteresse gegenüber bestimmten Autoren oft genug begriffliche Unschärfe bei manchen Interpretatoren hervorgerufen hat. Diese konnte solange nicht auffallen oder stören, als über das grundsätzliche Werturteil Einigkeit bestand. Aber Plagiat, Kompilation und Eklektizismus bezeichnen jeweils e i n e spezielle V e r f a h r e n s weise; Epigonalität ist (wenn bewußt) eine Haltung oder (wenn als Resultat eines Vergleiches festgestellt) eine durchaus mehrdimensionale Eigenschaft, ein Ergebnis bestimmter Einstellungen, Techniken, zeitlicher Gegebenheiten usw. Eklektizismus u.a. scheint zum Epigonen dazuzugehören, füllt aber dessen Wesen nicht allein aus und betrifft nur den stofflich-inhaltlichen Aspekt. Plagiatorisches usw.

---

1) Ich verzichte auf einzelne Zitatkennzeichnung; die von mir ausgewählten Formulierungen sind meist in mehreren der im Folgenden aufgeführten Texte wörtlich zu finden.

Ausgewertet wurden neben Literaturgeschichten und Fachwörterbüchern u.a.:

WINDFUHR/Epigone (s.S.6 A 3).- CYSARZ/Art. Epigonendichtung (s.S.7 A 1).- SENGLE, F.: Die Patrizierdichtung 'Der gute Gerhard'. In: DVjs 24/195o S.53-82.- HARMS, W.: 'Epigonisches' im 'Reinfried von Braunschweig'. In: ZfdA 94/1965. S. 3o7-316.- RUPP, H.: Rudolf von Ems und Konrad von Würzburg. Das Problem des Epigonentums. In: DU 17/1965. H. 2. S.5-17.- VIËTOR, K.: Die Kunstanschauung der höfischen Epigonen. In: PBB 46/1922. S.85-124.- WEHRLI, M.: Fortschritt in der Dichtung? In: MECKLENBURG, N.: Literarische Wertung. München 1977. S.134-148.- DAVID, C.: Über den Begriff des Epigonischen. In: Akten des III. Internat. Germanistenkongresses 1965 in Amsterdam. Bern, München 1966.- BOESCH, B.: Die Kunstanschauung in der mittelhochdeutschen Dichtung. Nachdr.d.Ausg. Bern, Leipzig 1936. Hildesheim, New York 1976. bes. S.235-26o.- EGGERS, H.: Deutsche Dichtung der Stauferzeit. In: Die Zeit der Staufer. Bd. III. Stuttgart 1977. S.187-195. bes. S.198 f.

Vorgehen eines Dichters kann Indikator sein für seine Epigonalität, ist vom Interpreten nachweisbar (1) auf Grund dieser Stoffbezogenheit, der Vorwurf ist also ggf. auch widerlegbar. Mithin sind diese Begriffe durchaus praktikabel - wenn sie nicht ebenfalls eine Auseinandersetzung mit bestimmten Texten und dem Phänomen als solchem verhindern. 'Epigonalität' zielt, kategorial gesehen, höher, weil nicht mehr nur Stoffe und Inhalte betroffen sind. Mit ihr wird Einzelnes zur T e n d e n z erklärt, was besonders deutlich wird, wenn diese Tendenz noch an einen Zeitgeist geknüpft wird. Weil dies aber - unbeschadet der Stichhaltigkeit oder Nichtstichhaltigkeit solcher Ansichten - so gemeint ist, dürfen bei der namentlichen Anprangerung von Epigonalem nicht mehr unterschiedslos Texte nebeneinandergestellt werden, in denen eine durchaus verschiedene Form der Verwertung von Quellen, Vorbildern und Vorlagen stattfindet (als da wären: Daniel, Karl, Lanzelet, Wigalois, Jüngerer Titurel, Lohengrin, Wilhelm von Orlens, Alexander, Cliges, Tandareis, Meleranz, Wigamur, Neuer Parzival usw.).

Benutzen oder gar Ausschreiben von Quellen soll aber Indikator für Epigonalität sein. Daher scheint es angebracht, auf das Verhältnis mal. Autoren zur Benutzung von Vorlagen einzugehen. Wir müssen ja davon ausgehen, daß der Begriff 'Epigone' negativ (2) gemeint ist; eine Umschreibung mit 'Nacheiferer', 'Fortsetzer einer Tradition' u.ä. ist nicht zulässig, weil sie den Absichten derjenigen nicht oder nur zum Teil entsprechen würde, die den Begriff verwenden. Da gerade eine Auseinandersetzung mit der negativ gemeinten Verwendung beabsichtigt ist, geht es nicht um eine Uminterpretation des eingeführten Begriffes, sondern um eine Untersuchung der Stichhaltigkeit seiner Kriterien. Wissenschafts t h e o r e t i s c h ist die Sache einfach: Die durch die veränderten Ansprüche an Erkenntnisgewinn aus Literatur bedingte Ausweitung der Objekte der Literaturwissenschaft läßt eine Vorauswahl der Texte auf Grund von Geschmackskriterien nicht mehr zu; Ästhetik wird selbst zum Untersuchungsgegenstand. (SCHERERs bekannte Äußerung, niemand könne ihn zwingen, Texte nur wegen ihres Alters schön zu finden, die er nicht auch 'jetzt' noch akzeptieren könne, ist also nicht wegen ihres Inhalts abzulehnen - implizit ist sie auch Argument gegen eine Ideologie der aureae aetates. Nur die gezogene Konsequenz muß eine andere sein.) Die Auseinandersetzung mit der Gegenposition in der Praxis aber ist diffiziler, weil es wünschenswert ist, ihren Ansatz auch immanent

---

1) Mit Einschränkung! Die alternative Deutungsmöglichkeit der Kongenialität ist aber mindestens genauso heikel.

2) Negativ verwendet nicht immer nur im absoluten, sondern z.T. auch nur im relativen Sinn. Man vgl. z.B. BOESCH (s.S.9 A 1) S.236, der die Leistung der Epigonen in der Erkenntnis der Bedeutung ihrer Vorbilder und im Bewahren von Ergebnissen sieht. DE BOOR (Gesch.d.dt.Literatur. Bd.2. 9.Aufl. München 1974. S.171) sieht dagegen darin keine Epigonalität mehr, verwendet den Begriff nur noch negativ, kennzeichnet aber auch folgerichtig nicht mehr alle von BOESCH unter die Epigonen gerechneten Autoren als solche.

zu widerlegen, wobei dann die etwaige mangelnde Stichhaltigkeit schon in der Immanenz ihrerseits evtl. durch die Insuffizienz der übergeordneten literaturtheoretischen Modelle erklärbar ist.

Wie sieht es also mit der Berechtigung des Kriteriums von 'Aneignung fremden geistigen Eigentums' als Indikator für Epigonalität aus? Die Theorie der Epigonalität macht es einem insofern leicht, als sie immer eine epochale Dimension enthält. Schon die ersten Benutzer des Begriffs im heutigen Sinn bezogen ihn auf Dichter einer ganzen Zeit, nämlich der nachklassischen, spezieller der nach-goetheschen. Die Ausdehnung des Begriffs auf andere Epochen hängt natürlich mit geistesgeschichtlichen Wellentheorien zusammen. Relativ selten findet man die Bezeichnung 'E.' für einen Autor, der in einer im ganzen nicht epigonalen Zeit gelebt hat. Der Begriff klassifiziert nicht hinsichtlich individueller bzw. individuell bedingter Eigenschaften, sondern von vornherein hinsichtlich der Zugehörigkeit einer Gruppe, deren einzelne Angehörige weniger durch Arbeitstechniken als vielmehr durch Geisteshaltung und ein zeitlich bedingtes geistiges Klima verbunden sind (1). Auch die Arbeitsweise der Epigonen, nicht nur die Qualität ihrer Werke, wird als gruppendistinktiv angesehen, denn das Merkmal des inhaltlichen Nachahmens war ja mitkonstitutiv für die Zugehörigkeit zu dieser Spezies (s.o. S.9). Man muß also fragen, wie die Nachahmung von Inhalten usw. im MA gehandhabt wurde. Und diese Frage ist eigentlich schon lange beantwortet, man muß die Antwort nur in Verbindung setzen zur Theorie der Epigonalität: Mit der Feststellung, daß die Ästhetik des MAs sich "grundsätzlich von der Originalitätspoesie des 19. Jahrhunderts unterscheidet" (2), mit der Kenntnis, daß alle Epiker des MAs auf Vorlagen zurückgreifen, ohne sie s t o f f l i c h entscheidend zu verändern (3), mit dem Wissen, daß sogar Quellen erfunden werden, um sich darauf zu berufen (4), fällt die inhaltliche Nichtoriginalität als distinktives Merkmal einer besonderen Gruppe 'Epigonen' fort. Es darf um so weniger beibehalten werden, als auch bei nicht als epigonal bezeichneten Dichtern durchaus Unterschiede in der Selbstän-

---

1) Der Titel von Immermanns Roman lautet " D i e Epigonen" - und gemeint ist ' w i r ' ; in Literaturgeschichten findet sich der Plural oft als Überschrift eines summarischen Kapitels, was nur vordergründig bedingt ist durch die Pluralität der darin behandelten Objekte, sondern primär dadurch, daß man eine Epoche kennzeichnen will.

2) KERN, P.: Rezeption und Genese des Artusromans. Überlegungen zu Strickers 'Daniel vom blühenden Tal'. In: ZfdPh 93/1974. Sonderheft. S.18-42. Hier S.42.

3) Zum deutschen Rolandslied s. etwa BIELING, A.: Das deutsche Rolandslied im Spiegel des französischen Rolandsliedes. Diss. Göttingen 1936. S.72: "Man darf ihm (= Konrad; R.B.) keinen Vorwurf daraus machen, daß er sich eng an eine Vorlage gehalten hat; das war für einen mittelalterlichen Dichter der übliche Weg, um an den Stoff heranzukommen."

4) Vgl. WILHELM, F.: Über fabulistische Quellenangaben. In: PBB 33/ 19o8. S.286-339.

digkeit gegenüber Vorlagen bestehen (1).

Bei all dem geht es nicht um Etiketten. Die aus einer kritischen Einstellung gegenüber tradierten Klassifizierungen resultierende Unvoreingenommenheit hat sich noch fast immer sehr bald in neuen Ergebnissen niedergeschlagen, in Ergebnissen, die natürlich erst einmal eine intensive Auseinandersetzung mit dem Text erforderten. Dies war der Fall bei ganzen Gattungen (Schwank, Fastnachtspiel), und dies erfolgt nach und nach auch bei einzelnen Texten. So hat z.B. KERN nachgewiesen, daß Stricker im 'Daniel' den Iwein-Prolog eben nicht kopiert, sondern interpretiert (2). Die neue Auseinandersetzung mit Texten zeitigt also nicht nur Ergebnisse im Umkreis neuer Thematiken, sondern ist auch geeignet, scheinbar Feststehendes zu relativieren oder zu korrigieren. Am Beispiel Iwein - Daniel wird besonders deutlich, daß die Vorurteile gegenüber Texten sogar die Auswertung von Ergebnissen beeinflussen - denn Zusammenhänge mit dem Iwein hatte ja schon ROSENHAGEN festgestellt (3).

Vergessen wird auch oft die dienende Funktion, die Stoff und Inhalt bis hinein in einzelne Formulierungen und Begriffe im Rahmen der Herstellung eines kommunikativen Bezuges Autor - Publikum besitzen. Die Benutzung von Bekanntem ermöglicht dem Publikum ein Wiedererkennen, es wird eine Selbstbestätigung des eigenen Wissens gefördert (was dann gar nicht mehr so spezifisch mittelalterlich ist). Der materiale Inhalt der Dichtung kann dabei weitgehend unabhängig von Gehalt und Aussage bleiben; zwar interpretiert Stricker, wie erwähnt, im Daniel den Iwein-Prolog, aber gleichzeitig geschieht noch mehr:

> "Durch ein dichtes Netz von Verweisen macht der Stricker für jeden Literaturkundigen das Muster, das er nachahmt, sichtbar und schließt sein eigenes Werk an die Tradition des Artusromans an." (4)

Die angedeuteten Unterschiede im Reflexionsgrad zwischen den Verfechtern der Epigonentheorie resultieren m.E. daraus, daß in manchen Fällen trotz gehaltlicher Ablehnung von Texten eine Beschäftigung mit ihnen nicht unterblieb, in anderen aber allein die Werturteile (oft in immer schärferer Form) kolportiert wurden. So haben W. GRIMM (5), AMMANN (6)

---

1) Zu Unterschieden etwa zwischen Hartmanns Erec (gegenüber Chrestien freier) und Iwein (enger an der Vorlage) s. KELLERMANN, W.: Altdeutsche und altfranzösische Literatur II. In: GRM 26/1938. S.293-317. Hier S.3o9.

2) KERN/Rezeption (s.S. 11 A 2) S. 19 ff.

3) ROSENHAGEN, G.: Untersuchungen über Daniel vom blühenden Tal vom Stricker. Diss. Kiel 189o.

4) KERN/Rezeption a.a.O. S.21

5) GRIMM, W. (Hg.): Ruolandes Liet. Göttingen 1838. Einleitung S.LXV.

6) AMMANN, J.J.: Das Verhältnis von Strickers Karl zum Rolandslied des Pfaffen Konrad mit Berücksichtigung der Chanson de Roland. Wien u. Leipzig 19o2.

und LEITZMANN (1) Hinweise gegeben und Fakten erarbeitet, die Wissenschaftler wie WEIß oder BODE vor der Interpretation des K als "bloße Überarbeitung und Erweiterung des Konradischen Gedichtes" (2) oder der Einreihung Strickers unter die "Sklaven ihrer jedesmaligen Vorbilder" (3) hätten bewahren sollen.

Irgendwie ist jeder spätere Dichter ἐπίγονος der vorausgehenden; der Blick auf die Etymologie führt also zu einer Alldefinition, die keine Brauchbarkeit mehr besitzt. Insofern ist auch FISCHERs Bemerkung über die "erdrückende Fülle der Traditionen, der eine Epigonenepoche immer ausgesetzt ist" (4), verfehlt: jede Zeit hat mit einer solchen Fülle zu leben. Erkenntnis könnte eine solche Aussage nur bringen, wenn man den Akzent auf "erdrückend" legt, also behauptet, eine Zeit sei dann epigonal, wenn die sie bestimmenden Traditionen nichts Neues hochkommen lassen. Ein solcher Fall kann aber immer nur partiell eintreten. Literatur ist weder die einzige Erscheinungsform des gesellschaftlichen noch auch nur des kulturellen Lebens. Insgesamt findet immer Entwicklung statt. Damit läßt sich aber umgekehrt feststellen, daß die Konsistenz in Teilbereichen gerade für das Gesamtbild einer Epoche einen besonders hohen Erkenntniswert darstellt.

Interessant wird es, wenn Befürworter der Epigonenterminologie über gleiche Texte im gleichen Interpretationszusammenhang zu verschiedenen Wertungen gelangen. Im Falle des K fehlen zwar solche eindeutigen Belege für die Begrenztheit nichtobjektivierbarer Ansätze, immerhin aber frappieren die Unterschiede zwischen den Darlegungen W. GRIMMs und anderen Bewertungen sowie die Schnelligkeit, mit der sich Urteile ändern, wenn K in die Rolle der Vorlage rückt (nämlich im Verhältnis zur Weihenstephaner Chronik). Belegbar sind solche - dann ja offenbar durch falsche Prämissen bedingte - Interpretationsunterschiede beim deutschen Rolandslied (i. F.: dR). Vergleicht man etwa WILMANNS' Bewertung des dR, zu der er in einer Gegenüberstellung mit Lamprechts Alexander gelangt, mit derjenigen HAACKEs, lassen sich für den jeweils favorisierten Text z.T. identische Formulierungen feststellen ('Frische', 'Lebendigkeit' usw.), n u r daß HAACKE eben K zugunsten des dR abwertet, WILMANNS das dR zugunsten des Alexander (5). Noch augenfälliger wird die Problematik, wenn für das dR HAACK mit demselben Vergleichsobjekt (Alexander) zu solchen, WILMANNS genau entgegengesetzten, Anschau-

---

1) LEITZMANN, A.: Strickerstudien. In: ZfdA 81/1944. S.69-84.

2) WEIß, A.: Die Entwicklung des christlichen Rittertums. Studien zur Rolandsage. In: HJb 1/188o. S.1o7-14o. Hier S.113.

3) BODE, F.: Die Kampfesschilderungen in den mittelhochdeutschen Epen. Diss. Greifswald 19o9. S.3oo.

4) FISCHER/Strickerstudien (s.S.5 A 1) S.162.

5) WILMANNS, W.: Zum Rolands- und Alexanderliede. In: ZfdA 5o/19o8. S.137-145.- HAACKE/PBB (W) 81 (s.S.3 A 4).

ungen kommt (1).- Daß bzgl. des K in der Forschung keine solchen krassen Unterschiede bestehen bzw. bestanden haben, liegt nicht etwa daran, daß die zugrundegelegten Bewertungsmuster hier eindeutiger oder besser handhabbar wären, sondern ist allein dadurch bedingt, daß die Forschungstradition ungebrochener geblieben ist.

Die Benutzung stofflich-inhaltlicher Vorlagen - und sei es auch im gesamten OEuvre eines Dichters - kann zumindest kein alleiniger Indikator für Epigonalität sein. Dies würde allerdings auch in dieser Form niemand behaupten (trotz der oft leichtfertigen und selbst nach den gehandelten Begriffsbestimmungen f a l s c h e n Verwendung des Begriffs 'E.' dort, wo nur der Aspekt inhaltlicher Nicht-Originalität gemeint ist). Wenn nun aber das Verfahren der Aneignung fremder Stoffe und Inhalte nicht ausschließlich bei Epigonen anzutreffen ist, dann fragt es sich, ob es überhaupt noch als Kriterium in diesem Zusammenhang verwendet werden darf.

Wie steht es mit der Nachahmung in f o r m a l e r Hinsicht und dem hohen Standard an handwerklich-technischem Können? Auch dies kann natürlich nicht jeweils ausschließliches Kriterium sein, weil beides in gleichem Maß auch bei als nicht-epigonal bewerteten Dichtern zu konstatieren ist. Wie könnte sich auf poetischem Gebiet etwas wie Geschmack oder auch Mode bilden, wenn sich nicht ein poetischer Standard herauskristallisieren würde? Gottfried von Straßburg lobt Hartmann nicht wegen dessen Originalität, sondern wegen der vorbildhaften Erfüllung eines Ideals, und er kritisiert Wolfram gerade deswegen, was (neben anderem) dessen Originalität ausmacht. Kunst hat im MA immer einen - oft dominierenden - handwerklichen Standard, sie wird als etwas Lehr- und Lernbares aufgefaßt. Damit wird sie auch überprüfbar hinsichtlich der Einhaltung von Normen. Schon die reine Sprachentwicklung bildet Standards, die eingehalten werden müssen; insofern ist die Anpassung einer Vorlage an die Sprache eines neuen Publikums (wie z.B. im Fall von dR und K) ein Vorgang von schon fast banaler Normalität, der weder als Resultat besonderen Könnens noch als Anzeichen einer nur formalen Adaption gewertet werden kann. In ähnlichem Maß gilt das auch für die über bloße sprachliche Modernisierung hinausgehende Benutzung neuer reimtechnischer und metrischer Modelle. Musterhafte Handhabung von Stoff und Form besagt noch nichts über Epigonalität des Gehalts. Wenn mit einem literarischen Werk eine 'außer'literarische (Lehr-, Bildungs-, Propaganda-) Absicht verbunden ist, kann eine Benutzung vorgegebener Formen, angefangen bei der Wahl der Gattung, genauso wie die vorgegebener Inhalte u.U. unabdingbares M i t t e l sein, um diese Absicht zu realisieren, weil und wenn die Rezipienten gerade an einen bestimmten Stil, eine bestimmte Begrifflichkeit, tradierte kompositorische Elemente usw. gewöhnt sind. Form ist nicht Selbstzweck, sondern gehört auch mit zum Instrumentarium der Herstellung eines kommunikativen Beziehungsgefüges - und dies für j e d e n Dichter.

Noch auf einer anderen Argumentationsebene ist auch immanent das Kriterium zu verwerfen, der Epigone zeichne sich durch ein (dann ja schon fast perfides) besonderes formales Können aus: Auch von den Anwendern der Epigonenterminologie wird

---

1) HAACK, D.: Geschichtsauffassungen in deutschen Epen des 12. Jahrhunderts. Diss. (masch.) Heidelberg 1953.

betont, daß Epigonen durchaus Qualitätsunterschiede aufzuweisen haben. Wenn dem aber so ist - und zumindest auf formalem Gebiet ist das ja evident -, dann verliert der Aspekt formaler Könnerschaft seine Fähigkeit, d i e Epigonen von d e n Nichtepigonen unterscheidbar zu machen. Nicht nur, daß innerhalb beider Gruppen die gleiche Eigenschaft anzutreffen ist; in beiden Gruppen lassen sich auch Abstufungen bis hinunter zum Gegenteil feststellen. Und wenn schließlich Epigonen so 'gut' sein können, daß ihre Dichtungen auf Grund formaler Kriterien solange als Produkte eines Nichtepigonen haben gelten können, bis andere Möglichkeiten der Textkritik dies als falsch erwiesen haben (1), wenn andererseits Texte eines Nichtepigonen Merkmale aufweisen, die traditionell Epigonen zugeschrieben werden (2), dann ist auch hinsichtlich der Praktikabilität des Distinktionsmerkmals dessen Verfehltheit erwiesen.

Des weiteren sollen Epigonen fixiert sein auf g r o ß e Vorbilder.- Daß es Dichter gibt, die andere Dichter nachahmen, kann nicht widerlegt werden. Hinter der Nachahmung stehen aber bestimmte Absichten. Sieht man von mehr individuellen, im Einzelnen meist gar nicht mehr erschließbaren, nur noch theoretisch formulierbaren Ursachen ab (Vorlieben des nachahmenden Autoren, Verfügbarkeit von Quellen und Vorlagen, Arbeitserleichterung, spezielle Aufträge u.a.), dann ist die wesentliche Intention wohl in Erfolgs- und Wirkabsicht zu suchen. Der Dichter will anerkannt werden, als Person und Institution (Vermittler und Tradierer von Aussagen; Kultur'professionalist'). Wenn diese Ziele von vornherein, ganz oder teilweise, auf dem Weg der Benutzung von Vorgefundenem erreicht werden sollen, dann leuchtet es ein, daß man sich eines stofflichen und formalen Materials bedient, das seine Bewährungsprobe schon hinter sich hat. Diese 'Bewährungsprobe' des Kunstobjekts liegt in der schon stattgefunden habenden, vom 'neuen' Dichter mit seinem neuen Text erst intendierten erfolgreichen Rezeption durch das Publikum. Ein 'großer' Dichter wird groß durch die Anerkennung des Publikums. Indem der anerkannte Dichter über das verfügt, was den literarischen und gesellschaftlich - kulturellen Erfolg bedingt (erfolgreiche Stoffe, erfolgreiche Formen, erfolgreiche Ideeninhalte), rückt er als erster in die Rolle desjenigen, der sich zur Nachahmung anbietet und wird dementsprechend auch wirklich nachgeahmt. Das heißt nun natürlich nicht, daß nur der tatsächlich Erfolgreiche nachgeahmt wird. Wenn jedoch Vorbilder benutzt werden, dann immer nur solche, die zumindest erfolg v e r s p r e - c h e n d erscheinen. Spätestens hier setzt dann beim Benutzer die Selektion ein; es wird nicht alles übernommen, sonder nur, was den jeweiligen Zwecken zu entsprechen scheint. Bei dieser Selektion ergeben sich Schwerpunkte entsprechend

---

1) Vgl. z.B. die Kontroverse über angeblich von Gottfried stammende lyrische Texte (s. WEBER, G. und W.HOFFMANN: Gottfried von Straßburg. 4.Aufl. Stuttgart 1973. S.7 ff.), das zunächst als Werk Hartmanns angesehene 'Zweite Büchlein' (s. WAPNEWSKI, P.: Hartmann von Aue. 5.Aufl. Stuttgart 1972. S.37) und zwei der unter Wolframs Namen überlieferten Lieder (s.BUMKE, J.: Wolfram von Eschenbach. 4.Aufl. Stuttgart 1976. S.28). Bekanntlich wurde auch Albrechts 'Titurel' sowohl von den Zeitgenossen als auch lange von der Forschung für ein Werk Wolframs gehalten.

2) So etwa bei den Werbungsliedern Wolframs; s.BUMKE/W.v.E. (s.o. A 1) S.3o.

der zeitlichen Nähe/Ferne der Vorlage: Formales wird in der Regel nur dann übernommen werden, wenn es noch dem Geschmacksstandard der eigenen Zeit entspricht(1); Entwicklungen von Sprache und Terminologie werden nicht mehr rückgängig ge - macht (2); beim Stofflich-Inhaltlichen und beim Gehaltlich-Aussagemäßigen jedoch besteht kein direkter Zusammenhang zwischen Übernahme und zeitlicher Distanz. Bei letzterem kommt es nämlich darauf an, ob nicht trotz des Alters Inhalte und Aussagen ganz oder teilweise reaktualisierbar oder aktuell geblieben sind (3). Insofern dann natürlich die Vorlage immer eine implizite oder explizite Umdeutung erfährt (und sei es nur durch die veränderte historische Situation), erhält trotzdem das individuelle Können des Nachdichters einen besonderen Stellenwert. Der Begriff 'Können' ist in gewissem Umfang objektivierbar, wenn allgemeine Normen existieren und der bewertete Dichter die Absicht hatte, sich an sie zu halten. Nicht mehr objektivierbar sind die Normen selbst. Das ist aber nur in höchst unterschiedlichem Maß für die Einordnung eines Dichters von Belang. Geht es im weitesten Sinn um nicht-gehaltliche Aspekte, ist die ursprüngliche Subjektivität der Maßstäbe nicht allzu gravierend, wenn man nicht gerade einem letztlich unfruchtbaren Relativismus huldigen will: Nimmt man die Maßstäbe der Zeit, in der der Autor lebte, läßt sich feststellen, inwieweit er ihnen entsprochen hat, welchen Stellenwert er innerhalb seiner Epoche und innerhalb der bis zu ihm hinführenden Entwicklung besitzt. Nimmt man die Maßstäbe der Zeit des Interpreten, läßt sich unter Einbeziehung einer genügenden Anzahl von Vergleichsobjekten feststellen, welche Position der untersuchte Autor innerhalb der zum synchronen Standard führenden Überlieferung der poetologischen Normen einnimmt, ob er an Einflüssen beteiligt ist, inwieweit die eigenen Maßstäbe hinsichtlich der Kenntnis ihrer Genese relativierbar sind usw. Und dies alles gilt auch für die Bereiche der Ästhetik, die aus im wesentlichen formalen Konstituentien und solchen des Sprachgebrauchs aufgebaut sind. Solange Inhalt und Aussage des Textes nicht betroffen sind, muß also vor einer Einordnung seines Verfassers nur die Frage geklärt werden, ob ihm die Maßstäbe, die man an ihn legen will, bekannt waren und ob er sich an ihnen orientieren wollte oder nicht; freilich fällt gerade für mal. Dichter wegen der biographischen Lücken eine Beantwortung hier meist schwer.

---

1) Das künstliche Antikisieren der F o r m ist im MA kein Mittel der literarischen Wirkung; entsprechend kann man auch meist bzgl. formaler Aspekte nicht von restaurativen, sondern nur von konservativen Intentionen sprechen, nämlich dann, wenn ein Formstandard eingefroren werden soll.- Weder antikisierend noch restaurativ ist die Verwendung rhetorischer und poetologischer Modelle der Antike im MA - sie bleiben aktuell, solange neue Formen fehlen.

2) Zu Recht wird daher die Sprache des dR als antiquiert bezeichnet und nicht etwa als rückschrittlich.

3) Dies betrifft z.B. den gesamten Komplex des antikisierenden Romans, lehrhafte Dichtungen der verschiedensten Inhalte und überhaupt jede Art von mal. Literatur, die ihren Ursprung nicht in zeitlich gebundenen Ereignissen und ihren Zweck nicht in einer zeitlich begrenzten ad-hoc-Belehrung hat.

Sobald wir das Gebiet der Text a u s s a g e betreten, kann die Subjektivität der Maßstäbe nicht mehr so ohne weiteres in Kauf genommen werden. Zwar lassen sich auch hier Schlüsse ziehen in der o.a. Art (Entwicklung, Zusammenhänge mit der eigenen Gegenwart); die Stichhaltigkeit solcher Schlüsse ist aber fast ausschließlich abhängig von der inhaltlichen Adäquanz der Maßstäbe und ihrer Praktikabilität. Will man den 'Epigonen' nicht einfach gleichsetzen mit dem zeitlichen Nachfolger, dann müßten sich Kriterien finden lassen, die ihn einerseits von eben diesem nur zeitlichen Nachfolger unterscheiden, andererseits die Unterschiede auch in qualitativer Hinsicht klarmachen, die den n i c h t wegen seiner Arbeitsweise kritisierbaren Benutzer 'großer' Vorbilder von dem gerade w e g e n dieses Verfahrens gering zu achtenden Autor trennen. Und dies fällt schwer: Der Begriff Vorbild legt, wenn nicht als bloße Beschreibung eines tatsächlichen Abhängigkeitsverhältnisses verwendet, sondern als Lob für den so Bezeichneten, doch sehr nahe, daß es erstrebenswert wäre, wenn dieses Vorbild erreicht würde. Je besser das Vorbild, desto lohnenswerter eine Annäherung. Mithin ist es nicht nur von der Autorenintention (Erfolg; s.o.) her gesehen unlogisch, im Benutzen gerade großer = guter Vorbilder im MA ein Verfahren zu sehen, das den Anwender von vornherein disqualifiziert. Auch dies nun wird in expliziter Form nicht gemacht; gemeint ist immer 'nur': Epigone ist, wer sich fremde Stoffe aneignet, fremde Formen benutzt, sich an Vorbilder hält usw. ohne i r g e n d e t w a s Neues hinzuzufügen. Haltbar ist dies ebensowenig, denn es gibt keinen als Epigonen bezeichneten Autor, der n i c h t 'irgendetwas' Neues hinzugefügt hätte. Nun mag man das für Wortklauberei halten oder für wertmäßigen Minimalismus; entscheidend für die Nichtstichhaltigkeit des Kriteriums 'nichts Neues' ist aber schon, daß ein solches Beim-Wort-Nehmen zum Unbrauchbarwerden des Kriteriums führt. Gerade die Verfechter der Originalitätsforderung, der Blütezeiten- und Epigonentheorie fassen ihre Urteile ja als allgemeingültig auf; insofern ist die begriffliche Befragung nicht unberechtigt. Man braucht aber dabei nicht stehenzubleiben. Das Problem spitzt sich jetzt darauf zu, ob es denn etwas w e s e n t l i c h Neues ist, was gegenüber den Vorbildern hinzugefügt worden ist. Und dieses 'wesentlich' muß genau differenziert werden:

- wesentlich für die Zeit, in welcher der jeweilige Text entstanden ist?
- wesentlich für den bisherigen Gesamtverlauf einer (vielleicht nicht nur) literarischen Entwicklung?
- wesentlich = noch bestimmend für den jeweils letzten Stand dieser Entwicklung?

Nimmt man die drei Fragen ernst, zeigen sie schon, daß zu ihrer Beantwortung der Rekurs auf etwas Hinzugefügtes allein nicht genügt. Denn wesentlich für eine Zeit kann eben nicht nur das Neue, das Individuelle, das Originäre oder das Originelle sein. Um Entwicklungen zu beurteilen, um sie überhaupt erst zu erkennen, bedarf man nicht nur der Kenntnis ihres Ursprungs; der Begriff 'Entwicklung' selbst impliziert ja den Verlauf, schließt Fixierungen auf Einzelnes, Punktuelles aus (1). Auch die Benutzer der Epigonenterminologie kommen zu ihrem Urteil auf Grund von Vergleichen, wenden dabei allerdings Maßstäbe an, die solcher Fixierung auf Punktuelles Vorschub leisten. Sie gehen aus vom Vorbild und messen daran, was folgt. Dabei geht die Perspektive für das Spezifische des Folgenden verloren. Dieser Verlust kann aus zwei Gründen nicht verkraftet werden: 1. Ein Text, der material nichts oder nur unwesentlich Neues bietet, gewinnt in einer neuen Zeit eine veränderte Aussage, weil sich die Aussagebedingungen verändert haben; liegt er auf der gleichen Zeitebene wie das Vorbild, ist er Beweis für dessen Durchsetzungsvermögen und gibt Aufschlüsse über mögliche Arten der Rezeption - dabei gewinnen dann auch scheinbar unwesentliche Änderungen Bedeutung. 2. Gerade wenn in einer bestimmten Epoche auf anderen Gebieten gravierende Neuerungen einsetzen, erhält die Beibehaltung von Altem einen besonderen Stellenwert, weil sie nicht mehr allein mit dem Willen nach Erfolg erklärt werden kann.

Als weiteres Kriterium für Epigonalität dient das 'Unschöpferische'. Man kann darin lediglich eine zusammenfassende Umschreibung der bisherigen Kriterien sehen. Insofern hängt die Brauchbarkeit dieses Kriteriums, die Berechtigung der mit ihm verbundenen Werturteile von der der bisherigen ab. Trotzdem verdient die Kategorie 'unschöpferisch' eine eigene Stellungnahme - wird sie doch auch meist gesondert noch einmal aufgeführt. Beschreiben nämlich 'nachahmen', 'handwerkliches Können' etc. quasi materiale Verfahrensweisen und Eigenschaften, so ist mit dem Begriff 'unschöpferisch' die g r u n d s ä t z l i c h e geistige Potenz des derart Titulierten in Frage gestellt. Es wird nicht nur konstatiert, daß der Betreffende keine Innovationen aufzuweisen hat, sondern seine Innovations f ä h i g k e i t schlechthin wird bestritten. Dies ist immer dann der Fall, wenn mehrere Autoren unter der Bezeichnung 'Epigonen' rubriziert werden, also eine Zusammenfassung vorgenommen wird, die Differenzierungen von vornherein erschwert bzw. auch bei nachfolgender Einzelbetrachtung vorab nahelegt, es gäbe etwas, was trotz sonstiger Unterschiede die behandelte Gruppe im Negativen verbindet. Das gemeinsame Negative wertet damit die Bedeutung der Unterschiede sonstiger Art ab, führt also paradoxerweise trotz des Individuenkultes zu einem Uniformismus bei der Betrachtung der zahlenmäßig ja dominanten 'Rest'klasse. Individualisierung und Pauschalisierung sind Verfahrensweisen, die sich in purer Form ausschließen; ihre gemeinsame Verwendung innerhalb e i n e r Methode disqualifiziert diese also von vornherein.

---

1) "(...) in der griechischen Sage (...) hießen Polyneikes und seine sechs Gefährten die 'Sieben gegen Theben'; und als eine Generation später der Sohn des Polyneikes und die Söhne seiner Gefährten abermals gegen Theben zogen, nannte man diese die 'Epigonen'. Aber dann müssen diejenigen, die das Wort heute gebrauchen, übersehen haben, daß jene ersten Sieben vor den Mauern von Theben scheiterten, daß aber ihre Epigonen die Stadt und die Burg gewannen." (HEISELER, B.v.: Vom Epigonentum. In: Gesammelte Essays II. Stuttgart 1967. S.212.) Dieses Zitat wurde nur wegen der Benutzung einer nicht verpflichtenden, gleichwohl aber gängigen Etymologie und der Verteidigung in eigener Sache in die Anmerkungen verbannt; eine Verallgemeinerung aber bietet sich nur zu oft an.

Sind schon die bisher aufgeführten Kriterien für Epigonalität nicht geeignet, den Epigonen vom einfachen Plagiator einserseits, vom Nichtepigonen andererseits abzugrenzen und die Berechtigung der ganzen Kategorie überhaupt zu erweisen, so läßt der objektlose Gebrauch der Bezeichnung auch eine sinnvolle Verwendung auf unterer Ebene nicht zu. Nach allem bisher Gehörten wäre es lediglich gerechtfertigt, ihn nicht generalisierend, sondern spezieller zu gebrauchen; thematisch: Epigone(n) des Artusromans, der Karlsepik; gattungsgebunden: E. des Tanzliedes, des Leichs, des Kreuzliedes; personal: E. Hartmanns, Wolframs, Walthers usw. Dies alles wäre dann im Einzelfall nachzuweisen. Aber auch dann darf eine Überlegung nicht ausgeschlossen bleiben: w a s war zu einer bestimmten Zeit, unter bestimmten literarischen und gesellschaftlichen Bedingungen, unter Berücksichtigung der speziellen Intentionen eines Autors überhaupt der Innovation z u g ä n g l i c h ? Manche der als Epigonen Bezeichneten haben neben Konventionellem ja auch Originelles zu Wege gebracht (1). Über die Veränderungen in der Literatur entscheidet auch das Publikum; das, was der Autor 'zeigt', ist nicht immer alles, was er wirklich 'kann'. So läßt z.B. eine problemlose Darstellung nicht schlechthin auf Ignoranz schließen, beweist nicht das Fehlen von Reflexionsfähigkeit (2). Sogar mangelnde Beweise von handwerklichem Können lassen keine Rückschlüsse auf grundsätzliche Unfähigkeit zu; man hat z.B. nur so lange das 'stümperhafte' Dichten althochdeutscher Autoren als 'tastende Schritte', als 'Üben' interpretieren können, bis man von solchen Autoren auch lateinische Texte gefunden hat, in denen sich plötzlich der Schüler als Meister in der Beherrschung der traditionellen Rhetorik und Poetik erwiesen hat.- Nun kann man einwenden: Was im Text nicht zu finden ist, dem Interpreten also nicht zur Verfügung steht, ist belanglos. Dieser Einwand ist berechtigt, wenn er sich etwa gegen das Bemühen wendet, Epigonen radikal umzuinterpretieren auf Grund von Spekulationen über das, was denn nun wohl doch noch in ihren Köpfen vorgegangen sein könnte. In der Tat gibt es ja Versuche, trotz Kritik an subjektivistisch-

---

1) Stricker: Kleindichtung; Rudolf von Ems: spezieller Einbezug von Geschichte in Dichtung; Konrad von Würzburg: Versexperimente; Albrecht von Scharfenberg: Komplizierung der Titurelstrophe; Ulrich von Türheim: Umfunktionierung des Willehalm- in ein Rennewartepos.- Zu dieser Exempel a u s w a h l ein kurzer Kommentar: Die Wertigkeiten der Beispiele sind natürlich verschieden; jede der aufgezählten Innovationen ist aber potentiell geeignet,Schule zu machen; dies aber hängt dann nicht mehr nur vom Autor ab. Insofern wäre also auch der Ausdruck 'Innovations f ä h i g k e i t ' zu entpersonalisieren.

2) Ein Beispiel ist der von CRAMER explizierte Sachverhalt, daß Stricker im 'Amis' die Tugend der milte als immer noch verbindlich ansieht, gleichwohl aber die Folgen erkennt und aus ihnen das handlungsauslösende Moment bezieht. Die Darstellung ist also problemlos, Kritik wird nicht geübt - über die Zusammenhänge ist sich Stricker aber im Klaren. (CRAMER, Th.: Normenkonflikte im 'Pfaffen Amis' und im 'Willehalm von Wenden'. In: ZfdPh 93/1974. Sonderheft. S.124-14o. Hier bes. S.129.)

ästhetisierender Betrachtungsweise das Problem mittels einer Ehrenrettung einzelner Autoren zu lösen (1), zu zeigen, daß gerade der jeweils untersuchte Autor k e i n Epigone gewesen sei. Dadurch wird die fragwürdige Kategorie aber nur durch die Hintertüre wieder eingeführt. Denn ob der eine oder andere Dichter vielleicht doch noch vom Makel der Epigonalität befreit werden sollte, darüber könnte man sich mit gutem Willen noch verständigen. Durch diese Einigung werden aber die Prämissen der Kategorie nicht in Frage gestellt. Wer sich n u r damit auseinandersetzt, ob Autor X ein Epigone sei oder nicht, der anerkennt, daß es Epigonalität gibt und daß sie vermittels der gängigen Kriterien feststellbar ist - und auch, daß die Kategorie für das Funktionieren von Literaturwissenschaft förderlich sein könnte. In die Defensive lassen sich so auch Wissenschaftler drängen, denen man sicher nicht den Vorwurf machen kann, sie würden sich mit den ideologischen Implikationen einer ästhetisierenden Literaturwissenschaft nicht befassen. Wenn z.B. BRACKERT im Vorwort zu seiner Untersuchung über Rudolf von Ems äußert, dieser unterscheide sich "(gründlich) von den nur-epigonalen Poeten seiner Zeit"(2), befindet er sich in nahezu völliger Übereinstimmung mit DE BOOR, der über seine Nomenklatur bzgl. Konrad Fleck, Rudolf von Ems, Ulrich von Türheim, Stricker, Berthold von Holle u.a. feststellt: "Das Wort 'Epigonen' ist für diese Dichter bis zur Jahrhundertmitte bewußt vermieden."(3) Auf beiden Seiten wird hier von der Existenz von Epigonen ausgegangen. Worauf es aber ankommt, sagt BRACKERT selbst deutlich: Er "will den zum Cliché gewordenen Vorwurf von Rudolfs Epigonentum durch eine angemessene Fragestellung überwinden und (...) des Dichters eigentümliche Leistung zeigen" (4). Dem Erkenntnisinteresse an Literatur ist es angemessen, zu differenzieren; zwar ist auch die Kategorisierung auf Grund gemeinsamer konstitutiver (!) Merkmale der Untersuchungsobjekte wichtig, die angeblichen spezifischen Kennzeichen der Epigonen reichen aber lediglich aus, gemeinsame Merkmale festzustellen - k o n s t i t u t i v sind sie, wie wir jedenfalls bisher festgestellt haben, n i c h t . Mithin ist die Anwendung von Fragestellungen, welche auf Grund falscher Prämissen formuliert werden, u n angemessen.

Kommen wir zurück zu dem Satz: 'Was nicht im Text zu finden ist, ist belanglos'. Er ist also dann berechtigt, wenn er den Interpreten an einer Weiterdichtung zuungunsten einer Erklärung hindern soll (5). Er darf aber nicht als Verdikt aufgefaßt werden gegen die Suche nach Gründen für das Fehlen

---

1) So sieht etwa VON DER BURG/Diss. (s.S.3 A 3) S.39 f. im K Strickers "nicht unbeträchtliche Leistung" darin, das Endreimmaterial des dR aufgegriffen zu haben.

2) BRACKERT, H.: Rudolf von Ems. Heidelberg 1968. S.5.

3) DE BOOR/Gesch.d.dt.Lit. II (s.S.1o A 2) S.171.

4) BRACKERT/Rudolf von Ems (s.o. A 2) S.8.

5) Er sollte auch davor bewahren, Einfälle des Interpreten als vom Autor übersehene Möglichkeiten zu deklarieren; vgl. DE BOORs Enttäuschung über das Nichtausspinnen der Konstellationen während Karls Exilaufenthalt bei Marsilies im K durch Stricker (Gesch.d.dt.Lit. II S.193).

von Inhalten, Formen, Aussagen bzw. gegen Erklärungen der Bedeutung dieses Fehlens. Erst wenn das Fehlen nicht von vornherein als Primärerscheinung betrachtet wird, kann man der Gefahr entgehen, es sofort in einer Richtung zu interpretieren.

Das Kriterium des 'Unschöpferischen' hat auch deswegen einen größeren Wirkungsgrad, weil der Begriff sehr inhaltsschwer klingt und wohl auch klingen soll. Ein 'Schöpfer' ist mehr als ein 'Erfinder', 'schöpferisch' mehr als 'produktiv'. So stellt etwa WENTZLAFF-EGGEBERT bzgl. Ulrichs von Türheim Willehalm-Fortsetzung die bekannten Unterschiede gegenüber Wolframs Gestaltung zusammen, hebt die gravierenden Differenzen im Heidenbild hervor, stellt abschließend fest, daß auch eine eigentliche Kreuzzugsidee fehle - und zieht daraus den Schluß, daß dadurch "der epigonale Charakter noch deutlicher (wird)" (1). Vom nicht zeitlich gemeinten Wortsinn her wäre das unsinnig; von Nachahmung in formaler Hinsicht ist gar nicht die Rede (und dürfte es auch gar nicht sein!); die bedeutenden inhaltlichen Unterschiede stehen sogar im Mittelpunkt der Argumentation. Wichtige gängige Indikatoren für Epigonalität fehlen also; trotzdem die Feststellung, der epigonale Charakter werde "noch deutlicher". Wir sehen, daß sich der Gebrauch des Wortes einer Überprüfung zu entziehen beginnt, daß es fast nur noch einen Signalwert besitzt für die Meinung desjenigen, der es zur Bezeichnung eines Autors oder Textes verwendet. Wenn aber 'epigonal' nicht mehr bedeutet als 'nicht schön', 'nicht wertvoll', 'nicht so gut wie andere'(2), dann sollte man sich überlegen, ob der Begriff noch als F a c h terminus verwendbar ist: wörtlich darf er nicht genommen werden, sonst würde eine Unzahl von Interpretationen hinfällig; die Kriterien sind unbrauchbar, weil unspezifisch; anderer als affektiver Füllung entzieht er sich durch die Flucht in den Bereich geistesgeschichtlicher Deutung.

Das nächste für 'Epigonalität' ins Feld geführte Kriterium ist die 'epigonale Zeit', die ihre Vertreter produziert. Wenn man weiß, was ein Epigone ist, kann man sagen: Sind in einem bestimmten Zeitraum viele Epigonen anzutreffen, dann nenne ich diese Zeit 'epigonal'. Damit wird man aber den Intentionen der Vertreter der Epigonentheorie nicht gerecht - in der vorliegenden Form ist die epigonale Zeit kein Kriterium mehr, sondern nur ein weiterer Terminus zur zusammenfassenden Kennzeichnung eines (scheinbar) festgestellten Sachverhaltes. Sie bedingt nicht Epigonalität im Einzelfall, sondern ist begriffliche Folge einer Koinzidenz von signifikant häufigen Einzelfällen. Trotzdem ist der Hinweis, daß in diesem Zusammenhang die Haltbarkeit des Urteils mit dem Vorhandensein von Epigonen und also mit dem Zutreffen der bisher behandelten Kriterien steht und fällt, nicht ganz überflüssig. Denn es ist nicht immer auszuschließen, daß bei der Urteilsfindung Induktion und Deduktion vermengt worden sind, daß also auch bei denjenigen, für die von ihrer Methode und ihrem Ziel her die Epoche die übergeordnete, wichtigere und die eigentliche Erkenntnis versprechende Kategorie ist, die Zeit mit Hilfe der Einzelerscheinungen erklärt wird und nicht

---

1) WENTZLAFF-EGGEBERT, F.-W.: Kreuzzugsdichtung des Mittelalters. Berlin 196o. S.279.

2) Ganz am Rande sei verwiesen auf das Lob Ulrichs in Rudolfs von Ems 'Willehalm von Orlens'.

zur Erklärung der Einzelfälle dient.

Aber auch, wenn mit 'epigonaler Zeit' der Umstand beschrieben werden soll, daß es Epochen gibt, die schon in sich auf bloße Reproduktion usw. hin angelegt sind, wird der Begriff nicht aussagekräftiger. Indem hier - ausgesprochen oder nicht - das Wirken eines Zeitgeistes vorausgesetzt wird, ergibt sich diesmal ganz deutlich der Zusammenhang mit der geistesgeschichtlichen Methode. Das heißt nicht, daß nur deren Vertreter den Begriff in diesem Zusammenhang verwenden. Die Begründungsversuche aber bewegen sich - quer durch alle methodischen Richtungen - im Rahmen von für die Geistesgeschichte typischen Erklärungsmustern (vgl. z.B. das Kapitel 'Die Epigonen' in SCHERERs Literaturgeschichte). Ich will hier lediglich auf einige Implikationen hinweisen, welche sich aus der Hypostasierung eines solchen Zeitgeistes für unseren speziellen Untersuchungskomplex ergeben; es wird also wieder, wie zu Anfang geäußert, der Weg in die Immanenz gewählt, um zu zeigen, ob das Erklärungsmodell wenigstens praktikabel ist.

Die erste Schwierigkeit ergibt sich daraus, daß der Zusammenhang zwischen Epigonen und epigonaler Zeit einer quasi beliebigen Ausdeutbarkeit unterliegt, ja daß schon der Zusammenhang an sich erst auf Grund willkürlicher Interpretation hergestellt werden kann. Man hat selbstverständlich keine numerischen Kriterien zur Verfügung, um die Frage zu beantworten, ab welcher Zahl von Epigonen denn ein Zeitraum als epigonal bezeichnet werden kann bzw. ab welcher Zahl sich ein bestimmter Zeitgeist in seinem Wirken offenbart hat. Umgekehrt aber ist die Abgrenzung von Epochen selbst bekanntermaßen heikel, so daß schon die Bildung von Zeitabschnitten eine Vorentscheidung darüber trifft, welche Dichter in welche Epochen fallen. So trennen Wolfram, Gottfried und Stricker nur ganz wenige Jahre (1); faßt man aber, wofür ja alles spricht, diese drei Autoren innerhalb eines geschichtlichen Abschnitts zusammen, kann dieser wohl bei der offensichtlichen Wertschätzung, welche die beiden ersten genießen, kaum als epigonal bezeichnet werden. Der Fall, daß tatsächlich alle Autoren einer Epochen auf Grund ihrer Zugehörigkeit zu ihr als Epigonen bezeichnet werden, ist in der Tat selten. Zum Teil wird versucht, dieses Problem dadurch zu lösen, daß man von einzelnen Dichtern in Wendungen spricht wie 'heben sich weit über ihre Zeit hinaus', 'unterscheiden sich von wirklichen Epigonen durch ...' u.dgl. mehr. Dies ist als positiv anzusehen, solange solche Differenzierungsversuche auf ein Unbehagen an der Unzulänglichkeit der Terminologie und auf das Spürbarwerden von Lücken im Geltungsbereich zurückzuführen sind. Für das Problem der Epigonalität an sich ist es allerdings nicht hilfreich; man drängt den Begriff nur in einen Bereich zurück, in dem er dann letztlich doch unangefochten weiterlebt (s.o.).

Selbst wenn es mehr oder weniger gelungen ist, eine Anzahl von Dichtern als epigonal zu erweisen, so ist der Schluß auf eine epigonale Zeit nicht zwingend. Es ist ein immanenter Widerspruch der geistesgeschichtlichen Methode, die ja von

---

1) Bezogen auf die (vermutliche) Chronologie der (überlieferten) Werke; bzgl. der Biographie ist ohnehin partielle Gleichzeitigkeit anzusetzen.

einem einheitlichen, in allen Erscheinungsformen des Lebens waltenden Zeitgeist ausgeht, wenn sie plötzlich Teilbereiche ausklammern und für diese gegenläufige Tendenzen ansetzen muß.

Aus der Unsicherheit der Kriterien für Epigonalität, aus der Beliebigkeit der Ausgrenzung von epigonalen Zeiten und aus der Unerklärbarkeit des Zusammenhangs zwischen beidem folgen dann natürlich Zirkelschlüsse:

> "Der Stricker ist ein früher Vertreter der Nachklassik, und die ausgewählten Gedichte zeigen d e s h a l b (Hervorh.von mir; R.B.) besonders gut die veränderte Haltung, die die nachhöfische Dichtergeneration (sc.: dem Thema 'Liebe und Ehe'; R.B.) entgegenbringt." (1)

Auf"früher" kann der Akzent hier nicht liegen, denn gerade ein früher Vertreter einer neuen Epoche, die sich nicht als gegenläufig versteht, müßte ja noch eher Verbindung zu den Ansichten 'alter Art' aufweisen.

Besonders am Begriff der epigonalen Zeit und seiner Füllung wird deutlich, wie stark das eigene Bild von einer Epoche dessen historische Erklärung beeinflußt. Daß das Eigeninteresse des Interpreten nicht eliminiert werden kann und darf, wurde schon betont; aber auch hier gilt dies nicht als Argument dafür, die kritische Distanz auch zur eigenen Subjektivität zu verlieren. Ein Urteil über eine Zeit, das gegründet ist auf Metaphänomene, ist wie alle Urteile auf solcher Basis ein Vor-urteil. Das, was man zuerst beachtet, ist Resultat von Bedingungen, die sich nicht gleichzeitig mit dem Vorgang der Erstrezeption mitteilen. Diese Bedingungen müssen erst entdeckt, ihr Bedingungs- und Bedingtheitscharakter muß festgestellt werden. Konkret: Wissenschaft, der es um die Offenlegung von Zusammenhängen geht, darf sich nicht mit der Aussage begnügen, ein Text sei 'schlecht' o.ä. Die Aussage ist zu transformieren ('dieser Text w i r k t auf micht schlecht'), und danach sind etwa folgende Fragen zu stellen:

- Warum wirkt der Text so?
- Hat er immer so gewirkt?
- Warum hat er (nicht) immer so gewirkt?

Diese scheinbar moralisierenden Forderungen erweisen sehr schnell ihren pragmatischen Charakter, wenn es mit ihrer Hilfe gelingt, den Unterschied zwischen weiterführenden, belanglosen und hinderlichen Aussagen festzustellen. Weiterführen können Aussagen, die Veränderbarkeit erklären; belanglos sind Aussagen, die individuelle Eindrücke wiedergeben und zusammenhanglos stehenlassen; hinderlich sind Aussagen, die sich nicht überprüfen lassen und andere Wege des Problemangangs verhindern - sie sind dogmatisch.

Diese Überlegungen hatten auch schon den Zweck, die Diskussion des letzten Kriteriums für Epigonalität vorzubereiten. Epigonalität soll sich daran feststellen lassen, daß Autoren

---

1) MOELLEKEN, W.W.: Liebe und Ehe. Lehrgedichte von dem Striker. Chapel Hill 197o. S.XXII.- Es muß hinzugefügt werden, daß M. hier nicht etwa meint: 'Weil Str. ein früher Vertreter ist, wurden Beispiele gewählt, die dies besonders gut zeigen.'

Ideale auf niederer Ebene haben, trotz guten Willens nicht mehr in der Lage sind, höhere adäquat zu vertreten, oder zu Profanisierungen bzw. Vordergründigem neigen.

Es läßt sich feststellen, ob Autor X ein anderes Ideal hatte als Autor Y - wenn beide Autoren ihr Ideal anhand von Inhalten explizieren. Dagegen ist schon der Schluß, es lägen verschiedene Ideale vor, weil sie jeweils in verschiedener Form präsentiert werden, fraglich, solange keine anderen Beweise vorliegen. Wenn also z.B. Stricker im K wie Konrad im dR den Kreuzzugsgedanken hochhält, dann kann man etwaige Verflachungen sicher nicht an stilistischen Änderungen festmachen; dies aber ist geschehen (s. Kap. I und II). Eine ganz andere Sache ist es, ob die Propagierung des Kreuzzuges im 13. Jh. nicht einen Stellenwert innerhalb der geschichtlichen Begleitumstände hat, der sich von dem um 117o unterscheidet, ob diese Propagierung jetzt nicht vielleicht auf eine andere Resonanz stößt, ob der Autor sich dessen bewußt gewesen sein muß usw. Die Bewertung des Ideals als solchen unterliegt natürlich wieder der Einschätzung des Interpreten, der sich aber unter der veränderten Fragestellung jetzt eines tauglicheren Instrumentariums bedienen kann.

Vorsicht ist auch geboten bei der Behauptung, es zeuge von Epigonalität, wenn jemand vergangene Ideale zwar noch übernimmt, sie aber nicht mehr auszufüllen imstande sei. Oft wird dabei nämlich stillschweigend vorausgesetzt, die Vorgänger der Epigonen seien dazu immer in der Lage gewesen - womit wir einen der häufigsten Fälle der Verwechslung von 'Ideal und Wirklichkeit' vor uns haben. So stellt etwa VIËTOR den Trend vieler Nachklassiker zur romantischen, idealisierenden Präsentation von Inhalten dar (1) und kommt dann auch zu einer Abqualifizierung der Epigonen, allerdings nicht hauptsächlich von den Autoren, sondern von deren Umweltbedingungen her: "Ideal wurde, was Wirklichkeit gewesen war!"(2)

Ob im Übrigen überhaupt Epigonen die Ideale ihrer Vorgänger so und nicht anders erreichen w o l l t e n , ist in zweifacher Hinsicht ein besonderes Problem der Feststellbarkeit. Das 'Ideal' des Vorgängers ist meist, zumal da, wo es sich um keine e x p l i z i t didaktische Dichtung handelt, ein Interpretat, desgleichen das Ideal des Epigonen; dies die übliche, unumgängliche aber eben ab und an doch erinnernswerte Schwierigkeit nicht-naturwissenschaftlicher Ergebnisfeststellung. Zweitens aber läßt sich das subjektive Wollen des Nachfolgers bzgl. der Verarbeitung dieses Ideals so gut wie nie erschließen. Man muß daher, und zwar b e v o r man zu Wertungen kommt, grundsätzlich einkalkulieren, daß der 'Epigone' vielleicht auch deshalb kein dem seines Vorgängers adäquates Ideal präsentiert, weil er b e w u ß t ändert. Die vielzitierten Verse K 115 ff (Diz ist ein altez maere./nu hât ez der Strickaere/erniuwet durch der werden gunst,/ die noch

---

1) VIËTOR/PBB 46 (s.S.9 A 1) S.86 f.- Dem ist nichts entgegenzusetzen, aber die Verklärung von Inhalten ist nur e i n e Art der Auseinandersetzung mit der Vergangenheit, keinesfalls typisch für alle 'Nachfahren' und auch keinesfalls typisch für alle die, welche als 'Epigonen' bezeichnet werden.

2) VIËTOR ebd. S.86

minnent hovelîche kunst) (1) hängen in ihrer Bedeutung für das Problem der Epigonalität primär von der Interpretation des 'erniuwen' ab: bedeutet es 'ganz erneuern', 'in neuer Form präsentieren', 'reaktualisieren', 'wieder ans Licht bringen', 'neu fassen'? Die Umschreibungen selbst sind nicht viel eindeutiger. Man kann die Bedeutung eben überhaupt nicht aus der Stelle allein erklären. Aber auch der Zusammenhang hilft kaum weiter. Mit ihm kann man lediglich erschließen, in welcher Art Stricker 'erniuwet' hat = 'für den heutigen Interpreten erschließbar verändert', nicht aber, ob sich das mit Strickers eigenem Programm deckt. Überpointiert ausgedrückt: die Stelle ist nichts weniger als programmatisch; vielmehr gibt der Autor damit nur zu erkennen, daß er eine Vorlage benutzt, daß er das, was er daraus gemacht hat, für ein Publikum bestimmt, das 'höfische Kunst' (was immer das zunächst auch sein mag) schätzt, daß er in einer Tradition steht (2). Aus der Stelle eine genaue inhaltliche Bestimmung eines Erneuerungs v e r f a h r e n s ableiten zu wollen, daraus dann den Vorwurf der Epigonalität zu rechtfertigen, ist wegen der Allgemeinheit der Formulierung nicht möglich (3).

Den gleichen Einschränkungen unterliegen Urteile wie 'vordergründig' oder 'profanisiert'. Profanisierung ist als neutraler Terminus durchaus brauchbar, kann aber nicht verwendet werden, um den damit angesprochenen Sachverhalt als Kennzeichen minderen literarischen Wertes einzuordnen (s. Kap.III.7). Es gibt nämlich Profanisierungen, die durchaus Resultat bewußter Entscheidung sind. Ebenso kann der Sachverhalt, der zur Kennzeichnung 'vordergründig' führt, zunächst auch ganz neutral als 'Perspektivenwechsel' beschrieben werden; dies wäre dann, wie aber auch alles Weitergehende, im Einzelfall nachzuweisen.

---

1) Karl der Große von dem Stricker. Hrsg. von Karl BARTSCH. Nachdr.d.Ausg. Quedlinburg u. Leipzig 1857. Mit e. Nachwort von Dieter KARTSCHOKE. Berlin 1965.-

Die Nachteile dieser Ausgabe sind bekannt. Zu ihrer annähernden Kompensation gebe ich Sinnvarianten an, wobei ich für die ersten 94o Verse auf den vollständigen Apparat bei SINGER/Diss. (s.S. 3 A 2) zurückgreife.

116. Tihtaere C, strichaere M, strithar (?) Z. 117. getichtet F, werlde HOR.

2) Der Prolog als ganzer erfüllt natürlich genau seine traditionellen Funktionen. Gerade die Traditionsgebundenheit aber verbietet es, Aussagen mit zu genauem Bedeutungsinhalt zu füllen, bis man auf eine Einlösung im Text verweisen kann.

3) Vgl. auch Parzival 4,9 (ein maere wil i'u niuwen) und Strikkers 'Frauenehre' v.28 ff., wo, wenn auch in anderem Zusammenhang, deutlich wird, daß der Verfasser sich des Aufgreifens eingeführter Themen bewußt ist. (Wolfram von Eschenbach: Parzival. Studienausgabe. Nachdr.d.6. Aufl. von K.LACHMANN. Berlin u. Leipzig 1926. Berlin 1965.- Alle Strickertexte außer K, Daniel und Amis zitiere ich nach: Die Kleindichtung des Strickers. 5 Bde. (in 6 Tln.). Hrsg. von W.W. MOELLEKEN u.a. Göppingen 1973 ff.)

Wären alle diese negativen Kennzeichnungen nur Äußerungen eines privaten Geschmacks, dessen Auswirkungen ebenfalls auf einen privaten Rahmen beschränkt blieben, hätte man sich mit ihnen nicht auseinanderzusetzen. Aber indem sie die Objektwahl der Literaturwissenschaft bestimmt haben und z.T. für das falsche Bild ganzer Epochen verantwortlich sind, muß die Auseinandersetzung noch auf eine nicht absehbare Zeit immer wieder neu geführt werden. Andererseits ist noch einmal darauf hinzuweisen, daß dies nicht auf das Verfahren hinauslaufen darf, diskriminierte Texte auf jeden Fall als 'doch schön' darzustellen. Wenn auch ein Großteil solcher Versuche aus einem verständlichen Absicherungsbedürfnis heraus zu erklären ist, so lohnt ein solcher Aufwand letztlich doch kaum. Wer Texte untersucht, um ihren Stellenwert zu bestimmen und auf Grund dessen auch andere Texte und Epochen genauer zu fassen, bedarf keiner Entschuldigung. Der Entschuldigung bedarf, wer z.B. die Beschäftigung mit dem K aus ästhetischen Gründen ablehnt oder deswegen seine Bedeutung negiert - d i e Bedeutung, die sich z.B. thematisch daraus ergibt, daß es sich hier um das einzige deutsche Karlsepos zwischen 117o und dem Beginn des 14. Jhs handelt, zwischen dR und Karlmeinet (1).

Fassen wir kurz zusammen: Eine Kategorie 'Epigonalität' mit den angebotenen inhaltlichen Füllungen wird mal. Kunstauffassung nicht gerecht, kann daher der Einordnung eines Autors/Textes in das Spektrum mal. Literatur nicht dienen. Die Auseinandersetzung mit Texten, ihren Inhalten und Aussagen erfordert W e r t u n g , um die Beschäftigung mit Literatur nicht in ein maßstabloses, rein deskriptives Aufzählen von Einzelphänomenen ausarten zu lassen; daher wäre andererseits eine Kategorie 'Epigonalität' grundsätzlich berechtigt. Ob man mit ihrer Hilfe aber Aufschlüsse gleich welcher Art erhalten kann, hängt von der Stichhaltigkeit der zugrunde gelegten Kriterien ab. Ich habe zu zeigen versucht, daß da, wo es um objektivier- und beweisbare Tatbestände geht (Übernahme von Inhalten und Formen), die genannten Kriterien nicht spezifisch für Epigonen und deshalb auch nicht für eine Definition der Kategorie verwendbar sind. Die sonstigen genannten Kriterien dagegen sind gar nicht erst objektivierbar.

Die Auseinandersetzung mit dem Phänomen, daß man mit dem Wort 'Epigone' zu beschreiben versucht, kann nur auf dem Hintergrund solcher Feststellungen über die existierende definitorische Misere geführt werden. Mit den genannten Kriterien kommt man nicht weiter. Entweder lassen sich neue finden - oder man muß das Problem zurückstellen. Ich bin mittlerweile der Ansicht, daß der Verzicht durchaus tragbar wäre; das, was man literaturwissenschaftlich mit dem Terminus erreichen will, läßt sich mit anderen Begriffen und Kriterien bewältigen.

---

[1] Karls Erwähnung z.B. in 'Morant und Galie', 'Flore und Blancheflore', der 'Guten Frau', im 'Willehalm' usw. ist zwar wegen des Publikumsbildes von der Figur 'Karl' nie als marginal abzutun; er steht aber dort nirgendwo im Mittelpunkt.

Wegen des ihm zudiktierten epigonalen Charakters hat z.B. das gesamte 14. Jh. noch heute unter mangelnder Beachtung zu leiden, wiewohl dies natürlich auch nur eine indirekte Folge ist: es fehlen einfach die Grundlagen. In Literaturgeschichten äußert sich das vor allem darin, daß zwar nicht immer die Vorurteile, aber die auf Grund dieser Vorurteile zustande gekommenen 'Ergebnisse' weitergereicht werden.

Wenn DE BOOR die Autoren des 12. Jhs "bis zur Jahrhundertmitte" (1) dem Vorwurf der Epigonalität entreißt, dann bringt das vor allem darin Gewinn, daß die Beobachtungsbasis verbreitert wird. Aber das mühselige Kämpfen um jeden einzelnen Text könnte man sich gewiß im Bewußtsein dessen ersparen, daß mangelnde literarische Qualität noch keinen Mangel an heuristischem Potential bedeutet. Und wer dann für andere Autoren am Prädikat 'Epigonen' mit den gleichen unsicheren Bestimmungsmerkmalen festhält, wer sagen kann, Konrad von Würzburg, Albrecht von Scharfenberg und Heinrich von Neustadt seien Epigonen "und (...) d o c h zugleich Zeugen des Zeitenwandels" (2), hat sich damit wieder der Ansicht unterworfen, daß literarische Qualität und literaturgeschichtliche Verwertbarkeit eines Textes etwas miteinander zu tun hätten.

Man kann nicht einerseits die Verpflichtungen eines Dichters feststellen, die sich aus der Benutzung von Vorlagen ergeben, andererseits diese Verpflichtungen 'unklassischen' Autoren zum Vorwurf machen (3). Man kann nicht auf Grund unsicherer Epochengrenzen und noch unsichererer Datierungen von Einzeltexten etwas als 'epi' bezeichnen, was bei veränderter Perspektive als 'syn' oder gar 'pro' erscheint. Wenn man aber Epochen konstruiert (und das ist aus analytischen Gründen ja unvermeidbar), dann kann man nicht Kriterien, die für eine Epoche gegolten haben, mechanisch zum Maßstab der folgenden machen (4).

Die Bewertungen Strickers geben anschaulich wieder, wie schwankend die Bewertungsmaßstäbe sind und wie uneinheitlich sie gehandhabt werden. Auch seine als Kennzeichen partieller Originalität gewertete Kleindichtung ist mit Hilfe von Vorlagen entstanden (5), ist also gerade wieder ein Beweis dafür, daß rezeptive Techniken bei der Stoffbeschaffung nicht als Kriterium für Epigonalität gewertet werden können. Und das, was ihm z.B. für die 'Frauenehre' zugebilligt wird, die "andere Funktion" der von ihm "verarbeiteten Formen in ihrem ursprünglichen Kontext" (6), sollte bzgl. der Epen wenigstens als Möglichkeit nicht mehr ausgeschlossen werden.

---

1) DE BOOR/Gesch.d.dt.Lit II (s.S.1o A 2) S.171

2) DE BOOR/Gesch.d.dt.Lit. III.1. München 1973. S.27.- DE BOOR kann keinesfalls als Beispiel des schlechthin synchron wertenden Wissenschaftlers gelten; s. z.B. ebd. S.21 über den Unterschied zwischen moderner Originalitätsauffassung und mal. Forderungen. Die Qualität eines Wissenschaftlers erweist sich überhaupt gerade daran, inwieweit er imstande ist, trotz der ihm vertrauten Maßstäbe andere Erkenntnismöglichkeiten nicht zu vernachlässigen; ästhetische Ablehnung macht es zwar leicht, Texte zu vernachlässigen, zwingt aber nicht dazu. Vgl. z.B. BARTSCH, K.: Über Karlmeinet. Nürnberg 1861. S.V.

3) vgl. HAACKE:PBB (W) 81 (s.S.3 A 4) S.292.

4) s. HOFMANNs Kritik daran, daß zuviel an der staufischen Klassik gemessen wird (HOFMANN, K.: Strickers 'Frauenehre'. Marburg 1976. S.167).

5) s. AVANZIN, A.: Anmerkungen zu den Strickerischen bîspels der Melker Handschrift. In: Germanistische Abhandlungen. Innsbruck 1959. S.111-127 und SCHWAB, U. in: Der Stricker: Tierbîspel. Tübingen 196o. S.VII ff.

6) HOFMANN/Frauenehre (s.o. A.4) S.292

Zum zweiten Vor-Urteil über den K: HAACKE weist im Gegensatz zur "Problemdichtung" dR den K der "Unterhaltungsliteratur" zu (1). Auch dies ist keine einfache Feststellung oder Hypothese, sondern, wie HAACKEs gesamter Aufsatz zeigt, eine Umschreibung der Behauptung, Stricker habe im Gegensatz zu Konrad eine causa scribendi, die notwendig zu gehaltlich Minderwertigerem führen müsse.

Wieder gilt es, einige Überlegungen anzustellen. Zunächst muß dem Mißverständnis vorgebeugt werden, sprachliche, metrische, reimtechnische und 'logische' Verbesserungen seien ein Indiz für Unterhaltungsliteratur. Wenn ein Autor seine Neufassung einer Vorlage auf den sprachlichen und poetischen Standard seiner Zeit bringt und offensichtliche Fehler ausmerzt, dann dient auch dies objektiv der Herstellung einer möglichst störungsfreien Kommunikation mit dem Publikum. Und hier auch ein subjektives Wollen des Autors anzusetzen, ist wohl gerechtfertigt - muß man doch davon ausgehen, daß Stricker selbst mit dem dR einige Verständnisschwierigkeiten hatte (2). Mit dem Bemühen um Verständlichkeit ist über den Zweck des Textes noch nichts ausgesagt. Wenn z.B. Geistliche anfangen, in der Volkssprache zu schreiben, haben wir es in dieser Beziehung tendenziell mit der gleichen Erscheinung zu tun: die Verfasser verwenden das sprachliche System, von dem sie voraussetzen können, daß es von der intendierten Rezipientengruppe verstanden wird; und wenn sie sich davon Erfolg versprechen, schreiben sie auch nicht mehr in Prosa, sondern in gebundener Rede.

Ein Zweites: Es ist bekannt, daß sich eine Unterscheidung in 'pure' Unterhaltungsliteratur und reine Problemdichtung für das mal. Kunstverständnis nicht aufrecht erhalten läßt. In unserem Zusammenhang naheliegendstes Beispiel ist Konrad, der von der Wahl der Gattung (Epos) über die Dramaturgie der Großabschnitte bis hin zur 'problemfremden' Gestaltung von Teilen beweist, wie unterhaltend Problemdichtung sein kann. Ob die problemorientierte Aussage eines Textes von unterhaltenden Elementen überlagert und verdeckt werden kann, hängt nicht mehr nur vom Autor ab; entscheidend für die Wertung hat zu sein, ob ein Text überhaupt Probleme thematisiert. Und dies ist im K sicher der Fall, gerade w e i l er sich eng an die Vorlage hält.

Die Zahl der Absichtserklärungen mal. Dichter, dem Leser/Hörer zu nutzen, ist groß, die Zahl der Bekundungen, man wolle ihn unterhalten, wohl nicht minder. Die Belege in der Arbeit BOESCHs (3) wären trotz ihrer Vielzahl leicht zu ergänzen. Man sieht auf jeden Fall, daß Unterhaltung im MA als Autorenabsicht nicht verheimlicht, sondern offen geäußert wird. Die bekannte Tatsache, daß das delectare (allein oder in Verbindung mit dem prodesse) seit der Antike eine Tradition im Repertoire der Dichterkommentare besitzt, daß die Erwähnung dieser Effekte also dem Bereich der Topoi zugerechnet werden kann,

---

1) HAACKE/PBB (W) 81 (s.S.3 A 4) S.292

2) Beispiele wären etwa K 1657 ff. gegen dR 995 ff. (site - sete; s. dazu LEITZMANN, A.: Rolandstudien. In: PBB 43/1917. S.26-47. Hier S 36 ff.) oder K 44o6 gegen dR 3628 (einz unt drizec tusent - ains min drizec tusint; s. HAACKE/PBB (W) 81 a.a.O. S.279).

3) BOESCH/Kunstanschauung (s.S. 9 A 1); zum 'Nutzen S.27 ff., zum 'Unterhalten' S.58 ff., 63 ff.

ist alles andere als ein Gegenargument: zum Topos kann nur werden, was sich im Verhältnis Autoren - Publikum so eingespielt hat, daß eine kurze Mitteilung darüber zur gegenseitigen Verständigung genügt - wobei aber eine solche Mitteilung andererseits auch meist erwartet wird, für den Dichter also verpflichtend ist (1). Unterhaltung ist im MA ein ebenso legitimer Kunstzweck wie religiöse Belehrung oder weltliche Erziehung. Der hohe Stellenwert ist allerdings manchmal deswegen schwer auszumachen, weil sich der Unterhaltungsanspruch hinter verschiedenen Termini verbirgt. Am deutlichsten wird er wohl dann, wenn von 'kurzwîle' die Rede ist; sieht man sich BOESCHs Kategorien bzgl. der von Dichtern geäußerten Absichten an (2) und vergleicht die gelieferten Beispiele, dann wird klar, daß hinter 'hôhem muot', 'vröide', 'höfischem Singen' (3) nicht nur ethisch-qualitative Ansprüche auszumachen sind, sondern auch solche an eine spezifische Form von Unterhaltung. Die "sittliche Zielsetzung der höfischen Dichtung bringt es mit sich, daß der Dichter sich aufs engste der Gesellschaft verpflichtet fühlt" (4) - die Ansprüche dieser Gesellschaft sind aber nicht nur auf Belehrung gerichtet. Aus der Verpflichtung auf die Gesellschaft resultiert auch der ähnliche bis gleiche Bildungsstandard von Autor und Publikum, zumindest die Kenntis des Dichters von diesem Publikumsstandard; der Standard seinerseits verstärkt dann wieder diese Verpflichtung. Und dies wiederum gilt nicht nur für höfische, sondern für jede Dichtung, die unter den Bedingungen einer engen Gebundenheit von Literaturproduzenten und -rezipienten entsteht. Auch der gesellschaftliche Standard ist nicht nur ein ethischer. Zu ihm gehört auch ein (inhaltlicher und formaler) Standard der Unterhaltung, resultierend aus einem wohl nicht immer bewußten, sondern oft auch nur emotional sich äußernden Verständnis darüber, was 'unterhaltend' ist.

Die Erwartungen des mal. Publikums sind, differenzierbar nach Thematik, Gelegenheit, Anlaß usw., geradezu darauf gerichtet, daß auch in Dichtung Belehrung stattfindet; dies ist ablesbar an den jahrhundertelang bis in die Neuzeit sich oft unverändert gehalten habenden Behauptungen von Dichtern, ihre Werke würden oder sollten dahingehende Effekte zeitigen. Wenn auch im MA Literaturkritik meist nur aus der Perspektive des Selbst-Literaten heraus erfolgt bzw. überliefert ist, so kann man doch nicht davon absehen, daß solche ausdrücklichen Beteuerungen nicht immer wieder auftauchen würden, wenn dies nicht ein (natürlich bedingter) Reflex auf Publikumserwartungen gewesen wäre. Zur Publikumserwartung gehörte aber auch die Absicht, solche Belehrung in ansprechender Weise präsentiert zu bekommen. Ein 'Ansprechen' kann sich ergeben aus der Form - also wird z.B. die Prosa ersetzt - oder aus den Einzelinhalten - also wird z.B. in Bibeldichtungen das (germanische)

---

1) Das ist auch bei anderen formelhaften Wendungen zu beobachten; vgl. z.B. Tristan (ed. MAROLD/SCHRÖDER. 4.Aufl. Berlin 1977) v. 4963, wo vergleichende Behauptungen mit einem formal einschränkenden 'mag ich die volge von iu han' versehen werden - implizit ein Hinweis auf ein Einverständnis Autor - Publikum.

2) BOESCH/Kunstanschauung a.a.O. Inhaltsverz. zu Teil I S.9.

3) ebd. S.55 ff., 58 ff., 6o ff.

4) ebd. S.99

Gefolgschaftsideal eingebaut, werden attraktive Kampfszenen benutzt oder noch ausgeweitet, wird sogar im liturgischen Rahmen der risus paschalis institutionalisiert, verselbständigen sich in Osterspielen die burlesken Bestandteile usw. Und wenn das in Dichtungen von G e i s t l i c h e n geschieht, dann kann ein solches Verfahren in weltlicher Dichtung nicht als etwas anderes interpretiert werden, als es in Wirklichkeit ist - nämlich der N o r m a l f a l l . Erscheint somit allein auf dem Hintergrund des quantitativen Vorhandenseins von Unterhaltungselementen in mal. Literatur und ihrer offensichtlichen Wertschätzung die Charakterisierung eines einzelnen Textes als 'Unterhaltungsliteratur' schwammig und unzureichend, so ergeben sich aus der Verwendbarkeit etwa der klassischen Epen oder der moralisch - exemplarischen Mären als Beispiele für den gleichen Mechanismus zwei Folgerungen:

1. Das unterhaltende Moment von Dichtung schlechthin wird unterschätzt, wenn man die Existenz einer unterhaltungslosen Problemdichtung hypostasiert. Es gibt kein Entweder - Oder, sondern nur ein Mehr - oder - Weniger.

2. Ganz offensichtlich kann Belehrung, zumindest aber der didaktische Habitus in Dichtung selbst ein Element der Unterhaltung sein, wenn das Publikum entsprechend eingestimmt ist. Dies wäre - nebenbei bemerkt - eine Möglichkeit der Interpretation der für die auf den modernen Betrachter oft aufgesetzt wirkenden Moralisationen von Mären, deren sonstiger Inhalt dergleichen 'eigentlich' nicht zu vertragen scheint.

Der mal. Unterhaltungsbegriff ist auf keinen Fall enger, sondern eher noch weiter zu fassen als der folgender Epochen (1). Unterhaltung als Ziel von Literatur wird vielleicht deshalb oft als negativ angesehen oder für ethisierende Dichtungen renommierter Autoren einfach geleugnet, weil man das Publikum außer Acht läßt: Fast jeder Text, der ohne zu starre Lenkung des Autors hinsichtlich konkreter Erziehungsziele Inhalte verwendet, die potentiell unterhaltend sind, kann bei entsprechender Einstellung des Rezipienten zur Unterhaltungsdichtung werden. Man würde eine Erweiterung des Unterhaltungsbegriffs mißverstehen, wollte man darin einen Exkulpierungsversuch zugunsten 'seriöser' Autoren sehen, in deren Werken unterhaltende Elemente auftauchen. Ohne Unterschiede und Möglichkeiten der Unterscheidung leugnen zu wollen, ist damit im Gegenteil intendiert, deutlich zu machen, wo (z.B.) zwischen K und dR k e i n Unterschied besteht. Die inhaltlichen Konstanten, um die es hier geht, sind im wesentlichen Kreuzzugssituation, Massenschlacht, Verrat, Kampfgemeinschaft, dominierende Herrscherfigur, Auseinandersetzung Gut-Böse mit Sieg der Seite, mit der sich das Publikum identifizieren kann, soll und will. In d i e s e r Hinsicht zeichnet sich der K stofflich und motivisch durch ein Unterhaltungspotential aus, das seine Wirksamkeit seit der Chanson de Roland (i.F.: Chs) und bis zu Stifters 'Witiko' nicht verloren hat; die zeitlichen Grenzen sind nach vorn und hinten beliebig verschiebbar, wenn

---

1) Verwendet man solche Begriffe nicht enthusiastisch im Sinn eines auf Literaturtheorie umgetrimmten Rousseauschen Ideals oder negativ im Sinn moderner Fortschrittsgläubigkeit, wäre dies wohl zutreffend mit 'Naivität' oder 'Unbefangenheit' zu erklären.

man das historische Thema 'Kreuzzug' durch ähnliche Thematiken ersetzt (noch Eisenhower nennt seine Kriegsmemoiren 'Crusade in Europe').- Dies heißt nun nicht, daß alles gleich ist, daß alles schon einmal dagewesen ist und sich mit nur geringfügigen Modifikationen wiederholt. Es heißt lediglich, daß man - in unserem Fall - den K nicht auf Grund eines Kriteriums inhaltlich und aussagemäßig i n d i v i d u e l l beurteilen kann, daß ihm nicht allein eignet. K und dR können hinsichtlich der Publikumsreaktion durchaus gleiche Effekte hervorrufen, daß Publikum kann von ihnen durchaus den gleichen Grad an Unterhaltung erwarten. A b e r : Beide Epen haben dies zu verschiededenen Zeiten bewirkt. Die zeitliche Differenz sagt etwas über den Stellenwert, den jedes Epos für sich und innerhalb der Tradition von Epik allgemein, von Karlsepik, Kreuzzugsepik, Geschichtsepik usw. besitzt.

Welche Folgerungen ergeben sich aus all dem für den Inhalt dieser Arbeit? Der 'Karl' ist in einer Zeit geschrieben worden, aus der immerhin schon so viele Texte überliefert sind, daß dem Wissenschaftler bei der Auswahl von Untersuchungsobjekten ein wählerischeres Vorgehen erlaubt zu sein scheint (1). Daß es aber immer um ein G e s a m t bild gehen muß unter Einbezug möglichst vieler Texte und möglichst vieler Untersuchungsaspekte (also nicht nur quellenkritischer u.ä.), darauf wurde schon wiederholt hingewiesen. Es geht in den folgenden Teilen primär darum, zu verdeutlichen, von welchen Ansatzpunkten aus man sich dem K noch nähern kann. Insofern hat die Arbeit einen doppelten Zweck: Sie soll versuchen, Einzelerkenntnisse zu erbringen, und sie soll gleichzeitig zeigen, w o solche Erkenntnisse zu gewinnen sind. Sie hat damit außer dem unausgesprochen darüberstehenden Ziel der Nutzbarmachung eines Textes keinen einheitlichen Untersuchungsschwerpunkt. Sie führt den beliebten Begriff 'Studien' im Untertitel, und darin drückt sich eine gewisse inhaltliche Disparatheit der Einzelteile aus, eine Disparatheit freilich, die durch die immer noch schmale Ausgangsbasis bedingt ist. Eine Gesamtdarstellung ist zum jetzigen Zeitpunkt genausowenig zu leisten wie eine Behandlung von Detailproblemen; man kann sich dem K vorerst nur von beiden Seiten und daher auch immer nur unvollständig nähern. Diese Hinweise sind bitter ernst gemeint und sollen weder einem akademischen Bescheidenheitstopos Genüge leisten noch durch eine vorwegnehmende Entschuldigung das Verfahren und seine Ausführung der Kritik entziehen. Die Kritik wird vielmehr anzusetzen haben bei der Frage, ob die gelieferten Beispiele ihren Zweck erfüllen, d.h., ob die gewählten Ansatzpunkte für die Gewinnung von Erkenntnissen ü b e r den Text und m i t H i l f e des Textes brauchbar sind.

---

1) Mit 'sizi sizi bina', 'eiris sazun idisi' usw. wäre sicher nicht soviel Staat zu machen, wenn die textliche Überliefe - rung der entsprechenden Zeiten breiter wäre.

I. Geistlicher Gehalt; Kreuzzugsgedanke

Wenn K und dR hinsichtlich der Kreuzzugsthematik inhaltliche Gemeinsamkeiten aufweisen (und genau das soll uns im Folgenden beschäftigen), dann sind daraus zunächst einmal alle mit einer solchen Feststellung verbundenen Konsequenzen zu ziehen, was den Stellenwert eines Textes angeht, der gegenüber einem rund 5o Jahre älteren Text identische Aussagen zu einem Thema macht, das sich unter dem Einfluß realer Ereignisse anders stellen 'müßte'.

WENTZLAFF-EGGEBERT behandelt in seiner zu Anfang der sechziger Jahre erschienenen Untersuchung über die Kreuzzugsdichtung den K in genau dreieinhalb Sätzen (1). Es folgen dann sechs Seiten, die der Kreuzzugsthematik in Strickers Kleindichtung gewidmet sind. Ohne Versuch eines Belegs, ohne Zitate, ohne Vergleich mit dem dR wird über den K festgestellt, er bleibe "unpersönlich und auch für die Kreuzzugsthematik unverbindlich" (2). "Unpersönlich" wäre diskutabel, der Rest der Behauptung ist es nicht: Rund 1oooo Verse von insgesamt über 12ooo, die sich mit nichts anderem beschäftigen als dem Kampf zwischen Christen und Heiden und der Missionierungsabsicht, die diesen Kampf erst initiiert (also a n d e r s als in den von W.-E. ausführlicher behandelten Epen Herzog Ernst, Willehalm, Reinfrid von Braunschweig, Wilhelm von Österreich, Lohengrin, Graf Rudolf), 1oooo Verse, die in einer Zeit geschrieben worden sind, in der es so etwas in gleicher Form und Ausprägung nicht mehr gibt, die aber rezipiert wurden, sind schon auf Grund ihrer Existenz 'verbindlich'.

Ähnlich wie mit der mangelnden Zurkenntnisnahme der Kreuzzugsthematik im K ist es mit dem religiösen Thema bestellt. Wie aber will man einen Text einordnen, dessen Hauptinhalte man negiert? Wie will man einen einigermaßen aufschlußreichen Vergleich mit der Vorlage durchführen, wenn man sich nicht auch auf das bezieht, was ja nun wirklich zum Vergleich herausfordert? K und dR sind n u r über den Inhalt verbunden - und so lächerlich das klingen mag, weil es sich ja um Vorlage und Neufassung handelt: bevor man die Präsentation des Inhalts vergleicht, muß man ja wohl zunächst einmal den Inhalt selbst und seine mögliche Aufnahme zur Kenntnis nehmen.

Praktisch als erster hat sich eingehend mit den Themen Kreuzzug und Religion im K VON DER BURG auseinandergesetzt (3). Systematisch nutzbar ist seine Untersuchung für meine Zwecke nicht, weil er offenbar davon ausgeht, daß im K ein theologisches S y s t e m vorhanden ist, das er anhand eines von

---

1) WENTZLAFF-EGGEBERT/Kreuzzugsdichtung (s.S.21 A 1) S.316. W.-E. hat mit dieser Arbeit zu seiner Zeit Neuland betreten; seine wichtige Untersuchung degeneriert allmählich schuldlos zum einschlägigen Berufungs- und Absicherungsinstrument, statt kritisch verwertet zu werden.

2) ebd. S.316

3) VON DER BURG/Diss. (s.S.3 A 3) Kap.VII. Über die wissenschaftliche Qualität thematisch entsprechender Passagen in E. SCHULZEs: Wirkung und Verbreitung des deutschen Rolandsliedes. Diss. Hamburg 1927 hat VON DER BURG das Nötige festgestellt.

NÖTHER übernommenen Kategoriensystems nachzuweisen versucht(1). Die Übernahme dieser Kategorien, die GEITH v.d.BURG zur Last legt (2), halte ich nicht für methodisch fragwürdig - wer Kategorien für sinnvoll hält, kann diese ja wohl benutzen; daß dies "ungeprüft" (3) geschehen sei, stellt nur eine Vermutung des Rezensenten dar (4). Die inhaltliche Kritik GEITHs ist dagegen z.T. berechtigt; ich sehe den Nachteil der Übernahme von NÖTHERs Kategorien aber eher darin, daß sie, weil sich ihnen allzu vieles zwanglos unterordnen läßt, zu schnell zur Annahme des ganzen Systems verführen. In Kap. II dieser Arbeit wird darauf zurückzukommen sein, denn v.d.BURG glaubt eine stärkere Einbettung weltlicher Ideale in die Theologie des K feststellen zu können.

Trotz dieser (zunächst ja nur thematisch bedingten) Differenz kann ich auf Einzelergebnisse v.d.BURGs zurückgreifen. Er hat z.B. für den K Folgendes behauptet und belegt:

- Gott ist der eigentliche Führer der Christen (5).
- Der Begriff der 'arbeit' der Christen "(besitzt) aktiven und positiven Sinn" (6).
- Eigentlich formelhafte Wendungen unterstützen auf Grund ihrer Häufigkeit theologische Aussagen (7).
- Die meisten alttestamentlichen "Zitate und Anspielungen" des dR werden in den K übernommen (8).
- Der Gottesknechtsbegriff wird gegenüber dem dR ausgeweitet (9).
- Einziges Motiv für das Handeln der Christen ist der Dienst an Gott; das von Konrad wenigstens noch rudimentär gebilligte materielle Motiv (dR 154 f.) wird durch K 593 f. ausgeschaltet (1o).
- Der Martyriumsgedanke und das Ziel des ewigen Lebens sind beibehalten, wobei gegenüber dem dR sowohl direkte Parallelen als auch Umstellungen und Ergänzungen zu verzeichnen sind (11).

---

1) Die Kapitelüberschrift bei v.d.BURG lautet ausdrücklich "Die T h e o l o g i e in Strickers Karl und im Rolandslied". Verwendet wird NÖTHER, I.: Die geistlichen Grundlagen im Rolandslied und in der Kaiserchronik. Hamburg 197o.

2) Rezension in AfdA 87/1976 S.122-127

3) ebd. S.127

4) Man sollte berücksichtigen, daß nicht alle Vorarbeiten in die Endveröffentlichung eingehen. Dagegen beschwert sich SCHNELL (Rez. in ZfdPh 96/1977 S. 46o-463) über den Umfang der Arbeit v.d.BURGs - der aber gerade durch Einbringung vieler Arbeitsschritte bedingt ist.

5) v.d.BURG/Diss. S.297

6) ebd. S.296

7) ebd. S.298

8) ebd. S.299

9) ebd. S.3oo, 3o4

1o) ebd.S.3o2

11) ebd. S.3o2 ff.

- Kampf ist eine Form des Gottesdienstes; dem tatsächlichen Gottesdienst (Messe) kommt jedoch die entscheidende Bedeutung für die geistliche Vorbereitung der Christen zu (1).
- Kürzungen in theologischen Passagen gegenüber dem dR haben keine säkularisierende Wirkung; sie dienen nur der Vermeidung von Wiederholungen, z.T. stehen ihnen auch Ergänzungen gegenüber (2).- Im Vorgriff auf Kap.III. dieser Arbeit muß jedoch hinzugefügt werden, daß die Vermeidung von Wiederholungen keinesfalls durchgängig vorgenommen wird; Stricker geht nicht 'mechanisch' vor.
- Stricker übernimmt die Ansichten des dR über die Verurteilung der Heiden (3).
- Auch der K weist zahlreiche predigthafte Formeln auf (4).
- Die Auffassung der heidnischen Götter als nicht ernstzunehmende 'Trugbilder' geht vom dR in den K über (5).

Versucht man solche Feststellungen hinsichtlich ihres Bedeutungsgrades zu bewerten, dann hat man es zunächst mit zwei Arten von übernommenen Inhalten zu tun: mit solchen, die für einen christlichen Dichter des MAs unabhängig von jeder speziellen Vermittlungsabsicht unumgänglich waren, sobald das Thema 'Heiden und Christen' auftauchte, und mit solchen, die nicht allein durch diese thematische Grundkonstellation bedingt sein können. Daß Gott der oberste Herr ist, daß im Heidenkampf Gefallene sich das ewige Leben erwerben, daß die Heiden auf Grund ihres falschen Glaubens negativ beurteilt werden, daß heidnische Götter machtlos sind - dies alles gehört zur Minimalausstattung, sobald eine gewisse Grundsituation vorgegeben ist; man lese etwa den Herzog Ernst, den Lohengrin, den Wilhelm von Österreich usw. auf solche Grundsituationen hin durch, und man wird die oben aufgeführten Ansichten in jedem einzelnen dieser Epen in schöner Vollständigkeit vorfinden. Nur handelt es sich dabei m.E. meist gerade nicht um bloße Topoi im negativen Sinn von 'Allgemeinplätze ohne inhaltliche Aussage': insofern Frömmigkeit zum Tugendkatalog des christlichen Helden dazu gehört, der Christ in der Auseinandersetzung mit Heiden stärker als in anderen Situationen auf seinen Glauben als distinktives Merkmal verwiesen wird (gerade in der l i t e r a r i s c h e n Darstellung), gewinnt die Ausgangssituation einen Verpflichtungscharakter, was die Art der Durchführung angeht. Daß der Religionsgegensatz natürlich auch und gerade wegen seiner Verwurzelung im geltenden Ethos dramatisch besonders wirkungsvoll ist, ist ein zusätzliches Aspekt, der die Konkretheit dieses Gegensatzes nicht in Frage stellt.

Das bloße Vorhandensein bestimmter Gedanken in einem Text, die sich aus bestimmten Themen ergeben, ist aber in seinem Stellenwert für den Gesamttext sehr von quantitativen Gesichtspunkten bestimmt, zunächst durch die relative Quantität, dann aber auch durch die absolute. Es macht also einen erheblichen Unterschied aus, ob das religiöse Thema das einzige oder das Hauptthema einer Dichtung ist (keine Konkurrenzthemen bzgl. der Aufmerksamkeit des Rezipienten), o d e r ob das religiöse Thema, sofern N e b e n thema, einmal, selten, häufiger oder sehr oft zur Sprache kommt.

---

1) v.d.BURG/Diss. a.a.O. S.3o6 ff.
2) ebd. S.3o8 ff. 3) ebd. S.317 ff.
4) ebd. S.32o 5) ebd. S.327

(Mag sein, daß ich mich mit diesen Erörterungen allgemein im Bereich von Selbstverständlichkeiten bewege - zumindest für den K ist die Berücksichtigung dieser Grundgegebenheiten keine Selbstverständlichkeit.)

Wie die Quantität im K aussieht, muß nicht mehr erwähnt werden. Erwähnt werden aber muß die Folgerung: Schon auf Grund der Quantität der religiösen Passagen, die sich im Bereich a l l g e m e i n e r Aussagen bewegen, gehört der K in seiner Zeit zu einer Gruppe von Epen, welche die M i n d e r - heit darstellen. Die in dieser Hinsicht thematische Besonderheit muß dem Autor auf jeden Fall b e w u ß t gewesen sein, und daher setzt die Wahl der Vorlage auch eine sehr bewußte Entscheidung voraus.

Die zweite Art von Inhalten, die sich aus den oben referierten Feststellungen ergibt, ist bzgl. ihrer Wirkung nicht so sehr von der Quantität abhängig, weil sie schon qualitativ Aufsehen erregt. Die explizite und dauernde Betonung des Umstandes, daß auch die Zentralfiguren des Epos Werkzeuge Gottes sind, der religiöse Begriff der 'arbeit', Stützung auf die Bibel, Märtyrergedanke, Predigtattitüde - das sind Formen und Inhalte, die zwar aus Religion und Theologie herleitbar sind, sich aber nicht mehr notwendig aus jeder religiösen Grundkonstellation ergeben, mithin also schon ein bestimmtes Konzept verraten. Dabei muß es sich weder um ein ausformuliertes noch um ein individuelles Konzept handeln; mit der Entscheidung über die Aufnahme bestimmter Aussagen, gleichgültig, ob sie direkt auf ein philosophisch-theologisches System bezogen werden, selbst ein solches System darstellen oder woher sie stammen, ist die Entscheidung über einen bestimmten gehaltlichen Tenor vollzogen. Auch von dieser Seite aus gehört der K w i e d e r z u r M i n d e r h e i t der Epen etwa zwischen 117o und 125o (und darüber hinaus).

Im Gegensatz zu VON DER BURG geht es mir hier nicht um die Theologie, vor allem nicht in dogmatischer und systematischer Hinsicht, sondern um Religiosität schlechthin. Dies ist eine Sache der methodischen Ausgangssituation: Die Tatsache, daß Stricker viele, ja nahezu alle religiösen Aussagen Konrads übernommen hat, sagt etwas über sein grundsätzliches Konzept aus, insofern er letzten Endes damit ein r e l i g i ö s e s E p o s vorlegt; sie sagt aber nichts darüber aus, ob die übernommenen Aussagen die gleichen theologisch - dogmatisch - philosophischen Grundlagen besitzen, aus denen sie im Fall Konrads offensichtlich stammen. Gerade die enge, z.T. wörtliche Bindung an die Vorlage erlaubt hier nur Spekulationen. Grundtenor der älteren Forschung (und das heißt für den K: bis in die sechziger Jahre unseres Jahrhunderts) war natürlich, daß einer Verweltlichung (1) religiöser Aspekte durch Stricker auf dem Gebiet der Übernahmen eine lediglich vordergründige Adaption entspreche. Aber auch das ist unbeweisbar und folgt auch keineswegs logisch aus der Tatsache direkter Übernahmen. Es ist nämlich durchaus möglich, daß Stricker das Vorgefundene als sehr brauchbar für die Vermittlung seiner eigenen Anschauungen erachtet

---

1) Was es mit dieser Verweltlichung auf sich hat, versucht Kapitel II. zu klären.

hat; und diese Möglichkeit wird an Gewicht gewinnen, je mehr sich auch auf anderen Gebieten Strickersche Übernahmen als g e w o l l t , weil nicht unumgänglich herausstellen (s. Kap. II., III.). Ob religiöses Gedankengut über terminologische Entsprechungen hinaus theologischen Systemen zugeordnet werden kann, ist nicht feststellbar; aber allein über die Nennung von Begriffen, über Handlungszusammenhänge und Verhaltensweisen der literarischen Figuren wird der Rezipient im K auf die Religion als dominantes Thema verwiesen.

Was allgemein bzgl. der Religiosität gilt, gilt auch speziell für die Kreuzzugsreligiosität. Völlig zu Recht bezieht sich VON DER BURG auf die zunächst einzig sinnvolle Bestimmung für 'Kreuzzugsliteratur' - nämlich die historisch-inhaltliche (1). Je enger hier die Beziehung K - dR ist, desto eher ist natürlich der K auch der Kreuzzugsepik zuzuordnen, und das gerade dann, wenn er sich an entsprechenden Stellen dicht an die Vorlage anschließt (2). Daß die einfache Feststellung, daß der K nicht weniger Kreuzzugsdichtung ist als das dR, einen solchen relativen Aufwand an theoretischen Überlegungen erfordert, ist einmal mehr direkte Folge inadäquater Originalitätsforderungen, gleichzeitig aber auch ästhetisierender und geistesgeschichtlicher Betrachtungsweise. Die ideelle Identifikation des Interpreten mit einem k ü n s t l i c h e n Identifikationsobjekt, das seine Realität erst in der Betrachtung durch den Ausdeuter erfährt, führt natürlich bei einem Text wie dem K leicht zur Ablehnung. Dabei ist es, wie wir später sehen werden, sehr wahrscheinlich, daß Stricker nichts anderes gemacht hat als manche Interpreten, die das dR positiv beurteilen: er hat sich mit den Aussagen identifiziert. Da aber, anders als im Fall des Interpreten, diese Aussagen einen sehr konkreten zeitgeschichtlichen Hintergrund haben, ist die Beibehaltung des vorgefundenen Gedankenguts und seine Neuveröffentlichung das probateste und überdies in keiner Weise mit dem künstlerischen Selbstverständnis kollidierende Mittel, die für positiv erachteten Ideen zu propagieren.

Das Publikum des K hat es, was Religion und Kreuzzug angeht, zunächst einmal mit S i t u a t i o n und T e r m i n o - l o g i e zu tun. Die Situation ist gekennzeichnet durch die Bewährung christlicher und kämpferischer Tugenden in der Auseinandersetzung mit Glaubensgegnern; die Terminologie ist gekennzeichnet durch einen hohen Anteil an Begriffen aus dem religiösen Bereich. Zwar fehlt im K ein Eingangsgebet; aber schon in den Versen 44-47 kommt die religiöse Thematik zur

---

1) VON DER BURG/Diss. a.a.O. S.345.

2) Auch wenn man den Stellenwert der Kreuzzugs p r o p a - g a n d a im dR zugunsten reichspolitischer Implikationen herabstuft, bleibt die Tatsache bestehen, daß der Heidenkampf dort als Kreuzzug gestaltet ist (Werbung; Predigten; dR 3332 das Kreuz als Abzeichen an der Kleidung). Stellenangaben und Zitate erfolgen nach: Das Rolandslied des Pfaffen Konrad. Hrsg. von C. WESLE. 2. Aufl. bes. von P. WAPNEWSKI. Tübingen 1967. (ATB 69).

Geltung:

K 44 und fuor, do im der lîp erstarp,
diu sêle zehimele schône.
sus truoc er hie die krône
und hât dort daz selbe heil. (1)

Nimmt man Vers 43 hinzu, wo davon die Rede ist, daß der noch nicht namentlich genannte Held des Epos 'der werlte lop erwarp' (lonne G !), könnte man geneigt sein, hier das Ideal der Verbindung von weltlicher Ehre und göttlicher Begnadung zu sehen. Dies ist sicher auch insofern der Fall, als das zur Zeit des K schon zum Begriff gewordene enge Nebeneinander von Anerkennung in der Welt und Seelenheil für das Publikum ein solches Ideal evoziert. Aber das Ideal der Verbindung von weltlicher und göttlicher Anerkennung kann zumindest drei Funktionen haben: Es kann ein K o m p r o m i ß - ideal sein, das den Ausgleich zwischen zwei extremen gesellschaftlichen Idealen anstrebt; es kann ein A l i b i ideal sein, das das jeweilige, vom Autor und seiner Zielgruppe eigentlich bevorzugte Ideal durch die Einbeziehung eines anderen abzusichern versucht; und es kann schließlich ein g e s t e i g e r t e s bzw. e t h i s c h s t e i g e r n d e s Ideal sein, das auf der Auffassung beruht, gerade die Verbindung beider Ziele sichere dem einen wie dem anderen erst die volle Berechtigung. Theoretisch müßte es sich bei der weltanschaulichen Konstruktion der mittelalterlichen christlichen Gesellschaft immer um letzteres handeln. Aber auch, wenn man davon ausgehen kann, daß das religiöse Ideal von Autor und Publikum akzeptiert und als erstrebenswert empfunden wird, braucht über die praktischen Unterschiede, die tendenziell immer dem Wechsel zuneigenden ad-hoc-Interessen nicht diskutiert zu werden. Und selbst wenn in allen drei Fällen (Kompromiß, Alibi, Steigerung) jede der beiden Komponenten ihre Stärke schon allein dadurch erweist, daß augenscheinlich eine Verpflichtung des Erwähnens besteht, kann man über das Phänomen des 'Mehr-oder-Weniger' nicht hinweggehen. Daß es sich im K auf keinen Fall um ein bloßes Alibi handelt, beweisen 1. die Fortsetzung des Prologs (bes. v. 73 f., 78-86, 87-114), 2. der gesamte Inhalt des Epos, 3. der Epilog - der nämlich ein deutlich als solches zu identifizierendes Schlußgebet enthält (die Hss. ABDE schließen mit 'amen'!). Auch um einen bloßen Kompromiß kann es sich nicht handeln. Dazu nämlich sind die beiden Komponenten im Inhalt zu ungleichgewichtig vertreten. Das Handeln Karls wie auch der anderen christlichen Protagonisten besteht zwar vorzugsweise im Kampf, aber abgesehen von wenigen Passagen (Jugendgeschichte, Reichseroberung), die nur als Vorgeschichte oder Reminiszenz (Länderkataloge) präsentiert werden, vollzieht sich dieser Kampf i m m e r in einem spezifisch religiösen Zusammenhang. Um nur ein Karlsepos schlechthin zu verfassen, wäre dies sicher nicht nötig gewesen; man vgl. etwa den Karlmeinet oder die diversen frz. Karlsgesten. Als Gegenargument gegen die Stärke des religiösen Elemnts kann auch nicht angeführt werden, daß

---

1) zuhand er do starb U.46der eren Q.47 der selden R.

Stricker eine Wiederbelebung des Karlskultes beabsichtige oder dokumentiere (1). Denn daß mit der Betonung von Karls religiösen Qualitäten ein bestimmter Zweck verfolgt wird, heißt nicht, daß die Wirkung der Thematik auf diesen einen Zweck beschränkt bleibt. Um mit Eigenschaften, Handlungen und Ansichten dem Publikum etwas beweisen zu können, muß es sich dabei um zumindest prinzipiell Anerkanntes handeln. Über diese prinzipielle Anerkennung hinaus kann das Dargestellte aber nur eine intensivere Wirkung entfalten, wenn es s o dargestellt wird, daß eine Identifikation mit den Zielen erfolgen kann. Und da schließlich Karl und seine Gefolgsleute nicht nur 'Überfiguren' sind, sondern ausgeprägten Vorbildcharakter haben, müssen sie schließlich auch in gewissem Umfang erreichbar und 'imitabiles' sein. Mit dem Schritt zur Wiederholbarkeit der literarisch dargestellten Verhaltensweisen gelangen die propagierten Ziele aus der Sphäre wirkungsloser Esoterik in den Bereich des mehr oder minder real Nachvollziehbaren. Indem sie als nachvollziehbar gekennzeichnet werden, gewinnen sie an Wirksamkeit. Einem unerreichbaren Ideal kann sich das Publikum entziehen; die Bandbreite des Verhaltens reicht dabei von augenzwinkernder Pseudozustimmung bis zur resignierten, passiven und nur noch bewundernden Zurkenntnisnahme. Dem als m a c h b a r Präsentierten aber hat man sich zu stellen, und wenn man sich über die tatsächlichen Publikumsreaktionen auch nur Spekulationen erlauben kann, läßt sich doch schon aus Art und Inhalt der Darstellung eine entsprechende Absicht des Autors wahrscheinlich machen.

In dem bereits erwähnten Kapitel seiner Dissertation hat VON DER BURG u.a. gezeigt, daß die Dienstverpflichtung gegenüber Gott, die Funktion des Kampfes als Gottesdienst, die Rolle des liturgischen Gottesdienstes (Messe) in der Handlung und die göttliche Mitwirkung beim Erfolg der Christen im K quantitativ und (was den Wortlaut angeht) qualitativ einen mindestens gleich starken Niederschlag finden wie im dR. Daß der eine oder andere inhaltliche Aspekt im K durchgängig sogar stärker betont wird, halte ich dagegen für nicht endgültig beweisbar. Die beigebrachten Belege bestehen letztlich aus verbalen und syntaktischen Nuancierungen, über deren Grund man kaum etwas aussagen kann (s. auch Kap.III). Vor allem aber ist das dR für ein Epos, das nicht nur abstrakte Theologie vermittelt, sondern Religion hauptsächlich im konkreten Vollzug einer bestimmten Handlung (Heidenkampf) präsentiert, derart gesättigt mit religiösem Gedankengut, daß man quantitativ als Bearbeiter kaum noch eine Steigerung erzielen kann. So weisen etwa die Belege für marter, opher, pilger, himel in dR und K keine signifikanten Unterschiede auf. Wenn aber etwa bei 'got' und seinen Ableitungen K rund 5oo, dR rund 3oo Belege verzeichnet (2), dann ist dies in einer Hinsicht kaum noch aussagekräftig: Ob durchschnittlich (der Verzer-

---

1) Zur Herausstellung der sanctitas Karls s. SINGER/Diss. (s. 3 A 2) S.39 f.; (ders.): Der Eingang von Strickers 'Karl dem Großen'. In: ZfdPh 93/1974. Sonderheft. S.8o-1o7; SCHNELL/ ZfdPh 93 (s.S.3 A 3) S.57; wohltuend vorsichtig GEITH/Carolus Magnus (s.S.3 A 2) S.184, 168 ff.

2) Für Zahlenangaben über die Häufigkeit von Belegen verweise ich (auch für Kommendes) auf die folgenden Indices: WISBEY, R.A.: A complete concordance to the Rolandslied. Leeds 1969.- VON DER BURG, U.: Indizes zu Strickers Karl der Große. Göppingen 1974.

rungen bin ich mir bewußt) in jedem 24. oder jedem 3o. Vers dieses Wort auftaucht, kann beim Publikum kaum noch einen Unterschied in der Wirkung zeitigen.

Natürlich können nicht nur die bloßen Begriffe für eine Beurteilung herhalten; auch ihr Handlungsumfeld ist zu berücksichtigen. Aber genau dieses Umfeld unterscheidet sich in dR und K nicht. Insofern weist der K den gleichen 'Sättigungsgrad' an religiösem Inhalt auf wie das dR. Und damit steht der K allenfalls noch neben dem 'Willehalm' im ersten Viertel des 13. Jhs sogar s i n g u l ä r da, was Stärke und Fülle religiöser Inhalte angeht!

Daß die Religiosität des K in der Forschung lange keine Beachtung gefunden hat oder falsch eingeordnet wurde, erklärt sich durch ein Verfahren der self-fulfilling-prophecy. Aus der - richtigen - Feststellung, daß speziell der Kreuzzugsgedanke z.Z. des K schon viel von seiner Idealität verloren hatte, wurde der - falsche - Schluß gezogen, ein Epos dieser Zeit eines nicht-renommierten Künstlers könne notwendig nur profan oder vordergründig sein; Untersuchungen wurden dann so angelegt, daß das Ergebnis die Vorannahmen bestätigten. So schreibt etwa SCHULZE:

> "Das Ziel aller Kreuzfahrer ist bei Konrad, Märtyrer zu werden (...). Das paßt in eine Zeit hochgespannter geistlicher Ideen, aber nicht für eine Zeit der beginnenden weltlichen (...) Interessen. Da der Stricker die große Masse von Erwähnungen solcher Gedanken ausgelassen hat, so führe ich im Folgenden nur diejenigen Stellen im Karl auf, in denen sich s c h e i n b a r der alte asketische Geist erhalten hat." (1)

Die Gegenüberstellung der Zeit um 117o und der um 122o/3o als "Zeit hochgespannter geistlicher Ideen" und "Zeit der beginnenden weltlichen Interessen" wird von VON DER BURG zu Recht als "Pauschalisierung" (a.a.O. S.295) gekennzeichnet. Aber das 'Perfide' an dieser Kontrastierung ist, daß nicht mit völlig Falschem operiert wird, daß SCHULZE hier auf der Welle einer z.T. immer noch geltenden communis opinio mitschwimmt und so zunächst glaubhaft wirkt. Es handelt sich auch nicht nur um eine Pauschalisierung; zusätzlich wird nämlich die Ideengeschichte reduziert auf ein Gebiet, wird Unvergleichbares verglichen (geistliche Ideen - weltliche Interessen), das Problem von Nebenströmungen vernachlässigt - und schließlich auch noch falsch periodisiert. Das geistliche Gedankengut des dR ist nicht Produkt seiner Zeit, sondern der Zeit etwa seit 1o5o (für Deutschland). Insoweit Konrad asketisches Gedankengut vertritt - und das ist im dR nicht durchgängig der Fall! (2) - ist er verspäteter Nachfolger solcher Ideen. Das tatsächlich 'Hochgespannte' der Zeit um 117o liegt nicht mehr im ausschließlich geistlichen Bereich. Insofern ist gerade der Beginn weltlicher Interessen, besonders auf kulturellem Gebiet, schon hier auszumachen, keinesfalls erst z.Z. Strickers.

---

1) SCHULZE/Wirkung (s.S.32 A 3) S.5o.

2) Dies wird uns in Kap.II beschäftigen. Falsche Einordnungen des K sind nämlich auch dadurch bedingt, daß man lange Zeit die weltlichen Komponenten des dR vernachlässigt hat. Kommt man aber zu einer zu einseitig geistlichen Interpretation des dR, ergeben sich für den K untaugliche Maßstäbe.

Daß Stricker "die große Masse" von Erwähnungen des "Märtyrer- und Opfergedankens ausläßt, stimmt nicht. Im K finden wir 35, im dR 32 Belege für 'martern', 'ophern' u.Nbff.; läßt man die Belege fort, in denen die Begriffe nicht auf religiöse Aussagen bezogen sind, dann dreht sich zwar das Verhältnis um (dR 2o, K 1o), bei der geringen Basiszahl kann man aber kaum von einer "großen Masse" an Auslassungen reden. Sieht man sich nun die verbleibenden Belege durch, stellt man auch fest, daß kein einziger Gedanke Konrads verlorengeht. Stattdessen aber macht Stricker Folgendes: er bezeichnet mit den Begriffen elfmal den Tod Christi (K 129o, 1428, 3872, 4138, 6814, 7622, 8916, 9o26, 9365, 1o2o3, 1o651), während dies im dR nur sechsmal geschieht (824, 3127, 5822, 6495, 7553, 769o). Diese gesteigerte Memorierung des Opfertodes Christi und die entsprechend häufiger als im dR vorhandene Apostrophierung gerade dieses Todes als 'marter' bewirkt, daß sich im K der Gedanke der imitatio Christi in den Vordergrund drängt. An die Stelle eines 'asketischen' Opfergedankens - den es notabene im dR nicht gibt - tritt also im K ein Märtyrergedanke, der alle im dR vorhandenen Aspekte aufgreift, ihnen jedoch einen spezielleren, aber ebenfalls r e l i g i ö s e n Akzent verleiht. Diese Strickersche Bearbeitungstendenz werden wir später noch häufiger beobachten (Kap.III): meist ohne das im dR vorgefundene Gedankengut und Assoziationspotential qualitativ zu reduzieren, favorisiert Stricker einen der vorgefundenen Aspekte und stellt ihn in den Vordergrund. Allerdings gilt auch hier schon, daß solche Akzentuierungen überwiegend okkasioneller Art sind.

In den von SCHULZE im Folgenden beigebrachten Stellen des K finden sich genau die schon im dR angesprochenen Aspekte; dieses Ergebnis wird aber noch vor Präsentation der Stellen von vornherein disqualifiziert, indem gesagt wird, im K habe sich das Gedankengut nur "scheinbar" erhalten. Bezeichnend auch, wie K 3875 (daz ich die sele gelaite/mit des lîbes arbeite) mit der Parallelstelle im dR verglichen wird: K habe "dasselbe", aber es bedeute "nach der ganzen Einstellung des Strickers" doch etwas anderes. Vom dR wird nur Vers 313o zitiert (daz der lîp gearbeite), 3129 aber unterschlagen (der sêle ze gelaite), also genau der Vers, der beweist, daß Stricker hier um Zitierung bemüht ist. Die "ganze Einstellung des Strickers" aber bleibt eine ohne Rücksicht auf den Text allein aus anderer Sekundärliteratur und evtl. aus dem Bild des Amis- und Daniel-Verfassers bezogene. Selbst wenn man dieses Bild zu übernehmen geneigt wäre, ist doch wieder zu bemerken, daß das Publikum des K sich nur dem ausgesetzt findet, was es darin vorfindet - und das ist eben etwas anderes als im Amis oder Daniel. Was dagegn oft nur ungenügend ausgewertet wird, ist Strickers religiöse Kleinepik. Auch wenn sie zum größten Teil nach K und Daniel entstanden sein s o l l t e , entsteht ein Interesse an religiösen Themen und vor allem die Fähigkeit zu ihrer Bearbeitung nicht von heute auf morgen (1). Dies zu berücksichtigen heißt nicht, Gattungsunterschiede und die durch sie bedingten bzw. umgekehrt diese bedingenden gestalterischen Unterschiede zu leugnen; es heißt, die Wahl von Form und Inhalt als Resultat <u>gezielter</u> Entscheidung zu erkennen.

---

1) "Mit seinen Bîspel steht der Stricker der franziskanischen Predigt nahe, deren Exemplasammlungen er heranzog." (SOWINSKI, B.: Lehrhafte Dichtung des Mittelalters. Stuttgart 1971. S.6o.)

Man kann auch nicht einzelne Teile des K ohne weiteres gegen andere Teile auszuspielen versuchen. SINGER etwa äußert zu K 87 ff.:

> "Bezeichnend für Stricker scheint uns, daß er zwar 'kunst' als eine Gnade Gottes auffaßt, daß er sich den Zugang zu dieser Gnade jedoch wiederum rational (durch 'list') verschafft." (1)

Einmal abgesehen davon, daß der Terminus 'Gnade' von SINGER hier nur allgemein, nicht aber entsprechend theologischer Auffassung verwendet worden sein kann (2), abgesehen ferner davon, daß das Bedeutungsspektrum von 'list' zu groß ist, um nur auf rationale Fertigkeiten festgelegt werden zu können, wird die Tatsache, daß der Autor Gott als seinen Inspirator darstellt, durch einen Hinweis auf nicht-religiös gebundene Eigenschaften nicht entwertet. Auch die Bindung an rhetorische Muster innerhalb des Prologs, die SINGER Schicht für Schicht freilegt, kann uns von den Inhalten nicht absehen lassen, auf keinen Fall von den religiösen. Denn während Strickers Rhetorik im nicht-religiösen Bereich traditionellen Mustern, Motiven und Gedanken verhaftet bleibt, ist es eben in der Groß-epik seit dem Entstehen einer neuen Autorenschicht - und das ist z.Z. Strickers schon 5o - 7o Jahre her! - nicht mehr die Regel, daß die Verfasser explizit und breit dargestellt ihre schriftstellerische Tätigkeit auf göttliche Inspiration zurückführen.

Das Mißtrauen vieler Interpreten gegenüber der Religiosität im K ist sicher auch bedingt durch die Verse 117 f. (erniuwet durch der werden gunst/die noch minnent hovelîche kunst; 117 getichtet F. werlde HOR. 118 nieman X. hilfleich G.). Weil sich die f r ü h mhd. geistliche Lehrdichtung nicht zuletzt gegen die weltliche Laienkultur gestellt hat, weil die höfische Kultur zu Recht auch als Bemühen des Adels um kulturelle Autonomie interpretiert wird, gilt 'höfisch' oft als direktes Gegenteil von 'religiös'. Aber diese Folgerung ist unberechtigt. Die höfische Kultur stellt nicht das Ergebnis eines Sieges über kirchliche Lehrmeinungen dar, sondern das Ergebnis eines A r r a n g e m e n t s m i t der Kirche. Der weltliche Adel erlangt partielle kulturelle Autonomie, aber nur insoweit und seitdem die Machtstellung der Kirche dadurch nicht mehr gefährdet ist. Wenn nun oben davon gesprochen wurde, daß religiöse Bestandteile in weltlichen Zusammenhängen Kompromiß- oder Alibicharakter haben können, so spricht nichts dagegen, daß dieses Spiel auch mit vertauschten Rollen gespielt werden, daß also Weltliches die Funktion haben kann, emotionale Sperren gegen religiöse Inhalte zu beseitigen. Und dies läßt sich immer wieder aufzeigen; Kaiserchronik, Lamprechts 'Alexander' oder das dR (s.Kap.II) bieten genügend Beispiele. Nimmt man die Tatsache der Existenz geistlicher Literatur mit partiellem Unterhaltungsanspruch

---

1) SINGER/ZfdPh 93 (s.S.38 A 1) S.96

2) Weder die gratia actualis, auf deren Gewährung der Mensch ohnehin keinen Einfluß hat, noch die gratia sanctificans, die man durch verdienstvolle Werke erwerben kann, können zu 'list' in eine Folgebeziehung gesetzt werden; s. Art. 'Gnade' in: Lexikon für Theologie und Kirche. Bd.4. Freiburg 196o. Sp. 977-1ooo. Hier Sp. 984 ff.

an sich schon als ein solches (natürlich zweckbestimmtes) Zugeständnis, dann läßt sich die gesamte volkssprachige Literatur, von Otfried über Ezzolied, die Ava, das Annolied usw. als mit solchen Mitteln arbeitend interpretieren. Bei Verfassern, die nicht oder nicht eindeutig als Geistliche zu identifizieren sind und die außerdem schon in einer Zeit leben, die als dem Weltlichen mehr zugewandt betrachtet wird, glaubt man nun dergleichen nicht mehr vermuten zu dürfen - zumal, wenn sich bei ihnen Äußerungen wie die oben zitierte finden. Aber für ein Publikum, das 'hovelîche kunst' schätzt, haben auch Lamprecht und Konrad geschrieben, ja sogar Heinrich 'von Melk'. Denn hovelîch darf nicht völlig gleichgesetzt werden mit dem literaturgeschichtlichen Begriff 'höfisch', der zur Bezeichnung einer Epoche, eines kulturellen Ambiente und z.T. unverwechselbarer Gehalte und Inhalte verwendet wird. Der Bezug zum Kulturellen ist im 'hovelîche' der K-Stelle natürlich nicht zu übersehen. Aber es erfolgt zunächst nur und, da die Stelle nirgendwo eine Konkretisierung erfährt, damit eine ausschließlich s o z i a l e Ausgrenzung; für eine ethische haben wir dagegen keinen Anhaltspunkt. Wir erfahren, wo das von Stricker gesuchte Publikum zu finden ist, und indem Stricker es hier in vorliegender Form anspricht, macht er es sich zugleich benevolens (1). Denn er konstituiert damit eine für Autor und Publikum gemeinsame Basis der literarischen Wertschätzung. Verstärkt wird dies durch das hinzugefügte 'noch'. SINGER hat sicher Recht, wenn er dies in die Nähe des Topos der Zeitklage setzt (2). Es ist wichtig zu sehen, daß 'kunst' hier nicht nur einen formalen, sondern auch einen inhaltlichen Aspekt meint. Beides ist nicht trennbar, aber die Mißachtung des Formalen darf nicht durch eine des Inhaltlichen ersetzt werden. Wenn also Stricker ein 'altez maere erniuwet', dann heißt das, daß er den Inhalt der alten Vorlage als für die höfische Literatur verwendungsfähig darstellt. Über die Religiosität dieser Vorlage herrscht ja nun kein Zweifel. Ebensowenig Zweifel können daran bestehen, daß dem Publikum der Inhalt des Karl-Roland-Stoffes bekannt war und daß es ihn spätestens nach dem ersten 36o Versen identifiziert haben wird - wenn die Erinnerung nicht schon durch 19o ff. wachgerufen worden sein sollte (Erwähnung von Marsilies und Spanien als Karls Exilort). Damit ist zumindest klar, daß es um das Thema 'Heidenkampf' gehen wird. Wir haben schon einiges bemerkt, was darüber hinaus an religiösen Inhalten aus dem dR im K erhalten bleibt; und je mehr nun noch zusätzlich übernommen wird, je weniger andererseits eine Verweltlichung eintritt, desto größer erscheint die Berechtigung, im Appell an 'hovelîchez' Kunstverständnis nicht nur den Versuch zu sehen, das Publikum allgemein benevolens zu machen: er kennzeichnet auch das Bemühen, über die Evozierung einer bestimmten Erwartungshaltung und die Deklarierung des Präsentierten als 'hovelîch' Inhalt und Präsentation als interessant, unterhaltsam und überhaupt weltlichen Ansprüchen genügend erscheinen zu lassen.

---

[1] SINGER/ZfdPh 93 (s.S.38 A 1) S.1oo weist auf den Zusammenhang dieser Stelle mit der benevolens-Intention nicht hin; der Appell an den 'kunst'-Sinn des Publikums ist aber als ebenso wirkungsvoll anzusehen wie die von ihm aufgeführten Elemente.

[2] SINGER ebd. S.1o6.- Stricker äußert solche Gedanken ausführlicher im Amis (1 ff., 7 ff., 17 ff.), in der 'Frauenehre' (1 ff.), der 'Klage' (11 ff., 235 ff.) und den 'Herren zu Österreich' (durchgängig ab 95).

Es gilt jetzt, die religiösen Bestandteile des K noch weiter auszuwerten. SCHNELL hat, ebenfalls ausgehend von der Tatsache des fehlenden Eingangsgebetes und der Verse 117 ff., die vorschnelle Einteilung dR = religiös, K = weltlich dadurch widerlegt, daß er die religiösen Gedanken des dR-Prologes als sämtlich auch im K-Prolog vorhanden nachgewiesen hat. Aber nicht nur dies:

> "der 'Karl', der sich im ersten Teil des Prologs als ein höfischer Roman vorgestellt hat, nimmt im weiteren Verlauf Versatzstücke aus religiösen Dichtungen auf." (1)

Als solche Versatzstücke identifiziert SCHNELL den brevitas-Topos (52-62), den Bescheidenheitstopos mit Bileams Eselin (87-96) und die intercessio Karls (82-86, 97-1o6,112-114). Zwar kann m.E. der brevitas-Topos wegen seiner breiten, gattungs- und themenungebundenen Verwendung keine Interpretationshilfen geben; der ausführlich dargestellte Gedanke der intercessio aber läßt sich wohl schwerlich als für eine angeblich weltliche Dichtung normal erklären (2). Daß der Held eines Epos dem Publikum gegenüber deutlich und immer wieder die Rolle des Gnadenvermittlers zugewiesen erhält, wird man in den meisten höfischen Romanen vergeblich suchen. Nun liegt das natürlich auch daran, daß Karl eine historische und auch von den Zeitgenossen als historisch empfundene Figur ist. Es läßt sich aber feststellen, daß der intercessio-Gedanke nicht nur bei Karl selbst angesprochen wird, sondern auch bei Roland, Turpin, Olivier und überhaupt allen Gefallenen der Roncevalles-Schlacht (z.B. K 1o795 ff.). Die Hinweise auf die Wirksamkeit ihrer Reliquien und die Wunder an ihren Gräbern (K 1o941 f., 1o911 ff.) rufen gleichfalls eine im Religiösen beruhende Aktualität des Geschehens für die 'noch heute Lebenden' hervor (3). Aber der historische Kern ist natürlich nicht der Grund dafür, daß der K religiös bestimmt ist; er ist nur ein Grund dafür (neben anderen), daß er es sein k a n n . Denn die Geschichtlichkeit mal. Dichtung ist für die Zeitgenossen eine Qualität mit sehr fließenden Grenzen. Zu den drei christlichen der 'neuf preux' gehört neben Karl d.Gr. und Gottfried v. Bouillon auch König Artus; Ogier geht in die Artussage über, vielleicht weil er eine historisch weniger belastete Figur ist; aus dem gleichen Grund gehen die Wilhelmsdichtungen, obwohl auch einen historischen Kern besitzend, mit viel mehr Phantasie vor (4). Aber es ist immerhin bezeichnend, daß Stricker im K das Moment der Aktualität für den Rezipienten doch sehr stark im Religiösen sucht bzw. daß er es ü b e r h a u p t auch dort ansiedelt. Es fragt sich, ob nicht gerade dadurch eine Aktualität des Karl-Stoffes gesichert wird, die auf anderen Gebieten später sehr schnell schwindet. Denn der Karl-Stoff wird insofern in Deutschland immer ungeschichtlicher, als sich alles historisch Fixier-

---

1) SCHNELL/ZfdPh 93 (s.S.3 A 3) S.56 f.

2) Ich erinnere an die Schwierigkeiten, die Eingangsgebet und intercessio-Gedanke im 'Willehalm' hervorgerufen haben, was seine Einordnung in die klassische höfische Dichtung angeht.

3) Denn die Historizität Karls färbt natürlich auf seine Umgebung ab, zumal beide Teile immer wieder miteinander in Verbindung gebracht werden.

4) s. CURTIUS, E.R.: Über die altfrz. Epik IV. In: Romanische Forschungen 62/195o. S.294-349. Hier S.316.

bare mit der Zeit verliert. Solange es keine auf abstraktem geschichtlichem Interesse beruhende Beschäftigung mit Karl gibt - und das wird erst im Humanismus der Fall sein (1) - wird ohne Vorliegen konkreterer Anknüpfungspunkte immer mehr zur Fiktion. Im 13. Jh. ist das noch nicht der Fall, aber vor allem deshalb nicht, weil Karl aus verschiedenen Gründen handhabbar und benutzbar erscheint. Zu seiner Zeit wirkte der K wahrscheinlich schon realer als ein Artusroman, der ja in seiner klassischen Form zunehmend weniger Interesse findet - Versuche zu seiner Reaktualisierung bleiben vereinzelt und wirkungslos; falls es sich beim 'Wigalois' um einen solchen Versuch handelt, ist es bezeichnend, daß Wirnt von Grafenberg dazu Kreuzzugsmotivik einsetzt (2). Vergleicht man den Wigalois, dem DE BOOR "handfeste Frömmigkeit" nachsagt (3), mit dem K, dann merkt man schnell, wie sehr Strickers Epos hinsichtlich seiner Religiosität unterschätzt wird: Bei Wirnt ist das religiöse Thema eines unter mehreren gleichgewichtigen, bei Stricker das am eingehendsten behandelte; bei Wirnt sind die konkurrierenden Inhalte attraktiv und phantasiebeflügelnd genug, um das Kreuzzugsthema zeitweise untergehen zu lassen, bei Stricker sind solche anderen Inhalte, wie wir noch sehen werden, gar nicht erst so weit durchgeführt, um ernsthaft ablenken zu können; bei Wirnt erhält das Publikum Gelegenheit, seinen Anspruch auf Unterhaltung und evtl. kulturelle Selbstbespiegelung auf einer Reihe von Gebieten zu befriedigen, bei Stricker gibt es dazu allenfalls punktuell einmal eine Chance. Auf die meisten Inhalte und Handlungsweisen im Wigalois kann das Publikum nicht verpflichtet werden (weil es eben nicht selbst auf wilde Waldfrauen, Zauberschlösser usw. trifft), im K kann es, wenn es sich von Verhaltensweisen begeistert zeigt, fast überall beim Wort genommen werden. Es ist schlichtweg falsch akzentuiert, zu behaupten, im K sei Karls Aufgabe "kein Heidenkrieg" (4), nur (5) weil Karl vorher noch in göttlichem Auftrag (!) sein Reich erobert - wobei dann die Schilderung dieser Eroberungen auch noch ausgespart wird unter deutlichem Hinweis auf ihre relative Unbedeutsamkeit für das Folgende (K 448: zu 'lanc ze sagene').

---

1) s. KÖSTER, R.: Karl der Große als politische Gestalt in der Dichtung des deutschen Mittelalters. Hamburg 1939.

2) vgl. NAUMANN, H.: Der wilde und der edle Heide. In: Fs. Ehrismann. Berlin u. Leipzig 1925. S.8o - 1o1. Hier S.85.

3) DE BOOR: Gesch. d. dt. Lit. II (s.S. 1o A 2) S.88.

4) SCHULZE/Wirkung und Verbreitung (s.S.32 A 3) S. 7o.

5) Der Begriff 'nur' tastet die Bedeutung der Tatsache zusätzlicher Eroberungen nicht an; man muß sich aber den Blick für Maßstäbe offenhalten. Religiöse und politische Momente schließen sich nicht aus, sondern steigern sich eher noch gegenseitig in ihrer Wirksamkeit, indem das eine wie das andere Element wechselseitig Legitimationsfunktion ausüben kann.- Außerdem sind im K die Prioritäten, wie bereits erwähnt, schon rein quantitativ klar verteilt. Die Aussparung der Eroberungen selbst als Handlungsmotiv und die Nutzung eines brevitas-Topos gerade dort als Argument für die Aussparung zeigen hinlänglich, worauf es Stricker in erster Linie ankommt.

Das erste und wichtigste Argument gegen die Behauptung, der K sei gegenüber dem dR eine weltliche Dichtung oder auch nur weltlicher, muß der Hinweis auf Zahl und Umfang der religiösen Passagen bleiben. Beides macht den K r e l a t i v ungeeignet für überwiegend und spezifisch weltliche Zwecke; und es gibt keinen Grund anzunehmen, dies könnte Stricker nicht bewußt gewesen sein. Es existiert für mich nur ein Aspekt, der bei diesem Inhalt des K durchgängig als auch weltlich gesehen werden kann, nämlich der eines allgemeinen Heroismus, der (allerdings wie im dR!) Situationen und Handlungen fast überall begleitet. Bezeichnenderweise ist dies aber auch das einzige weltliche Element, das sich ohne Schwierigkeiten mit einer speziellen Art von Religiosität verbinden läßt. Insofern ist es nicht unberechtigt, wenn BUMKE den K unter "Heldenepos" führt (1). Nur ist eine solche Zuordnung natürlich andererseits auch gefährlich, wenn sie zwei Komponenten (neben dem Heroismus wird für BUMKE wahrscheinlich noch die Historizität mit besonderer Berücksichtigung der Affinität zur frz. Gestendichtung bestimmend für seine Nomenklatur gewesen sein) als hinreichend für eine Zuordnung erscheinen läßt. Die Bezeichnung 'Heldenepos' kann der Abgrenzung vom höfischen Epos mit einer zu vordergründigen inhaltlichen Bestimmung dienen, darf aber nicht der Scheu vor einer Zuweisung des Prädikats 'religiös' entspringen. Natürlich hängt ein Teil der Benennungsschwierigkeiten auch mit der Problematik von Gattungseinteilungen überhaupt zusammen. Das dR ist insofern genauso ein höfisches Epos wie der K, als es für einen Hof geschrieben und dort rezipiert wurde. Beide Dichtungen sind aus den erwähnten Gründen auch als Heldenepen ansehbar. Das dR ist ein vorhöfisches Epos, insofern es in Teilen noch gehaltlich den Standard einer Zeit spiegelt, die vor der Periode der als höfisch klassifizierten Dichtung liegt; von der abstrakten Chronologie her fällt es aber auch schon genau in diese Periode. Der K ist dann auch chronologisch als höfisches Epos zu bezeichnen, ist aber arm an spezifischen inhaltlichen Kennzeichen höfischer Dichtung usw. usf. Es soll hier keine Gattungstheorie betrieben werden, es ist eben nur fraglich, inwieweit sich solche Probleme lösen lassen bzw. ab wann es sich wirklich um Probleme handelt. Die terminologische Vermeidung des Gattungsbegriffes oder seine weitgehende Unterteilung schaffen größere Differenzierung, stoßen aber irgendwann an die gleichen Grenzen und sind, wenn man die Möglichkeiten und den Sinn einer solchen Klassifizierung falsch einschätzt, den gleichen Problemen ausgesetzt. Solche Probleme sind vor allem das In- und Nebeneinander formaler, inhaltlicher und evtl. noch anderer Kriterien sowie das Nicht- oder Seltenexistieren reiner Typen. Das theoretische Problem wird aber erst ein praktisches, wenn der jeweilige Gattungsbegriff keine dienende Funktion mehr hat, sondern als etwas Feststehendes oder auf jeden Fall zu Beweisendes gilt.

Es gibt noch einen Umstand, der wahrscheinlich die Bemühungen um eine künstliche Abgrenzung des K vom dR provoziert hat und auf den es deshalb hinzuweisen gilt. Der Verfasser des dR ist

---

1) BUMKE, J.: Die romanisch-deutschen Literaturbeziehungen im Mittelalter. Heidelberg 1967. S. 26, 72.

auf Grund eigener Aussage als Geistlicher zu identifizieren; die Biographie Strickers aber ist auch bezüglich seiner Standesverhältnisse so lückenhaft, daß in dieser Richtung nur unbeweisbare Vermutungen möglich sind (1). Aber selbst wenn Stricker auch Geistlicher gewesen sein sollte, ließe sich seine Stellung mit der des Hofgeistlichen Konrad nicht vergleichen. Wer Stricker für einen Laien hält, für einen 'bürgerlichen Fahrenden' gar, der wird sich scheuen, ihm im Schatten Konrads für den K das Prädikat 'religiös' zu verleihen. Wer Stricker für einen Geistlichen von niedrigem sozialen Status hält, traut ihm nicht das tiefe Durchdrungensein zu, das Konrads Dichtung hinsichtlich seiner religiösen Gehalte zugesprochen wird. Aber beide Vorurteile lassen sich schon theoretisch widerlegen: Erstens ist im Hochma. geistliche Verfasserschaft keine Bedingung mehr für religiöse Dichtung (Veldeke: Servatius; Wolfram: Willehalm; Hartmann: Gregorius); 'religiöse Dichtung' und 'Geistlichen-Dichtung' sind keine Synonyme mehr; Konrads dR ist ein schon relativ spätes Beispiel für diese vormalige Identität. Zweitens war in der Zeit, der man Konrad noch als geistig zugehörig empfindet (f r ü h - mhd. Geistlichendichtung), der geistliche Stand der Autoren nie Garant für Tiefe und Ausprägung des in D i c h t u n g geäußerten Ideengutes; es handelte sich fast immer um Populartheologie, und es sei an RUPPs Bemerkung über die "Männer der zweiten und dritten Garnitur" (2) erinnert. Der Stand Konrads ist also allein noch kein Grund, identische Äußerungen im K als wegen angeblicher Inadäquanz des Neuverfassers weniger ernst gemeint und deshalb eben doch nicht religiös zu deklarieren. Drittens kann, vom anderen Ansatzpunkt aus, Stricker auf keinen Fall unfähig gewesen sein, den im dR vorgefundenen Äußerungen einen Sinn zu unterlegen - dagegen spricht sein gesamtes OEuvre. Viertens ist erneut auf die Bedeutung des wachsenden Interesses von Laien an theologischen Problemen zu verweisen; insofern stellt Strickers K also einerseits keine Ausnahme dar, andererseits aber auch nicht die Regel. Fünftens und letztens schließlich setzt die Produktion des K immer noch einen Hof als Entstehungs- oder zumindest Auftragsort voraus; also ist für den Autor ein kulturelles Ambiente als gesichert anzunehmen, als gesichert anzunehmen ist damit aber auch die Fähigkeit des Autors, entsprechenden Anforderungen gerecht zu werden.

Als Prüfstein für das theologische Wissen eines mal. Dichters gilt vor allem seine Bibelfestigkeit. Nun könnte man im Fall des K geneigt sein, einen derartigen Beweis nicht anzuerkennen, soweit es sich bei Bibelzitaten um Übernahmen aus der Vorlage handelt. Aber eine solche Übernahme tastet das religiöse Element nicht an, sondern transportiert es weiter. Eine Übernahme setzt auch meist ein Verstehen und ein Identifizieren des Vorgefundenen voraus. Das läßt sich dadurch beweisen, daß manchmal Änderungen offensichtlich Folge von Nichtverstehen sind; ein Beispiel im K wäre wieder die schon erwähnte Stelle 1657 ff., in denen das 'site' der Vorlage nicht verstanden wurde - 'site' im dR ist aber seinerseits schon ein

---

1) Zu Fragen der Biographie s. die Einleitung von BRALL/Euph.7o (s. S.4 A 3), die zum Kritischsten und Nüchternsten gehört, was zu diesem Themenbereich gesagt worden ist.

2) RUPP, H.: Deutsche religiöse Dichtungen des 11. und 12. Jhs. 2. Aufl. Freiburg 1971. S.274.

Schreibermißverständnis, die Hss. S und A haben 'sete' (1). Stricker zeigt hier also, daß er nicht über Konrads Kenntnisse der Kommentare zu Gen. 8, 6-7 verfügt. Für den r e l i g i ö s e n Gehalt der Stelle ist dieses t h e o l o g i s c h e Mißverständnis aber belanglos: er ist durch den Tenor der Rede Turpins ebenso gewahrt wie durch die Übernahme anderer Bibelzitate (Weinberggleichnis Mt. 2o,1 ff.; 1. Kor. 3,11 ff.). Auch K 9o39 ist ein solches Beispiel für Mißverständnisse (dR 7711 ff. - Ps.2,2), desgleichen K 93o4 - o6 (dR 7885 ff. - Joh. 12,24) (2). Immerhin aber zählt HAACKE, der gegenüber der Religiosität des K sehr kritisch eingestellt ist, dort 2o Übernahmen von den 29 Bibelzitaten des dR; bezeichnenderweise leitet er diese Beobachtung ein mit dem Satz: "Man sollte meinen, daß hier der Stricker Streichungen vorgenommen habe."(3) Man sollte meinen - warum sollte man? Weil man aus den verschiededenen genannten Gründen von vornherein davon ausgeht, daß im K eine Verweltlichung vorliegen muß. SCHULZE hat schwerpunktmäßig versucht, den religiösen Gehalt des K zu leugnen oder umzuinterpretieren; dies war zu seiner Zeit eigentlich schon nicht mehr möglich, denn es lagen ja bereits die Arbeiten von AMMANN (in Einzelfolgen 1885-19o1, als Buchfassung 19o2) und JECKLIN (1877) vor, die zumindest quantitativ die religiösen Inhalte des K als nicht unterschätzbar hätten erweisen können, wenn ihre Beobachtungen ausgewertet worden wären. JECKLIN z.B. stellt nämlich nicht nur die o.a. Änderung von Bibelzitaten (4) fest, sondern auch selbständige Zusätze Strickers aus der Bibel (5). Stricker wendet also a l l e v i e r m ö g l i c h e n Verfahrensweisen gegenüber einer Vorlage an: Streichung, Änderung, Übernahme, Zusatz. Von einer Mechanik des Ausschreibens kann also hier keine Rede sein - sowenig wie von Uninformiertheit, Gleichgültigkeit gegenüber der Provenienz der Informationen oder was dergleichen Einschätzungen mehr sind.

Was für den expliziten Bibelbezug gilt, gilt auch für allgemeines religiöses Gedankengut: Streichungen (6), Änderungen (7),

---

1) Am gleichen Mißverständnis ist KARTSCHOKE in seiner dR - Übersetzung gescheitert (Das Rolandslied des Pfaffen Konrad. Frankfurt a.M. 197o).

2) Zu beiden Stellen s. JECKLIN, C.v.: Zu des Strickers Karl. Diss. Wien 1877. S.39 f.

3) HAACKE/PBB (W) 81 a.a.O. S.279

4) Der Begriff 'Zitat' verkürzt: Auch Konrad zitiert nicht, sondern gibt den Inhalt der Bibel mit eigenen Worten wieder und behält oft nur einzelne Begriffe bei. Insofern ist auch nicht jede Abweichung des K vom dR als Änderung wegen Mißverstehens zu interpretieren; oft vollzieht Stricker an seiner Vorlage nur das noch einmal, was Konrad gegenüber der Bibel gemacht hat.

5) z.B. K 29o3 - Ps. 1o8,6; K 2915 ff. - Ps. 1o8,29; K 2922 ff. - Ps. 1o8,18; s. JECKLIN (s.o. A 2) S. 39 f.

6) s. SCHULZE/Wirkung und Verbreitung (s.S.32 A 3) S.52.

7) In K 8852 kommt gegenüber der Parallelstelle (etwa dR 7398) der t h e o l o̧ g i s c h e Aspekt durch die Erwähnung der 'niwen ê' sogar stärker zur Geltung.

Übernahmen und Zusätze (1) sind nebeneinander vertreten, Streichungen und Kürzungen werden "nicht grundsätzlich" (2) vorgenommen.

Wenn man das Vorhandensein religiösen Gedankengutes im K akzeptiert, trotzdem aber die These von der Verweltlichung nicht aufgeben will, dann hat man 'drîer dinge wal' (K 928):

- Man versucht nachzuweisen, daß Stricker weltliche Zusätze macht, die dann die Relation der Gehalte zuungunsten des Religiösen verschieben.
- Man leugnet, daß religiöse Inhalte allein auf Grund ihres Vorhandeseins wirken.
- Man versucht, aus der Formulierung der religiösen Inhalte heraus ihre Ernsthaftigkeit zu bestreiten.

Wie es mit der ersten Möglichkeit bestellt ist, soll uns in Kap. II. interessieren. Die zweite Möglichkeit habe ich schon mit dem Hinweis darauf zu entkräften gesucht, daß beim Publikum zunächst nur der Wortlaut ankommt, der vorgegebene Inhalt. Der Gefahr, daß das Publikum darauf nicht eingeht, ist jeder Dichter ausgesetzt, Stricker also nicht mehr als Konrad. N u r besteht für das Publikum des K wie des dR wegen der quantitativen Verhältnisse erheblich weniger die Chance, sich den religiösen Inhalten zu entziehen, als für ein Publikum von Texten, in denen Religiöses nur akzessorisch oder höchstens gleichgewichtig neben Anderem vorhanden ist.

Der Realisiation der dritten Möglichkeit (Form entwertet Inhalt) hat sich HAACKE gewidmet. Die vielleicht unproportional erscheinende Kritik, der ich seine Thesen unterziehe, erhält ihre Berechtigung aus der Tatsache, daß bei der geringen Anzahl der Arbeiten zum K sein Aufsatz zu den bis heute maßgeblichen Interpretationen zu rechnen ist, seine Urteile also, da allenfalls sporadisch angegriffen, bisher noch für das Bild der Forschung vom K bestimmend zu sein scheinen.

Ausgehend von den formalen Änderungen im K versucht HAACKE, ein bestimmtes Bild von der geistigen Einstellung Strickers zu konstruieren, das 'echter' Frömmigkeit zu wiedersprechen scheint. Nach einer Darstellung des Konradschen Stiles, in die fortlaufend positive Urteile einfließen, beginnt H. die Darstellung von Strickers Stil mit dem Ausruf: "Was aber hat der Stricker daraus gemacht!" (PBB (W) 81 S.277; im Folgenden gebe ich nur noch die Seitenzahlen an). Uns interessiert, ob Stil- und Formkritik auf die Bewertung des religiösen Inhaltes Einfluß nehmen und ob Strickers Aussagen in ihrer Bedeutung von der Form abhängen.

HAACKE führt seine ersten Vergleiche unter dem Aspekt der 'zweisträngigen Erzählweise' Konrads durch (S.276 ff.). Ich wähle die Besprechung zweier Stellen aus, in denen es um die Bewertung der Heiden unter weltlichen und religiösen Aspekten geht:

dR 4589 Amarezur hůp sich dar,
er furt aine herliche scar,

---

1) z.B. K 7227 ff., 7765 ff., 9978 ff.

2) HAACKE/PBB (W) 81 (s.S.3 A 4) S.279.

dR 4591 zwelf tusent haiden.
daz edele gestaine
lucht uz in uerre.
iz newart uf der erde
nie nehain chunc so here geborn,
waren si durch daz rechte uz chom,
erne scolt ir wolt trost haben.
ir schilte waren mit golde beslagen,
geziret ir helme.
si waren chůne helde;
gestaine ůber gestaine,
doch si waren haiden,
habeten si mere denne genuc.

K 56o9 Alsô gelac diu fünfte schar.
zehant huop sich diu sehste dar,
die brâhte von Balvier Amirât.
der fuorte stehelîn wât
und die sîne algemeine
beidiu golt und gesteine
fuortens alle glîche,
und wâren alsô rîche
daz si nihtes enbâren,
wan daz si et heiden wâren.
si heten mê danne gnuoc. (1)

Dazu HAACKE:

"Die beiden Erzählstränge werden im Rolandslied in Z. 4591 (12ooo Heiden) sichtbar. In Z.459o sind beide Stränge vereinigt (er - scar). In den folgenden Zeilen wechselt zunächst noch die Aussage zwischen dem Herrscher und den Heiden (...). Dieses Nebeneinander wird mit den ZZ. 4596/97 beendet. Hervorzuheben ist, daß diese beiden Zeilen nicht miteinander reimen. Die Reimbrechung erscheint hier als Verbindungsmittel zwischen dem 1. und 2. Teil der zweisträngigen Gedankenführung. Z. 4596 spricht über die Heiden; die folgende Zeile faßt beide Stränge, ähnlich wie in Z. 459o (...) zusammen. Mit Z.4598 beginnt der zweite Teil. Jetzt geht es nicht mehr um das Nebeneinander von Herrscher und Heiden. ir, Z.4598, bezieht sich bereits auf beide (...). Zunächst ist vom äußeren Erscheinungsbild die Rede (...); und dann wechselt die Szene wieder von Zeile zu Zeile. Höhepunkt ist Z. 46o2: doch si waren haiden. (...) aber (es) scheint hier Z.46o3 (...) in der Luft zu hängen. Auch hier bedient sich Konrad zur stärkeren Hervorhebung der Zeilenverschränkung. (...). Konrad kennt also auch die Doppelschau mit zwei Partnern (Heiden und Amarezur), daneben aber auch, was noch dringlicher wirkt, die zweisträngige Erzählweise, die auf zwei Seiten des gleichen Menschen oder der gleichen Partei eingeht." (S.278 f.)

Das Ganze sieht nach einer einfachen Beschreibung aus. Aber

---

1) 5611 Baboyel C. 5618 aigen (!) F

den festgestellten Sachverhalten bzgl. der Form werden Funktionen unterlegt, womit von der Bedeutung der Rezeptionsart und von möglichen Publikumsreaktionen abstrahiert wird:

Ob die Reimbrechung gezielt eingesetzt wurde, kann nicht entschieden werden; gerade die kurzen Sätze Konrads und die mit diesen kurzen Sätzen arbeitende Parataxe erhöhen die Chance, daß es ohnehin zu Reimbrechungen kommt. In den 15 von H. zitierten Versen ist nur e i n einziges Mal ein Reimpaar zusammengehörig (dR 4589 f.). Welche Funktionen haben die anderen Reimbrechungen?

Ähnliches gilt für die 'Bewußtheit', mit der Konrad sich der Zeilenverschränkung bedient haben soll. Das dR ist in erster Linie H ö r epos; die Freiheiten, die sich dadurch für den Autor ergeben und die er nutzen kann, ohne zu große Rücksicht auf logisch-syntaktischen Zusammenhang zu Reimen zu gelangen, sollten bekannt sein.

Ob dR 46o2 den Höhepunkt darstellt, ist diskutabel. E i n Höhepunkt der Aussage ist die Zeile sicher; aber dR 4596 erscheint der Gedanke, daß der Glaube bzw. der Einsatz für den richtigen Glauben das einzige Kriterium für den wahren Wert eines Menschen ist, schon einmal. Sinnvoll wäre es also, hier eine doppelte Gedankenführung Konrads anzusetzen, die mit dem Stilmittel der Variation arbeitet.

Grundsätzlich muß außerdem gesagt werden, daß die zweisträngige Erzählweise in dieser Stelle so kunstvoll nicht ist, weil sie tatsächlich die einzige Möglichkeit darstellt, den von Konrad propagierten Sachverhalt zu formulieren. Die Zweisträngigkeit ist kein K u n s t mittel, sondern folgt aus dem Sachverhalt.

Die behauptete Doppelschau schließlich stellt m.E. eine Überschätzung latent vorhandener formaler Dispositionen zuungunsten der inhaltlichen und aussagemäßigen Verhältnisse dar: Amarezur und seine Leute gehören zusammen; Konrad fällt über sie das gleiche Urteil; sie bilden eine bzgl. der religiösen Idee einheitliche Gruppe. Das "Nebeneinander" hört nicht erst mit Vers 4598 auf, sondern schon nach 4591 - falls es sich überhaupt um ein solches handelt und nicht einfach um die durch das Schema der Vorstellung der Heere in ihren einzelnen Anführern bedingte Nennung von beiden.

Bei Stricker macht H. sich über einen möglichen Sinn der Änderungen keine Gedanken mehr, sondern bewertet sie nur auf dem Hintergrund der vorher für gut befundenen Techniken Konrads. Schon der erste Satz macht dies deutlich:

> "Der Stricker ist wiederum an der Meisterschaft Konrads gescheitert. Während Konrad bereits mit dem ersten Wort Amarezur (...) mitten im Geschehen steht, benötigt der Stricker drei Zeilen Anlauf, um den Helden einzuführen. So bleiben für die eigentliche Szene, für die Konrad, ohne ein Wort zuviel gesagt zu haben, 13 Zeilen benötigte, nur neun Zeilen beim Stricker. (...) (Stricker) verkürzt (...) hier, (er), der sonst gern die Erzählung unnötig aufschwellt. Diese neun Zeilen geben brav und bieder die Tatsachen wieder. Aber all der Glanz von Konrads kunstvoller Fügung ist verloren. Deutlich beweist Z. 5619, daß der Stricker Konrads Absichten

> nicht begriff. Fast wörtlich, vor allem an der gleichen Stelle, erscheint die Z. 46o3 des Rolandsliedes, die hier aber ohne Sinn nachklappt." (S.279)

Eine Kritik der Tatsachenbehauptungen hat bei fast jedem Detail anzusetzen:

Das "Geschehen", in dem Konrad mit dem ersten Wort steht, dauert genau zwei Zeilen; es folgen dann bis zum Ende der Stelle Beschreibungen. Stricker "benötigt" keinen"Anlauf", sondern die drei einführenden Zeilen entsprechen einem Schema, das er konsequent bei allen Gefechten der ersten Schlacht anwendet (s.dazu Kap.III.1). Also kann man nicht von einem "Scheitern" sprechen, das ja die Absicht eines Erreichens des Vorbildes voraussetzen würde. Stricker aber stellt der Präsentation Konrads eine eigene gegenüber.

Die ganze Stelle bildet keine "Szene", sondern enthält eine Stellungnahme des Autors; Stricker wie Konrad geben ein Werturteil ab. Urteile, vor einem und für ein Publikum vorgebracht, appellieren an dessen Einstellungen oder wollen solche hervorrufen. Es wird ein A r g u m e n t dafür präsentiert, daß Amarezur/der Amirat und seine Leute trotz äußeren Glanzes keine Vorbilder sein können: sie sind Heiden. Diesen Gedanken bringt Konrad hier zweimal (dR 4592 ff., 4598 ff.), Stricker einmal (K 5618). Bei Stricker läuft daher das Ganze auf e i n e n Höhepunkt zu. Was H. mit "eigentlich" meint, wird nicht deutlich; die eigentliche Aussage beider Stellen ist doch folgende: den Heiden fehlt zur Vollkommenheit der richtige Glaube. Diese Aussage führt Stricker über folgende Stationen durch: Schilderung von Bewaffnung und Dekor des Heidenheeres; Zusammenfassung des entstehenden Eindrucks in dem Wort 'rîche'; dieses 'rîche' wird näher untersucht - die Heiden waren so 'rîche', daß es ihnen an nichts mangelte. Die Beschreibung des Grades der rîchheit sieht aus wie eine Definition ('rîch' sein = 'nihtes enbern'), stellt sich aber als Einleitung eines folgenden restriktiven Konjunktionalsatzes heraus ('daß es ihnen an nichts mangelte - w a n si et heiden wâren'). K 5617 erscheint zunächst als einfache Explikation zu 5616; eine Explikation zu 5617 wiederum ist für den Leser/Hörer im Augenblick der Rezeption noch nicht absehbar. Tritt sie dann aber in Erscheinung, kann die Wirkung zumindest genauso groß sein wie im Fall von unverbundenen Aussagen. Was das Publikum (im Fall von K und dR ja ein zeitlich verschiedenes!) mehr beeindruckt hat, ist unentscheidbar. Aber man kann feststellen, daß das Überwiegen der Hypotaxe über die Parataxe an bestimmte Epochen gebunden ist und daß Konrad wie Stricker hier jeweils den Standard ihrer Zeit erfüllen (1). Es gilt also, den M i t t e l charakter der jeweils gewählten Form herauszustellen und historische Standards nicht mit eigenen (aber ebenfalls traditionsgebundenen!) zu vermengen. So ist auch die Verkürzung auf neun Zeilen im K zu erklären: Für Strickers Absicht, den Hauptgedanken in einer aufsteigenden Linie zu formulieren, genügen diese neun Zeilen. Was Kommentare angeht wie "ohne ein

---

[1] Konrad mit Einschränkung! WAPNEWSKI weist eindringlich auf die Notwendigkeit des Urteils "archaisierend" hin, die sich aus der Spätdatierung ergibt. (Deutsche Literatur des Mittelalters. 3., erg. Aufl. Göttingen 1975. S.43.)

Wort zuviel zu sagen", so ist ebenfalls darauf hinzuweisen, daß jeder Autor seine Absichten in der ihm sinnvoll erscheinenden Weise realisiert; dazu gehört auch der Umfang. Augenscheinlich genügen für Stricker ja weniger Zeilen, um den g l e i c h e n Sachverhalt wie im dR auszudrücken. 'Objektiv' überflüssig sind bei Konrad etwa die Verse 46o1 und 46o3; sie enthalten nichts Neues. Ihm das zum Vorwurf zu machen, wäre lächerlich - auch er hat sich eben für eine bestimmte Form entschieden.

Daß Stricker seine Gedanken auf eine Weise fügt, die sicher auch als kunstvoll zu bezeichnen ist, daß Strickers Fügung überdies als solche erkennbar und nicht erst einer dahin gehenden Interpretation bedürftig ist, wäre nur am Rande zu vermerken, wenn H.s Äußerungen nicht hier ebenfalls nach dem gleichen Muster seiner Ergebnisfindung vorgegangen wäre.

"Stricker, der sonst gern die Erzählung unnötig aufschwellt" - dazu wäre erstens wieder zu bemerken, daß 'nötig' eine subjektive Kategorie ist, vor allem aber zweitens, daß es sich bei der Behauptung von der Aufschwellung im K um eine Legende handelt. Sie beruht im Wesentlichen

- auf der Vernachlässigung von Relationen: Von den rund 31oo Mehrversen des K betreffen fast die Hälfte Inhalte, die das dR nicht hat (z.B. Vorgeschichte, 'Alites Herbeiholung', Genelunflucht); daneben steht eine Unzahl kleinerer Ergänzungen, die aber auch keine Aufschwellung darstellen, sondern jeweils neue Aussagen bieten (s. Kap. III); der Rest ist meist bedingt durch den Zwang zum Einschieben neuer Verszeilen zwecks metrischer Füllung und Unterbindung unreiner Reime;
- auf der Verkennung der besonderen Gegebenheiten, die sich aus der Rolle eines Nachbearbeiters ergeben (s. Einl. zu Kap. III).

Die Gründe, die beweisen sollen, daß Stricker Konrad nicht begriffen hat, zeigen, daß H. den im K geänderten Textzusammenhang nicht einbezogen hat. K 5619 klappt n i c h t ohne Sinn nach: BARTSCH setzt ausdrücklich zur Verdeutlichung nach 5619 Semikolon; Stricker greift die in diesem Vers von ihm festgestellte Tatsache nämlich in der folgenden Zeile noch einmal auf:

K 5619 si heten me danne gnuoc;
d e s si diu übermuot vertruoc,
diu ouch Lucifern valte.

Damit ergibt sich folgender Unterschied zum dR: Stricker beseitigt die - Kunst hin, Fügung her - doch einigermaßen verwirrende Versverschränkung zwischen dR 46oo und 46o3. dR 46o3 (habeten si mere denne genuc) ergibt nur einen Sinn, wenn der Leser/Hörer ihn selbständig auf 46o1 zu beziehen imstande ist. Stricker verwendet den Vers, baut ihn aber mit dem folgenden auch formal zu einem Sinngefüge zusammen. Wir haben hier ein erstes Beispiel dafür, daß Stricker daran gelegen ist, möglichst viele Aussageglieder möglichst deutlich miteinander zu verknüpfen; das erschöpft sich nicht darin, daß er ad - hoc - Begründungen einfügt: die Beziehungssysteme sind oft mehr als zweigliedrig und greifen auch nicht immer nur dicht nebeneinanderliegende Aussagen auf (s. Kap.III. 1, 2, 4).

Das Vorhandensein religiöser Inhalte wird von H. nicht schlechthin abgestritten:

> "Aus Konrads weltfeindlichem Rolandslied hat der Stricker durch die Umarbeitung keinen höfischen Roman geschaffen. (...) (...) vieles (ist) von der alten Zweiteilung Gottesreich und Teufelsreich, Gottesstreiter und Teufelsstreiter in die Umarbeitung eingedrungen." (S.287)
>
> "Wie im Rolandslied so verheißt auch beim Stricker Turpin den christlichen Kämpfern Vergebung ihrer Sünden, wenn sie viele Heiden erschlagen (dR 3834 f., K 4813 ff.). Diesen Gedanken greift der Stricker bedenkenlos als zugkräftiges Erzählmotiv auf: waer er ein morder gewesen, im waere diu sêle nû genesen (Z.7765 f.)." (S.287)

Zunächst kann man das dR nicht als weltfeindlich bezeichnen: man lese den Epilog, die Verse 6297 ff. (Turpins Abqualifizierung des Mönchtums) oder 641 ff. (Karls Hoflager); diese Stellen werden uns noch beschäftigen. Wenn man Konrads Dichtung nur als Nachfolgerin der frühen Geistlichendichtung sieht, wagt man natürlich nicht mehr, den religiösen Gehalt von K und dR vorurteilslos zu vergleichen. Daß Stricker mit dem K keinen höfischen Roman geschrieben hat (jedenfalls keinen, wie man ihn sich idealiter vorstellt), deckt sich mit meinen Auffassungen. Genau das aber sollte zu der Frage führen: Wie ist der K denn nun zu seiner Zeit in die sonstige Epik einzuordnen? So sehr der Unterhaltungsbegriff mit Vorsicht zu genießen ist (s.o.) - Unterhaltungsfunktion hat ja der höfische Roman sicher. H. aber schlägt den K der 'Unterhaltungsliteratur', das dR der "Tendenzdichtung" zu (S.281, 292). Was bedeutet es , wenn in einer Unterhaltungsdichtung (und es wäre abstrus, solche Elemente im K zu leugnen) Seite um Seite Inhalte präsentiert werden, in denen über Glaubensfragen doziert wird, Forderungen und religiöse Mahnungen erhoben werden? Was bedeutet das in einer Zeit, in der Religion nicht mehr Hauptthema schriftlich fixierter Literatur ist?

Das gleiche Messen mit zweierlei Maß zeigt sich in der Bemerkung über die 'Bedenkenlosigkeit', mit der Stricker das Motiv vom Bußcharakter des Heidenkampfes aufgreife. Hier wird unterstellt, Konrad vertrete die 'reine Lehre' und Stricker profanisiere diese. Wie sieht es mit dieser Lehre aus? Die Kreuzzugsablässe haben n i e einen Nachlaß der Sünden, sondern nur einen Erlaß kirchlicher Bußstrafen beinhaltet (1). Daran haben sich aber schon die Zeitgenossen nicht gehalten; selbst Urban II. spricht pauschal von Sündenvergebung (2). Dogmatisch gesehen 'verfälscht' also schon Konrad. Daß er, der

---

1) s. ERDMANN, C.: Die Entstehung des Kreuzzugsgedankens. Nachdruck d.Ausg. Stuttgart 1935. Darmstadt 1955. S.316. Ebd. wird die bei MANSI (Sacrorum conciliorum nova et amplissima collectio. Florenz 1759 ff. Bd.XX. S.815 c.2) abgedruckte Bestimmung des Konzils von Clermont zitiert: "iter illud pro omni p o e n i t e n t i a reputetur."

2) ERMANN a.a.O. S.316

Geistliche, dies kann und daß alle bis hinauf zum Papst sich diese weite Auslegung zu eigen machen, beweist erneut die Flexibilität geistlichen Gedankengutes im MA. Stricker wäre also allenfalls noch vorzuwerfen, daß er diese Flexibilität über Gebühr strapaziert. Aber auch das ist nicht der Fall; seine Auslegung ist alles andere als ungewöhnlich, profan oder individuell: Bereits die Vorläufer der Kreuzzüge, die Pilgerfahrten ins Hl. Land, stellten eine Buße g e r a d e für schwere Verbrechen dar. Und in 'De laude novae militiae' zählt Bernhard von Clairvaux "s c e l e r a t o s et impios, raptores et sacrilegos, h o m i c i d a s , periuros, adulteros" zu denen, die auf dem Kreuzzug die Chance haben, sich Gottes Gnade zu erwerben (1). Bernhards Schrift wurde um 1135 abgefaßt; als welchen Zeitgeistes Kind würde ihr Verfasser wohl beurteilt werden, wenn er folgende Begründung für die Teilnahme des eben genannten Personenkreises 1oo Jahre später verfaßt hätte?

> "de quorum profecto perfectione sicut duplex quoddam constat provenire bonum (...); quandoquidem tam suos de suo discessu laetificant, quam illos de adventu quibus subvenire festinant." (2)

Eine Doppelmotivierung, die denjenigen Strickers (s. Kap. II.1 und 7) an 'Profanität' in nichts nachsteht!

Ein, wenn nicht der Grundgedanke des dR kommt nach übereinstimmender Ansicht in den Versen 4719 ff. zur Geltung (Zweikampf des Heiden Targis mit dem Christen Anseis), die Stricker in K 5726 ff. wiedergibt:

dr 4719 Targis uacht umbe ere,
Anseis umbe di sele,
Targis umbe ertriche,
Anseis umbe daz himilriche.

K 5726 Targîs vaht umb êre
und umbe wertlîchen prîs.
da wider vaht aber Ansîs
umbe den himelischen rûom
und umbe den grôzen rîchtuom,
der iemer êweclîche wert.

HAACKE macht nun Folgendes: Er vergleicht dR 4719 ff. nicht mit der o.a. Parallelstelle, sondern mit K 6o46:

K 6o46 der strît galt den heiden
wertlich êre und den tôt
und der sêle êweclîche nôt.
do galt den gotes knehten
ir geloube unde ir vehten
die himelesche êre,
unt sint doch iemer mêre
gelobet in ertrîche.

Dazu schreibt H. dann:

---

1) De laude novae miltiae. c.V, n. 4; zit. nach WENTZLAFF-EGGEBERT/Kreuzzugsdichtung (s.S.21 A 1) S.24; Sperrung von mir.- Mörder, Räuber und Ehebrecher werden auch in Bernhards Brief Nr. 363 in diesem Zusammenhang erwähnt; s. WENTZLAFF-EGGEBERT ebd. S.26

2) De laude novae militiae V,1o. Zit. nach WENTZLAFF-EGGEBERT a.a.O. S.25.

"Sowohl die kompromißlose Haltung des Rolandsliedes als auch die Schwierigkeiten, mit denen Stricker zu kämpfen hatte, gehen aus diesen Zeilen hervor. ere und ertrich faßt Konrad als die die Heiden charakterisierenden Symbole, sele und himelriche als die der Christen. Damit war auch über die Welt und das der Welt verhaftete höfische Rittertum der Stab gebrochen. In derartiger Schärfe konnte der Stricker Christen und Heiden nicht mehr gegenüberstellen. wertlîch êre und himelesche êre erscheinen ähnlich verteilt wie im Rolandslied. Aber wertlîch êre an sich ist nicht verdammenswert, nur ohne Gottbezogenheit bringt sie der sêle êweclîche nôt. Der christliche Ritter aber gewinnt die himelesche êre und die wertlîche êre (denn so können wir gelobet in ertrîche interpretieren)." (S.289

K 5726 ff. erwähnt H. (ohne sie zu zitieren) nur in einer Anmerkung:

"Der Stricker übernimmt diese Szene in der Form des Rolandsliedes, vermag aber schon aus formalen Gründen nicht diese knappe antithetische Form beizubehalten. Auch der Gedankengang ist verwässert, so daß Stricker 5726 ff. in anderer Beziehung für die Arbeitsweise des Strickers interessant ist." (S.289 A 1)

Zunächst ist, entgegen H.s Behauptung, ganz offensichtlich, daß Stricker den Gedankengang des dR an entsprechender Stelle voll und ganz übernimmt. Die Erweiterung ist nicht "schon" aus formalen Gründen erfolgt, sondern n u r aus solchen. Insofern ist die Stelle auch nicht "in anderer Beziehung" für Strickers Arbeitsweise interessant; sie ist nur eins der vielen Beispiele für die bekannte Tatsache, daß Stricker das dR formal dem Standard seiner Zeit anpaßt.

Der Zusatz 'himeleschen ruom' (K5729), antithetisch zum wertlîchen prîs (K 5727) entwertet die ganze Interpretation H.s zu der zweiten K-Stelle. Denn in der von H. nicht zitierten Stelle fehlt bei den Christen jeder Hinweis darauf, daß sie auch im Besitz weltlicher Anerkennung sind. H.s Interpretation soll wohl Assoziationen wachrufen an das berühmte Ideal der 'staufischen Klassik', got und der werlte zu gefallen - ein Ideal, das aber schon weit früher entstand. Der Gedanke steckt allerdings in K 6o52 f. - aber Stricker ändert eben nicht konsequent in dieser Richtung; d a s beweist die Beibehaltung der Targis-Anseis-Stelle. Gleichzeitig äußert sich in H.s Bemerkungen aber auch wieder ein Mißverständnis bzgl. des dR. Hinsichtlich des weltlichen Renommees von Konrads christlichen Helden besteht kein qualitativer Unterschied. Die Tendenz des dR ist es nicht, weltliche Lebensführung, Prachtentfaltung und Anerkennung 'in der Welt' grundsätzlich abzuqualifizieren, sondern nur dann, wenn sie kein religiöses Komplement besitzen; und das ist genau d i e Einstellung, die H. erst für den K ansetzt. Das Nebeneinander von weltlicher Anerkennung und göttlicher Begnadung kommt im dR etwa im Prolog (über Karl) und im Epilog (über Heinrich) deutlich zur Geltung; mehrmals fällt dort auch der Begriff 'ere'.

Die Formulierung, Stricker könne "Christen und Heiden nicht mehr (in derartiger Schärfe) gegenüberstellen", führt uns zu der ebenfalls verbreiteten Ansicht, daß sich im K höfische Toleranz zeige. Wieder scheint es, als ob allein die Chronologie genüge, Urteile zu prädisponieren:

Der mal. Toleranzbegriff ist nicht einheitlich. Der Willehalm enthält eben nicht nur die Toleranzrede Gyburcs (3o6, 12 ff.) und Wolframs Bemerkungen über 'gotes hantgetât' (45o, 15 ff.), sondern auch Stellen wie 44, 17 oder 58,15 (Heiden als 'luoderaere', 'gunêrte', von Hunden und Schweinen Geborene). Solche Stellen relativieren die Bedeutung der anderen nicht; im Gegenteil: indem Beides nebeneinander zu finden ist, zeigt sich der besondere Charakter Wolframscher Ideen über Toleranz. Augenfällig ist deshalb aber auch, daß er Teile des alten Heidenbildes zumindest in der Darstellung von Meinungen als noch nicht verzichtbar ansieht.

Problematischer als eine Überbetonung toleranter Elemente, die ja nur graduelle Verzerrungen schafft, ist die Verwechslung oder Vermischung der Ursachen für Toleranz. Religiöse Toleranz kann bedingt sein durch philosophisch-theologische Überlegungen (Willehalm 3o6, 12 ff., 45o, 15 ff.) oder durch ständisches und kulturelles Interesse (1) an der anderen Seite. Beide Gründe können sich gegenseitig beeinflussen und auch durchaus nebeneinander existieren, müssen dies aber nicht. Im Willehalm findet man beides nebeneinander. Im K fehlt auf jeden Fall die Toleranz aus religiösen Überlegungen heraus, und zwar völlig. HAACKE sieht das anders:

> "Nicht mehr zwischen Bekehrung oder Tod haben die Heiden zu wählen: si heten drier dinge wal (928), fügt der Stricker aus eigenem Ermessen hinzu. Sie können Christen werden und im Land bleiben. Wenn sie sich zur Wehr setzen, würden sie vernichtet werden. Soweit auch das Rolandslied. woltens aber sus genesen und doch an ir glouben wesen, so soltens daz lant rumen (933 ff.). Das ist ein ganz neuer Ton. Man wird unwillkürlich an Wolfram erinnert; doch muß hinzugefügt werden, daß die humanitäre Gesinnung der Willehalm-Dichtung nicht erreicht wird. Dazu gehört nicht nur ein Wollen, sondern auch ein Können, über das der Stricker nicht verfügte." (S.291 f.)

Wieder sind Text und Textzusammenhang nicht beachtet. Das dR enthält die behauptete Alternative 'Tod oder Bekehrung' in den Versen 3157 ff. - hier hat H. also recht. Er vergißt aber zu erwähnen, daß K dies genau übernimmt:

K 39o5 ich wil die rede bescheiden:
toufent sich die heiden,
ich wil si vriden unt vristen
als unser ebenchristen (= dR 3164 !).
ist aber, daz ez sô ergât,

---

1) NAUMANN/Der wilde und der edle Heide (s.S.44 A 2) S.1oo führt die höfische Toleranz allein auf kulturelle Interessen zurück, nicht auf irgendwelche Philosophien oder das Vorbild Friedrichs II.

K 391o daz si sich des tiuvels rât
sô sêre lânt betriegen,
daz si uns beginnent liegen,
daz gêt in allen an daz leben.

Damit ist also eindeutig belegt, daß dR und K sich hier nicht unterscheiden. Wie aber läßt sich die von H. herangezogene Stelle mitsamt ihrem scheinbaren Widerspruch erklären? Antwort: Die Verse erwecken nur den Eindruck, als ob hier von Möglichkeiten die Rede ist, die den Heiden zugestanden werden; in Wirklichkeit stehen sie im Zusammenhang einer Stelle, in der die H e i d e n sich vor Karls Angriff überlegen, welche Möglichkeiten s i e s e l b s t für sich sehen (1):

K 913 daz enmohte in (= Karl) niht erwenden
er wolde sîn arbeit enden.
...
K 918 daz vernâmen die heiden:
des wart ir vorhte sô grôz
...
K 926 daz s i s i c h des berieten
gemeinlîche über al
si heten drîer dinge wal,
daz si des eines welten
und des niht langer twelten:
wolten si sich vristen,
si müssen werden kristen.
woltens aber ... (usw.; s.o. S.56)

Der Grund für Strickers Einschub ist also nicht in irgendwelchen toleranten Einstellungen zu suchen, zumal er die vorgestellten Möglichkeiten nicht den Christen in den Mund legt und sich auch selbst als Erzähler deutlich heraushält. Vielmehr zeigt sich hier schon sein Hang, Sachverhalte aufzuschlüsseln (s.Kap. III.2). H.s Vergleich mit dem Willehalm ist daher m.E. auch falsch formuliert: Ein 'Nicht-Erreichen' steht überhaupt nicht zur Debatte; dies würde rein graduelle Verschiedenheit bei ansonsten gleicher Tendenz implizieren. K und Willehalm haben aber v e r s c h i e d e n e Standpunkte. Insofern wäre H.s letzter Satz gerade umzukehren: Dazu, Wolframs Stellung (zumindest verbal) einzunehmen, gehört kein Können (formulieren läßt sich alles), sondern vor allem ein Wollen. Daß Stricker potentiell dazu fähig ist, zeigt etwa ein Blick in 'Die ungehorsamen Juden':

15 daz got durch sinen guten muot
den iuden tet so michel guot,
und si niht taten deste baz,
w e s w i z z e w i r d e n i u d e n d a z ?
ez lebt noch manich christen man,
gegen dem got niht geniezen chan ... (2)

---

1) Ähnlich verwirrend die Behauptung H.s, in K 961o und 9582 ff. würden den Heiden von Stricker toleranterweise besondere Qualitäten zuerkannt (S.29o). An beiden Stellen läßt Stricker P a l i g a n sprechen und Urteile abgeben, die sich nicht von denen im dR unterscheiden (bis auf den ritter-Terminus; s. dazu später). Funktion eines solchen Selbstlobes ist es natürlich, die superbia der Heiden darzustellen.

2) Die Kleindichtung des Strickers. a.a.O. Bd.IV. 1977. Nr.13o.

Differenzierung, Erkennen des Negativen auch auf der eigenen Seite und deren Artikulation in der bzw. für die Öffentlichkeit brauchen noch nicht einmal die wahre Meinung des jeweiligen Autors wiederzugeben. Sehr oft - z.B. in der o.a. Stelle aus Strickers Kleinepik - ist der Zweck der Einzeldichtung entscheidend dafür, was an Einstellungen geäußert wird. Bei gezielter oder allgemeiner Propagierung des Heidenkrieges (K) sind Differenzierungen im Feindbild disfunktional; bei dem Versuch, die Einstellungen der eigenen Gruppe immanent, ohne Verbindung zu einem über diese 'in-group' hinausgehenden Personenkreis zu ändern ('Die ungehorsamen Juden'), kann die Differenzierung dagegen sehr wirkungsvoll sein (Tendenz: 'Ihr wollt doch nicht sein, wie...' oder, unvoreingenommener: 'was tadelt Ihr, wenn Ihr selbst ...'); bei der Schilderung von Schicksalen und Problemen, die sich unter dem Einfluß einer z u n ä c h s t rein äußeren Kreuzzugssituation ergeben (Willehalm), ergibt sich die Differenzierung schon aus dem Willen zur inneren Glaubwürdigkeit.

Wer, wie Stricker, den Kreuzzugsgedanken alter Prägung [1] hochhält, kann mit höfischer Toleranz genausowenig anfangen wie mit religiös-philosophischer. Beide Formen wären disfunktional: Wer weltanschaulich der Relativierung zuneigt, wird erst gar keinen Kreuzzug propagieren; malt man die Heiden in zu freundlichen Farben, schafft man nicht die Emotionen, die man zur Teilnahme am Kreuzzug erreichen will - zumal dann nicht, wenn, wie zur Zeit Strickers, andere Antriebe (Landerwerb) kaum noch zur Verfügung stehen. Ein Kreuzzugspropagandist ist, was die Negativität des Heidenbildes angeht, nur zwei Schranken unterworfen: erstens darf er in seiner Darstellung nicht hinter das zurückgehen, was sein Publikum kennt oder zu kennen glaubt, d.h. vor allem, daß die Motive von Exotik und märchenhafter Pracht erhalten bleiben müssen; zweitens darf er gewisse kämpferische Qualitäten der Heiden nicht antasten, weil ein Kampf gegen schwache Gegner keinen Ruhm bringt und vor allem einen großen Einsatz als nicht nötig erscheinen lassen würde. Alles, was Stricker in dieser Hinsicht an Mitteilungen über die Heiden präsentiert (Kultur, Reichtum, kämpferische Qualität), läßt sich diesen Motiven zwanglos zuordnen. Er liegt dabei genau auf der Linie Konrads, der ebensowenig an solchen externen Anforderungen vorbeigehen kann. Grundsätzliche Unterschiede zwischen beiden Epen sind hier nicht auszumachen. Deutlich wird das Einhalten der genannten Verpflichtungen deshalb besonders in dem Teil der von Stricker eingefügten Jugendgeschichte, der über Karls Aufenthalt an Marsilies Hof berichtet: In der Forschung wurde schon

---

[1] Damit ist vor allem gemeint, daß das missionarische Motiv vertreten ist. Wie sehr Stricker hier durch diese 'alte' Prägung gekennzeichnet ist, zeigt sich vor allem an Stellen, wo er noch über die Vorlage hinausgeht. So bitten etwa schon K 857 besiegte Heiden um die Taufe, während im dR an der Parallelstelle (etwa 349 ff.) nichts davon zu finden ist. Natürlich ist der Bekehrungsgedanke auch bei Konrad vertreten; es ist aber bezeichnend, daß Stricker ihn nicht nur immer übernimmt, sondern ihn überall thematisiert, wo dies durch den Gang der Ereignisse möglich ist. Die einzige Freistelle, die das dR ihm hier noch bot, war der Verlauf des Feldzuges bis zum Stillstand vor Saragossa.

bisher darauf hingewiesen, daß Stricker sich hier eine beliebte Motivkette zunutze macht: Erbstreit, Intrige, Usurpation, Inkognitoaufenthalt an einem fremden Hof, Liebeshändel mit der Tochter des Herrschers. Bedeutet dies Weltlichkeit? HAACKE deutet dies an (S.282); diese Motivkette ist aber nicht nur im Helden- und 'Spielmanns'epos zu finden, sondern z.B. auch im durch und durch klerikal-religiösen Pseudoturpin (1). Noch wichtiger aber ist, daß der Jugendaufenthalt Karls an einem heidnischen Hof fester Bestandteil der Karlssage war (2). Das Risiko, durch ein i m d a r g e s t e l l t e n Z u s a m m e n h a n g ungewohntes Motiv vom religiösen Inhalt abzulenken, war also für Stricker nicht vorhanden, und er konnte gefahrlos mit der Beliebtheit des Stoffes operieren. Wenn dies für die gesamte Motivkette gilt, so liegt das Problem im Falle ihres letzten Gliedes (Liebe Christ-Heidin) etwas anders. Auch dieses Motiv war beliebt (3), aber seine Durchführung unterscheidet sich in a l l e n überlieferten Fällen von der im K: Entweder bleibt der Glaubensunterschied zunächst unproblematisch ('Graf Rudolf'; Rennewart - Alyze; Gahmuret - Belakane) o d e r eine Beziehung tritt überhaupt erst dann in Kraft, wenn der heidnische Teil bekehrt ist. Im K haben wir den einzigen bekannten Fall, daß der christliche Part eine Verbindung gar nicht erst in Betracht zieht, weil er um seinen Glauben fürchtet. Die Karlssage kennt zwar in der 'Gran Conquista de Ultramar' auch diese Angst aus religiösen Gründen - allerdings nicht bei Karl selbst, sondern bei seinem Berater Mayugot, und außerdem findet schließlich doch eine Heirat statt (ähnlich wie im 'Karlmeinet'), nachdem sich die Heidin bekehrt hat (4). Und während einerseits Gahmuret Belakane unter Hinweis auf ihren 'ordn' und seine 'ê' (Parz. 55,25) erst verläßt, n a c h d e m sie von ihm schwanger ist (5), während an-

---

1) s. VON DER BURG/Diss. (s.S.3 A 3) S.165

2) s. ebd. S.162 ff.

3) Den von HAACKE gelieferten Beispielen (Graf Rudolf, Trierer Floyris, Parzival, Willehalm) wären hinzuzufügen: Kaiserchronik (V. 166oo ff.), Salman und Morolf, Flore und Blancheflor. BARTSCH/Über Karlmeinet nennt S.8,12,15,23 Quellen für das Motiv in Verbindung mit Karl d.Gr.(Reali di Francia, Gran Conquista de Ultramar, Girard von Amiens, Thomasins 'Welscher Gast). Das Motiv muß aber noch älter sein: Bei Gregor von Tours (Buch 2, Kap.2) findet sich ein Bericht über die Flucht Childerichs an den Hof des Königs Bisinius, wo er sich in die heidnische Königin Basina verliebt.

5) Hält man eine Stelle wie Parz.738,11 f. dagegen (nune mac ich disen heiden/ vom getouften niht gescheiden), dann sieht man wieder, wie variabel die höfische Toleranz ist.
Zu Mischehen in der realen Historie des Kreuzzugszeitalters s. STEIN, S.: Die Ungläubigen in der mittelhochdeutschen Literatur von 1o5o-125o. Nachdr.d.Ausg.Heidelberg 1932. Darmstadt 1963. S.59 und VON DER BURG/Diss. a.a.O. S.165 ff. Ergänzend sei verwiesen auf die Liaison Friedrichs II. mit der Maurin Theophano sowie auf Gerüchte über seinen angeblichen Harem. Wegen der unsicheren Datierung des K ist eine besondere Aktualität des Motivs nicht auszumachen; potentielle Aktualität ergibt sich z.B. zur Zeit der Querelen Friedrichs mit Innozenz IV., als solche Gerüchte zur Propaganda wurden.

4) s. BARTSCH/Über Karlmeinet S.18, 23.

dererseits Willehalm Arabel/Gyburc erst nach ihrer Taufe heiratet, denkt der Strickersche Karl überhaupt nicht an die Möglichkeit, Marsilies Schwester zu bekehren, sondern entzieht sich etwaigen Komplikationen durch die Rückkehr in die Heimat:

K 213 nu was Marsilien swester dâ,
daz in den zîten anderswâ
dehein wîp schoener wart gesaget.
si was ein wünneclichiu maget.
diu begunde Karlen minnen;
des brâhtes in wol innen,
wan si in tougenlîche nam
und baten daz er gehôrsam
ir goten würde unde ir ê.
done wolde er dâ niht wesen mê.
er vorhte, ob sîner minne
die liute würden inne,
er müese den lîp verliesen
oder sîn ê verkiesen.
nu er dem grâven, sînem man,
die sorge künden began,
do enbôt er ze Kerlingen,
er wolde in Karlen bringen ... (1)

Verglichen mit 'höfischen' Dichtungen ist Strickers Darstellung des Motivs also durch folgende Sachverhalte gekennzeichnet:

1. Das Motiv ist stark gerafft.
2. Die Liebe scheint einseitig zu sein.
3. Die Heidin versucht, den Christen zu ihrem Glauben zu bekehren.
4. Eine tatsächliche Liebesbeziehung entsteht erst gar nicht.

Bedeutsam ist dies, wie erwähnt, besonders deshalb, weil es sich beim Inhalt der Jugendgeschichte um Zusätze zum dR handelt (die allerdings auch aus Quellen stammen dürften). Innerhalb dieser Zusätze greift Stricker mit der 'minne' ein Motiv auf, an dem sich weltliche Tendenzen mit am deutlichsten zeigen müßten. Aber sie sind nicht vorhanden, und das Thema wird zu Ende geführt auf eine Weise, die einmal mehr Strickers rigide Religiosität zeigt. Das Thema 'minne' wird nicht benutzt, um unterhaltende Elemente einzuführen, sondern um den Gegensatz Christen-Heiden, die Verpflichtungen, die sich daraus ergeben, und deren vorbildliche Erfüllung durch Karl herauszustellen. Daß der falsche Glaube als ein Hindernis für die Aufnahme einer Liebesbeziehung angesehen wird, ist natürlich kein spezifisch Strickerisches Gedankengut, sondern entspricht einerseits den offiziellen kirchlichen Ansichten, findet andererseits auch in Literatur seinen Niederschlag (siehe Gahmuret - Belakane). Im Gegensatz zur höfischen Dichtung wird solchen externen Anforderungen jedoch im K uneingeschränkt entsprochen. Die Undurchführbarkeit der Liebesbeziehung wird n i c h t zum Problem und damit auch nicht handlungsauslösend, sondern ist unter den dichterisch vorgegebenen Konstellationen (keine Bekehrungswilligkeit bei

---

1) 224 die heiden H. 226 g(e)lauben FHKOR. ere (!) G

der Heidin, keine Bekehrungsabsicht bei Karl) ein Fixpunkt der Handlung. Es geht im K nicht um die Frage, wie ein Problem im Interesse der Liebesbeziehung zu lösen ist, sondern nur darum, wie der Forderung nach der Vermeidung einer solchen Beziehung entsprochen werden kann. Diese Haltung ist im K kompromißlos, und es ist bezeichnend, daß sie sogar immanent und entsprechend weltlicher Ethik zu Lasten von Karls Charakterbild geht - denn der Autor läßt ihn um sein Leben fürchten! 'sîner' in 'sîner minne' K 223 ist also m.E. als objektiver Genitiv aufzufassen, denn Karl wird nirgendwo als jemand dargestellt, der durch eigene Gefühle in ein 'minne'-Verhältnis involviert ist.

DE BOOR spricht von einer "unlösbaren Problematik dort, wo nach Stoff und Aufgabe religiöses Kreuzzugsdenken und höfische Idealität zusammenstoßen" (1). Wenn wir die bisherigen Ergebnisse zusammenfassen und weitere Schritte projektieren, dann läßt sich entsprechend dieser Feststellung bzgl. des K sagen: Mit der 'Affäre' an Marsilies Hof, in welche die Schwester des Königs auf Grund von 'minne', Karl jedoch nur auf Grund von religiösen und physischen Existenzängsten verwickelt ist, bietet das Epos in einem wesentlichen Bereich höfischer Idealität ein Beispiel dafür, daß dieser Idealität nicht entsprochen wird zugunsten religiöser Ansichten. Faßt man den Begriff 'höfisch' nicht nur soziologisch als Festlegung des O r t e s dieser Idealität, sondern auch als Sammelnamen für die Inhalte, die sich in diesem Bereich als idealisierbar und tatsächlich idealisiert auffinden lassen, dann fehlt dem K eine wesentliche Komponente im gängigen Unterhaltungsrepertoire. Das schließt eine Rezeption im höfischen Bereich offensichtlich nicht aus, wohl aber die Zuweisung des Prädikats 'Unterhaltungsliteratur' schlechthin. Denn Minne ist zwar nicht notwendig Bestandteil jedes einzelnen Textes, der primär unterhalten will (obwohl man sich schwer tun dürfte, im 13. Jh. außer dem K ein Epos zu finden, das dieses Element nicht enthält); wo Minne aber als Thema erscheint und dann, wie im K, entsprechend religiösen Forderungen eliminiert wird, bevor ein etwaiger Unterhaltungsanspruch befriedigt wäre, ist ihr Stellenwert noch anders als in Fällen, wo sie ganz ausgespart bleibt. Im K ist daran noch besonders bemerkenswert, daß die Durchführung des Themas gegen die Tradition erfolgt: sonst kommt entweder Karls Jugendabenteuer überhaupt nicht vor oder aber an dessen Ende stehen Bekehrung der Heidin (meist 'Galiena') und Heirat. Der Sinn der Strickerschen Änderung kann sich m.E. aber nicht darin erschöpfen, daß die Kompilation von Jugendgeschichte und Spanienfeldzug eine "umgekehrte Bekehrungsszene" erforderte (HAACKE S.283), weil "die Rolandsliedversionen keine eheliche Verbindung Karls mit Marsilies Schwester bzw. Galafres Tochter (kennen)" (2). Der Verführungsversuch "mußte" wohl kaum "eingeschaltet werden" (3), um Unstimmigkeiten zu vermeiden - denn gerade aus ihm konnten sich ja

1) DE BOOR, H.: Der Wandel des mittelalterlichen Geschichtsdenkens im Spiegel der deutschen Dichtung. In: ZfdPh 83/1964. Sonderheft. S.6-22. Hier S.17.

2) VON DER BURG/Diss. a.a.O. S.165

3) ebd. S.165

wieder Unstimmigkeiten mit etwaigen Publikumskenntnissen ergeben. Sie hätte am besten dadurch vermieden werden können, daß Stricker die Szene entweder ganz gestrichen oder entsprechend der Tradition gestaltet hätte; letzteres wäre um so unproblematischer gewesen, als sich in dieser Tradition die Heidin ja taufen läßt! Da beides nicht der Fall ist, muß dahinter eine weitergehende Absicht zu suchen sein. Ich sehe hier das Bemühen, noch über die Betonung des Glaubensgegensatzes hinaus eine bestimmte religiöse Haltung zu akzentuieren, nämlich die des Verzichts auf die Bindung an eine Frau. Diese These gewinnt Wahrscheinlichkeit, wenn man weitere Stellen einbezieht:

K 3742 ff. wird Geneluns Verrat vom Erzähler kommentiert:

K 3759 den vil mortlîchen haz
begie Genelûn umbe daz,
daz er muose mîden sîn wîp.
sît er den êwigen lîp
vor dem zorne verkôs
und manegen werden man verlôs,
so dunket mich wol dâbî,
daz ez von gote niht ensî
diu liebe, die man ze wîbe treit.
manegem ist sîn wîp leit,
mit der er gote dienen sol,
und lât im die gevallen wol,
die er muoz haben wider gote.
ez ist von natûre gebote
beidiu an wîben unde an mannen.
diu natûre sî verbannen,
diu daz reht alsô verkêret
und niwan unreht lêret. (1)

Ob es sich um einen Zusatz Strickers zum dR handelt, ist wegen der Lücke nach dR 3o82 nicht genau festzustellen. Zwei Gründe scheinen mir aber für eine solche Ergänzung zu sprechen: 1. Konrad hebt viel zu sehr auf Geldgier und Haß als Motive Geneluns ab, als daß bei ihm eine Erweiterung sinnvoll wäre.(2) 2. Die recht zusammenhanglose Ausdehnung der Problematik auf Ehekonflikte und eheliche Untreue wollen nicht recht zum dR passen, wohl aber zu dem Autor themengleicher Maeren und Bîspel. Auf jeden Fall aber korreliert die von Stricker präsentierte Einstellung mit dem Abbrechen und Umlenken des Minne-Motivs in der Jugendgeschichte. Die Einstellung als solche und die Formulierung auch im Publikumsverständnis sicher jedem Anspruch auf u m f a s s e n d e höfische Thematik und Unterhaltung. Tolerierbar wird dies gewesen sein, weil der spätere Inhalt des Epos ja für Minne-Thematik ohnehin keinen Platz mehr bietet, die Lücke also nicht spürbar wird, u n d weil dort im zweiten klassischen

---

[1] 376o nuer umbe F. 3765 dae mag man wol myrcken bye H.

[2] Anderer Meinung ist anscheinend STACKMANN, denn er benutzt die Stelle zur Rekonstruktion der dR-Lücke (STACKMANN, K.: Karl und Genelun. In: Poetica 1976. S.258-28o. Hier S.266.). Ausreichend erforscht sind die Motive Geneluns nur für die Chs.; s. BENDER, K.-H.: König und Vasall. Heidelberg 1967. S.34 f.; WALTZ, M.: Rolandslied, Wilhelmslied, Alexiuslied. Heidelberg 1965. S.93-96; STRANGES, J.A.: The Character and the Trial of Ganelon. In: Rom. 96/1975. S.333-367; GOLDIN, F.: Die Rolle Ganelons und das Motiv der Worte. In: Beitr.z.Rom. Mittelalter. Heidelberg 1977. S.128-155.

Unterhaltungsbereich (Kampfschilderung) Ersatz geschaffen wird.

Der K liefert noch eine Stelle, aus der Strickers Kritik an der Minne bzw. an bestimmten Wirkungen der Minne hervorgeht, diesmal in indirekter, aber kaum weniger deutlicher Form. K 2o59 f. wird die Minne nämlich wieder durch eine Äußerung der Negativfigur Genelun in den Augen des Publikums abqualifiziert. Genelun äußert dort, wîp unde kint seien ihm 'lieber dan min s ê l e '. Erneut wird also eine solche Einstellung als gefährlich dargestellt, hier mehr auf der Ebene der ehelichen Minne, womit sich aber erneut starke Bezüge zu einer kirchlichen Lehrmeinung ergeben, die dergleichen vorzugsweise wegen ihres Ablenkungseffektes angreift. Wovon Genelun hier abgelenkt wird, ist durch die Alternative (sêle) klar; und insofern finden wir in der Stelle auch eine vorweggenommene indirekte E x k u l p i e r u n g R o l a n d s, der sich der Aufforderung Oliviers, Karl durch ein Hornsignal zur Hilfe zu rufen, entzieht: Olivier argumentiert K 4732 f. mit Rolands Verlobter. Auch das dR hat diese Stelle (dR 3868), aber K 2o59 f. stellt einen Z u s a t z Strickers dar! Zwei Folgerungen ergeben sich: 1. Die Stellung Rolands ist im K eine ganz andere, weil Olivier ein Argument verwendet, daß Stricker schon vorher als unberechtigt herausgestellt hat. 2. Die Tatsache, daß K 2o59 f. einen Zusatz darstellt, erhärtet die Vermutung, daß es sich auch K 3759 ff. um einen solchen handelt. dR 1444, die Parallelstelle zu K 2o59 f., erwähnt Genelun zwar auch seine Frau; dort findet aber ein Appell an die Verwandtenpflicht des Kaisers statt (Geneluns Frau ist seine Schwester), die Problematik ist dort also ganz anders gelagert.

Noch einmal zurück zum Motiv der Christ-Heidin-Liebe in der Jugendgeschichte: Ob dies eine Hauptabsicht des K ist oder nicht - deutlicher als im dR wird schon hier der W e g Karls zur Heiligkeit aufgezeigt (1). Mit der einseitigen Liebe der Heidin, der Karl sich entzieht, haben wir damit das einzige entschlüsselbare V e r s u c h u n g s motiv im K, ein Motiv, das ja traditionell zur Heiligenvita gehört (2). Und hier wird nun ein Hinweis SCHNELLs sehr wichtig und in neuem Zusammenhang aktuell: SCHNELL findet eine Parallele für das Motiv in Rudolfs von Ems 'Barlaam und Josaphat', wo ebenfalls eine Heidin versucht, einen Christen von seinem Glauben abzubringen (3). Da nun die Frau als solche ohnehin oft als Verführerin erscheint, zeigt sich jetzt in aller wünschenswerten Deutlichkeit, daß Hinweise, die Szene im K sei

---

1) Diese Entwicklung paßt zu SCHNELLs Feststellung, daß das Prädikat 'sanctus' Karl im K erst im Epilog prononciert zugesprochen wird (ZfdPh 93 S.58).

2) OHLY (Die Legende von Karl und Roland. In: Studien zur frühmittelhochdeutschen Literatur. Cambridger Colloquium 1971. Hrsg. von P. JOHNSON u.a. Berlin 1974. S.292-343. Hier S.316 ff.) sieht das Versuchungsmotiv in den späteren Angeboten der Heiden an Karl, sich durch Unterwerfung zu retten. Ich kann das nicht wiederlegen, möchte aber darauf hinweisen, daß bzgl. hagiographischer Tradition das Motiv der ausgeschlagenen Liebesbeziehung viel deutlicher ist. Stellt die Aufforderung an Karl gegen Ende des Epos, sich zu unterwerfen, wirklich noch eine glaubhafte Versuchung dar?

3) SCHNELL/ZfdPh 93 S.61

"sonst nirgend belegt" (1), am Kern des Problems vorbeigehen: sie gelten nämlich nur für die K a r l s tradition und für 'höfische' oder 'spielmännische' Epen, denen an einer P r o - b l e m a t i s i e r u n g , und zwar einer weitgehend auf das R e l i g i ö s e bezogenen, entweder n i c h t gelegen ist oder in denen der Held sich in ganz a n d e r e n Bereichen bzw. entsprechend einer anderen Ethik (Teilethik) zu bewähren hat. Auch damit ist also Spekulationen, Stricker wolle die 'minne' als Unterhaltungsmoment einbringen, der Boden entzogen. Die Stelle ist überhaupt nicht als Minne-Handlung konzipiert; wo die Handlung aufhört, hört das Minne-Thema auf.

Toleranz, gleich welcher Art, wäre für Inhalt und Aussage des K disfunktional. Also müssen gerade dort, wo Christen und Heiden in Berührung kommen, ohne sich in direkter Kampfsituation zu befinden, die Grenzen sorgfältig abgesteckt werden. In den späteren Schlachten ergibt sich die Trennung von selbst, während in der Jugendgeschichte der Autor die Akzente setzen muß. Daß dies konsequent und deutlich geschieht, zeigt auch K 2oo ff., wo sich ohne akuten Anlaß beim Eintreffen Karls und seines Begleiters am heidnischen Hof folgender Hinweis findet:

K 2oo do der grâve Diepolt dar quam,
do verwandelt er ir beider namen
und enwolde doch gemeinsamen
mit der heidenschefte nie,
daz er geloubet als sie.
si geloubten kristenlîche. (2)

Sind damit die zentralen Stellen abgeklärt, so wird die dort festgestellte Tendenz durch eine Unzahl von Einzelheiten bestätigt. Diese Einzelheiten dürften eigentlich nicht mehr unbekannt sein; wertet man STEINs Stellensammlung aus (seine Untersuchung liegt seit 1933 vor), dann zeigt sich, daß Strikker durch Übernahme und Ausbau der bei Konrad vorhandenen Einzelcharakterisierungen die oben dargestellte Haltung fortlaufend bestätigt (3).

Wenden wir uns noch einmal speziell dem Kreuzzugsaspekt zu. Die Sonderstellung des K in seiner Zeit bzgl. des Anteils und der Durchführung von Kreuzzugsthematik wurde schon betont. Aber nicht nur der reine, situationsbezogene Inhalt weist den K als Kreuzzugsepos aus, sondern genauso dessen spezifische Präsentation. Das Signalwort 'kriuce'/'cruce' erscheint im K neunzehnmal, im dR zehnmal. Dieses Gesamtzahlenverhältnis besagt noch nicht allzuviel; die Einzelauswertung aber bestätigt die Tendenz: Von den Belegen des dR enthalten vier eine Reminiszenz an den Kreuzestod Christi (dR 4o, 72o, 5798, 5823); eine Stelle (7475) berichtet über das Karl von Gott gesandte Kreuz; zwei Stellen appellieren an die Verehrung des Kreuzsymbols (259, 4979); dreimal ist im dR das

---

1) HAACKE/PBB (W) 81, zustimmend zitiert bei VON DER BURG/Diss. a.a.O. S.165.

2) 2oo-2o2 si warten alle sinem nam B. 2o3 gehaben nie E. an sie A. 2o5 er lebite H.

3) STEIN/Ungläubige (s.S.59 A 5) S.45. Ich kann mir die Tatsache, daß diese Hinweise STEINs bis heute keine Beachtung gefunden haben, nur damit erklären, daß sie wegen der Unverträglichkeit mit gängigen Ansichten ausgespart wurden.

Kreuz ausdrücklich als Abzeichen der Kreuzfahrer genannt bzw. erscheint der Ausdruck 'das Kreuz nehmen' in dieser speziellen Bedeutung (248, 3332, 3447). Im K wird der Kreuzestod Christi fünfmal memoriert (1292, 998o, 1o647, 1o65o, 11355); das Kreuz als Objekt der Verehrung erscheint viermal (698, 7o5, 7o9, 714); zweimal bezeichnet 'kriuze' die Form der Gebetshaltung (7614, 82o2; sonst 'kriuzestal'); siebenmal bezieht sich die Erwähnung des Kreuzes auf das Kreuzzugsunternehmen (477, 618, 629, 694, 7o1, 4o68, 6877); das Wunder des vom Himmel geschickten Kreuzes wird in K 8932 übernommen.

Sicher lassen sich weder im dR noch im K die einzelnen Bedeutungen ganz voneinander trennen; die Gesamtsituation läßt immer assoziative Verbindungen zu anderen Komplexen zu. In zweierlei Hinsicht aber unterscheidet sich der K hier vom dR: Durch die Fast-Verdoppelung der Belege sind die assoziativen Querverbindungen dichter, u n d , was noch wichtiger ist: dem dR fehlt eine zentrale Stelle, in welcher der Begriff gehäuft eingesetzt wird (K 618-714 achtmal!). Stricker setzt also anscheinend sehr bewußt den Terminus gerade zu Beginn der Kreuzzugshandlung ein und kennzeichnet sie damit eben auch begrifflich als solche. Diese örtliche Häufung ist aber nicht das einzige Mittel der Akzentuierung im K. Anders als im dR wird auch ganz offensichtlich eine T r a d i t i o n der Kreuzzüge beschworen:

K 691 Dô sprach der bischof Turpîn:
bruoder, nû tuot wol schîn,
war umbe ir ûz sît komen,
daz heilege kriuze habt genomen,
daz unser herre selber truoc
und uns die sünde abe twuoc,
diu uns von Adâm ane quam.
daz kriuze ist harte lobesam:
ez schuof uns michel êre.
got hât uns sîne lêre
mit dem kriuze vor getragen.
der verte sul wir nâch jagen,
dar diu wâren gotes kint
vor uns hin gevarn sint.
die daz kriuze minnten hie,
und ouch noch varnt alle die
die sich sô versinnent,
daz siz ze rehte minnent. (1)

Die 'Tradition', die Konrad vorstellt, hat nur zwei Stationen: Christus selbst und die von Turpin Angesprochenen. Auch Strikker beginnt bei Christus, aber er ruft noch andere Vorbilder ins Gedächtnis - schon vor Karls Unternehmen sind Kreuzritter 'hin gevarn', und dieses Unternehmen soll auch in der (literarischen) Gegenwart nicht als isoliert erscheinen, worauf die Verse 7o6 ff. hinweisen (' n o c h varnt'). Es entsteht also das Bild einer p e r m a n e n t e n Auseinandersetzung zwischen Heiden und Christen. Dieses Bild findet eine über -

---

1) 699 er BG. ich D. 7oo g.h.u. michel ere (!) A. 7o2 der welte A. 7o4 ie BCDE. 7o6 'noch' fehlt G.

raschende Entsprechung, wenn man die Erwähnung von 'Ludewîc und Terramêr' im Epilog einmal nicht nur als literarische Anspielung auf den 'Willehalm' sieht, sondern sich eine weitere Funktion der Stelle klarzumachen versucht:

K 1219o nu wil ich disem maere
ein ende machen, des ist zît.
sus stuont diu vîentschaft sît,
daz Karl Pâligânen sluoc
und sîner helfaere genuoc,
unz ir kint gewuohsen ze man.
die riten ouch einander an
durch daz alte herzesêr,
Ludewîc und Terramêr.
dô lâgen di heiden aber tôt.
mit alsô kreftiger nôt
waz Karl, unz im der lîp erstarp:
dâ mite er volleclîche erwarp
den stuol der êwigen jugent. (1)

Über dem Abschluß der 'Biographie' Karls (s.u.) und dem Hinweis auf die Beziehung zwischen seiner Leistung im Heidenkrieg und seiner Belohnung dafür darf nicht übersehen werden, daß hier (Kreuzzugs)geschichte fortgeschrieben wird. Sehen die ersten Verse vielleicht noch aus, als münde der Kampf der Glaubensgegner in einen nur unter dem Aspekt des Sippengedankens geführten Rachefeldzug, so stellt K 12199 klar, worum es geht: d i e Heiden unterliegen erneut, und also war auch der Kampf zwischen Karl und Paligan wie der zwischen Ludwig und Terramer nur ein A u s s c h n i t t aus der fortwährenden Auseinandersetzung zwischen Christentum und Heidentum, in erster Linie also ein S t e l l v e r t r e t e r kampf. Stricker scheint auch hier, auf quasi 'weltheilsgeschichtlicher' Ebene, den gleichen Eindruck hervorrufen zu wollen wie in K 7o3 ff. - für jede Zeit stellt sich der Kreuzzug als Aufgabe neu. Dadurch wird, in dieser Hinsicht sogar stärker als im dR, der Beispiel- und Aufforderungscharakter der Roncevalles- und Paliganschlacht in den Vordergrund gestellt. Im dR enden die Ereignisse mit der Hinrichtung Geneluns; der Epilog hat vornehmlich Laudatiocharakter und ist um die Konstruktion eines präfigurativen Gefüges David - Karl - Heinrich bemüht. Im Verlauf des dR wird zwar auch deutlich, daß zur Nachfolge aufgerufen wird, aber der Epilog, der die letzte und traditionell mit bevorzugteste Gelegenheit bietet, das Anliegen des Autors darzustellen, bleibt bei Konrad diesem Aspekt verschlossen.

Wird schon auf diese Weise - nämlich vom deutlicher werdenden Anspruch an die Zeitgenossen her - Strickers Epos konkreter, so bietet der Autor auch in Details noch einiges auf, um Karls Unternehmen deutlich als Kreuzzug und damit als qualitativ identischen Vorläufer der historischen Kreuzzüge zu kennzeichnen. Da ist einmal die Schilderung der päpstlichen Tätigkeiten; im dR taucht der Papst bekanntlich nicht auf. Inwieweit seine Einbeziehung politisch ausdeutbar ist, wird uns später

---

1) 12196 rihten A. o. sint (!) F. 12199 a.) vil E.

noch beschäftigen (Kap. IV); auf jeden Fall aber bringt die Schilderung seiner Aktivitäten während der Kreuzzugsvorbereitungen objektiv einen (cum grano salis) realistischen Zug in die Darstellung: der Papst sendet Boten mit Kreuzzugsaufrufen aus, und tatsächlich ist er ja auch der einzige, der 'daz kriuze geben ûf der heidene leben', d.h. ein Unternehmen zum Kreuzzug erklären kann (K 475 ff.). Als ein solcher Detailrealismus ist auch der Hinweis K 619 zu werten: im dR schließen sich alle unterschiedslos dem Kreuzzug an, bei Stricker alle, denen es 'diu êhafte nôt' nicht verwehrt - ohne Zweifel realistisch, ohne Zweifel aber nicht etwa profan. Denn die Idealisierung von Karls Zug wird nicht aufs Spiel gesetzt, und der Zweck dieser Idealisierung, Begeisterung zu wecken, kann bei einer gewissen Konkretisierung des vorbildhaft Dargestellten eher noch leichter erfüllt werden. Je deutlicher das Publikum merkt, daß es sich bei dem, was Karl in Gang setzt, um etwas Wiederholbares handelt, je mehr ihm bewußt (gemacht) wird, daß sich die literarischen Personen den gleichen Bedingungen ausgesetzt sehen wie der Rezipient in entsprechender Lage selbst, desto eher wird es auch geneigt sein, für sich selber ähnliche Möglichkeiten anzusetzen. Ob dieses 'Rezept' seinen Zweck erreicht, hängt dann zuletzt nicht mehr vom Autor ab.

Wertet man die von WENTZLAFF-EGGEBERT gelieferten Materialien zu den kirchlichen Kreuzzugsaufrufen aus, stellt man fest, daß sich die Argumente für die Teilnahme am Kreuzzug im Wesentlichen nicht ändern. Neuerungen lassen sich nur da finden, wo auf aktuelle Ereignisse Bezug genommen wird, aber solche Neuerungen haben dann auch nur so lange Bestand, bis sie durch Aktuelleres überholt sind. Der Grundbestand der Argumente bleibt gleich: Kreuzzug als Buße; Hilfe für die Christen, die unter heidnischer Herrschaft leben; hereditas - Gedanke; Ausbreitung des Glaubens; Einsatz zur Ehre Gottes; Rache für die Niederlagen der Vorgänger. Änderungen sind dagegen zu verzeichnen in der Stellung der Öffentlichkeit gegenüber den Kreuzzügen, die bekanntnlich seit dem 3. Kreuzzug immer kritischer wird. Auch sind gravierende soziale Umschichtungen in der Trägerschaft zu bemerken; der Hochadel beginnt sich zurückzuziehen und ist nur noch durch erhebliche politische Zugeständnisse oder materielle Zuwendungen zur Teilnahme zu bewegen. Strickers 'Karl' weist - wie das dR - a l l e o.a. Argumente kirchlicher Kreuzzugspropaganda auf. Dieser inhaltlichen Identität entspricht aber keine vergleichbare Stellung im jeweils zeitgenössischen literarischen, religionspolitischen und allgemeingeschichtlichen Spektrum. Konrad liegt mit seiner Haltung zumal für Deutschland durchaus auf der Linie der öffentlichen Meinung, unbeschadet der auf die Mißerfolge des 2. Kreuzzuges folgenden, aber vorübergehenden Kritik und Resignation. Für Stricker gilt diese Meinungsidentität nicht mehr. Insofern ist er, was die offizielle kirchliche Haltung angeht, k o n s e r v a t i v, bzgl. der gesamtgesellschaftlichen Auffassungen und der realen Entwicklung r e s t a u r a t i v. Das gilt um so mehr, als er sich die aus der Kreuzzugsmotivik entspringenden unterhalterischen Möglichkeiten bei weitem nicht vollständig zunutze macht. Er betreibt aber keine Kreuzzugs'nostalgie', singt kein wehmütiges Lied auf die tempi passati, sondern deklariert das, was früher geschehen ist, als wiederholenswert und wiederholbar. Auch von daher ist es sicher kein Zufall, daß einige Exemplare des K sich in den Bibliotheken des sonst fast nur an Chronistik, Bibel- und Legendendichtung interessierten Deutschritterordens befunden haben; nicht nur die Thematik schlechthin wird hier die Rezeption beeinflußt haben, sondern auch die gehaltliche Rigorosität und die Problemlosigkeit in der Darstellung werden auf ein Publikum besonders gewirkt haben, das seine Existenzberechtigung aus den dort geschilderten Aufgaben zieht.

So objektiv inaktuell der gehaltliche Purismus (n i c h t die Thematik an sich) im K war, so aktuell wurde gerade durch die Beibehaltung von Einzelzügen des dR bei gleichzeitig veränderter außerliterarischer Situation manches Detail im K. Das Problem des Rückzugs in die Heimat etwa, bei Konrad vorzugsweise nur handlungsauslösendes Element, gewinnt z.Z. des K einen völlig neuen Stellenwert, weil im ersten Viertel des 13. Jhs dieses Zurück- oder gar Zu-Hause-bleiben-Wollen in der Realität und auch in der Dichtung zunehmend zum Thema wird; man vergleiche etwa Freidanks Kritik (1), Walthers eher resignierten Wunsch, selbst noch am Kreuzzug teilnehmen und damit die Chance wahren zu können, welche die neue Generation vergibt (Elegie) (2), Huon d'Oisys Kennzeichnung Philipps II. August als 'failli' wegen des zunächst nicht eingehaltenen Kreuzzugsversprechens (3) und natürlich die Kontroversen um das immer wieder aufgeschobene Unternehmen Friedrichs II.

<u>Exkurs</u>: Kreuzzug und Datierungsfrage

Man hat immer wieder versucht, die Entstehungszeit des K mit Hilfe des Kreuzzugsthemas genauer einzugrenzen (auch dort, wo dieses Thema als im Ganzen unbedeutend für das Epos angesehen wurde). Bevor ich dazu Stellung nehme, einige grundsätzliche Überlegungen:

1. Kreuzzüge sind fast immer Heidenkämpfe (Ausnahmen: Feldzüge gegen die Stedinger Bauern; Staufer'kreuzzug' u.ä.). Heidenkämpfe waren lange vor 1o96 und mindestens bis 127o p e r m a n e n t e Erscheinungsformen der politischen und religiösen Geschichte. 'Kreuzzug' läßt sich zwar definieren z.B. auf Grund der von ERDMANN gelieferten Kriterien, und der 1. Kreuzzug war Resultat einer bestimmten Entwicklung kirchlicher Meinungen und laikaler Reaktionen bzgl. des Einsatzes militärischer Mittel in religiösen Auseinandersetzungen. Aber breiteren Schichten des Mittelalters blieben natürlich die feineren Differenzierungen zwischen den einzelnen Formen der militärischen Konfliktbewältigung zwischen Heiden und Christen verschlossen. Das heißt also, daß die Abwehr heidnischer Invasoren (4), die Verteidigung gegen heidnische Überfälle auf Pilger im Hl. Land und der aktive Angriff auf die Heiden unbeschadet ihrer jeweils verschiedenen Voraussetzungen rein phänomenologisch große Ähnlichkeiten besaßen und daß solche Auseinandersetzungen hinsichtlich ihres Ein-

---

1) s. STEIN/Ungläubige (s.S.59 A 5) S.92.

2) Vgl. DE BOOR/Wandel (s.S.61 A 1) S.16.

3) s. WENTZLAFF-EGGEBERT (s.S.21 A 1) S.154.

4) Man vgl. die Stilisierung der Ungarnkämpfe als Kreuzzug im 'Lohengrin'.

flusses (zum Beispiel) auf Literatur nicht auf die 'offiziellen' sieben Kreuzzüge eingrenzbar sind. Aber es sind nicht nur die zeitlichen Eckdaten über 1o96 und 127o hinaus in beide Richtungen zu verschieben. Auch zwischen den einzelnen dieser sieben Unternehmen spielt sich eine Menge ab, was entweder auch nichts anderes ist als 'Kreuzzug' oder mit den Kreuzzügen die meisten Erscheinungsformen und Motive teilt: Slawenmission und -'kolonisation'; Reconquista; Tartarenangriffe; Kinderkreuzzug; Niederwerfung der Sarazenen in Italien durch Friedrich II.; der Legatenkreuzzug gegen Ägypten 1221; Dauerkämpfe der Kreuzfahrerstaaten in Palästina; Albigenserkriege; Pilgerfahrten ins Hl.Land; Unternehmen mit allenfalls halboffiziellem Charakter (1); unvollständige oder abgebrochene Unternehmen (2) u.v.a.m.

Kreuzzug bleibt also immer Thema, da die zeitlichen Abstände zwischen solchen und anderen Ereignissen gering oder nicht vorhanden sind. Macht man sich noch klar, daß sich vor jedem Unternehmen erhebliche propagandistische und materielle Vorbereitungen abspielen und daß danach in der Öffentlichkeit die Vorgänge diskutiert werden, daß Berichte Aufnahme in Chroniken finden, daß Teilnehmer ihre Erlebnisse mitteilen usw., dann muß man von einem lückenlosen Ineinander von Ereignissen im Zusammenhang mit dem Thema Kreuzzug ausgehen, von einer kontinuierlichen Aktualität dieses Themas.

2. Konrads Rolandslied ist ca. zwanzig Jahre nach dem 2. und rund zwanzig weitere Jahre vor dem 3. Kreuzzug entstanden. In ihm wird nicht nur vom Gescheben her Kreuzzug dargestellt, sondern es findet sich auch eine Menge von Gedankengut aus diesem Bereich. Für die Datierung hat das nie Primärbeweise erbracht; sie konnte nur erfolgen auf Grund der Nennung zweier Orte (Almeria, Tortosa), die in der mit Religionskämpfen zusammenhängenden Geschichte eine Rolle gespielt haben, nicht aber auf Grund der Thematik schlechthin.

3. Wie ich darzustellen versucht habe, unterscheidet sich das auf den Kreuzzug bezogene Gedankengut des K nicht von dem im dR.

4. Texte, die allein auf Grund des Zusammenhangs mit Kreuzzugsthematik eindeutig datiert werden konnten, sind selten und erhalten dann immer konkrete Hinweise auf bestimmte Einzelereignisse.

In meiner folgenden Stellungnahme zum Zusammenhang von Kreuzzugsthematik und Datierung des K gehe ich aus von den Darstellungen SCHNELLs und VON DER BURGs(3), die den neuesten und umfassendsten Standard in dieser Diskussion darstellen. In letzter Zeit ist auch GEITH auf die Datierung eingegangen, der aber mit anderen Indikatoren operiert, auf die in Kap.IV eingegangen werden wird.

SCHNELL geht aus von der "Aktualität der drei großen Leitge-

---

1) s. etwa Otto von St.Blasien c.42 zur Jerusalemfahrt Hz. Friedrichs von Österreich, des Mainzer Erzbischofs und Heinrichs von Brabant im Jahre 1197.

2) 1197 bricht ein deutsches Kreuzheer unter Führung Konrads von Querfurt auf; Heinrich VI. stirbt vor der beabsichtigten Teilnahme; s. PFISTER, K.: Kaiser Friedrich II. München 1942. S.47 f.

3) SCHNELL/ZfdPh 93 S.78-8o; VON DER BURG/Diss. S.346-351.

danken des 'Karl', Kreuzzug, Weltherrschaft und Karlsverehrung", die "in Deutschland zur Zeit der fraglichen Abfassung nicht zu übersehen" seien (S.78). In seiner Argumentation hängen diese drei Leitgedanken zusammen; da "Weltherrschaft und Karlsverehrung" uns jedoch ebenfalls in Kap. IV noch beschäftigen werden, gehe ich auf SCHNELLs diesbezügliche Theorien hier nur en passant ein - was sich methodisch dadurch rechtfertigen läßt, das jeder einzelne von mehreren Punkten, die sich im Rahmen einer Argumentation gegenseitig stützen, sich auf Stichhaltigkeit befragen lassen muß.
SCHNELL schreibt also:

> "Da nach dem Kreuzzug von 1228/29 Friedrich (II.) David als Vorbild über Karl stellt, halte ich die späte Datierung für fragwürdig. Außerdem wäre die Kreuzzugsdichtung 'Karl' so kurz nach einem Kreuzzug deplaciert. Im November 1225 heiratet Friedrich die Erbin des Königreiches Jerusalem (= Isabella von Brienne; R.B.) und fügt seinen Titeln sofort den eines Königs von Jerusalem hinzu. Da der Stricker bestrebt ist, die Machtfülle Karls (und somit seines Nachfolgers Friedrich II.) zu betonen, hätte er sicher nicht versäumt, Jerusalem in seinen Länderkatalog aufzunehmen, zumal in der Karlssage Karls Zug nach Jerusalem breit ausgemalt ist." (S.79)

GEITH hat festgestellt, daß es mit der Karlsverehrung Friedrichs II. nicht besonders weit her gewesen ist (s.Kap.IV). Nun ist dies noch kein Argument dafür, daß es Stricker unmöglich wäre, Friedrich in Karl zu präfigurieren; für eine engere Beziehung Strickers zur Umgebung Friedrichs II., die eine gezielte Wiedergabe des vom direkten oder indirekten Mäzen optierten Vorbildes erst wahrscheinlich machen würde, gibt es keinen Anhaltspunkt. Stricker brauchte sich also weder positiv noch negativ von etwaiger Kenntnis/Nichtkenntnis bei seinen Typologien beeinflussen zu lassen - eine 'ungebetene' Präfiguration ist um so eher möglich, als Karl den Typus des idealen Herrschers schlechthin repräsentieren konnte. Gerade weil dies aber so ist, weil ferner Friedrichs Karlsverehrung (falls vorhanden) zumindest nie besonders publik wurde (s. Kap. IV.), ist der Vorbildwechsel Friedrichs auch kein zwingender Grund für einen literarischen Niederschlag bzw. Nicht-Niederschlag desselben.

Was die angebliche Deplaziertheit eines Kreuzzugsepos unmittelbar nach einem Kreuzzug betrifft, so lassen sich dem zwei Argumente entgegenhalten:

1. Der Fall, daß eine Dichtung nachträglich den Erfolg eines Herrschers durch die Darstellung einer ähnlichen Situation glorifiziert, läßt sich zumindest als Möglichkeit nicht ausschließen; immerhin war Friedrichs Kreuzzug nach dem 1. der einzige, der das Ziel einer Befreiung Jerusalems erreichte (1).

2. Die Datierung aller Texte, die als Kreuzzugsdichtung bezeichnet werden können, liegt nicht so genau fest, daß man eine sichere Vergleichsbasis dafür gewinnen könnte, ab welcher zeitlichen Entfernung vom Ereignis eine literarische Themenaufnahme als deplaziert betrachtet wurde.

---

[1] Vgl. MICHAUX, Th.: Die Hauptentscheidungen des ersten Kreuzzuges Ludwigs IX. in ihrer politischen Bedingtheit. Diss. Köln 1954. S.5.

Daß Stricker "es nicht versäumt (hätte)", eine Erweiterung von Friedrichs Machtbereich einen Reflex in den Länderkatalogen des K finden zu lassen, ist ebenfalls nicht stichhaltig - sogar unter der Voraussetzung, daß Stricker überhaupt an einer typologischen Beziehung Karl - Friedrich gelegen war. Die literarische Tradition würde dem sogar widersprechen: Karls Jerusalemfahrt und die Roncevalles-Ereignisse erscheinen in Chronistik und Dichtung immer getrennt und werden nirgendwo in Beziehung gesetzt. RAUSCHEN, auf den SCHNELL sich hier stützt, kann ihm kein Kronzeuge sein; zwar wird wiederholt (aber durchaus nicht in der Mehrzahl der Fälle) "Karls Jerusalemzug breit ausgemalt", aber nirgendwo so, daß eine Übertragung in den K und von da auf Friedrich gepaßt hätte. SCHNELL vernachlässigt überdies die geographische Provenienz und die zeitliche Differenzierung der Quellen (1). Und schließlich widerspricht er mit einer Annahme der Form 'Stricker hätte müssen, wenn...' auch seinen eigenen Ergebnissen bzgl. der spezifischen Form Strickerscher Aktualisierungen (s. bes. SCHNELL S.66 f.) sowie seinen nüchternen Vorbemerkungen über Möglichkeiten und Grenzen zeitgeschichtlicher Interpretation mal. Texte (S.52-55).

VON DER BURG geht ausschließlicher als SCHNELL bei seinem Datierungsversuch von der Aktualität des Kreuzzuges z.Z. Strickers aus. Er hat ohne Zweifel recht, wenn er die Publizität des Kreuzzuges in der gesamten für die Abfassung des K in Frage kommenden Zeitspanne betont. Seine Darstellung läuft darauf hinaus, daß nach den dauernden Verschiebungen von Friedrichs Kreuzzug der Enthusiasmus in Deutschland allmählich nachgelassen habe (S.35o). Daher stellt er fest,

> "daß eine Entstehung nach 122o je unwahrscheinlicher wird, je weiter das Jahrzehnt fortgeschritten ist, da die Kreuzzugsbegeisterung in Deutschland als eigentliche Motivation des Werkes nicht mehr in Frage kommen und die Kritik am Kreuzzugsgedanken im öffentlichen wie im literarischen Leben schon viel zu breiten Raum gewonnen haben dürfte." (S.351)
>
> ...
>
> "Da nämlich Strickers Karl aus Stauferkreisen stammt und staufisches Ideengut vorträgt, dürfte zwischen der Bereitschaft zum Kreuzzug derjenigen Gesellschaftskreise, die das Karlsepos primär ansprechen sollte, und der Motivation des Dichters zu einem Werk mit solchem Inhalt ein Zusammenhang bestehen. Deshalb halten wir es für das Wahrscheinlichste, daß Strickers Karl in dem Jahr gedichtet wurde, als die Kreuzzugsbegeisterung den Höhepunkt erreichte, nämlich im Jahre 122o, wobei der Zeit zwischen dem Reichstag zu Frankfurt (April) und der Abreise Friedrichs II. nach Italien (Ende August) ein Vorzug zukommt." (S.351)

Für das "staufische Gedankengut" verweise ich erneut auf später. Was den übrigen Gedankengang angeht, so ist VON DER BURG in einem ganz sicher über das Ziel hinausgeschossen, nämlich in dem Versuch, die Abfassung des K auf ein Jahr bzw. sogar

---

1) s. RAUSCHEN, G.: Die Legende Karls des Großen im 11. und 12. Jahrhundert. Leipzig 189o. S.141-147.

4 - 5 Monate genau festlegen zu wollen. Nicht nur, daß gesellschaftliche Bewegungen sich oft genug nur mit zeitlichem Abstand in Literatur niederschlagen; man weiß einfach auch über die zur Abfassung eines Epos nötige Zeit zu wenig, um solche Aussagen vertreten zu können. Stricker hat ja nicht einfach mechanisch seine Vorlage abschreiben können: er mußte formal ändern, Nebenquellen einarbeiten und schließlich eine Vielzahl von Details verändern (s.Kap.III).

Ansonsten ist die vorgetragene Argumentation m.E. in sich widerspruchsfrei; zu bezweifeln sind aber wieder die Voraussetzungen:

1. Die Kreuzzugsbegeisterung muß durchaus nicht die "eigentliche Motivation" gewesen sein; andere Möglichkeiten sind denkbar und auch praktisch vorhanden (vgl. das dR!).

2. Die Kritik an den Kreuzzügen setzt nicht erst seit 1224 ein. Andererseits ist der K aber noch in Zeiten rezipiert worden, als diese Kritik genauso stark oder noch stärker war.

3. Die Trägerschaft bestimmter "Gesellschaftskreise" setzt nicht schlechthin "Bereitschaft" voraus. Bestes Beispiel ist gerade Friedrich II: In den Zeiten, wo ihm eine Verschiebung des Kreuzzuges nötig erschien, wäre eine Erinnerung an sein Gelübde für einen von ihm abhängigen Autor sicher n i c h t opportun gewesen. Auch die schon erwähnte abnehmende Bereitschaft des Hochadels, sich allein aus Idealismus im Kreuzzug zu engagieren, deutet auf die Unvereinbarkeit von objektiver Abhängigkeit bzw. ideologischer Gebundenheit eines Autors und objektiv disfunktionaler literarischer Stellungnahme hin. Wie sinnlos solche Annahmen sein können, zeigt die Kontroverse um die Stellung Walthers hinsichtlich seiner Kreuzzugsaufforderung im Ottenton (1).- Möglich wäre natürlich eine Idealisierung des Kreuzzuges, die ohne Verpflichtungscharakter für den jeweils als literarisches Zentrum in Fragekommenden Hof bleibt; dies aber ist dann nicht an bestimmte Zeiten gebunden und kann seine Funktion genauso gut 1215, 122o, 123o und auch noch viel später erfüllen.

4. Die Quellen über den Höhepunkt der Kreuzzugsbegeisterung in Deutschland geben nicht ein so eindeutiges Bild, wie VON DER BURG es darstellt. Immerhin wird Friedrich 1225 im Vertrag von San Germano noch einmal offiziell mit der Durchführung und hauptsächlichen Finanzierung des Kreuzzuges beauftragt (2); die Kreuzzugswerbung in Deutschland nach diesem Vertrag hatte durchaus Erfolge aufzuweisen (3), während diejenige für das noch vom Vorgänger Honorius' III., Innozenz III., für 1217 geplante Unternehmen auf z.T. heftige Ablehnung stieß (4). Überhaupt will mir scheinen, daß die Aktualität des Kreuzzugsthemas schlechthin durch die dauernden Verschiebungen eher noch gefördert wurde, mithin der K, falls in diesen Zusammenhängen entstanden, zeitlich also wieder nicht fixierbar ist.

5. Der Kreuzzugsgedanke im K ist zumindest a u c h als per-

---

1) s. dazu zuletzt NELLMANN, E.: Walthers unzeitgemäßer Kreuzzugsappell. In: ZfdPh 98/1979. Sonderheft. S.22-6o.

2) s. BIEHRINGER, F.J.: Kaiser Friedrich II. Berlin 1912. S.55.

3) s. WAHL, R.: Wandler der Welt. Friedrich II., der sizilische Staufer. 2. Aufl. München 1949. S.124.

4) s. BIEHRINGER/Friedrich II. (s.o. A.2) S.5o.

sönliches Anliegen des Autors zu begreifen, denn wir haben ja gesehen, daß die Durchführung dieses Themas in Einzelheiten durchaus unhöfisch ist und im Ganzen gesehen nicht mehr unbedingt auf ein vom Kreuzzug begeistertes Publikum stoßen muß. In diesem Fall ist die Abfassung des K aber überhaupt nicht mehr daran gebunden, daß a l l g e m e i n e r Kreuzzugsenthusiasmus geherrscht haben oder daß ein Unternehmen gerade erfolgreich abgeschlossen worden sein muß. Auch die Möglichkeit der Entstehung in einer Zeit größerer Skepsis oder nach Mißerfolgen ist also nicht auszuschließen, etwa nach dem Fall Damiettes 1221 (1) - sie ist aber genauso wenig beweisbar.

Die Abfassungszeit des K läßt sich m.E. nicht allein auf Grund der Kreuzzugsthematik bestimmen. Wegen der geschilderten Unstimmigkeiten ist es auch nicht möglich, andere Datierungsversuche mehr als marginal durch Hinweise auf die Kreuzzugssituation zu stützen. Ob es jemals gelingen wird, Bestandteile des K als gezielte Anspielungen auf bestimmte historische Ereignisse aus den Kreuzzügen zu identifizieren und damit zumindest zu termini post quos zu gelangen, erscheint mir aus einem Grund besonders fraglich: Eine für Zeitgenossen erkennbare Fixierung auf spezielle Situationen und Gegebenheiten würde die von Stricker durch den Hinweis auf eine Tradition der Kreuzzüge auf Allgemeingültigkeit und Permanenz hin angelegte Darstellung konterkarieren. Obwohl vorerst auch nichts über den Grad der persönlichen Anteilnahme Strickers am Kreuzzugsthema gesagt werden kann, sollte man daran denken, daß es auch in seiner Kleindichtung mehrmals zur Geltung kommt, und zwar nicht nur in eigens dafür bestimmten Texten, sondern auch immer wieder punktuell in Dichtungen, die andere Themenbereiche behandeln; eine systematische Durchforstung der Kleindichtung würde hier sicher noch manches Ergebnis bringen.

---

1) Zu den Reaktionen im Abendland und zu den einsetzenden Aktivitäten s. JACOBS, W.: Patriarch Gerold von Jerusalem. Ein Beitrag zur Kreuzzugsgeschichte Kaiser Friedrichs II. Diss. Bonn 1905. S.13.

II. Weltliches im K - Verweltlichung?

Daß grundsätzlich die Religiosität des dR in den K eingeht, habe ich im I. Kapitel darzustellen versucht. Im Folgenden soll untersucht werden, ob Stricker eine Verweltlichung seiner Vorlage durch Anlagerung oder Ausbau nicht-religiöser Stoffe und Gehalte bewirkt hat.

Konrads Rolandslied war, wenn auch nicht in der überlieferten Form, die Grundlage des K. Die Behandlung von dR und K durch die Wissenschaft weist, wie erwähnt, erhebliche quantitative (1) und qualitative Unterschiede auf. Der Unterschied in der Qualität ist sicher nicht durch unterschiedliche wissenschaftliche Fähigkeiten der Interpretatoren bedingt (die ja oft auch identisch sind!); vielmehr hängt die Beantwortung der Frage nach erschöpfender und befriedigender Kenntnis eines Textes auch ab von der Anzahl der behandelten Aspekte. Und wenn - wie (z.B.) im Fall des K - sich die Untersuchungen lange nur auf stemmatologische und Quellenprobleme beschränkt haben, allenfalls ergänzt durch oberflächliche Vergleiche zwischen dR und K im Stil und mit dem Aussagewert von Inhaltsangaben, dann fehlen eben heute viele Vorarbeiten für Einordnung und Wertung dieser Inhalte. So wird denn auf Dauer das Problem mangelnder Quantität eines der Qualität. Die Untersuchungen SINGERs, VON DER BURGs, SCHNELLs und GEITHs haben in jüngster Zeit Wesentliches erbracht und aufgearbeitet, aber auf absehbare Zeit wird jede Untersuchung zum K noch als Vorarbeit zu betrachten sein.

Was das dR betrifft, so läßt sich m.E. nur eine Frage feststellen, die nicht erschöpfend behandelt wurde: die nach der Existenz und Einordnung weltlicher Elemente in diesem nach Gehalt und formaler Durchführung so weitgehend klerikal - theologisch bestimmten Epos. Auf das Problem der zum Klischee erstarrten Betonung der Spiritualität des dR (2), auf die Gefahren eines überstrapazierten Vergleiches mit der Chs ('klerikal-geistlich' kontra 'national-weltlich'), auf die Bedeutung einer Relativierung des religiösen Gehaltes für eine Einordnung des dR in die Literatur seiner Zeit kann hier nicht näher eingegangen werden. Grundsätzlich bestritten - sieht man von offensichtlichen Falschdarstellungen ab (3) - wurde die Existenz von Teilinhalten des dR, die nicht auf dem Boden christlicher Weltanschauung entstanden sind, nie. Fraglich ist, ob ihr Stellenwert immer erkannt und richtig beurteilt wurde; aber auch dies kann nicht Gegenstand dieser Untersuchung sein. Wichtig für uns ist hier nur die Rezeption ent-

---

1) H. RICHTERs Bemerkung über die "geringe Anzahl der germanistischen Aufsätze zum Rolandslied" gilt allenfalls im Vergleich zur Chs-Forschung - ein Verhältnis, daß aber vorwiegend durch die vielen quellenkritischen Untersuchungen zum frz. Rolandslied bedingt sein dürfte. (Kommentar zum Rolandslied des Pfaffen Konrad. Teil I. Bern u. Frankf.a.M. 1972. S.7)

2) KARTSCHOKE, D.: Die Datierung des deutschen Rolandsliedes. Stuttgart 1965. S.144.

3) So versteigt sich etwa SARAN bei einem Vergleich von v. 23o3 ff. der Fassung O der Chs. mit dR 6825 ff. zu der Behauptung, im dR sei "der so wichtige Eroberungsgedanke gestrichen". (Deutsche Heldengedichte des Mittelalters. Halle 1922. S.1o9.)

sprechender Stellen in der Neufassung Strickers. Die Wirkungsbreite dieser Stellen im dR reicht von einfachen Identifikationsangeboten an den weltlichen Adel, welche die Durchführung des Kreuzzuges unter geistlichen Vorzeichen noch nicht in Frage stellen, bis hin zur vereinzelten Präsentation von Inhalten, die auch nach den Maßstäben der Zeit nicht mehr mit kirchlichen Anschauungen in Übereinklang zu bringen sind. Dies spricht aber weniger für eine 'Inkonsequenz' Konrads, sondern ist eher Indiz für eine ja auch in anderen Fällen zu konstatierende Verselbständigung einer durch den Stoff vorgeprägten Darstellung und die besondere Situation eines gezielt für den Hof schreibenden Autors.

Im Zusammenhang von Äußerungen über die Strickersche Bearbeitungstendenz wurde immer wieder von einer 'Verweltlichung' gesprochen. So sieht etwa JENSEN IM K eine Ambivalenz von geistlichem Gehalt und der "Verherrlichung der Thaten irdischer Helden" (1), ordnet KÖSTER den K im Gegensatz zum dR unter die höfische Dichtung ein (2), läßt HALL mit der Formulierung, Stricker schreibe "for a more worldly oriented public"(3), diesbezüglichen Assoziationen freien Lauf. Ob es mit der auch für den K z.T. behaupteten 'Bürgerlichkeit' des Gedankenguts mehr auf sich hat als mit gängigen Übertragungen von Meinungen über die Kleindichtung und den Amis, darauf soll noch in anderen Zusammenhängen eingegangen werden. Als P u b l i k u m des K ist jedoch immer noch fast ausschließlich der Adel anzusehen. Dieser Adel unterscheidet sich, auch unter Berücksichtigung der erheblichen Differenzierungen innerhalb dieses Standes, von seinen Vorfahren aus der Zeit um 117o in seiner Lebensweise nur graduell, wenn man in Betracht zieht, daß die einschneidenden ökonomischen Veränderungen schon länger angelegt und in der Entwicklung befindlich waren; in seinem E t h o s unterscheidet er sich von ihnen so gut wie überhaupt nicht - zumindest, was das Selbstbild anbelangt. Daher ist es sinnvoll, bei den Stellen des dR anzusetzen, in denen weltlich-adlige Interessen und Probleme angesprochen werden, und deren Wiedergabe im K zu untersuchen.

II.1 Nationalität; Stammeszugehörigkeit

Daß Karls Reich sich aus verschiedenen nationalen (4) und subnationalen Einheiten zusammengesetzt hatte, war im MA bekannt. Eine neutrale Erwähnung dieses Umstandes, die Nennung der entsprechenden Herkunft einzelner Personen in dR und K, kann also noch kein Grund für interpretatorische Bemühungen sein, weil allein dadurch die religiösen Aussagen für das Publikum nicht unterlaufen werden. Dies kann erst der Fall sein, wenn Nationalitäts- und Stammesprobleme potentiell in Konkurrenz zu solchen Aussagen treten; und dieser Fall wird sich ergeben, sobald das betonte 'ain muote', die alle tatsächlichen und möglichen Gegensätze zwischen den positiven christlichen Per-

---

1) JENSEN, L.: Über den Stricker als Bispeldichter, seine Sprache und seine Technik unter Berücksichtigung des Karl und Amis. Marburg 1886. S.31.

2) KÖSTER, R.: Karl der Große als politische Gestalt in der Dichtung des deutschen Mittelalters. Hamburg 1939.

3) HALL/Monatshefte 61 (s.S.3 A 3) S.347.

4) Die eingeschränkte Verwendbarkeit des Nationenbegriffs für das MA zu diskutieren unterlasse ich zugunsten des Hinweises, daß auch pränationale Einheiten schon ein Eigenbewußtsein haben.

sonen aufhebende Einigkeit in Grundauffassungen und Zielen, gefährdet wird. Bedeutsamer als ein gewisser 'Bayernpatriotismus' Konrads (1) - von Stricker eliminiert -, sind insofern Episoden, in denen die Hervorhebung ethnisch-politischer Gruppierungen neben ihrem einfachen Toposcharakter andere Funktionen hat oder für das Publikum haben k a n n , das Publikum, das ja die Freiheit besitzt, über die Intention des Autors hinaus, evtl. auch gegen sie, in einem gewissen Rahmen unabhängig zu assoziieren.

Die erste Stelle im dR , wo dies möglich ist, findet sich V. 1113 ff. Genelun behauptet dort, um Roland als gefährlich ehrgeizig darzustellen, dieser sei auf die Erfolge der Bayern eifersüchtig. Das Ausspielen von Qualitäten wird zwar der Negativfigur Genelun in den Mund gelegt, aber die positive Wertung der Bayern ist davon nicht betroffen: sie muß ihre Funktion erfüllen, Argument gegen Roland vermittels Abqualifizierung seiner Fähigkeiten durch Konfrontation mit ebenbürtigen Vergleichobjekten zu sein. Geneluns Vergehen liegt nur in der Form seines Angriffs und darin, daß er es überhaupt wagt, den 'Helden' zu attackieren. Die außerliterarische Bedeutung dieser Stelle für die Beziehung Autor-Publikum liegt darin, daß dem Publikum ein solcher Konflikt zumindest vorstellbar sein muß (2). Zwar wird das Publikum Rolands Partei ergreifen; davon wird aber weder das positive Bild der Bayern betroffen noch die Feststellung, daß stammespolitische Konflikte in greifbarer Nähe liegen - gleichgültig, ob es sich im Sinne Konrads hier um die Darstellung solcher Konflikte handelt (3). Bei Stricker (K 168o ff.) ist die im dR 46 Verse umfassende Rede auf 22 Verse zusammengestrichen. Der Kürzung zum Opfer gefallen ist der gesamte Bericht über den angeblichen Streit zwischen Roland und den Bayern. Nun streicht Stricker ja überhaupt die Bayernelogen Konrads. Damit ist aber gleichzeitig der sich bei Konrad immerhin anbahnende Konflikt aus der Welt geschafft; es handelt sich also auch um eine 'Entschärfung' (s. Kap. III.6).

Nachdem in der gleichen Szene die internen Beratungen der Franken abgeschlossen sind, leitet Konrad den Fortgang der Beschlußfassung mit dem Satz ein: 'si besanden di geste' (dR 1175). Was diese Stelle interessant macht, ist die Tatsache, daß hier ganz deutlich die so oft betonte Einheit und Gleichheit der Christen unterlaufen wird. Befremden

---

1) s. RÖHR, H.: Die politische Umwelt des deutschen Rolandsliedes. In: PBB 64/194o. S.1-39. Hier S.32 ff.

2) Ein Beispiel, das wegen der konkreten Situation (Rivalitäten beim Eindringen in eine heidnische Stadt) speziell unseren Fall betrifft, gibt etwa KURTH von der Belagerung Lissabons 1147; KURTH, F.: Der Anteil niederdeutscher Kreuzfahrer an den Kämpfen der Portugiesen gegen die Mauren. In: MIÖG. VIII. Erg.-Bd. H.1. 19o9. S.131-251. Hier S.148.

3) Nach Konrads Darstellung tritt das personale Element stark in den Vordergrund, zumal unmittelbar vor dem Pauschallob der Bayern Naimes als Roland gleichwertig bezeichnet wird. Naimes vertritt aber als Herzog der Bayern trotzdem institutionell einen Stamm.

könnte dies allerdings nur, wenn man der von Konrad für das Verhältnis der Christen untereinander oft gebrauchten Charakterisierung 'ain muote' Bedeutung über den ihr allein zustehenden Rahmen hinaus beilegt. Es besteht kein eigentlicher Widerspruch; die angesprochene Handhabung einer Beratung ist den Zeitgenossen nämlich sicher so selbstverständlich, daß sie mit zur partiellen Realistik des Autors gerechnet werden muß. Was den Vers in die Nähe der hier behandelten Probleme bringt, ist die grundsätzliche Tatsache des Erwähntwerdens: es existieren Unterschiede; sie sind selbstverständlich; sie haben Konsequenzen hinsichtlich der Rechte und Pflichten der unterschiedlichen Gruppen. Und damit ist nun tatsächlich e i n e Gemeinsamkeit der Christen schon nicht mehr möglich. Mit der Erwähnung dieses Unterschieds werden aber auch Konflikte aktuell, die sich daraus ergeben können. Welche Bedeutung im Empfinden der einzelnen Gruppen der nationale Unterschied erhält, zeigt dR 1355, wo Karl die Wortmeldung Turpins so kommentiert:

dR 1355 wenne lest du die Kaerlinge
handelin ir sache
unde lebe du mit gemache?

Hier wird schon deutlicher, daß aus zunächst rein pragmatischen Setzungen (Gruppenzugehörigkeit - Kompetenzen) emotionale Probleme entstehen können.

Stricker bringt mit K 1742 und 1955 die nahezu wörtlichen Entsprechungen. Schlußfolgerungen bzgl. einer möglichen Wirkung beim Publikum haben also auszusehen wie im Fall des dR; Vorstellbarkeit und reales Vorkommen von nationalen bzw. Stammesgegensätzen (1) sind zur Zeit Strickers nicht verschwunden.

Konrad und Stricker charakterisieren nahezu alle vorkommenden Nationen und Stämme wenigstens durch ein Adjektiv. Da Charakterisierungen der christlichen Gruppen nur positiv ausfallen können, haben sie natürlich meist etwas Formelhaftes. Es werden keine 'typischen' Eigenschaften genannt. Genauere Charakterisierungen können nicht im Interesse der Autoren gelegen haben; sie wären nämlich in der Tat geeignet, das Bild der Gleichwertigkeit im Glauben zu zerstören, da jede Gruppe der anderen dann in zumindest einer Hinsicht überlegen, in einer anderen also unterlegen hätte sein müssen. Insofern ist auch der oft erwähnte Bayernpatriotismus Konrads in seiner Bedeutung auf ein geringeres Maß zurechtzustutzen, als z.T. angenommen wird (2); ähnliche Vorsicht ist geboten bei einer Überschätzung der angeblichen Vorliebe Strickers für die Schwaben. Die vorhandenen Unterschiede sind aber trotzdem geeignet, bei entsprechender Gelegenheit motivisch ausgespielt zu werden: Auf den Vorschlag, Naimes von Bayern zum Führer der Nachhut zu machen, sagt Genelun:

dR 2937 nu welt ir den fremeden die ere geben.
muget ir unter uns ainen welen.
nemet Ròlanten.

---

[1] Trotz der Verwandlung der Stammes- in Territorialhztmm. blieb in deren politisch-geographischer Ausgestaltung wie auch im Empfinden der Öffentlichkeit der stammesgebundene Aspekt erhalten.

[2] So überschätzt diesen Patriotismus m.E. IBACH, auch wenn er ihn geringer einschätzt als den in der Chs. (IBACH, H.: Rekkentum und Reichsdienst. In: Neues Abendland 8/1953. S.68o - 686. Hier S.68o.)

Natürlich verfolgt Genelun damit eine bestimmte Absicht, und das Publikum wird dies bemerken. Aber Geneluns Argument als solches ist wieder durchaus nicht anrüchig oder ungewöhnlich; Konrad bezeichnet seine Worte als 'mit listen' (2929) vorgebracht, und Klugheit, List, ja sogar Hinterlist erweisen sich ja gerade daran, adäquate Mittel zur Erreichung eines Zieles anwenden zu können. Die Infamie Geneluns liegt hier, wie so oft, gerade darin, richtige Argumente zu mißbrauchen. Sinngemäß ist in der Parallelstelle K 3457 ff. kein Unterschied festzustellen:

K 3457 wes bietet ir fremden liuten daz?
ez zimt iu selben michels baz,
und bevelhet ez Ruolande.

Wieder muß darauf hingewiesen werden, daß die Erwähnung nationaler Gegensätze auch z.Z. Strickers nichts an Aktualität verloren hat. Die Schwierigkeiten der Integration einzelner Gebiete in den Reichsrahmen bestehen fort wie das Bewußtsein von ihnen (auch wenn sie z.T. andere Ursachen haben); so wird etwa in manchen Chroniken der Gegensatz Staufer - Welfen nicht als dynastischer dargestellt, sondern als Folge der Unverträglichkeit des sächsischen Volkscharakters. Und die Frage der aus nationaler Provenienz herrührenden Kompetenz/Nichtkompetenz kann sich ebenfalls immer wieder neu stellen: der Sachsenspiegel (122o/123o) begründet das mangelnde aktive Wahlrecht des Königs von Böhmen damit, 'daz her nicht dutsh iz' (1).

Das scharfe Gespür für die Probleme, die sich aus der stammesbedingten Heterogenität eines staatlichen Gebildes ergeben, zeigt sich in Konrads Aufzählung derjenigen Bestandteile von Karls Reich, deren Abfall der Kaiser nach Rolands Tod befürchtet: er zählt dR 7539 ff. deutsche Stämme auf (Sachsen, Schwaben, Franken). Konrads frz. Vorlage, jedenfalls aber die Fassung O, nennt 'Hungre et Bugre et tante gent averse,/Romain, Puillain et tuit (i) cil de Palerne,/ Et cil d'Affrike e cil de Califerne' (O 2922 ff.) (2). Übernimmt man KÖHLERs These, der Chansondichter entwerfe das

> "Wunschbild eines Königtums, das auch inmitten seiner tiefsten Ohnmacht die vergangene Größe (...) nicht aus den Augen verliert, den Bedingungen des gegenwärtigen Zustandes der Feudalgesellschaft jedoch Rechnung trägt" (3),

dann versteht man, weshalb 'Turold' den möglichen Abtrünnigen im Ausland sehen will. Für Konrad und sein Publikum waren solche Konflikte auch nicht inaktuell; da das dR aber im Ganzen gesehen nicht in dem Sinne 'politische Utopie' ist, daß hier staatlich-organisatorische Wunschbilder entworfen werden sollen, nutzt Konrad eben die erwähnten Gruppen zur Darstellung einer möglichen Gefahr für Karl und damit das Kaisertum.

---

1) Sachsenspiegel. Landrecht. Hrsg. von Cl.Frhr.v.SCHWERIN. Stuttgart 1974. S.126 (III, 57 § 2).

2) Die Fassung O der Chs. wird zitiert nach: La Chanson de Roland. Frz. Text und Übers. von H.W.KLEIN. München 1963.

3) KÖHLER, E.: 'Conseil des barons' und 'jugement des barons'. Heidelberg 1968. S.35.

Die Passagen, in denen von den Klagen über die Roncevalles-Gefallenen und ihrer Bestattung die Rede ist, sind im K verschoben. So finden wir die Parallele zu dR 7539 ff. in K 1o62o ff.:

K 1o62o diu bürge die du mir gwünne
unde mir mit dîner kraft
die herren mahtest diensthaft
in Swâben unde in Franken,
die beginnent nu harte wanken:
des si ê niht entâten
und mich mit vorhten hâten,
do du in under di ougen saehe:
den wirde ich nû vil smaehe. (1)

Zunächst fällt auf, daß gegenüber dem dR die Sachsen nicht erwähnt werden. Bei Konrad erscheinen sie im ganzen Epos viermal, und zwar jedesmal in einer Aufzählung der von Karl unterworfenen Stämme, dabei aber durchaus nicht negativ, sondern mit heldischen Charakterisierungen. Im K finden wir Sachsen dreimal, davon als Besiegte nur K 6285, als Mitkämpfer in Karls Heer K 92o8 und 9871, wobei ihr Lob in den letzten beiden Stellen - weil auf die epische Gegenwart bezogen - viel stärker wirkt. Folge davon muß sein, daß negative Assoziationen bzgl. der Sachsen als 'Reichsfeinde' sehr viel schwerer entstehen können als im dR. Es ist aber noch ein weiterer Unterschied wichtig: Während im dR allgemein von Sachsen, Schwaben und Franken die Rede ist, also von den Stämmen, werden die Objekte von Karls Eroberungen bei Stricker auf die 'herren' reduziert. Bzgl. möglicher Publikumsreaktionen ist daraus Folgendes zu schließen: Die Nennung von Stämmen im speziellen Zusammenhang wird im dR starke Assoziationen an die historischen Eroberungen Karls hervorrufen. Dies wird besonders gefördert durch die Nennung der Sachsen, also des Stammes, der als Gegner Karlischer 'Binnen'politik par excellence gilt (zumal hier noch religiöse Implikationen hinzutreten). Da gerade diese Sachsen bei Stricker in der Stelle nicht erwähnt werden und zudem von besiegten 'herren' die Rede ist, tritt der Charakter einer Auseinandersetzung zwischen Stämmen völlig zurück. Der historische 'faux-pas' des dR (Schwaben und Franken hatte Karl nicht mehr zu unterwerfen), wird allein 'gerettet' durch die Erwähnung der Sachsen; das Publikum weiß, was gemeint ist: Roland war maßgeblich an Errichtung und Erhalt von Karls Reich beteiligt. Im K wird diese historische Kompetenz nur in geringem Maße aktiviert - über die Figur Roland. Diese Interpretationsmöglichkeit wird verstärkt dadurch, daß im dR von 'ervehten' die Rede ist (7539); K 1o622 spricht von 'diensthaft mahen'. Während also bei Konrad viel mehr eine territoriale Reichsbildung im Vordergrund steht, drängt sich bei Stricker die Vorstellung einer vasallitischen Bindung einzelner Adliger innerhalb (i n Swâben unde i n Franken) von Gebieten auf, deren vorherige Einverleibung in den Reichskomplex schon vollzogen ist (2). Während die Erwäh-

---

1) 1o621/22 fehlt FH. 24 nu fehlt G. 26 zo herren h. H. 28 fehlt G.

2) Vgl. auch K 1o615, wo Karl im gleichen Zusammenhang sagt: 'ich hân deheinen mâc nû,/der mich gewaldes alse dû/ i n m î n e m l a n d e bewar'.

nung der Sachsen bei Konrad die o.a. historische 'Ungenauigkeit' (1) selbst für etwaige Geschichtskenner unter seinen Rezipienten zu kaschieren imstande ist und der Bezug zur politischen Biographie Karls eindeutig wird, öffnet sich der im K dargestellte Sachverhalt eher Auslegungen hinsichtlich einer allgemeineren Problematik: der Herrscher über ein zusammengesetztes politisches Gebilde steht vor der Gefahr eines Kampfes gegen aufständische Adlige in Teilen seines Reiches. Im dR steht der Herrscher vor der Gefahr einer Abspaltung ganzer Teile. Symptomatisch wird dies zusammengefaßt im Gegensatz von dR 7538 ('diu lant du mir dwnge') und K 1o62o ('diu b ü r g e die du mir gwünne').

Man muß sich freilich hüten, in der Passage des dR einen konkreten Hinweis auf bestimmte Zustände z.Z. Friedrichs I., in der des K einen solchen auf Zustände z.Z. Friedrichs II. zu sehen (2). Dies wird schon dadurch erschwert, daß man für b e i d e Zeiten in der Geschichte jeweils für das eine u n d das andere Beispiele beibringen kann. Diese Möglichkeit beliebiger Beispielsfindung entwertet die Brauchbarkeit der Stellen für spezielle zeitgeschichtliche Interpretationen.

Ein offener Konflikt zwischen den Christen, der zwar nicht national begründet ist, der seine Kontrahenten aber in zwei nationalen Lagern hat, bricht in der Gerichtsverhandlung gegen Genelun auf (dR 8729 ff.). Dabei ist die Benennung der Genelun-Partei deutlicher: 'Karlinge' (dR 89o4, 8732, 8872), 'fursten von Karlingen' (8879). Tirrich, der im Zweikampf gegen den Vertreter Geneluns antritt, bezeichnet sich dagegen nur einmal selbst als 'Francke' (8855), während sonst seine verwandtschaftliche Beziehung zu Roland stärker in den Vordergrund tritt.

Der im Zusammenhang mit dem Genelun-Prozeß ausbrechende Konflikt ist in den Grundzügen (!) (3) von Stricker übernommen worden. Auch bei ihm enthält der Text also ein Assoziationspotential: losgelöst von einer im Grundsätzlichen religiösen Thematik entfaltet sich eine weltlich-juristisch-politische Handlung (K 11663 ff.). Es ergeben sich jedoch wesentliche Unterschiede in Einzelheiten:

Zunächst einmal stehen den 287 Versen Konrads 519 Verse Strikkers gegenüber - eine im Verhältnis zur Gesamtzahl an Mehrversen ausgesprochen disproportionale Steigerung. Von dieser Ausweitung sind aber nicht alle Teile des Prozesses gleichermaßen betroffen (4). Ziemlich zu Anfang entspinnt sich zwischen Ge-

---

1) Daß dies ein Problem mal. Geschichtsauffassung ist und hier kein Vorwurf der 'Ungenauigkeit' erhoben werden soll, dürfte sich verstehen.

2) Wie sich dies bei Stricker vielleicht wegen seines 'Turse' oder der 'Gäuhühner' aufdringen möchte. Aber selbst zu den politischen Implikationen der letzteren hat sich ja vor kurzem BUMKE auch nur recht vorsichtig geäußert, wenn er sagt: "Die Lehre (...) zielt offenbar allgemein (.) auf das Problem der Adelsherrschaft." (Strickers 'Gäuhühner'. In: ZfdA 1o5/1976. S.21o-232. Hier S. 232.)

3) Der Prozeß wird uns noch in diversen anderen Zusammenhängen beschäftigen.

4) VON DER BURG/Diss. a.a.O. S.97 ff. behandelt nur Ergänzungen, die echte Hinzufügungen oder Verdoppelungen enthalten, nicht jedoch 'Ausbauten' wie in unserer Stelle.

neluns Verwandten und Karl eine ausführliche Rede und Gegenrede darüber, ob Geneluns Vergehen materiell gesühnt werden kann. Demgegenüber steht Karls Ausruf dR 8774 ff. (der mir allez golt wage uz arabisken richen etc.) ziemlich beziehungslos da: niemand hat ihm ein entsprechendes Angebot gemacht. Bei Stricker dagegen argumentiert die Partei des Angeklagten tatsächlich damit, daß ein toter Genelun nichts mehr nütze und macht das Angebot:

K 117o4 wir wellen iu dienen unde geben,
unz wirz bringen an die vart,
daz niemen baz verdienet wart.

Ähnliches wird K 11684 ff. versprochen. Man kann darin sicher kein 'erwachendes bürgerliches Interesse' an Gewinn- und Verlustrechnung sehen -das Argument etwa, daß den Toten von Roncevalles mit einer Bestrafung nicht mehr geholfen sei, hat auch Konrad (8762 f.). Eher vermute ich dahinter eine Äußerung von Strickers Hang zur Bildung von Argumentationsketten (s. Kap.III.2). Überdies wäre ein Eingehen auf die Vorschläge im K genauso unmöglich wie im dR, und dies sicher nicht nur wegen des in der jeweiligen Quelle vorgefundenen Ausgangs; Karl eignet sich nicht zum Vorläufer des Ehemanns in Kaufringers 'Schädlein'!

Ein weiterer umfangreicher Ausbau ist zu finden am Ende der Genelun-Handlung: ab K 12155 komplettiert Stricker in ca. 3o Versen die geschilderte Verurteilung und Hinrichtung zu einem Bîspel: Genelun hat sich selbst ins Unglück gebracht; nach seiner Bestrafung bringt er Unglück auch über andere Menschen (seine Verwandten); Karl dagegen hat etwas Gutes volbracht, indem er viele Heiden bekehrt hat. Moral: 'von eines menschen unsaelecheit/muoz manec mensche unsaelec sîn' (K 12176) - 'ein saelec mensche saelde birt' (K12183). Der zweite Teil der Aussage wird durch seine Stellung kurz vor Ende des Epos gleichzeitig auch zu dessen gesamter Moral, denn sein Inhalt besteht ja in großen Teilen aus der Schilderung der Heidenbekehrung. (Es fragt sich, wie ernst man diese Schlußsentenz nehmen darf.Ist sie wirklich als Resümee des ganzen Epos gemeint, dann wäre es schon von daher als Bekehrungs- und Kreuzzugsepos intendiert.)

Für wesentlich halte ich schließlich noch eine weitere Umakzentuierung gegenüber dem dR. Vor Beginn der eigentlichen Gerichtsverhandlung referiert Stricker die Ausgangslage, die zum Konflikt führt:

K 11661 der keiser und die sîne
di riten gein dem Rîne.
di von Spanje mit im quâmen
und ouch diez dâ vernâmen,
die hiez er alle zâche komen.
nu si daz hâten vernomen, (1)
dô quâmen si mit alle dar.
des wart der keiser gewar,
der gie mit guoten witzen
an sîn gerihte sitzen
und hiez Genelûnen für bringen.
do hete er von Kerlingen
vil manegen rîchen mâc dâ.
(Folgt: Absicht dieser mâgen,
Genelun zu retten.)

1) 11665/66 fehlt G.

Bei Konrad finden wir unmittelbar an das Begräbnis Aldas anschließend:

> dR 8729 der kaiser an daz gerihte gesaz.
> owi waz fursten uor im was!
> er hiz Genelunen pringen.
> do wolten im di Karlinge
> den lip gerne fristen.

Abgesehen davon, daß wir hier ein Paradebeispiel für die verschiedenen Darstellungsarten haben (1), scheint mir Folgendes bemerkenswert: Stricker hat die assoziativ gefährlichere generalisierende Personenbezeichnung im Plural (Karlinge) ersetzt durch eine allgemeine Herkunftsangabe. Konrad, der die Brisanz der Stelle in Kauf nimmt, vielleicht nicht einmal bemerkt hat, wird durch Stricker erneut objektiv entschärft. Voll wirksam wird dies dadurch, daß auch das pauschalisierende 'd i Karlinge' einem ausgrenzenden 'manegen mâc von Kerlingen' weicht. Wenn im dR steht, daß d i e Kerlinge Geneluns Leben retten wollen, dann k a n n das ein schlechtes Licht auf sie werfen (2). Stricker umgeht dieses Problem, ohne seine Quelle und deren Faktenvorgaben zu 'verfälschen'; er stellt mit seiner Formulierung nur fest, daß die Personen, die Genelun retten wollen, aus Kerlingen stammen; daß Genelun selbst aus Kerlingen stammt, ist dem Publikum bekannt - aber aus Kerlingen stammen ja auch Karl und Roland.

II. 2 'Ritter'leben; Kriegerethos; Standesdenken; Adelskultur

Die im dR agierenden Christen, nicht nur die Hauptpersonen, sind alle Angehörige des gleichen Standes. Eine solche Darstellung entspricht vielleicht immer noch der Tendenz der

---

1) Konrad versetzt in eine Situation, Stricker baut sie erst auf.

2) Hier eine Absicht Konrads annehmen zu wollen, widerspricht der Glorifizierung der Karlinge an anderen Stellen. Vielmehr gilt Konrads Aufmerksamkeit bestimmten Zielen; diese Ziele erfordern gegenüber der Quelle Änderungen und Umdeutungen. Kommt die Zielsetzung an den entscheidenden Stellen zum Tragen, dann kann es ihm gleichgültig sein, ob sich in anderen Zusammenhängen Doppeldeutigkeiten einstellen. Es handelt sich also zwischen K und dR nicht um ein Problem qualitativer Disparatheit, sondern um ein Problem des Setzens von Prioritäten, das zu einer Verschiedenheit hinsichtlich der aufgewendeten Durchformung führt. Am Rande sei bemerkt, daß es sich dann natürlich auch nicht bei allen weltlichen Anklängen im dR um bewußte Identifikationsangebote an den Adel handeln muß.

Die Entschärfungen Strickers sind dementsprechend nicht immer schlechthin als Folge eines geschärften Bewußtseins gegenüber den Problemen zu erklären, sondern sind primär bedingt durch die Möglichkeiten des Bearbeiters einer Vorlage. Wir haben es also oft lediglich mit r e d a k t i o n e l l e r Aufmerksamkeit zu tun.

ersten Aufrufe zum Glaubenskampf, sich auf den Adel zu beschränken (1). Es wird hier aber weniger eine direkte Tradition vorliegen als vielmehr eine ähnliche Grundidee - gefördert auch durch die Gestaltung der Quelle und natürlich die Situation des für den Hof Schreibenden. Denn 'eigentlich' müßte eine solche Tradition ja gebrochen sein durch die Erfahrungen des 2. Kreuzzuges mit seiner breiten überständischen Beteiligung, wobei es sich allerdings zum großen Teil bekanntlich um negative Erfahrungen handelte, die ja auch Maßnahmen bzgl. einer Restriktion des Teilnehmerkreises provoziert haben.

Im K rekrutiert sich das Personal der Kreuzzugshandlung ebenfalls nur aus dem Adel; lediglich im Zusammenhang mit der Genelunflucht erscheinen in zwei kurzen Szenen Kaufleute und ein Bauer.

Die Unterschiede der Stellung zwischen den einzelnen Adligen werden weder von Konrad noch von Stricker unterdrückt; die hierarchischen Strukturen werden etwa deutlich am Verhältnis Karls zu seinen Heerführern oder Walthers zu Roland. Aus der im Wesentlichen religiös geprägten Idee beider Epen heraus aber, daß es um den Gegensatz zwischen Christen und Heiden geht, muß als die positivste Eigenschaft auch des einzelnen Adligen sein Christsein dargestellt werden. Damit erscheint ein übergeordneter Wert, der Grenzen zwar nicht überschreitet, aber hier unter einem ganz speziellen Aspekt das zeigt, was LINTZEL als ein 'Demokratisieren' der Aristokratie durch das "Eindringen des 'Rittertums'" bezeichnet hat (2). Diese Erscheinung unterscheidet sich im dR zwar ganz erheblich von den Bemühungen dichtender Ministerialen, ihren Stand per Idealisierung der Realität aufzuwerten (3); denn deren Anstrengungen münden ja in der Schaffung eines z.T. neuen, eigenständigen Kulturbereiches, welcher sich trotz religiöser, oft auch nur religiös verbrämter Teilinhalte, manchmal sogar ohne besondere Absicht der Verfasser vom kirchlichen Anspruch auf Durchdringung aller, also auch der kulturellen Lebensbereiche teilweise emanzipiert. Trotz dieser vorhandenen Unterschiede haben beide Nivellierungstendenzen zumindest eins gemeinsam: im geistlichen wie im weltlichen Ansatz steht der Waffendienst mit im Vordergrund. Auf der weltlichen Seite versteht sich das von selbst; ist doch hier der Kriegsdienst sowohl eine der Komponenten, die den Anspruch auf Gleichrangigkeit zwischen Geburts- und Dienstadel zu begründen imstande sind, als auch diejenige, die es zu kompensieren gilt, nachdem der höhere Adel sich solchen Tätigkeiten nicht mehr ganz so gerne unterzieht. Auf der geistlichen Seite aber wird die kriegerische Tätigkeit und damit die kriegerische Leistung wichtig, als die Kirche nicht mehr nur den geistig - geistlichen Kämpfer benötigt (4). W e n n die Kir-

---

[1] Vgl. HEISIG, K.: Die Geschichtsmetaphysik des Rolandsliedes und ihre Vorgeschichte. In: ZfromPh 55/1935. S.1-87. Hier S.23 f.

[2] LINTZEL, M.: Edward Schröders Datierung des deutschen Rolandsliedes. In: ZfdPh 54/1929. S.168-174. Hier S.174.

[3] Damit wird nicht durchgängig die Ministerialenthese vertreten, wohl aber die Behauptung, daß entsprechende Motive zumindest solche Funktionen wahrgenommen haben.

[4] Vgl. ERDMANN/Entstehung (s.S.53 A 1), bes. S.185-211.

che aber nun bestimmte Tätigkeiten in ihren Dienst stellen will, ist sie auch gezwungen, sie in ihrer Propaganda mit Anerkennung zu versehen, und dies besonders dann, wenn diese Tätigkeiten erfolgreich durchgeführt werden. Erfolgreich heißt im Kampf: siegreich. Der Märtyrergedanke hatte sich ja entscheidend gewandelt; man soll und will den Tod nicht mehr passiv auf sich nehmen, sondern den Kampf aktiv an die Gegner Gottes herantragen (1). Daher kann die Idee des Martyriums auch nicht mehr als Argument gegen einen Erfolgszwang angeführt werden. Wo verbale Missionierung versagt, soll sie militärisch durchgeführt werden - und das heißt, daß der Sieger ein Christ, umgekehrt also der Christ Sieger = im Kampf Überlebender sein muß.

Zur Zeit Strickers ist dies alles ohnehin kaum mehr problematisch. Die politischen Implikationen von Kreuzzügen sind offenkundig geworden, und die offizielle Kirche gesteht gerade im militärischen Bereich immer mehr Freiheiten zu.

Die Förderung derjenigen Eigenschaften, die allein den militärischen Sieg garantieren können, also der kriegerischen Fertigkeiten, lag im Regelfall nicht in der Hand kirchlicher Institutionen. Die Kirche ist mithin nicht nur auf Personen mit vorhandenen Fertigkeiten angewiesen, sondern auch auf entsprechende Erziehungs- und Ausbildungsmuster. Damit entstehen für den Laien, besonders den adligen, Freiräume, und er erhält neue Anlässe für Stolz, Ehrempfinden, Ehrgeiz. Natürlich behält die Kirche immer ihre Versuche bei, ihren Einfluß auf allen Gebieten zu wahren. Aber durch die grundsätzliche Anerkennung eines Lebensinhaltes eines ständisch gebundenen Personenkreises werden zwangsläufig auch andere Lebensinhalte, -formen und -maximen aufgewertet. Der Begriff 'Ritter' in der Überschrift dieses Abschnittes hat hier lediglich Reizwortcharakter. Es muß genügen, andeutungsweise etwas über die Deckungsbereiche der verschiedenen Füllungen auszusagen, soweit sie unser Thema betreffen. Und dabei ist eben wichtig, daß sich das Idealbild des Ritters einmal von dem des (literarischen) germanischen Kämpfers unterscheidet, daß zweitens die schon vor der Zeitdes dR im Entstehen begriffene weltliche Standeskultur des Adels (2) sowohl Konkurrent kirchlicher Bestrebungen als auch beteiligt war am späteren Zusammenwirken beider Seiten, und daß drittens, wenn man aus der vielschichtigen Problematik des Ritterbegriffs den Aspekt der ritterlichen E t h i k herausgreift, diese entscheidend durch die kirchliche Propagierung des Kreuzzuges mitbegründet worden ist (3).

---

1) Zum Wandel des Märtyrergedankens s. HEISIG/Geschichtsmetaphysik (s.S.83 A 1) S.8 ff. und ERDMANN/Entstehung (s.S.53 A 1) S. 283.

2) Und hier besonders der süd- und westdeutsche Adel seit Heinrich IV. Vgl. DENECKE, L.: Ritterdichter und Heidengötter. Leipzig 193o.

3) s. BUMKE, J.: Studien zum Ritterbegriff im 12. und 13. Jh. Heidelberg 1964.
Über den Zusammenhang auch der Klosterreformen mit dem Entstehen einer speziellen Ritterethik, zunächst für Frankreich, s. WALTZ/Rolandslied (s.S.62 A 2) S.111 f.

Wenn auch im dR kein vollständig durchgebildetes weltliches Ritterideal vorliegt, auch nicht vorliegen kann (denn damit würde Konrad seine sonstigen Absichten in Frage stellen), so wird dennoch ein neuer Heldentypus kreiert; dieser führt im dR fast nie den Namen 'Ritter', sondern andere, ältere Bezeichnungen (kneht, wigant, helt) (1). Die alten Begriffe erhalten aber einen neuen Inhalt, der selbstverständlich, wie schon aus Zusammensetzungen wie 'gotes helt, gotes kneht' hervorgeht, religiös bestimmt ist. Aber in Details enthalten sie schon einige der für den weltlichen Rittermythos bezeichnenden Bestandteile. Dies ist bei verschiedenen Personen der Handlung verschieden stark durchgeführt; so versucht etwa WENK nachzuweisen, daß Olivier als der "weltzugewandteste Ritter" (2) dargestellt werde. Von höfischer Prägung kann allerdings keine Rede sein (3), dazu steckt in dem im dR dargestellten Rittertum zu wenig 'System'. Man sollte andererseits in entsprechenden Passagen nicht nur "äußere Formen" (4) sehen: gerade in Dichtungen, die t e n d e n z i e l l noch frühmal. Lehrattitüde verhaftet sind, erhält die anscheinend unbedeutende Abweichung ihre Bedeutung durch bloßes Vorhandensein.

---

1) Zu der im dR noch fast ganz fehlenden Ritterterminologie sagt BUMKE/Ritterbegriff (s.S.84 A 3) S.89: "Der Grund ist klar: man konnte die Könige und Fürsten nicht mit einem Wort bedenken, das sachlich einen Mann im Herrendienst bezeichnete. Erst in der zweiten Hälfte des 12. Jahrhunderts hat das Wort diese Fessel gesprengt (...)." BUMKE geht für das dR anscheinend noch von einer Mitteldatierung aus. Zum Argument gegen seine Gesamtdarstellung wird dies allerdings nicht, da Konrad auch in anderer Beziehung antiquierte Begrifflichkeit aufweist. Eine Stelle entspricht allerdings BUMKEs Ergebnissen nicht: dR 5979 wird Roland mit 'aller riter ere' tituliert. KARTSCHOKE umgeht das Problem, indem er "Zierde aller Kämpfenden" übersetzt; aber eine Aufwertung hat offensichtlich doch stattgefunden. Etwas Besonderes ist dies aber insofern nicht, als in bestimmten Zusammenhängen jeder Begriff sehr leicht eine Hochstilisierung erfahren kann.- Den zitierten Vers versuchte schon RÖHR/PBB 64 (s.S.76 A 1) gegen E. SCHRÖDER/ZfdA 65/1928. S.289-296 als Argument zu verwenden.

2) WENK, I.: Der Tod in der deutschen Dichtung des Mittelalters. Diss. masch. Berlin (FU) 1956. S.12. Vgl. ebd. zu Übereinstimmungen mit HAACKE/Weltfeindliche Strömungen und GLATZ, G.: Die Eigenart des Pfaffen Konrad in der Gestaltung seines christlichen Heldenbildes. Diss.masch. Freiburg 1949.

3) Anders interpretieren BIELING (s.S.11 A 2) S.65 und FÄRBER, E.: Höfisches und 'Spielmännisches' im Rolandslied des Pfaffen Konrad. Diss. Erlangen. 1934.

4) WOELKER, E.M.: Menschengestaltung in vorhöfischen Epen des 12. Jahrhunderts. Chanson de Roland, Rolandslied des Pfaffen Konrad, König Rother. Berlin 194o (Germanische Studien 221). S.17

Ich kann auch innerhalb des dR keine Entwicklung dergestalt sehen, daß "nur am Anfang christliche Ritter mit gewissen hoffärtigen Schwächen gezeigt" werden und später "nie wieder von solchen Tendenzen gesprochen wird" (1). Dieser Eindruck kann nur entstehen, wenn man als Indikatoren für 'ritterliche' Elemente nur jeweils bestimmte Aspekte sieht und nicht alle auftauchenden in ihrer Gesamtheit (2). Dem gleichen Trugschluß scheint GLATZ zu unterliegen, wenn sie für Turpin eine Entwicklung "vom Mönch zum Ritter" (3) allein auf Grund seiner Kampffreudigkeit ansetzt - zu deren Befriedigung er ja rein handlungsmäßig erst im zweiten Teil des Epos Gelegenheit erhält.

Zur Zeit Strickers unterliegt der literarische Ritterbegriff schon seit Jahrzehnten einer Handhabung, die nichts mehr von der Dienstsphäre erkennen läßt. Das Substantiv 'riter' kommt in den verschiedenen Kasus 5o mal vor, das dR hat dafür nur 4 Belege. 'riterschaft' ist im K achtmal, im dR zweimal zu finden, 'riterliche' im K neunundzwanzigmal, im dR fünfmal. 'riter' im dR bezieht sich V. 449o auf Heiden, 4776 auf Christen, die von einem Heiden so tituliert werden, 4964 Heiden, 5979 Roland (s.o. S.85 A 1). 'riterschaft' im dR ist bezogen V.287 auf Heiden in eindeutig negativem Zusammenhang, 5811 als neutrale Sammelbezeichnung für heidnische Krieger. 'ritterliche' im dR bezeichnet V. 4898 die Kampfweise eines Heidenkönigs (neutral bis positiv), 4996 die Kampfweise des Heiden Stahelmariz (neutral bis positiv), 5577 das Schwert als 'ritterliche Waffe' (Roland zu Olivier; s.u.); 8oo6 Paligans Verhalten (neutral bis positiv), 828o die Kampfweise von Heiden u n d Christen (4). Vom Gesamtgebrauch her scheinen es mir die Ausnahmen dR 5979 und 5577 sowie die offenkundige, quasi fachterminologische Neutralität des Begriffes in dR 828o zu verbieten, eine konsequente Desavouierung der Worte und Wortinhalte anzunehmen (5). Eine positive Wertgeladenheit ist aber auch nicht unbedingt auszumachen.

Von den 5o Belegen für 'ritter' im K betreffen 36 einzelne Christen bzw. Gruppen von Christen oder stehen im Zusammenhang abstrakter Erörterungen; nur 12 betreffen Heiden; zwei Nennungen beziehen sich auf Heiden und Christen zusammen (K 6536, 6647). 'ritterschaft' bezeichnet dreimal eine Qua-

---

1) HARRIS, K.: Das Problem der Spiegelbildlichkeit im Rolandslied. In: Neoph.48/1964. S.3o5-312. Hier S.3o9.

2) So deutet etwa HARMS den Speerkampf im Ggs. zum Schwertkampf als höfisches Motiv - was sicher stimmt, mit dR 5577 aber eben auch ein Gegenbeispiel hat. Ein Motiv, das nur eine Dimension erfaßt, ist noch kein Beispiel für eine Tendenz. (HARMS, W.: Der Kampf mit dem Freund oder Verwandten in der deutschen Literatur bis um 13oo. München 1963. S. 9.)

3) GLATZ (s.S.85 A 2) S.14o. Gegen GLATZ hier auch WENK (s. S. 85 A 2) S.21 f.

4) HAACKE, D.: Weltfeindliche Strömungen und die Heidenfrage in der deutschen Literatur von 117o-123o. Diss. masch. Berlin (FU) 1951. kommt für die Verteilung auf 8 Belege für die Heiden, 2 für die Christen, 1 für Christen und Heiden. Das Versehen ist nicht tragisch, allerdings kann der falsche 8. Beleg für Heiden sich nur aus dR 5577 ergeben - also einer Stelle, die für HAACKEs Interpretation unbequem ist (s.u.).

5) Wie das anscheinend FLIEGNER will. (FLIEGNER, G.: Geistliches und weltliches Rittertum im Rolandslied des Pfaffen Konrad. Breslau 1937.)

lität bzw. eine Art der Lebensführung (K 4877, 75oo, 9172), ist dreimal eine Gruppenbezeichnung (12o4, 4471, 4792), und zweimal kann beides gemeint sein (4126, 9584); bezeichnet werden mit 'ritterschaft' viermal Christen und viermal Heiden. Mit 'ritterliche' werden im K 24 mal Christen bezeichnet (1), viermal Heiden (3o73, 3o76, 5574, 6777), einmal Heiden und Christen (5538) (2).

Die Heiden werden also von Stricker deutlich weniger als die Christen mit der Ritterterminologie bedacht; die Bedeutung einiger Stellen ist auch dahingehend zu relativieren, daß die Bezeichnung v o n Heiden für Heiden gebraucht wird. Da nun aber auch im Erzählerbericht Heiden 'ritter' genannt werden, kann man feststellen, daß der Ritterbegriff im K eine nicht von der Religion abhängige Qualität bezeichnen k a n n - was ja im Großen und Ganzen der gesamten Literatur z.Z. Strickers entspricht. Ebenso entspricht dieser Tendenz natürlich, daß Strickers Ritterbegriff nicht mehr nur als militärfachlicher Terminus verwendet wird. In völliger Konformität mit den Idealen seiner Zeit benutzt Strikker eine positiv wertgeladene Terminologie, die aber bei Bedarf - wie es der Gesamtinhalt des Epos erfordert - in das christliche Weltbild integrierbar ist (3) und auch explizit integriert wird. Der Begriff hat sich im K also entsprechend den Anschauungen der Zeit entwickelt; wenn Christen damit gemeint sind, ist meist ein positiver, selten ein neutraler (s.u.) Sinn darin zu sehen; wenn er Heiden bezeichnet, ist er zumindest neutral gemeint.

Es handelt sich aber bei der Strickerschen Verwendung nicht einfach um eine terminologische Anpassung, die nur antiquierte Begriffe durch modernere ersetzt und damit für religiöse Gehalte folgenlos bleiben würde. Vielmehr soll die gegenüber dem dR neue Vokabel ideelle und ethische Momente transportieren. Dies wird in der folgenden Stelle deutlich, wo mit den Stilmitteln der Wiederholung (polyptoton, conduplicatio) Begriffe aus der Ritterterminologie in den Mittelpunkt gestellt werden:

K 4875 er (= Roland) sprach: gedenket daran,
swer ritters namen ie gewan,
des ritterschaft wirt niemer guot
âne ritterlîchen muot.
er wirt der lantliute spot.

---

1) Das gilt - über die ideelle Identität von Waffe und Träger - auch für K 6161, wo Samsons Schwert 'ritterlîche' klingt.

2) In allen Zahlen sind auch Stellen enthalten, wo die Begriffe nicht als Prädikate gebraucht sind, sondern im Rahmen einer adhortatio die vom Auffordernden gewünschte Haltung benennen (z.B. K 5263, 6777); diese Stellen sind aber in der Minderzahl.

3) Besonders deutlich K 7918, wo von Roland als 'gotes ritter' gesprochen wird.

K 488o im muotet unser herre got,
daz er ritterlîche tuo,
swem er gehilfet darzuo,
daz er ritterlîche mac leben,
und wil im ouch den lôn geben,
den er ritterlîche erwerben sol.
got nimt den dienest niht für vol,
den ein ritter getuot,
ern habe ouch ritterlîchen muot. (1)

Die einzige konkrete Angabe darüber, welche Voraussetzung zu 'ritterlîchem' Handeln nötig ist, liegt in der Forderung, daß die ständische Grundlage (ritters namen) ergänzt werden muß durch eine entsprechende Gesinnung (r.s muot). Es geht also um die Entsprechung von äußerer, juristisch festmachbarer, und moralisch-ethischer Qualifikation. Hat man nun darin das Ideal eines 'Tugendadels' zu sehen, ein Ideal, das adliges Selbstbewußtsein stören könnte, weil es geburtsrechtliche Ansprüche einer außerständischen Kontrolle unterwirft? Ich glaube kaum. Denn es wird ja nicht ausgesagt, daß moralische Qualifikation die geburtsrechtliche ersetzen kann, sondern nur, daß sie eine Steigerung mit sich bringt. Ferner wird Gott auch nicht als eine außerständische Kontrollinstanz eingeführt, sondern er urteilt nach Aussage der Stelle nach Kriterien, die innerhalb dieses ständischen Bereichs liegen; auch die von Gott geforderten Qualitäten tragen Bezeichnungen, die mit denen des adligen Selbstverständnisses wörtlich und gehaltlich konvergieren. Nun ist es keineswegs so, daß sich diese Gehalte aus der Stelle bestimmen lassen - es wird nicht gesagt, was 'ritterlîcher muot' ist. Wie verträgt sich das mit der Behauptung, die Nomenklatur stimme nicht nur der Wortwahl, sondern auch dem Gehalt nach mit der des Publikums überein? Ich möchte behaupten: gerade w e i l die Konkretheit mangelt. Denn indem der Autor sich jede Bestimmung der Termini versagt, wird der Weg frei für eine affektive und assoziative Füllung durch den Rezipienten. So widerspricht denn auch die Unkonkretheit nicht unbedingt der lehrhaften Attitüde, sondern ist geradezu Bedingung für die Unangefochtenheit der Deckungsbereiche, die in den Verständnissen von Autor und Publikum über das 'Ritterliche' existieren. Ganz abgesehen von der eo-ipso-Unkonkretheit j e d e s moralischen Ideals: ein adliges Publikum ist interessiert an einer Stilisierung des eigenen Standes, ohne daß zu genaue inhaltliche Füllung das Ideal profanisiert. Zu genaue Füllung gibt sich überdies der Überprüfung preis - und verfällt außerdem leicht dem Geruch der Naivität. Man vgl. z.B. die 'Sozialisation' Parzivals, deren Probleme sich ja gerade aus dem naiven Versuch einer solchen Füllung ergeben. Die dahinter stehende Aussage, daß 'wahres Rittertum' viel schwieriger zu leben sei, stellt zwar einerseits Ansprüche, umgibt die Sache aber auch mit einer Aura des (im Wortsinn) Absoluten und

---

1) 4879-88 fehlt H. 8o mant B. gepewtet G. 86 niht fehlt F. nach 4888 in F: er wiert geschendet dar an/den got geschuef do zu einen man/ern entue auch mandleich tat/so is an di rechten not gat.

Alle Varianten bzgl. der Ritterterminologie werden weiter unten noch einmal gesondert zusammengestellt.

entzieht es alltäglichen Maßstäben. Daß Stricker konkreter werden kann, zeigt ein Blick auf seine Kleindichtung, etwa 'Die beiden Knappen' oder 'Frau Ehre und Frau Schande'. Dies aber spricht nun nicht für eine größere Weltlichkeit des K; denn dieser steht wegen seiner Gattung und der damit verbundenen Traditionen auf einer anderen Stufe. Die Trennlinie bzgl. des religiösen Anspruchs (falls eine solche existiert) verläuft also nicht zwischen dR und Strickers Kleindichtung einerseits, dem K andererseits, sondern K und dR sind in der Durchführung (nicht im Gehalt) gleichermaßen weit von der Kleindichtung entfernt.

Es ist auch nicht möglich, K 4875 ff. isoliert zu betrachten und daraus ein Verständnis Strickers dergestalt zu konstruieren, daß er einen grundsätzlichen Unterschied zwischen 'ritter' und 'ritterlîche' machen und im letzteren eine Eigenschaft sehen würde, die nur der besitzt, der in weltlicher und in religiöser Hinsicht vollkommen ist. Denn wir haben ja schon gesehen, daß auch das Prädikat 'ritterlîche' für Heiden verwendet wird; besonders wichtig ist in dieser Hinsicht K 3o76, wo sogar die in unserer Stelle anscheinend so bedeutende Zusammensetzung 'ritterlîcher muot' im Erzählerbericht für Heiden verwendet wird. Die Verbindung mit christlichem Gedankengut ist also eine jeweilige, keine obligatorische (1).

Noch eindeutiger als bei 'ritterlîche' ist die Prädominanz des Ständischen bei der Verwendung von 'ritter'. So fragt K 11366 und 115o4 Otte die ihm begegnenden Kaufleute bzw. einen Bauern, ob sie einen 'ritter' gesehen hätten - und meint damit Genelun. Daß der Bauer antwortet, er habe nur einen 'gewâfenten man' gesehen und könne 'niht gesagen, ob er ein ritter sî', ist daher zwar Beweis für die Tatsache, daß auch im K nichts mehr von der ursprünglichen Bedeutung (zu Pferd Kämpfender im Herrendienst) zu finden ist - was ja nun wirklich nicht weiter verblüffen kann; es ist aber kein Beweis dafür, daß es Stricker hier darum gehe, zu zeigen, innere Qualitäten seien äußerlich nicht erkennbar: Otte hatte nach Genelun ja als nach einem Ritter gefragt, und Genelun wird auch K 11554 zusammen mit Otte als Ritter be-

---

1) HAACKE/PBB (W) 81 S.287 ff. mißt K 4875 ff. zuviel Bedeutung zu, weil er einerseits K 3o76 nicht berücksichtigt, andererseits Konrads Ritterbild zu theologisch-dogmatisch sieht. Es sei noch einmal betont: Konrads sparsamer Gebrauch der Ritterterminologie ist primär Folge seiner antiquierten Begrifflichkeit; im dR trifft sich dieser Umstand lediglich mit einer bestimmten gehaltlichen Konzeption, die jedoch Weltliches nur da verurteilt, wo es das Religiöse stört; die Grenzen der Störanfälligkeit sind aber im dR schon wesentlich weiter gezogen als im Frühma.-

Daß zwischen Gehalt und Häufigkeit der 'ritter'-Termini kein Zusammenhang bestehen muß, beweist einerseits die relative Häufigkeit in älteren Predigten, andererseits die seltene Anwendung etwa in Ulrichs von Türheim 'Tristan'; Zahlenangaben bei BUMKE/Ritterbegriff (s.S.84 A 3) S.31.

zeichnet (1). Daher ist im Nichtwissen des Bauern eher ein Indiz dafür zu sehen, daß auch Stricker die Ritter als eine abgeschlossene Gruppe von Eingeweihten darstellen will, für deren Lebensweise und Erscheinungsform jedem Nichteingeweihten, und das heißt besonders: jedem Nichtadligen, das Verständnis abgeht (2).

Die Eingebundenheit Strickers in das Ritterbild seiner Zeit zeigen vor allem Zusammensetzungen wie 'ritters rehte', 'ritterlîche triuwe', 'ritterlîche fröude' (K 9733, 9195, 938o; die letzte Stelle mit deutlich spirituellem Sinn). Sie erweist sich auch in der Verwendung von Begriffen aus dem Turnierleben wie 'tjost', punieren', 'kroyieren'. (3)

Die terminologischen Änderungen Strickers im Bereich der Ethik müssen durchaus nicht die inhaltliche Aussage ändern, vor allem nicht, wenn die alte und die neue Bezeichnung gleichermaßen unkonkret bleiben. Zwei Beispiele: dR 4518 kommentiert Konrad den kämpferischen Einsatz von 'des kaiseres man' mit 'so iz guten knechten wol gezam'. In der Parallelstelle K 5538 f. 'bewarten sich die gotes knaben mit vil ritterlîchen listen'. Der Unterschied liegt also nur in der Benennung der handelnden Subjekte - ein Unterschied, der überdies auf dem Hintergrund des Gesamtinhaltes beider Epen nivelliert wird; denn 'gotes knaben' und 'kaiseres man' bezeichnen die gleiche Gruppe und finden sich in wechselndem Gebrauch in ähnlicher Form bei beiden Autoren. Es besteht k e i n Unterschied bzgl. der möglichen Implikationen der Formulierungen für die Handlungsweise. Die generalisierende Form, aus der das Publikum die Information übernimmt: 'die Christen kämpften in der bestmöglichen Weise', erfolgt nur jeweils unter Rückgriff auf ein (an dieser Stelle) verschiedenes Begriffsrepertoire. Ebensowenig Differenz besteht daher auch im Informationsgehalt zwischen K 7851 und dR 6672: bei Konrad 'twanc in (= Turpin) sin ellen', sich noch einmal in den Kampf zu begeben, bei Stricker greift Turpin im gleichen Handlungszusammenhang 'mit ritterlîchem muote' zu den Waffen. Der formale Unterschied liegt darin, daß Konrad einen kausalen Bezug herstellt, während Stricker modal arbeitet (was aber sehr leicht einen kausalen Sinn erhalten kann). Auch hier wieder grundsätzliche Vertauschbarkeit der Techniken, denn sonst ist es ja gerade Stricker, der mit Vorliebe

---

1) Das widerlegt BAIERs Behauptung, in der Stelle sei eine Kritik an Geneluns nur äußerlichem Rittertum enthalten. (Der Bauer in den Dichtungen des Strickers. Diss. Tübingen 1938. S.5o.)

2) Man vergleiche die Frage des Waldmanns im 'Iwein' V.527 ff.

3) Die von BARTSCH benutzten Hss. weichen nicht durchgängig voneinander ab; nur FH ändern häufiger, aber nicht einheitlich: 97oo punierten) sprancten H. 315 ritter) helde FH. 12o9 ritter) helt FH. 4879-88 fehlt H. 4126 ritterschaft) crafft H. 3o73 ritterlichen) herleichen FH. 5962 ritterliche) mandleich F. willeclichin H. 11149 ritterlichen) hobelichin H. dafür aber 11151 hoveliche) rytterliche H.- Wichtig ist, daß von den Änderungen Heiden u n d Christen betroffen sind. Nicht aufgenommen sind Auslassungen, die durch das Fehlen ganzer Stellen bedingt sind.

kausale Bezüge sucht und herstellt (s. Kap.III.). Auch hier aber kein Unterschied in der grundsätzlichen Aussage: 'ein charakterlich Qualifizierter wird dieser Qualifikation in seinem Handeln gerecht'. Nur ist eben hier für Stricker und sein Publikum ein prägnanter Ausdruck dieser Qualität der 'ritterlîche muot', für Konrad dagegen (1) 'ellen'. Aber auch die Austauschbarkeit der Begriffe wird hier deutlich; denn rd. 3oo Verse vorher hat Stricker K 7584 'ellen' (2).

Wenn jedoch dR 51o6 zu finden ist: 'daz swert im erchlanc/ uil suze in der hant' und K 6161 dieses 'suze' ersetzt durch 'ritterlîche', haben wir es schon mit einer Umakzentuierung zu tun. Allerdings besitzt hier 'suze' nicht - wie sonst meist bei Konrad - einen geistlichen Sinn (3). Es handelt sich also nicht um eine Verweltlichung des Motivs, sondern vielmehr um die 'Übersetzung' eines akustisch-ästhetischen, mithin noch relativ konkreten Eindrucks durch ein quasi resümierend-abstraktes Adjektiv. Resümierenden Charakter hat 'ritterlîche' hier, weil sich dem Wort eine Menge von Vorstellungen subsumieren lassen, die innerhalb des doch ziemlich weiten Verständigungsrahmens über den Inhalt herrschen; abstrakten Charakter hat das Adjektiv, weil es sich jeder einzelnen, speziellen Deutung versagt. Es existiert aber bzgl. der Vorstellungswelt, die hinter den vermittelten Eindrücken steht, kein Gegensatz, denn gerade die Ästhetisierung des Kriegerischen macht es Konrad möglich, das Klingen des Schwertes als 'suze' zu bezeichnen. Diese Ästhetisierung setzt also nicht erst ein mit der Umwandlung des Ritterbegriffs. Der Inhalt ritterlicher Ethik ist keine völlig neue 'Erfindung', sondern geht in Teilbereichen dem neu verstandenen Begriff voraus.

dR 5565 verfolgt Olivier den fliehenden Malsaron und tötet ihn schließlich, indem er seine Lanze zweckentfremdet und sie ihm über den Schädel schlägt. Das ruft folgende Kritik Rolands hervor:

dR 5575 wa ist Alteclere?
Oliuir, tů̊t des nich mere.
daz swert ist ain riterlich gewant.

Konrad vertritt hier schon eine Konvention, die genau dem stilisierten Kämpferethos entspricht, das (literarisch und z.T. real) selbst in der emotional aufgeladenen Kampfsituation durch artifizielle Regeln gebunden ist; außerdem verwendet Konrad ja hier auch den bei ihm seltenen Begriff 'rit-

---

1) 'Und sein Publikum' kann hier nicht unbedingt hinzugefügt werden wegen der schon mehrfach erwähnten antiquierten Ausdrucksweise Konrads.- Zur sonstigen Rezeption der Heldenterminologie: wigant dR 19 mal, K einmal; kneht dR 18 mal, K 23 mal, in der für Konrad typischen Zusammensetzung 'guot kneht' aber nur fünfmal (jedesmal parallel zum dR); recke wird im K ganz eliminiert.

2) Aus dR 6468 übernommen; über die Umstellungen am Ende der Roncevalles-Schlacht s. ausführlich VON DER BURG/Diss. S.131.

3) Den religiösen Bedeutungszusammenhang arbeitet heraus BACKES, H.: Dulce France - suoze Karlinge. In: PBB (W) 9o/1968. S.23-42.

terlich', wodurch die Anforderung an eine bestimmte Etikette dem Bereich zugeordnet wird, dem diese Konvention entspringt. Außerdem wurde bisher noch nicht bemerkt, daß Roland Olivier hier in der 2. Pluralis anredet, während sonst im dR das Duzen vorherrscht; der Konventionalität der geforderten Handlungsweise entspricht also die Konvention des Miteinanderumgehens.

Die entsprechende Stelle im K (6672 ff.) sieht bei gleicher Ausgangssituation völlig anders aus: Olivier tötet Malsaron mit dem Schwert, begeht also erst gar keine tadelnswerte Handlung. Im dR gehört der Begriff 'ritterlich' noch nicht zur zentralen Terminologie, wird aber in der genannten Stelle gemäß dem neuen Ideal verwendet. Zur Zeit des K ist der Begriff etabliert, es ist selbstverständlich, daß die Protagonisten 'ritter' sind, ihr Verhalten 'ritterlich'. So selbstverständlich dies aber auch ist, so unmöglich ist es im K dann anscheinend auch, daß diese Protagonisten in der grundsätzlichen Qualität 'ritterlich' fehlerhaft sein können. Stricker eliminiert daher nicht nur den Tadel, sondern auch die Verhaltensweise, die dazu geführt hatte. Man erkennt mithin hier den wesentlichen Unterschied der Ritterbegriffe des K und des dR: die positive Besetztheit ist z.T. explizit und deshalb im Ganzen tendenziell schon bei Konrad vorhanden, aber seine Terminologie hat sich noch nicht so in ihrem Wertcharakter verselbständigt, daß sie eindeutig und auf höchster Wertebene festgelegt wäre. Zur Zeit Strickers liegt das Resultat dieser Verselbständigung vor; es besteht darin, daß einerseits Begriffe, die zum Signalwort geworden sind, auch einen höheren Grad an Verletzlichkeit gewonnen haben, und daß andererseits für Personen, die man einmal mit solchen Begriffen bedacht hat, bei Aberkennung der Qualität ein erheblicher charakterlicher Bildwandel eintreten würde. Eine solche Aberkennung findet man nach der Etablierung des neuen Ritterbegriffes meist nur noch da, wo Inhalt und Aussage einer Dichtung gerade auf eine Problematisierung ritterlicher Ethik hin angelegt sind, also etwa in Hartmanns Artusromanen oder im 'Parzival'. Im K geht es um solche Fragen gerade nicht - ebensowenig zwar wie im dR, wo aber auch der Ritterbegriff noch nicht so festgelegt ist. Daher kann Stricker wahrscheinlich gerade dann Konrads Darstellung nicht übernehmen, wenn er deren Aussage weitertransportieren will.

Diese Überlegungen können nun nicht zu dem Resultat führen, daß seit Beginn der höfischen Literatur nur Personen positiven Charakters die Bezeichnung 'ritter' tragen dürfen - ein 'Schluß', der ja schon durch den empirischen Befund widerlegt wird, im K eben dadurch, daß auch die Heiden und Genelun den Rittertitel tragen. Wie ist zu erklären, daß eine Kritik an ritterlichen Qualitäten bei einem positiven Protagonisten unmöglich ist? Der scheinbare Widerspruch löst sich vor allem deswegen, weil es hier gerade auch um den Bereich weltlicher Ethik geht, und zwar um eine ständisch gebundene. Indem sich laikales Interesse Freiräume geschaffen hat, wird es möglich, weltliche Qualitäten auch dann anzuerkennen, wenn sie kein religiöses Komplement aufweisen - wodurch in r e l i g i ö s bestimmter Dichtung der Ritterbegriff aber teilweise wieder zu einer neutralen Bezeichnung wird. Diese Neutralität kann pur auftreten, wenn Otte Kaufleute nach einem 'Ritter' fragt und damit Genelun meint (s.o.); sie kann aber auch wieder an den militärtechnischen Bereich angelagert erscheinen, wenn etwa über Otte und Genelun zusammenfassend gesagt wird: 'nâch vientlîcher ritters gêr/spranctens unde stâchen' (K11554). Davon unberührt bleibt die Tatsache, daß die ritterliche Qualität gesteigert werden kann durch die Anbindung an die religiöse Ethik. Und so kommt es, daß der Ritterbegriff z.Z. des K und im K durchaus ambivalent ist: er steht gegenüber dem älteren auf einer höheren Stufe bzgl. der für die Benennung tauglichen Objekte, er teilt mit ihm aber immer noch einen neutralen Aspekt, der früher militärtechnisch, jetzt aber sozial'technisch' geprägt ist (1).

Betrachten wir eine weitere Stelle, in der eine Umakzentuierung durch Stricker vorgenommen wird, und untersuchen wir, ob die Umakzentuierung mit der Ritterterminologie in Zusammenhang steht. Die berühmte Szene, in der Olivier Roland auffordert, Karl durch ein Hornsignal zur Hilfe zu rufen, beginnt im dR so:

dR 3845 Oliuir sprach zu Ro̊lant:
wir haben an der hant
ain uil starchez volcwic.
aller manegelich wer sinen lip.
nu wil ich sin iemir got loben
daz iz dar zu ist chom.
nu gesterchet uch helde in got.
uns chumet allen sin gebot,
diu helue uon himele,
daz ir groziu menige
ne mac uns nicht gewerren.
si muzen alle samt ersterben,
swaz wir ir hiute erraichen.
suvem got wil heluen,
der mac lichte geuechten.
owol ir guten knechte,
welt ir ain můte sin,
ia hiluet iu selbe min trechtin.
si habent den tot an der hant.

Bei Stricker liest man:

K 47o3 do sprach Olivier wider Ruolanden:
wir haben an unseren handen
ein grôz volcwîc herte.
nu sul wir unserr verte
ein ritterlîchez ende geben
und suln sô wern unser leben,
daz got hie gesige
und der tiuvel sigelôs gelige.

---

1) Ohne dies hier näher untersuchen zu können, möchte ich die Vermutung äußern, daß das enorme Anschwellen des Gebrauchs von 'ritter' nicht n u r Folge der "qualitativen Bereicherung, (...) das Ergebnis der Ästhetisierung und Moralisierung des Ritterbegriffs (ist)" (BUMKE/Ritterbegriff S.29), sondern auch Ergebnis der aus der o.a. Ambivalenz resultierenden gesteigerten Gebrauchsmöglichkeit. Er bezeichnet einerseits etwas Neues, kann andererseits Synonym für ältere Termini sein; damit steigen die Chancen für seine Anwendbarkeit.

K 4711 ich lobe den heiligen krist,
dâz uns her zuo komen ist,
daz wir mugen gotes rîche
gewinnen sô kurzlîche.
maneger lîdet grôze nôt
iemer unze an sînen tôt,
daz er gotes hulde bejage.
die muge wir hiute an disme tage
vollecliche erwerben.
wir genesen oder sterben,
wir werden hiute ân sünde gar.
nu nemt des allesamt war,
daz wir einmüetec sîn:
sô wirt uns gotes genâde schîn.
si habent den tôt an der hant. (1)

Bei insgesamt vier Versen mehr läßt Stricker also folgende Aspekte fort: die Ermahnung, bei Gott Kraft zu suchen; die Versprechen, daß Gott hilft, die Übermacht den Christen nichts anhaben kann und die Heiden den Tod finden werden; die Feststellung, daß der von Gott Unterstützte 'lichte geuechten mac'; die erneute Aufnahme des Versprechens göttlicher Hilfe.- Es handelt sich also durchweg um religiöse Aussagen, die hier im K entfernt werden. Was fügt Stricker aber hinzu? Zunächst eine Aufforderung, Gott zum Sieg zu verhelfen bzw. den Teufel eine Niederlage erleiden zu lassen; die zweite Ergänzung besteht aus einem zusammenhängenden Block, der eine breit angelegte Darstellung der gnadenbringenden Kraft des Heidenkampfes enthält, in der Argumentation verstärkt durch die Herausstellung des Kontrastes zwischen der relativen Leichtigkeit dieses Einsatzes und der Schwere eines lebenslangen Bemühens um 'gotes hulde'. Dies gipfelt in der resümierenden Feststellung, daß, unabhängig vom eigenen Überleben, für die Christen das Ergebnis des Kampfes die Befreiung von der Sünde sein wird. Als letzte Ergänzung ist schließlich anzusehen der Passus K 4722-24, wobei zwar eine gewisse Entsprechung zu dR 3861 f. besteht, aber mit dem entscheidenden Unterscheid, daß bei Konrad Folge der 'Einmütigkeit' die H i l f e , bei Strikker die G n a d e Gottes ist (s. aber unten A 1 zu Hs. H!); dieser Unterschied ist deshalb so wesentlich, weil die Aussicht auf göttliche Hilfe im dR bereits vorher zweimal erwähnt worden ist (dR 3853, 3858), im K dagegen der Hilfsgedanke ganz gestrichen wird. Dies entspricht dann genau der Umkehrung von aktiver und passiver Rolle in K 47o8-1o (s.u.).

Man sieht also, daß das religiöse Element bei Stricker trotz Auslassung von Einzelelementen nicht verlorengeht, weil die Zusätze ebenfalls religiöser Art sind. Sie stellen aber einen ganz speziellen Ausschnitt dieser Thematik dar, indem sie Argumente aus der Kreuzzugspropaganda enthalten (2), nähern sich also über das Allgemeine dem Bereich situationsbezogener Religiosität. Dagegen herrscht im K ein ganz anderes Verhältnis zwischen den Trägern der Religion und dem

---

1) 4724 helffe H.

2) Die natürlich bei Konrad an anderer Stelle ebenso zur Geltung kommen, z.B. dR 3931 ff.

Objekt ihrer Verehrung: durch die ersatzlose Streichung der Stellen, die Verlauf und Resultat des Kampfes vom göttlichen Eingreifen abhängig erklären, durch die Umformung der Gnade von einer Voraussetzung in eine Folge werden die Menschen zu den eigentlichen Trägern der Handlung. Damit werden sie aber nicht etwa aus der religiösen Verpflichtung entlassen; im Gegenteil: die gestellte Anforderung ist eine höhere, weil diesen Menschen auch die Verantwortlichkeit für die jeweilige Folge ihrer Handlung übertragen wird.- Es ist wieder deutlich geworden, daß die Umakzentuierung mit der 'Ritter'-terminologie in keinem Zusammenhang steht; der Begriff 'ritterlîchez ende' ist aber auch kein Fremdkörper, sondern trägt die ethische Forderung mit, ohne daß diese von ihm freilich irgendwie abhängig wäre. Solange der Begriff des Rittertums nicht expliziert wird, bleibt er mehrdimensional und kann sich in die verschiedensten Zusammenhänge einfügen.

Gerade in Gegenüberstellung zur Verwendung des Begriffs 'ritterlîche' im eben besprochenen Zusammenhang läßt sich dessen Verwendungsbreite in einem Vergleich von dR 4385 ff. und K 5395 ff. zeigen. Gemeinsame Ausgangssituation: Kursabiles fordert Bischof Turpin zum Einzelkampf heraus.

dR bistu hi, Turpin?
...
du hast mir uil ze laide getan.
wa mahtestu uf dirre erde
iemir baz ersterbe?
ich bin ain chunc uil rich.
nu stich du helt widir mich.
du bist der aller chunisten ain,
den diu sunne ie bescain.
din houbet fure ich hiute hinnen
Machmet ze minnen
unt ze eren minem chunne,
daz man mir daz lop imer mer sunge.

K bistû hie bischof Turpin?
...
du hâst mir leides vil getân:
des bistu von mir ungenesen.
iedoch mahtu frô wesen.
du stirbest ritterlîche.
ich bin ein künec rîche.
man hât ouch vil gelobet dich,
nu stich her balde wider mich.
ich füere dîn houbet hinnen
allen mînen goten ze minnen. (1)

Die Ethik, nach der es immerhin noch eine Ehre bedeutet, von einem würdigen Gegner besiegt worden zu sein, findet auch im dR ihren Platz. Stricker bringt 'Ordnung' in die stakkatoartig vorgebrachten Äußerungen Kursabiles', verknüpft das, was logisch zusammengehört, und systematisiert sozusagen die vorgefundene Ethik - ein Verfahren, das wir noch oft bemerken werden (s. Kap. III.5). Zunächst bringt er den in dR 439o ange-

1) 539o-54o5 fehlt B. 54o1 du bist von A.

sprochenen Gedanken durch Hinzufügung einer Konsequenz zum Abschluß. Den Bruch in der Gedankenführung von dR 439o zu 4391 f. überbrückt er durch eine Adversativkonstruktion (iedoch) und benennt dann die Art des Todes, indem er sie durch 'ritterlîche' an den Kodex bindet, in dem zu seiner Zeit die Anschauung über einen ehrenhaften Tod ihren Platz gefunden hat. Das unverbundene Nebeneinanderstehen der Selbst- und Fremdcharakterisierung (ich bin - du bist; dR 4393, 4395), dessen asyndetischer Charakter durch den Einschub einer nicht zur gleichen Argumentationskette gehörigen Aufforderung (dR 4394) noch verstärkt wird, arrangiert Stricker durch Nachstellen dieser Aufforderung und das kopulative 'ouch' zu einem ausformulierten Vergleich der beiden Kontrahenten. Diese mehr formalen und stilistischen Änderungen gehen in der A u s s a g e nicht über das hinaus, was im dR zu finden ist. Aber durch die terminologische Verknüpfung dieser Aussage mit dem Ritterbegriff und dadurch, daß ein Heide ihn anwendet (1), wird noch deutlicher als bei Konrad, daß es sich hier um eine weltliche Ethik handelt, die scheinbar neutrale Vergleiche zwischen Heiden und Christen ermöglicht; 'scheinbar' deshalb, weil der religiöse Bezug in der folgenden Rede Turpins deutlich herausgestellt, die Haltung des Heiden also abqualifiziert wird. Und diese Rede (dR 44o1 ff.) übernimmt Stricker bis in den Wortlaut hinein nahezu unverändert. Weil bei ihm das weltliche Ethos vorher stärker zur Geltung gekommen ist, wird aber auch der Kontrast größer, und damit haben wir ein Beispiel für die rein weltliche Verwendung der Ritterterminologie im Dienst der religiösen Aussage.

Wir haben nun in verschiedenen Variationen gesehen, daß ein Teil der im dR angelegten weltlich-adligen Ethik und speziell der Kriegerethik im K abgeschwächt wird, ein anderer Teil, zwar ohne verstärkt zu werden, aber unter Verwendung der moderneren Ritterterminologie, übernommen wird. Letzteres zeigt, daß die 'Ritter'ethik in Teilen durchaus traditionsgebunden ist, wohl auch sein m u ß t e , um so relativ schnell akzeptiert zu werden. Aus dem Bereich der mühelos mit der (z.Z. Strickers ja nicht mehr neuen) Ritterethik zu vereinbarenden Motive finden wir im dR noch mehrere Beispiele:

dR 67 ff. werden die zwölf Pairs charakterisiert:

dR 71 si waren gůte chnechte,
des keiseres uoruechten.
ir uan si gewanten
nie ze dehein wertlichen scanten.
si waren helde uil gůt.
der keiser was mit in wol behůt.

Es folgt dann noch ein Lob ihrer religiösen Qualitäten und ihrer Martyriumsbereitschaft.

Stricker streicht die Vorstellung der Pairs als Gruppe auf

[1] Im dR wendet nur einmal ein Heide einen Begriff aus der Ritterterminologie an, und zwar V. 4776 f. (s.o.).

fünf Verse zusammen. Bei ihm sind es

K 48o die zwelf ritter hêrlich,
die sîn hüeten solten
und ouch vil gerne wolten.
die hâte er lange alsô bekant,
daz er niht liebers envant.

Die folgende Einzelvorstellung fällt trotz Komplettierung der Namensliste des dR ebenfalls kürzer aus, da die Einzelcharakterisierungen noch knapper als im dR ausfallen bzw. gestrichen oder bei den hinzugefügten Namen ganz unterlassen werden. Im Anschluß an diese Einzelaufzählung findet sich sowohl im dR als auch im K noch einmal eine Charakterisierung, und hier erweitert Stricker von 3 auf 21 Verse (dR 13o-32, K 5o4-524). Diese Erweiterung beruht z.T. auf einer nachträglichen Übernahme von Gedanken aus dR 67 ff., wobei es sich genau um die religiösen Passagen handelt. Andererseits geht hier der Martyriumsgedanke des dR verloren. Die Beziehung der Pairs zum Kaiser wird von Stricker mehr individualisierend dargestellt, insofern die institutionalisierten Beziehungen des dR (Heerführer; uoruehten) nicht erwähnt werden; lediglich die Zusammenfassung von huote und ratgeben in K 515 erinnert an die Doppelpflicht von consilium und auxilium. Aber auch das kommt nicht besonders zur Geltung, weil im K die Pflichten nicht als aus einer politischen Stellung notwendig resultierend dargestellt werden, sondern als Ergebnis der von Karl persönlich an den Fürsten persönlich festgestellten Qualitäten erscheinen ('er was worden gewar' K 512). Diese Qualitäten werden im Wesentlichen auf eine Übereinstimmung der Gesinnung reduziert (si heten rehte sînen muot; K 513). Die Pairs üben nicht wie im dR Funktionen auf Grund ihrer Stellung aus, sondern erhalten auf Grund einer Einschätzung ihrer Fähigkeiten solche Funktionen zugewiesen (dâ von dûhten si in guot; K 514). Ferner übernimmt Stricker Konrads Gruppenbezeichnung 'herren' (dR 67) zu Anfang der Vorstellung nicht, sondern führt sie eben als 'ritter' ein. Die im Ritterideal prinzipiell angelegte Vernachlässigung hierarchischer Differenzierungen wird also durch die Ausgestaltung der Stelle dahingehend realisiert, daß Persönliches im Vordergrund steht. Damit werden zugleich diejenigen weltlichen Aspekte verdrängt, die sich aus der Darstellung Konrads ergeben k ö n n e n . Auch wird implizit einer Entwertung der Verhaltensweisen vorgebeugt, da diese nicht mehr primär aus einer weltlichen Pflicht resultieren, sondern aus einer persönlichen Einstellung.

Eine der für viele Interpreten anscheinend unbequemsten Stellen des dR sind die Verse 63o ff., in denen geschildert wird, was Marsilies Gesandte im Lager der Christen an weltlicher Prachtentfaltung und weltlichen Vergnügungen beobachten können. Unbequem wird diese Stelle aber nur dann, wenn man in ihr einen Gegensatz zu Konrads religiös bestimmter Denk- und Darstellungsweise sieht. Ihm bezüglich seiner eigenen Anschauungslogik Widersprüche zu unterstellen (1), würde allem widersprechen, was man über seine sorgfältige Durchkonstruierung in für ihn wesentlichen Sachverhalten festgestellt hat (2). Ausgangspunkt einer Bewertung kann nur sein, daß es für Konrad einen absoluten Gegensatz zwischen weltlichem und geistlichem Leben nicht mehr gibt. Nicht nur, daß er nur noch dann etwas gegen weltliche Lebensgestaltung einzuwenden hat, wenn sie keinen religiösen Hintergrund besitzt (s.o.); es scheint sogar, daß ihm auch ein ausschließlich geistliches Leben nicht mehr erstrebenswert erscheint - zumindest dann, wenn es religiös unfruchtbar bleibt (vgl. Turpins Attacke gegen das Mönchtum dR 6297; s.u.). Entscheidend sind für das Verständnis der Lagerszene die Verse dR 639 ff.: widir sinir (= Karls) herscephte/ne dorfte sich nieman behefte. Die Christen und Karl übertreffen in j e d e r Beziehung die Heiden (3), äußerer Glanz ist Sinnbild, nicht Verfälschung der 'wirklichen' Verhältnisse. Darin liegt aber nicht nur ein Zugeständnis an weltliche Ansprüche, sondern auch an die Überzeugungsmöglichkeiten, die man besitzt und anzuwenden gedenkt. Ausdrücklich legitimiert auch vor der eigenen Religion wird diese Denkweise durch den Vergleich von Karls Lager mit Salomons Hofhaltung (dR 671 f.).

Bei Stricker zeichnet sich die entsprechende Passage durch massive Streichungen aus (K 12oo ff.). Es fehlen: die Kennzeichnung der Örtlichkeit als 'bougarte'; die Tierkämpfe; die Schießübungen und das Tanzen; die Lied- und Gedichtvorträge; die Schwertkämpfe; die zum Schattenspenden abgerichteten Adler und die anderen Jagdvögel; die geschmückten Damen und die Schilderung ihrer Kleider; der Unterricht und die praktischen Übungen der 'iuncherren'.

Betrachten wir, bevor wir zu einer Bewertung kommen, aber noch zwei weitere Stellen im Vergleich. dR 7173 wird im Zusammenhang mit der Landung Paligans über die Pracht seines Lagers berichtet (wobei es schon nachdenklich stimmen sollte, daß Konrad das Lager der Heiden erheblich kürzer beschreibt und höfische Elemente dort nicht zur Geltung kommen läßt). Im K (Parallelstelle etwa K 861o ff.) fehlt dies ganz. Dagegen finden wir bei Stricker noch eine weitere Hofschilderung anläßlich der Beschreibung von Karls drittem

---

1) Dies macht FLIEGNER a.a.O. S.11 f., wenn er glaubt, dR 287 sei gegen die Turniere gerichtet, und sich dann mit der Lagerszene überhaupt nicht mehr auseinandersetzt.

2) Man muß auch bedenken, daß die Szene nicht etwa 'versehentlich' aus der Chs. übernommen wurde; diese bot nur schwache Anhaltspunkte und umfaßt im ganzen nur ein Fünftel der Darstellung im dR; vgl. auch RICHTER, H.: Das Hoflager Kaiser Karls. In: ZfdA 1o2/1973. S.81-1o1. bes. S.81, 83.

3) Wichtig auch dR 674: 'Karl was a l l e r tugende ein herre'; zur Mehrdimensionalität von 'tugende' s. MAGER, E.: Zum Rolandslied des Pfaffen Konrad. In: PBB (O) 86/1964. S.225-246. Hier S.228 ff.

Traum. Hier nun wird berichtet,

K 3679 wie die juncherren sungen,
wie si spilten unde sprungen,
wie si slüegen unde staechen
und der sper vil zerbraechen.

Unglücklicherweise liegt gerade hier im dR eine Lücke vor, so daß kein Vergleich möglich ist. Nach den bisher gemachten Beobachtungen kann WESLEs Nota ("der Lücke entspricht Str(icker) 3649-3833) (1) nicht allzu wörtlich genommen werden. Was man auf jeden Fall zur K-Stelle sagen kann: es wird nur zu einem Bruchteil nachgeholt, was vorher ausgelassen wurde; vor allem fehlen wieder die Tätigkeiten, die für die militärische Lebensweise des Adels disfunktional sind - bis auf 'singen' und 'springen' (2) wird nur über Waffenübungen berichtet.

Mir scheint nach all dem, daß Stricker auf ein losgelöstes kulturelles Element noch weniger (!) Wert legt als Konrad. Karl ist Mittelpunkt eines Hofes und eines Reiches; seine Umgebung ist so gestaltet, daß in ihr alle Eigenschaften betont werden, die Karls Macht, Religiosität und Einsatz für den Kreuzzug begründen und ausmachen. Dies schließt, wie wir gesehen haben, eine Benennung der agierenden Personen als 'ritter' nicht aus - gerade weil die Idee des Ritters so polymorph ist. Mit dem häufigen Gebrauch der entsprechenden Terminologie, der Geschmack und Sprachgebrauch der Zeitgenossen entspricht, ist Stricker dagegen abgesichert, als Vertreter antiquierter oder zu einseitiger Heldenauffassungen zu erscheinen. Mit diesem Zugeständnis erhält er aber auch freie Hand, nicht alle Einzelideale aus dem Bereich des Rittertums erwähnen zu müssen. In der Forschung ist der Begriff des Ritters eng mit dem des Höfischen verknüpft; dies ist richtig, weil viele Bestandteile des Ritterideals den Hof als Lebensform und -ort voraussetzen. Die Verknüpfung drückt gleichwohl manchmal eine ausschließlichere Verbindung aus, als sie existiert hat: mag der Ritter auch von seiner Genese und Funktion her ohne das Höfische nicht zu denken sein - das Höfische (für den Hof als Institution sieht das natürlich anders aus!) ist es ohne den Ritter allemal, wenn man bedenkt, daß höfische Kultur nur bestimmte Aspekte des Ritterbildes gebrauchen konnte. Ist schon 'das' Höfische' trotz aller Zusammenhänge eine Fiktion, so ist es 'der' Ritter erst recht (auch der literarische). Und ich rede hier nicht von der (inzwischen) banalen Tatsache, daß literarisches und geschichtliches Ritterbild nur selten übereingestimmt haben; ich rede davon, daß sämtliche 'Klassiker', Hartmann wie Wolfram wie Gottfried, letzten Endes eine höchst individuelle Ritterkonzeption entwickelt haben. Die Gemeinsamkeiten sind bedingt durch historische Ausgangssituation und wohl auch Publikumsansprüche. Das, was man den 'Epigonen' so gerne vorwirft, nämlich gewisse Ideen veräußerlicht zu haben, ist seinerseits auch wieder Beweis dafür, daß die Ideen des Höfischen, des Ritters, der Ehre usw. aufspaltbar waren.

---

1) dR ed. WESLE/WAPNEWSKI a.a.O. S.134.

2) Das 'spiln' K 368o ist nicht eindeutig, da dieses Verb gerne übertragen für 'Kämpfen' verwendet wird.

Wenn Stricker zu Beginn der von ihm fast aller spezifisch höfischen Elemente entkleideten Lagerszene die dort versammelte 'aller besten ritterschaft' (K 12o4) und die 'manegen ritter küenen' (12o9) erwähnt, dann genügt das, um einen Verständigungsrahmen zwischen Autor und Publikum abzustekken. Im Zentrum der Stelle stehen der Kaiser und die kaiserliche Macht: Karl ist ein Ritter (K 236), natürlich der 'beste' (212), seine Pairs sind einzeln (3825, 5878, 6633, 75oo u.a.) und als Gruppe (315, 48o, 535 u.a.) Ritter, genauso wie die Fürsten und die Kämpfer überhaupt. Damit ist eine grundsätzliche, wohl notwendige Eigenschaft benannt. Da nur Kämpfe mit gleichwertigen Gegnern Ehre bringen, sind auch die Heiden Ritter, da auch Intriganten nur gefährlich werden können, wenn sie gleichrangig sind, ist Genelun Ritter. Gerade die inflationäre Verwendung des Ritterbegriffs hat es mit sich gebracht, daß er nur noch einen eingeschränkten, wenngleich wirksamen Signalwert besitzt. Ob man also allein auf Grund seiner Verwendung für die Heiden von Toleranz reden kann, sollte nicht mehr zur Diskussion stehen; im dR werden die Heiden schließlich als 'helden' oder 'gůte knehte' bezeichnet (2599, 2643 u.a.). ritter, kneht, helt sind Begriffe, die genau dasselbe meinen k ö n n e n . Die für das Ethos einer Dichtung bezeichnenden positiven oder negativen charakterlichen und moralischen Qualitäten erweisen sich zumindest bzgl. dR und K als außerhalb dieser Nomenklatur stehend.

II. 3 Lehnsrechtliche Bindungen; Vasallität

BERTAU formuliert vorsichtig (aber nachdrücklich), daß im dR die "geistliche Umdeutung wohl wesentlich mit Formen des Lehnswesens verbunden ist" und dieser Zusammenhang "vielleicht auch beachtet werden (sollte)" (1). Während bei ihm dieser Umstand im engeren Zusammenhang der aktuellen Bedeutung feudaler Mechanismen im Machtbereich Heinrichs des Löwen steht, geht es im Folgenden um das Erscheinungsbild lehnsrechtlicher Vorstellungen im innerliterarischen (2) Raum, die geeignet sind, entsprechenden Ansichten des Publikums entgegenzukommen. Natürlich muß damit gerechnet werden, daß das Lehnswesen nicht weniger idealisiert ist als vieles, was Konrad und Stricker an Theologischem und Religiösem präsentieren, daß also manche Darstellungen der politischen Wirklichkeit nicht entsprechen (3). Dies bedeutet aber nicht, daß Erscheinungsformen dieses Problems in Dichtung nur 'uneigent-

---

1) BERTAU, K.: Das deutsche Rolandslied und die Repräsentationskunst Heinrichs des Löwen. In: DU 2o/1968. S.4-3o. Hier S.13.

2) Obwohl natürlich die innerliterarische Gestaltung (Teil-) Produkt interpretierter Erfahrung der außerliterarischen Realität ist.

3) So weist ACKERMANN auf den Zerfall des Vasallitätsgedankens gerade am Beispiel Heinrichs des Löwen hin; und daß die Zeit Strickers gekennzeichnet war durch zunehmende Fortentwicklung vom Personenverbandsstaat, ist ja bekannt. (ACKERMANN, O.: Germanische Gefolgschaft und ecclesia militans im Rolandslied des Pfaffen Konrad. In: GRM 26/1938. S.329-341. Hier S.341.)

liche' Bedeutung besäßen; die literarisch dargestellten Verhältnisse sind größtenteils als real gedacht bzw. wollen so aufgefaßt werden und sollen als Muster dienen. Lehnsrechtliche Bindungen werden auch nicht als Konkurrenz zur Bindung Gott - Mensch aufgefaßt; zwar sind sie es potentiell, wenn eine Situation eintreten sollte, in der man sich zwischen zwei Verpflichtungen entscheiden muß, aber ein solches Dilemma ist weder ideologisch noch literarisch für die beiden hier untersuchten Epen aktuell - wenngleich in Ansätzen immer möglich; man vgl. etwa Karls Antwort an Genelun, nachdem Roland zum Führer der Nachhut gewählt worden ist:

dR 2981 ir ne getatet mir nie so laide.
nach der Franchen urtaile
so muz er iz sin.

K 3522 nâch der fürsten urtaile
muoz ich in hie lâzen sîn.

Zwar steht hier im Vordergrund die Konkurrenz zwischen rechtlicher Verpflichtung und persönlicher Bindung (vgl. Kap.II.4), da aber aus der Entscheidung später für die christliche Partei Schaden entsteht, ist ein Sekundärkonflikt Religion - weltliches Recht immerhin angelagert.

Gerade der hierarchische Aufbau der Gesellschaft hatte der Kirche im Frühma. eine relativ schnelle Missionierung von oben ermöglicht. So konnte es geschehen, daß soziale Verhältnisse bis hin zur Terminologie auch auf das Verhältnis Gott - Mensch übertragen wurden. Schon die Religiosität des Annoliedes war "von lehnsrechtlichen Vorstellungen und Begriffen geprägt" (1). Aus der Benutzung weltlicher Sozialstrukturen ergab sich für die Kirche aber auch der Zwang, das System, dem sie ihren schnellen Aufsteig verdankte, durch Einbau in die eigene Weltanschauung zu schützen. Man kann also z.B. für das dR nicht mehr behaupten:

> "Kaiser und Reich repräsentieren hier kein absolutes Ordnungsprinzip. Sie leiten ihre verpflichtende Gültigkeit von einer höheren, überirdischen Ordnung ab."(2)

Gerade w e i l das (schon vorher existierende) weltlich-politische Ordnungsprinzip sich von einem höheren herleitet, ist es ebenfalls absolut, und zwar gegenüber den ihm unterworfenen Personen:

dR 217 wesit got untertan,
uwir meisterschefte untertan. (3)

Diese Stelle wird im K wesentlich dadurch akzentuiert, daß das geforderte Verhältnis zu Gott allein auf eine emotionale Ebene abgestellt wird, das Verhältnis zur weltlichen Obrigkeit jedoch mit einer überprüfbaren Verhaltensweise ausgestattet werden soll:

---

1) FECHTER, W.: Das Annolied. In: WW 15/1956. S.3oo-3o8. Hier S.3o7.

2) GLATZ/Eigenart (s.S.85 A 2) S.22.

3) Das 'doppelte Lehensverhältnis' sieht auch BERTAU/DU 2o S. 15 in dieser Stelle angesprochen; NÖTHER (s.S.33 A 1) S. 39 A 1 versteht dagegen dR 218 explikativ zu 217.

K 663 minnet got mit iwer kraft
und volget iwer meisterschaft. (1)

(Damit haben wir übrigens ein deutliches Beispiel dafür, wie Änderungen, die evtl. nur aus reim- und verstechnischen Gründen vorgenommen worden sind, Aussage- und Verständnisänderungen bewirken können.)

Eine so umfassende Religion wie das Christentum macht zunächst einmal alle Bereiche, die es billigt, sakrosankt. Das ihr hierarchisch Unterstellte bekommt durch die Herleitung von dieser Spitze ebenfalls deren Absolutheitscharakter. Der Kampf der Kirche wird lediglich geführt um den eigenen Stellenwert im Gesamtsystem, nicht aber um die Berechtigung des Systems als solchen. Je mehr die Kirche sich im MA ihrer eigenen politischen Stellung bewußt wird, je mehr sie auch selbst politische Aktivitäten betreibt, desto mehr wendet sie auch in ihrer Innen- und Außenpolitik lehnsrechtliche Prinzipien an (2). Mit der grundsätzlichen Anerkennung des Lehnssystems werden auch fast alle Auswirkungen einer Idealität gebilligt, die sich aus entsprechenden personalen Konstellationen ergeben, die also den Ehrenkodex der lehnsrechtlich verbundenen Gesellschaftsteile bilden. Solange die Bestandteile dieses Kodex sich in Übereinstimmung mit der Religion befinden, sind sie nicht nur nicht negativ zu bewerten, sondern geradezu Beispiele vorbildlichen Verhaltens. Natürlich ist die "gemeinsame Verpflichtung auf ein höheres Drittes" (3) konstitutiv für die kirchlich gewünschte Haltung. Zu einseitig aber ist für das dR die Folgerung:

> "In der geistlichen Ritterschaft beruht die Treuebindung der Gefolgschaft nicht auf der Vasallenpflicht (...) oder auf der 'unbedingten' persönlichen Bindung an den Lehnsherrn (...)." (4)

Die Treuebindung beruht lediglich nicht n u r auf solchen Grundlagen; sie ist aber von ihnen nicht trennbar, zeigt sich auch in ihnen. Dies wird nicht zuletzt deutlich an Genelun, der sich gegen weltliche und geistliche Normen vergeht und der sich mit dem Hinweis zu verteidigen versucht, eine weltliche Schuld könne ihm nicht angelastet werden, da seine Aktivitäten gegen die Pairs sich im legalen Raum bewegt hätten. Diese Verteidigung hat folgenden Wortlaut:

---

1) 663 mit got in H.

2) s. dazu JORDAN, K.: Das Eindringen des Lehnswesens in das Rechtsleben der römischen Kurie. In: Archiv für Urkundenforschung XII/1932. S.13 - 11o.

3) FLIEGNER, G.: Geistliches und weltliches Rittertum im Rolandslied des Pfaffen Konrad. Breslau 1937. (Deutschkundliche Arbeiten. Allgemeine Reihe 9). S.55.

4) ebd. S.55. Kritik an FLIEGNER übt in diesem Punkt auch KÖSTER/Karl der Große (s.S.75 A 2) S. 1o A 16.

dR 8739 er sprach: 'here, iz was min wille.
ich nelůgin dir sin niet.
der zwelue tot ist mit liep.
iz ist gewisse der min rat.
ich hete in e widersaget
ze diner antwrte offenliche.
daz erzuige ich mit dem riche.'

K 11722 er sprach: ich hân deheinen mort
begangen alse man mir giht.
ine lougen aber des niht,
ine habe daz erworben,
daz die zwelfe sint erstorben.
daz geschach unmortlîche.
ich hete in vor dem rîche
offenlîche widersaget
und hete ein michel teil geklaget
mîn leit daz si mir tâten.
si heten mich verrâten
und schuofen mich in den tôt.
daz ich daz rach, daz tet mir nôt.

Der Unterschied liegt in der zweimaligen Betonung Geneluns im K, daß es sich nicht um Mord gehandelt habe (vgl. auch K 3378, wo von Geneluns mortlîchem sin die Rede ist, während in der Parallelstelle dies bei Konrad - etwa 2854 ff. - fehlt). Jedoch liegt hier keine inhaltliche Erweiterung vor, sondern nur eine Verdeutlichung. 'mort' ist nach mal. Recht definiert durch die Heimlichkeit der Tat; deutlicher, weil nicht erst zu interpretieren, als die bei GRIMM (1) angeführten Belege, zu denen auch die Vv. K 11724 und 11729 gehören, zeigt das z.B. eine Bestimmung aus der Friedensgesetzgebung Königs Heinrichs (VII.) für Sachsen vom Jahre 1223: 'Qui alium c l a m occiderit, quod m o r t dicitur, in rota punietur' (2). Stricker rundet also Geneluns Argumentation des 'offenlîche' dadurch ab, daß er ihn auch die juristisch-terminologische Konsequenz ziehen läßt; aber schon bei Konrad ist ja von 'offenliche' die Rede, und über die rechtliche Bedeutung wird sich auch das Publikum im Klaren gewesen sein. Bezeichnend, daß in der Chs. kein Äquivalent für 'widersagen' zu finden ist. Denn erst im 12. Jh. hat es sich zur Pflicht entwickelt, nicht nur gegenüber dem Lehnsherrn, sondern vor jeder Fehde eine Absage auszusprechen (3). Wir haben es bzgl. des dR hier also mit einer (bisher von der Forschung m.W. noch unbemerkten) Aktualität zu tun: Konrad schildert neuere Rechtsbräuche seiner Zeit. Die Kodifizierung dieser Verpflichtung erfolgte erst 1186 durch Friedrich I. (4). Das mhd. 'widersagen' entspricht

[1] GRIMM, J.: Deutsche Rechtsalterthümer. Bd.2. Nachdr.d. 4., verm. Aufl. Leipzig 1899. Darmstadt 1974. S.179 ff.

[2] Zit. nach KROESCHELL, K.: Deutsche Rechtsgeschichte. Bd.1. Reinbek 1972. S.29o.

[3] s. CRAM, K.-G.: Iudicium belli. Münster 1955. S.13o ff.

[4] s. ebd. S.131.

dem lat. 'contradicere' und ist also ein "Fachausdruck für die Fehdeansage" (1). Inhaltlich ist damit gemeint der Vorgang der diffidatio, also der Aufkündigung der fides, des Treueverhältnisses. Die Fehdeansage ist hier eng mit den Abhängigkeiten verknüpft, die sich aus den organisatorischen Aspekten des Feudalismus ergeben. Mit O. BRUNNER vertritt CRAM (2) die rechtliche Gleichartigkeit von Krieg und Fehde. Da nun Friedrich I. eine Verrechtlichung des Krieges und der Fehde eingeführt hat, die als "Verritterlichung, als Feudalisierung, ihren Lauf (nimmt)" (3), sollte man eigentlich erwarten, daß Stricker das schon im dR angedeutete Problem pronqncierter gestaltet. Dies ist aber nicht der Fall. Jedoch wird die eminent weltliche Bedeutung, die an sich schon in der Stelle liegt, beibehalten. Und in der Reaktion Karls und Tirrichs/Dietrichs auf Geneluns Verteidigungsversuch wird im K wie im dR deutlich, daß diesem neben dem Affront gegen religiöse Zielsetzung ('Sabotierung' der Mission) auch weltliche Vergehen angelastet werden. Ich stelle die Anklagepunkte zusammen:

dR: 1. 'er hat di cristen gegeben in die gewalt der haiden' (875o f.). 2. uerratere (8778). 3. 'di cristinhait ist harte geschendet' (8782). 4. mort (8784). 5. 'Genelun hat si durh miete hin gegeben/ unt hat ungetriuwelichen/ geraten an daz riche/ unt wolt da enteren/ di chrone mines herren/unt zestoren di hailigen cristinhait' (8827 ff.). 6. untriuwe (8837). 7. luge, mainait (8836).

STACKMANN ruft also einen durchaus falschen Eindruck hervor, wenn er sich nur auf den von Karl geäußerten 1. Anklagepunkt beruft und im Vergleich mit der Chs. (O 3753 ff.) behauptet:

> "Nicht Felonie also wird Genelun vorgeworfen, der Treuebruch gegenüber dem Landesherren." (4)

HABERKERN/WALLACH nennen als Beispiele für Felonie im dt. Recht u.a. "Bündnis mit Feinden, Verrat (...), Handlungen gegen Ehre und Leben des Herrn und seiner Familie" (5). Diese Beispiele werden durch wörtliche Erwähnung in den Anklagepunkten 2 und 5 voll abgedeckt; was nicht erwähnt wird, ist durch die Handlung im einzelnen belegbar. So hat STACKMANN zwar recht, wenn er im Vergleich von dR 8749-51 und Chs. O 3753 einen Unterschied feststellt, kann aber darauf in keiner Weise seine Theorie aufbauen, daß das dR damit "aus dem Bereich lehnsrechtlichen Denkens heraus(führt)" (6).

Stricker läßt folgende Anklagen vortragen:

1. Handlungen gegen das rîche und Karls hulden (indirekt formuliert im Verteidigungsversuch von Geneluns Verwandten 11682 ff.). 2. 'schenden' der 'kristenhait' (11716 f.). 3. mort (11719). 4. Auslieferung der Christen an die Heiden (11741 f.).

---

1) CRAM a.a.O. S.131.

2) ebd. S.132.

3) ebd.

4) STACKMANN/Karl und Genelun (s.S.62 A 2) S.268.

5) HABERKERN, E. und J.F. WALLACH: Hilfswörterbuch für Historiker. Bd.1. 5. Aufl. München 1977. S.196.

6) STACKMANN a.a.O. S.269.

5. untriuwe (indirekt; der Begriff fällt während des Prozesses im K nicht, K 11824 und 12o44 nennt Dietrich Pinabel, Geneluns Verteidiger aber 'der untriwen geselle').

Man sieht, daß die Anklagen im K bis auf die erneute Nennung von 'mort' inhaltlich die Vorwürfe des dR umfassen, jedoch sowohl im weltlichen wie auch im religiösen Bereich etwas gestraffter präsentiert werden. Über die Gründe der Komprimierung kann man nur spekulieren, was aber angesichts der inhaltlichen Koinzidenz müßig ist. Das Publikum weiß das Gleiche wie das des dR, und wie dieses stellt der K die weltlichen Vergehen gleichberechtigt neben die religiösen. So bleibt also (wie schon bei Geneluns Verteidigungsrede) der weltliche Aspekt erhalten, ohne aber verstärkt zu werden. Dadurch, daß hier wie dort der Schuldbeweis in einem Gottesurteil gesucht und gefunden wird, übernimmt jedoch Gott nicht nur die Funktion des obersten Wahrers geistlicher Normen, sondern er stellt auch die Institutionen weltlichen Rechts und die politischen Strukturen weltlichen Zusammenlebens unter seinen Schutz.

Daß es durch Einhaltung weltlicher Bestimmungen auch nach Ansicht des Geistlichen Konrad möglich ist, sich aus einer aus Glaubensgründen gebotenen Pflicht zu lösen, daß die Mitwirkung am Kreuzzug nicht allein von religiöser Begeisterung abhängt, sondern lehnsrechtlichen Usancen unterworfen ist, zeigt dR 133 ff.: die Pairs, von Karl in dessen göttlichen Auftrag eingeweiht und um ihre Meinung dazu befragt, holen ihrerseits die Stellungnahme der eigenen Vasallen dazu ein, ob sie bereit seien, sich dem Kreuzzug anzuschließen. In K 562 ff. wird der wesentlichste Aspekt beibehalten: auch Stricker scheut sich offenbar davor, eine Kreuzzugsbewegung, die von Adligen getragen wird, als eine problemlose Angelegenheit der Begeisterungsfähigkeit von Massen darzustellen. Es handelte sich ja bei Kreuzzügen auch in der Realität um Unternehmen, die organisatorische, soziale, wirtschaftliche und politische Probleme stellten. Die Bestimmungen über militärische Dienstleistungen von Vasallen sind nicht einheitlich geregelt und werden oft gesondert ausgehandelt (1). Der Trend zur Reduzierung von Verpflichtungen beginnt schon vor der Zeit Konrads und verstärkt sich immer mehr. Insofern ist die Befragung der Vasallen in dR und K noch mit zu den realistischeren Elementen zu rechnen. Aber Konrad begreift anscheinend die Teilnahme an Karls Feldzug als vasallitische Pflicht, aus der man sich zwar lösen kann (2), jedoch nur mit der Konsequenz einer formellen Beendigung des Vasallenverhältnisses; so deutet es 'widirsagen' dR 139 an, der Terminus, der, wie erwähnt, die Treueaufkündigung gegenüber dem Lehnsherrn meint. Stricker entschärft hier wieder; zwar ist auch bei ihm noch eine Befragung nötig, aber rechtliche Konsequenzen werden nicht mehr erwähnt. Zwei Möglichkeiten der Interpretation bieten sich an, die sich allerdings nicht gegenseitig ausschließen: Vom Standpunkt der historischen Entwicklung aus gesehen, hat Stricker den in Richtung einer Lockerung lehnsrechtlicher Bindungen verlaufenden Trend in einer 'störungsfreien' Form

---

1) s. GANSHOF, F.L.: Was ist das Lehnswesen? 5. Aufl. Darmstadt 1977. S.9o-97.

2) s. ebd. S.1o4. Eine Vertragskündigung des Vasallen ist in Deutschland etwa seit der 1. Hälfte des 12. Jhs möglich.

in seine Darstellung eingearbeitet; von der 'Dramaturgie' her läßt die Darstellung, in der theoretisch die Entscheidungsfreiheit beibehalten wurde, die nachfolgende einhellige Zustimmung genauso wirkungsvoll erscheinen wie im dR. Von einer zunehmenden Verweltlichung schon im dR angelegter nicht-religiöser Themen kann also wieder nicht die Rede sein.

Haben wir bisher von weltlichem Gedankengut gesprochen, das ohne weiteres mit einem flexiblen geistlichen Ansatz zum Zweck der Realisierung bestimmter Ideen auf einen gemeinsamen Generalnenner gebracht werden kann, so wollen wir uns jetzt Beispielen zuwenden, in denen weltliche Vorstellungen in geistliche Bereiche einsickern.

Der christliche Dienst-Lohn-Gedanke ist in seiner literarischen Gestaltung im dR kaum etwas anderes als eine Modifikation eines alle Seiten einbeziehenden Systems gegenseitiger Rechte und Pflichten. Auch KLINNERT, der sich sonst gegen eine Betonung des Vasallitätsgedankens im dR wehrt, erkennt im 'manen' (1) die Komponente des Forderns, spricht von einer Wiederaufnahme des "juristische(n) Gott-Mensch-Verhältnis(ses) der Hochromanik" (2), womit von ihm hier natürlich primär eine Form g e i s t l i c h e r Denkweisen gemeint ist. Für mich ist aber gar nicht entscheidend, inwieweit tatsächlich eine direkte Abhängigkeit von lehnsrechtlichen Vorstellungen besteht; daß ihnen e n t s p r o c h e n wird, steht außer Zweifel, und damit treffen sich weltliche und geistliche Vorstellungen, gleichgültig auch, ob ein solcher Berührungspunkt Produkt bewußter Übertragung oder Analogiebildung ist (3).

Berücksichtigt werden müssen als erstes Stellen, in denen das Lohn-Motiv in Zusammenhang mit dem Kreuzzugsmotiv auftaucht, besonders innerhalb von Reden. Dies ist u.a. der Fall dR 96, 15o, 182, 187, 985, 7o35, 3124 bzw. K 3868, 6342, 73o6, 385, 531, 6852. Hier kann derVergleich sehr kurz ausfallen - aber das Ergebnis ist wichtig: Strickers Darstellung entspricht der Konrads (4), entspricht damit den gleichen religiösen Lehrmeinungen, teilt aber dann natürlich auch die gleichen weltlichen Implikationen des Dienst-Lohn-Gedankens mit ihm.

---

1) dR 299 f.: Karl 'mante got uerre/aller siner tougen'; 3538 ff.: 'mante got den werden/.../gar aller siner tougen'.

2) KLINNERT, E.: Freude und Leid im Rolandslied des Pfaffen Konrad. Diss. Frankfurt a.M. 1959. S.179.

3) So verneint NÖTHER (s.S.33 A 1) S.73 f. für das dR den Einfluß lehnsrechtlicher Vorstellungen auf den Gedanken der Nachfolge Christi zugunsten der genuin christlichen Vorstellung der imitatio Christi, ohne aber die inhaltlichen Parallelen zu übersehen.

4) Einige Stellen sind direkt parallel: dR 985 = K 1644; dR 3124 = K 3868; dR 3455 = K 4167; dR 6185 = K 73o6.

Man könnte nun meinen, da in der literarischen Gestaltung der religiöse Dienst-Lohn-Gedanke genauso stark wirkt wie der weltliche, das vasallitische Verhältnis widerspiegelnde, und umgekehrt, laufe das Ethos in beiden Bereichen auf das Gleiche hinaus. Das ist allerdings auch teilweise der Fall, aber nur dort, wo der weltliche Aspekt bei den Christen thematisiert wird (dR 2338, 1296, 298o, 31o5; K 217o, 3283, 11763, 1o593, 11194). In dR und K erscheint das Thema weltlicher Lohnverpflichtung bzw. -berechtigung aber auch bei den Heiden; und d o r t kommt es natürlich nicht zu einer solchen gegenseitigen Durchdringung. Wohlgemerkt: auch da, wo bei den Christen von Belohnung durch Menschen die Rede ist, handelt es sich um autochthon und genuin w e l t l i c h e s Gedankengut; nur kann dort eine Überlagerung stattfinden, die bei den Heiden nicht möglich ist. Trotzdem aber ist es zweckmäßig, die Stellen, in denen der Lohngedanke bei den Heiden auftaucht, aus der Untersuchung auszuklammern: Das Verhalten der Heiden wird im Ganzen so abqualifiziert, daß sich aus Einzelheiten sicher keine Rückschlüsse bzgl. eines speziellen ethischen Aspektes ziehen lassen; allenfalls wäre dies möglich, wenn sich in diesem Punkt eine dem Ideal genau entgegengesetzte Darstellung finden ließe, aus der dann durch Umkehrschluß das Ideal konstruiert werden könnte. Das aber ist nicht der Fall und liegt wahrscheinlich im Thema begründet. Denn trotz seines konkreten Stellenwertes innerhalb einer feudal bestimmten Ordnung einerseits, innerhalb einer speziellen religiösen Auffassung vom Gott-Mensch-Verhältnis andererseits ist der Gedanke von Dienst und Lohn doch auch sehr allgemein. Daß für Leistungen Gegenleistungen erbracht werden, daß Handlungen zweier Parteien, die dem Vorteil der jeweils anderen dienen, sehr leicht in das Schema von Dienst und Lohn gebracht werden können, entspricht einem allgemeinsten Verständnis, das auch jenseits aller religiösen, juristischen oder politisch-sozialen Implikationen und Parallelerscheinungen existiert.

Unabhängig aber davon, ob der weltliche D-L-Gedanke im Bereich der Christen im K gesteigert, vermindert oder ohne wesentliche Unterschiede beinhalten wird, muß e r natürlich in den Vergleich einbezogen werden, weil dieser Vergleich der weltlichen Komponenten mitten in einem von religiösen Gedankengut inspirierten Epos ja gerade das Verhältnis von Vorlage und Neudichtung erhellen soll.

Der Lohngedanke unter Verwendung der entsprechenden Terminologie taucht bei den Christen mit weltlicher Ausprägung im dR in den Versen 1296, 298o und 31o5 auf:

- In der ersten Stelle spricht der Bischof Johannes davon, daß Karl die erfolgreiche Ausführung des Gesandtenauftrags honorieren wird.

- dR 298o redet Karl zu Genelun, der gerade durchgesetzt hat, daß Roland Führer der Nachhut wird:

dR 2979 Genelun, het ir (!) min gesconet,
uweres dinistis wurde iu uil wole gelonet.

- Und in der folgenden Stelle sagt Karl im gleichen Zusammenhang:

dR 31o5 het ich dir nicht wol gelonet,
mahtestu gotes haben an gesconet.

In allen drei Fällen ist der Einbruch weltlichen Denkens in den religiösen Zusammenhang manifest. Interessant vor allem die letzte Stelle: hier wird zwar praktisch eine Rangfolge von religiöser und weltlicher Verpflichtung eingeführt, damit aber gleichzeitig innerhalb eines als ideal konzipierten Verhältnisses der Christen zueinander dem Gedanken Raum gegeben, daß mangelnde Leistung des Herren für seinen Vasallen für diesen ein Grund sein kann, seinen Pflichten nicht nachzukommen.

dR 298o entspricht etwa K 1891 ff. Von Lohn ist im K hier nicht die Rede, und die Folgen einer erfolgreichen Aufgabenerfüllung werden dort auf die 'Ehre' und die 'Huld' der Fürsten abgestellt.

dR 2979 wird fast wörtlich entsprochen durch K 3514 ff., nur wird durch das Reizwort 'triuwe' der Verpflichtungscharakter eher entpersonalisiert, der Lohn also deutlicher an die juristische Beziehung geknüpft.

dR 31o5 wird nicht übernommen, obwohl in der entsprechenden Stelle (etwa K 3841-52) sonst im Wesentlichen der Inhalt der Vorlage auftaucht, z.T. sogar in wörtlicher Entsprechung. Von der F u n k t i o n her haben wir es damit erneut mit einer Entschärfung zu tun - denn mit Konrads Formulierung wurde ja (wenn auch nur höchst theoretisch) immerhin angedeutet, daß der Kaiser bei eigener Schuld Geneluns Verhaltensweise akzeptieren würde.

In weltlichen Zusammenhängen wird bei den Christen die Lohnterminologie noch verwendet K 217o, 3287, 1o593, 11194, 11763. K 3287 entfällt in unserem Zusammenhang: Genelun verspricht dort Naymis, ihn zu belohnen, und das kann k e i n e juristischen Implikationen haben, da beide in der Lehnspyramide auf gleicher Stufe stehen. K 217o verspricht Karl Genelun, die erfolgreiche Ausführung seines Auftrages zu honorieren; das hat im dR keine direkte Entsprechung, aber ähnliches findet man dort ja an anderen Stellen (s.o.).

K 1o593 beklagt Karl, daß er Roland nicht mehr für seine Verdienste belohnen kann; es handelt sich um einen Zusatz zum dR. Der Lohngedanke ist hier nicht allgemein aufzufassen, denn er wird K 1o594 mit Rolands Leistungen für Karl in Zusammenhang gebracht. Vom Religiösen her gesehen, ist Karls Äußerung typisches Beispiel für ein sich verselbständigendes weltliches Element - denn entsprechend dem Gedanken des Kreuzzuges und der Auffassung vom Martyrium hat Roland durch seinen Tod schon den größten Lohn erhalten (was an anderen Stellen auch ausdrücklich betont wird).

K 11194 äußert Karl gegenüber Alda, er wolle an ihr die Verdienste Rolands und Oliviers 'lonen'. dR 87o2 ist die Rede von 'irgetzen', dort steht also die Kompensation des Verlustes, den Alda durch den Tod von Bruder und Verlobtem erlitten hat, im Vordergrund (1). Da aber Olivier und Roland

---

1) Von Aldas Verlust ist in dieser Stelle des K auch sonst nicht die Rede. Sinn der Heirat mit Karls Sohn soll nämlich sein, den Kaiser etwas über den Verlust Rolands zu trösten. Schlüsse kann ich aus der Umakzentuierung nicht ziehen; die obligate 'Konzentration auf Karl' auch hier als Erklärung zu bemühen, würde Stricker eine gewisse Kaltschnäuzigkeit unterstellen, was schon wegen seines sich an anderen Stellen zeigenden Hangs zum Sentiment kaum berechtigt wäre.

im Dienst des Kaisers gefallen sind, hat der im K anklingende Versorgungsanspruch durchaus einen realen Hintergrund. Andererseits gibt es auch in den Bestimmungen über die Durchführung von Kreuzzügen Passagen, die sich mit dem Schutz und der Versorgung Hinterbliebener befassen. Aber weder das eine noch das andere kann als direkte Erklärung bemüht werden; festgehalten zu werden verdient nur, daß Strickers Darstellung hier sowohl vom religiösen als auch vom weltlichen Ethos her abgedeckt ist und es sich daher nicht um eine Verstärkung des im dR angelegten weltlichen Elements handelt.

K 11763 verspricht Karl denjenigen, die ihn im Prozeß gegen Genelun und seine Anhänger unterstützen, Belohnung - ein deutliches Geltendwerden weltlicher Komplikationen in einem ansonsten idealen christlichen Kosmos. Schon die ganze Anlage des Prozesses mit ihrem Angewiesensein des Kaisers auf Hilfe bei der Durchsetzung seiner Befugnisse gegenüber einem (wenn auch nur partiell) konkurrierenden Machtblock, nämlich der Genelunsippe, stellt ja eine solche Komplikation dar. Gegenüber dem dR ist die Grundkonstellation die gleiche; auch bei Konrad muß Karl erst zur Unterstützung auffordern (dR 8811). Man darf aber eines nicht übersehen: die Idealität ist letztlich natürlich doch nicht gefährdet, weil das Ergebnis positiv ist; literarisch sind Gefahren eben meist dazu da, um die Handlung in Gang zu halten und schließlich überwunden zu werden. Die Darstellung im K ist also nicht weniger idealisierend als im dR, wo von Belohnung in der Parallelstelle nicht die Rede ist. 'Idealisieren' heißt ja ohnehin nicht nur, alles als schön, gut, konfliktlos darzustellen. Gerade Dichtung mit lehrhaften Absichten benötigt z.T. geradezu das Negative, zum einen, um es als Gegenbild aufzubauen, zum anderen, weil man nicht auf unbegrenzte Naivität des Publikums spekulieren kann, zum dritten aber auch, weil die vorgestellten Reaktionen auf das Negative meist den eigentlichen Kern der Belehrung darstellen, nämlich als Handlungsanweisung.

Die häufigen 'Entschärfungen' von dR-Stellen (1) zeugen von einer Aufmerksamkeit dem Text gegenüber auch im Kleinen. Das heißt also umgekehrt, daß die Einführung des Lohnmotivs in der besprochenen Stelle nicht als problematisch angesehen worden sein kann. Da der Konflikt (partielle Handlungsunfähigkeit des Kaisers) schon in der Vorlage zu finden ist und lediglich die A r t des Versuchs einer Einflußnahme im K anders ausfällt, ist außerdem zu vermuten, daß dieser Versuch als durchaus normal aufgefaßt wurde. Zudem ist Strickers Karl im Genelunprozeß auch sehr stark auf eine institutionelle Rolle festgelegt (s. Kap. III.2); dadurch erscheint seine Inaktivität hier eher als eine im Handlungssystem festgelegte, die Art der Einflußnahme also ohnehin als die in der gegebenen Situation fast einzig mögliche.

Daß eine der lehnsrechtlichen Bindung entsprechende Haltung der Vasallen gegenüber dem Herrn selbst einer Person gegenüber gilt, die im Epos die negativste Rolle spielt, zeigen dR 1544 ff. und K 2135 f., wo Zuneigung und Treue

---

1) Auch eine (wenn auch wieder nur rhetorische) Nennung möglicher eigener Pflichtversäumnis Karls in dR 8812 läßt Stricker wieder fort - ähnlich wie bei der Streichung von dR 31o5 (s.o.).

der Leute Geneluns beschrieben werden. Nicht im Klaren bin ich mir darüber, ob Geneluns Aufforderung an seine Begleiter, zurückzubleiben (dR 1684 ff., K 2219 ff.), tatsächlich seine Fürsorgepflicht als Lehnsherr zeigen soll (1), oder ob darin nicht eher schon eine der Handlungslogi entsprechende Ausschaltung von Zeugen für den (noch nicht beschlossenen, aber doch schon angelegten) Verrat zu sehen ist.

Auf die materielle Komponente des Lehnswesens apielen die folgenden Stellen an, in denen Karl zu dem anscheinend mit seiner Gesandtschaft erfolgreichen Genelun sagt:

dR 2895 Genelun, liber man,
du hast getruweliken widir mich getan.
lehen unde aigen
ist iemir dar umbe uaile.

K 3414 wol dir, sprach er, lieber man,
daz du dise êre hâst bejaget.
dich hât der saelden tac betaget.
swes dîn geslehte an mich gert,
des werdent si durch dich gewert.

Der Dienst-Lohn-Gedanke wird in beiden Fällen deutlich; die Funktion Karls als desjenigen, der 'lehen unde aigen' zu vergeben hat, steht in Konrads Formulierung durch die juristischen Termini stärker im Vordergrund, während im K wieder etwas mehr personalisiert wird.

Obwohl doch theoretisch der Märtyrertod das Ziel der Christen ist, im Kampf also jeder in seiner Rolle als Glaubensstreiter und von seiner Bedeutung für das Kampfergebnis her den gleichen Wert besitzen sollte, zeigt sich auch in der Schlacht wieder die weltliche Rangabstufung:

dR 4129 Clargis und Artan
unt alle Rǒlantes man
di sine not herten
mit ir guten swerten
mit spiezen unt mit geren
losten si ir herren.

K 5139 Clargîs und Artan
und alle Ruolandes man
di teten im guoten willen schîn. (2)

In beiden Fällen hebt sich Roland ab: bei Konrad ist er der Herr, den in Notlagen zu unterstützen seine Vasallen die Pflicht haben; bei Stricker ist er der Herr, vor dem sich seine Vasallen profilieren und der eine Instanz der Bewer-

---

1) So WENK/Tod (s.S.85 A 2) S.33; sie interpretiert weiter, Konrad wolle dadurch zeigen, daß weltliche Werte ohne Gottbezogenheit nichtig seien. Das Publikum wäre dann m.E. aber wirklich nur auf seine eigene Kombinationsgabe angewiesen, um die zu diesem Verständnis nötigen, reichlich komplizierten Verbindungslinien zu ziehen.

In der Hs. F. des K fehlt übrigens die Darstellung von Geneluns Absicht, seine Leute zu retten - bzgl. der Glaubwürdigkeit der Charaktere eine objektive Verbesserung.

2) 514o syne lieben man H. 5141 fehlt AH.

tung ihrer Gesinnung (guoter wille) ist; Nebeneffekt im K ist die Unterdrückung der für das Heldenbild gefährlichen Schilderung von Rolands Notlage. Die gleiche Einstellung zeigt Stricker in K 6963 gegenüber dR 5959: im K müssen sich Turpins Leute nicht zu ihrem Herrn durchkämpfen, sonder 'volgen' ihm.

Die Verantwortlichkeit des Vasallen für die ihm seinerseits Unterstellten kommt in der Szene zum Ausdruck, in der Walther als einziger Überlebender der von ihm geführten Abteilung zu Roland zurückkehrt. Roland:

dR 6538 wa sint nu mine man,
di ich beualch ze diner hant?

K 7666 herre war sint mîne man komen,
die ich iu bevalh ze iwer hant?
wâ sint ouch die, sprach Ruolant,
die du fuortest mit dir?

Walther zeigt sich also in das weltliche Abhängigkeitssystem eingebunden. Er kann sich offenbar auch nicht mit einem einfachen Hinweis auf den Tod im Kampf für christliche Ideale begnügen; im Folgenden schildert er in dR und K ausführlich den Verlauf des Untergangs, entschuldigt sich quasi für sein eigenes Überleben und appeliert formell an die 'hulde' seines Herrn Roland, da nur dieser über die Akzeptabilität seiner Begründungen entscheiden kann. Auch werden die Gefallenen hier nicht etwa als Märtyrer apostrophiert; das dR bezeichnet sie offen als das, was sie real bedeuten: Rolands 'scaden' (6566), während im K eine solche direkte Bewertung fehlt. Dafür bringt Stricker eine stärkere Emotionalisierung ein.

Durch das im Gegensatz zu anderen Beziehungen breiter dargestellte Verhältnis zwischen Roland und seinem 'man' Walther (1) erhalten auch folgende Verse eine ausgiebigere gedankliche Füllung:

dR 659o da erslugen si Waltheren.
harte rach in da Ro̊lant.

K 7748 do erslugen si Walthêren:
daz tet Ruolande vil wê.
er sluoc wol hundert unde mê
d â w i d e r in kurzen zîten.

Natürlich 'rächen' Fürsten in beiden Epen auch gleichrangige Christen. Für ein Publikum, das noch unter dem Eindruck der vorangegangenen Verse steht, entspricht es aber wahrscheinlich einer strengen Konsequenz, daß Roland seinen Vasallen selbst rächt; das gilt unabhängig von der 'logischen' Feststellung, daß zu diesem Zeitpunkt ohnehin nur noch zwei Christen leben, die diese Rache vollziehen können.

Der Aspekt der Verantwortlichkeit kommt auch in Oliviers Anklage gegen Roland zum Tragen:

---

1) Anscheinend bedarf Roland als zweitwichtigste Figur neben Karl auch eines ausführlicher gekennzeichneten 'menschlichen Attributes', das seine Herrenposition verdeutlicht.

dR 6oo9 hetestuz inzit getan (= das Signal gegeben)
so hetestu manigen herlichen man
dem riche behalten.

Stricker verschärft noch, indem er statt des konjunktivischen Irrealis eine indikativische Realbehauptung verwendet, das Reizwort 'schuldec' gebraucht und schließlich mit dem Aufgreifen des Irrealis auch noch die nicht mehr mögliche Folge einer richtigen Entscheidung anspricht:

K 7o38 mîn rât dûhte dich ze swach
do ich dich hiez blâsen dîn horn.
...
7o43 du bist schuldec an in allen
di uns hiute sint enpfallen.
du hetest in wol den lip gegeben.

Noch an einer anderen Stelle wird im K die Folge von Rolands Verhalten thematisiert, zwar indirekt, aber doch deutlich:

K 7436 dannoch het er (= Roland) sehzec man
und dar zuo niht wan einen
und lebendec mê deheinen.
<u>aller der im Karl lie</u>
der lebte deheiner mê wan die.

Betrachtet man die Parallelstelle im dR, wo nur lapidar gesagt wird: 'die cristen heten inoch zwen und sehzec man' (6347), dann sieht man, daß durch das veränderte Subjekt (Roland statt 'cristen') und die Erwähnung der Tatsache, daß Karl die Nachhut Roland persönlich 'lie' eine beträchtliche perspektivische und inhaltliche Akzentuierung eintritt. Hier ist sicher kein Schuldspruch über Roland zu sehen, aber Abhängigkeiten und Kompetenzen kommen klar zur Geltung. Dafür, daß sich die weltliche Problematik nicht verselbständigt, sorgt jedoch in beiden Fällen die Vermittlung Turpins, der die Rückbindung an das geistliche Ziel vornimmt (dR 6o34 ff., dR 7o67 f.).

Auch Symbole weltlicher Rechtsvorgänge werden auf das Verhältnis Gott-Mensch übertragen: in der Sterbeszene reicht Roland Gott seinen Handschuh - Zeichen der Rückgabe eines empfangenen Lehens (dR 6889 f., K 8215 ff.).

Während des Zweikampfes Tirrich - Binabel wird das Angebot des letzteren, Tirrichs Vasall zu werden, wenn er zur Genelunpartei überwechsele, im dR zuerst mit einem juristischen Argument abgelehnt ('iz nescol so nicht gestan/ .../du bist ain furste also wol sam ouh ich'; dR 8946 ff.). Stricker läßt dies fort und entkleidet so Tirrichs Antwort weltlicher Ethik; denn nur unter diesem Aspekt wirkt die Antwort als Argument, weil theoretisch eine Annahme schon möglich wäre, freilich nur um den Preis eines Abstiegs in der Lehnspyramide für Pinabel (1).

Neben der Gerichtsszene schildert Stricker noch eine Episode, in der das Verhältnis zwischen König/Kaiser und Vasall eine Wendung nimmt, die das Bild christlicher Einmütig-

---

1) s. KROESCHELL/Dt. Rechtsgeschichte I (s.S.1o3 A 2) S.269. In der Chs. fehlt das juristische Argument; man muß also von einem selbständigen Zusatz Konrads ausgehen!

keit stark gefährden könnte. Gemeint sind die Querelen zwischen Karl und Otte anläßlich der Genelunflucht; im dR findet sich davon bekanntlich nichts, Stricker hat hier aber wahrscheinlich andere Quellen benutzt (1). Diese Stelle wird ausführlich in Kap. III.8 (Unterabschnitt 'Realismus') untersucht (K 11287-11628).

II.4 Persönliche Bindungen

Bindungen einer Person an eine andere bzw. an eine Personengruppe können, da sie immer dazu angetan sind, einer Emotionalisierung zu unterliegen, zur Gefährdung der Bindung an abstrakte Ideale führen. Abstrakte Ideale bedürfen, um ihre Anziehungskraft zu behalten, einer permanenten Gefühlsspannung bei den Anhängern solcher 'entpersonalisierten Idole'. Läßt diese Spannung einmal nach, ist die Gefahr groß, daß das Abstrakte zugunsten einer konkret erlebten Beziehung aufgegeben wird.

Vom kirchlichen Standpunkt aus galten als besonders störend für die Realisierung eines christlichen Lebens die Bindungen zwischen Mann und Frau. Hier unterscheidet sich die Haltung Konrads nicht von der allgemeinkirchlichen, wenn auch seine Ablehnung mehr im Ignorieren solcher Beziehungen als im kritisierenden Erwähnen besteht. Daß Stricker nicht nur verschweigt, sondern Attacken auf diese Beziehungen führt, wurde schon in Kap. I ausführlich gezeigt. Es ist aber auch sicher so, daß die Handlung von dR und K kaum Platz für Inhalte aus diesem Bereich läßt - jedenfalls nicht, solange die Figur Roland ausschließlich mit dem Roncevalles-Geschehen verbunden wird (2). Die Alda/Alite- und die Brechmunda/Juliane-Passagen sind lediglich dazu da, das Verzichtideal bzw. das traditionelle Konzept von der besonderen Empfänglichkeit der Frau für religiöse Belehrungen zu bestätigen(3).

In deutschen Epen, in denen Minnethematik vorherrschend ist oder einen relativ hohen Stellenwert besitzt u n d in denen auch Karl d.Gr. auftritt oder erwähnt wird, ist dieser Karl fast immer nur Randfigur ('Rother', 'Flore und Blancheflore', 'Morant und Galie', 'Die gute Frau', 'Schwanritter', 'Moriz von Craûn' (4)). Signifikante Ausnahme ist der 'Karlmeinet', aber wohl nur deshalb, weil es sich bei ihm um eine durchaus unorganische Kompilation handelt (5), der keine gehaltliche und (bis auf das Bindeglied Karl) auch kaum inhaltliche Einsträngigkeit zum Ziel gesetzt worden ist.

---

1) s. VON DER BURG/Diss. a.a.O. S.243.

2) Vgl. die späteren Konzeptionen Luigi Pulcis (Morgante), Ariosts (Orlando Furioso) und Matteo Boiardos (L'Orlando innamorato).

3) s. dazu WENZEL, H.: Frauendienst und Gottesdienst. Berlin 1974. bes. S.25 ff., 54 ff., 8o ff., 199 ff.

4) Ich führe den M.v.C. hier mit auf, weil die Gattungsfrage nicht eindeutig zu klären ist und m.E. auch gar nicht sein sollte: Grenzfälle sind immer ein wichtiger Indikator für das formale Literaturverständnis einer Epoche.

5) Dies als Feststellung der Disparatheit der Inhalte, nicht als ästhetisches Werturteil, das zu interpretatorischen Folgerungen führen könnte.

Die mal. deutsche Großepik zeichnet sich bis ins 14. Jh. weitestgehend durch inhaltliche Seriosität aus - was die Darstellung erotischer Beziehungen ja nicht schlechthin ausschließt. Jedoch gab das, was Chronistik und Tradition an Kenntnissen über Karl bereithielten, an seriösen Stoffen eigentlich nur Themen her, die von erotischen Inhalten nicht berührt wurden. Denn was an erotischer Thematik von Karl überliefert war, konnte nur schwerlich seriös verarbeitet werden; es ist bezeichnend, daß manches davon in Schwankstoffe einging. So lassen sich die für die Epik akzeptablen Stoffe der realen oder literarischen Karlshistorie schnell herzählen: Karl als Eroberer, Missionierer, Rechtssetzer, Christ. Ist ein Literaturkreis (1) einmal auf ein bestimmtes Personenbild festgelegt, fällt ein Bruch mit der Tradition schwer. Karl ist eine Art 'Vaterfigur' geworden, wird meist als alt dargestellt (auch da, wo dies auf den historischen Karl nicht zutreffen würde), ist religiös und, besonders seit der von Friedrich I. initiierten Karlsrenaissance, politisch festgelegt. Ein solcher Karl ist mithin für bestimmte Handlungszusammenhänge unbrauchbar.

Die letzten Bemerkungen deuten übrigens schon an, daß die Minderachtung individueller (nicht gesellschaftlicher!) Mann-Frau-Beziehungen keine spezifisch religiöse oder auch nur christliche Haltung sein muß. Die meisten Kulturen und Epochen betrachten solche Beziehungen offiziell als (zumindest relative) quantité négligeable, jedenfalls da, wo es um andere Pflichten geht. Auch das Mittelalter, ansonsten ja gegenüber der Neuzeit nicht durch eine strikte Trennung von privater und öffentlicher Sphäre gekennzeichnet, ordnet die dem individuellen Bereich zugeschlagene 'Liebe' den Aktivitäten militärischer, politischer, ständischer, beruflicher Art unter (2), leidet unter dem Achilles-Omphale-Komplex. Das 'bei-den-Frauen-Bleiben' wird geradezu zum Synonym für ein inaktives Leben (3).

Alle übrigen interpersonellen Beziehungen der Christen stehen weder im dR noch im K in absoluter Konkurrenz zu den zu erreichenden Zielen, wofern es sich um positive Ziele handelt; die Animosität Roland-Genelun ist ja auch eine interpersonelle Beziehung, die aber von Seiten Geneluns gerade

---

1) In diesem Fall der deutschsprachige; in Frankreich sah dies anders aus - man vgl. etwa die burleske 'Pélérinage'.

2) Ich beschreibe nur die Generaltendenz; die Ausnahmen können sogar gravierend sein. N i c h t zu den Ausnahmen gehört die gesellschaftlich definierte höfische Minne.

3) Belege aus der Dichtung erübrigen sich wohl. Aus der Chronistik verweise ich auf einen Bericht Vinzenz' von Prag über Wladislaw von Böhmen, der seine Ritter auffordert, sich dem Italienzug Friedrichs I. anzuschließen - wer jedoch lieber bei den Frauen bleiben möge, solle zu Hause bleiben; s. BÖHM, F.: Das Bild Friedrich Barbarossas und seines Kaisertums in den ausländischen Quellen seiner Zeit. Nachdruck der Ausgabe Berlin 1936. Vaduz 1965. S.78.

schuldhaft zustande kommt, indem sie moralisch verpflichtende Beziehungen anderer Art (gemeinsamer Glaube, Verwandtschaft, 'Waffenbrüderschaft' u.ä.) verletzt.

Relativ stark ist der G e b l ü t s gedanke, der in den familiären Beziehungen der Christen zum Tragen kommt. Ein solches Sippendenken ist einerseits archaisch, paßt mithin zu den heldenepischen Zügen von dR und K. Andererseits ist die Darstellung und Neukonstruktion von Verwandtschaftsbeziehungen auch Kennzeichen und Bedürfnis höfischer Dichtung (1), wobei durch die verwandtschaftlichen Beziehungen zwischen den Akteuren nicht unbedingt eine Gleichwertigkeit, wohl aber eine Gleichrangigkeit hergestellt wird. Es handelt sich dabei, wenn man der communis opinio folgt, um eine 'genealogische Absicherung', m.E. im Allgemeinen aber keine individuell - konkrete (2), sondern um eine gesamtständische. Für Werke religiöser Prägung halte ich die Betonung dieses Geblütsgedankens für immerhin bemerkenswert, weil die Kirche es ja einst der hierarchischen Spitze christianisierter Gebiete ermöglicht hatte, den Geblütsgedanken durch die gleich stark sakrifizierende Wirkung des Gottesgnadentums zu umgehen.

Auf die moralische Stärke des Verwandtschaftsgedankens im dR weist BRESSLAU hin durch seine Beobachtung, daß Genelun sich durch seinen Verrat an Roland auch an einem Blutsverwandten des Kaisers vergangen habe (3). Im gleichen Maß gilt das für den K.

Verwandtschaft ist nicht nur ein beliebtes und funktionales Motiv, wenn man mal. Dichtungen einzeln betrachtet; sie ist auch geeignet, gewünschte Anknüpfungen eines Dichters an Vorgänger herzustellen (und damit natürlich auch an I n h a l t e). So sind die Personen des 'Willehalm' durch die Erwähnung ihrer Verwandtschaft mit denen des dR in eine gewollte Tradition gestellt, und Stricker wiederum verweist im Epilog des K seinerseits recht deutlich auf den 'Willehalm' (s.i.). Damit wird der K sozusagen zu dessen Vorgeschichte erklärt und verschafft sich einen zusätzlichen Stellenwert.

Daß gleiche Inhalte (in dR und K) zu verschiedenen Zeiten verschiedene Assoziationsanreize bewirken können, zeigt im inhaltlichen Zusammenhang mit der Verwandtschaftsmotivik RÖHR mit seiner Vermutung, daß in den Verwandtschaftverhältnissen des dR Anspielungen auf die Verwandtschaft zwischen Heinrich dem Löwen und Friedrich I. enthalten sind (4). Wichtiger aber als die Feststellung, daß bzw. ob Konrad hier bewußt solche Anspielungen macht, ist die, daß in einem bestimmten politischen und historischen Umfeld literarisch Dargestelltes Anreiz für die Übertragung auf die Wirklichkeit bietet. Das ist natürlich keine neue Feststellung; unser Untersuchungsabschnitt ist aber doch insofern hier besonders betroffen, als sich daran zeigt, wie starkes Eigengewicht

---

1) Auf die Spitze getrieben im Parzival: "Von 182 namentlich genannten Personen gehören 113 zwei großen Familienverbänden an." BUMKE/Wolfram (s.S.15 A 1) S.55.

2) Wie z.B. im 'Willehalm von Wenden' (Titelfigur konzipiert als Vorfahre Wenzels II. von Böhmen).

3) BRESSLAU, H.: Rechtsalterthümer aus dem Rolands-Liede. In: Herrigs Archiv 48/1871. S.291-3o6. Hier S.3o4.

4) RÖHR/PBB 64 (s.S.76 A 1) S.26.

bestimmte Details unabhängig von der weltanschaulichen Haupttendenz eines Textes gewinnen können. Das betonte 'ain muote' der Christen ist nämlich eigentlich eine Geisteshaltung, die unabhängig von verwandtschaftlichen oder sonstigen personalen Beziehungen gefordert wird und alles andere transzendieren soll. Natürlich bleiben andere Beziehungen so lange unproblematisch, wie sie die Realisierung der propagierten Ziele nicht stören. Daß sie das tendenziell aber immer k ö n n e n , zeigen etwa die Bemühungen der Verwandten Geneluns, die negative persönliche Beziehung Roland-Genelun oder die Beziehung Alda-Roland, die Olivier als Argument verwendet für seine Forderung, den Kaiser zur Hilfe zu rufen.

Nun weist die Existenz persönlicher Bindungen noch mit am wenigsten Probleme bzgl. einer übergeordneten Ethik auf, solange diese Beziehungen sich a) zwischen positiven Charakteren abspielen, b) in dem inhaltlichen Rahmen bleiben, welcher der Präsentation der im Text propagierten Lebens- und Handlungsweisen dient und evtl. c) die Verpflichtung auf das gemeinsame Ideal noch deutlicher werden lassen. Was hier an Motiven verbleibt für ein Epos vom Inhalt des dR und des K, ist dann gleichzeitig geeignet, traditionellen Erwartungen an Literatur in großen Bereichen Genüge zu leisten; man denke etwa an Motive wie 'Hilfe im Kampf', 'Rache', 'Dienst für den bewunderten Herrn' usw. usf.

Bzgl. des dR hat WENK festgestellt:

> "Zu einer treibenden und anspornenden Kraft wird im Verlauf der Schlacht die Forderung der Verwandten- und Freundesrache (...)." (1)

An Belegstellen nennt sie dR 6o42, 6269, 7786, 8434, 8579, 8587 (jeweils ff.). K weist mit 7o85, 7384, 9148, 1oo89, 1o312 und 12316 die z.T. wörtlichen, immer aber gehaltlichen Parallelen auf.

Wir haben in anderem Zusammenhang schon bemerken können, daß Stricker institutionelle Beziehungen auf die persönliche Ebene verlagert; dies hatte bei ihm aber nie den Effekt, daß solche Beziehungen zu religiösen Motiven in Konkurrenz traten. Im Gegenteil: Das Institutionelle stellt ja selbst eine m ö g l i c h e Konkurrenz zum Religiösen dar, insofern auch dort andere Beziehungen als die von Gott und Mensch zur Geltung kommen. Wo aber die Alternative zwischen institutionellen und personellen Beziehungen besteht, da ist das Persönliche - soweit nicht direkt gegen das Ethos gerichtet (Geneluns Liebe zu seiner Familie, Liebe der Heidin zu Karl) - immer ungefährlicher als die Institution mit ihren überindividuellen Zwängen. Als Verstärkung weltlichen Gedankengutes kann man also nur die Zufügung entsprechender Motive ansehen; sie aber sucht man im K vergeblich.

II.5 Materielle Repräsentation; Besitzerwerb; Reichtum

Zu den realen und literarischen Kennzeichen des Hochadels, aus dem sich ja die Protagonisten von dR und K zusammensetzen, zählt der Reichtum. Jede religiöse Haltung, die nicht mehr von einem allgemein verpflichtenden Askesegedanken ausgeht, steht diesem Attribut relativ unvoreinge-

---

1) WENK/Tod (s.S.85 A 2) S.7.

nommen gegenüber. Hinzu tritt aber noch ein theologischer Aspekt:

> "Armut ist nach mittelalterlichem ordo-Denken kein beliebig und zufällig eintretendes Unglück, sondern ein von Gott verordneter Zustand, der damit zum unveränderlichen Attribut der Person wird. Bis heute gilt nach offizieller kirchlicher Lehre Armut als Sündenfolge." (1)

Dies gilt dann - zumindest zum Teil - ja auch umgekehrt: Ein Stand, zu dessen offiziellem Erscheinungsbild es gehört, mit der christlichen Weltanschauung in Eintracht zu leben und gleichzeitig den Erwartungen an eine standesgemäße Lebensführung nachkommen zu müssen, hat in der literarischen Darstellung im Normalfall selbstverständlich reich zu sein. Das setzt aber noch nicht notwendig voraus, daß Reichtum zum Gegenstand ausführlicher Beschreibung werden muß; gerade weil er bei bestimmten Personen selbstverständlich ist, kann sein Vorhandensein mit kurzen, formelhaften Wendungen schon adäquat zur Geltung gebracht werden. Jedoch ist Reichtum nicht nur eine Eigenschaft schlechthin, deren Geltung sich im bloßen Vorhandensein erschöpft. Insofern er nämlich Mittel einer bestimmten Lebensführung ist, wird er auch zum Grund und Kennzeichen entsprechenden Selbstwertgefühls. Er repräsentiert direkt die Macht desjenigen, der 'reich' ist, und/oder er ermöglicht andere Formen der Repräsentation. Diese repräsentative Funktion kann ein Autor dann nicht mehr so ohne weiteres sparsam abhandeln, wenn es ihm um die Darstellung eines Bildes vom und für den Adel geht. Und um ein solches Bild geht es jedem Autor, der in einer wesentlich durch den Adel als Publikum gekennzeichneten Produktions- und Rezeptionssituation schreibt. Auf dem Hintergrund dieser Ausgangssituation hebt sich dann das Resultat der Eingebundenheit des Autors besonders ab, ein Resultat, das in der Aufnahme des repräsentativen Rahmens in die Darstellung besteht.

Entsprechend diesen Überlegungen muß dann etwa auch die Bedeutung der Zurückweisung heidnischer Geschenke relativiert werden. So argumentiert Roland dR 929 nicht damit, daß er Reichtum aus religiösen Gründen ablehnt, sondern er stellt lapidar fest: 'goldes han ich genuch'. Und das steht zumindest formal gleichberechtigt neben der Erwähnung des folgenden Opfergedankens. Stricker ändert hier in einer Weise, die mit dem anläßlich der Lagerszene besprochenen Vorgehen korreliert:

> K 1575 ich enfuor durch silber noch durch golt,
> noch durch deheiner slahte solt,
> wan daz ich mich opferte gote. (2)

Diese Änderung fällt deswegen auf, weil er an anderen Stellen Konrad unverändert übernimmt, wenn er den Aspekt materieller Repräsentation noch viel deutlicher herausstellt. Sehen wir uns diese Passagen an und versuchen wir danach, von ihnen aus die Bedeutung der o.a. Änderung festzumachen und auch noch einmal die Auslassungen der Lagerszene unter neuem Aspekt zu bewerten:

---

1) CRAMER, Th.: Soziale Motivation in der Schuld-Sühne-Problematik von Hartmanns 'Erec'. In: Euph. 66/1972. S.97-112. Hier S.1o1.

2) 1577 mich fehlt GH.

Zunächst werden im K alle Darstellungen heidnischer Reichtümer übernommen. Das läßt sich erklären einmal mit traditionellen Bestandteilen der Heidendarstellung, vor allem aber auch mit der Funktion innerhalb des superbia-Themas: Schilderung heidnischer Prachtentfaltung ist ungefährlich, solange ihrem Reichtum ein religiöses 'Trotzdem' entgegengehalten werden kann, und von der Dramaturgie her bietet dieses Element zusätzlich die Möglichkeit, späteres Scheitern deutlicher (weil kontrastreicher) herauszustellen. Sinngemäß gilt das auch für die Darstellung negativer Charaktere allgemein, in unserem Fall also für Genelun. Interessanterweise verstärkt Stricker dieses Element auf der Seite der negativen Protagonisten noch - dies aber nicht durch ein Auswalzen der Prachtdarstellungen! Das wäre nämlich aus zwei Gründen kaum erfolgreich: einmal bietet die Vorlage schon genug, um das Motiv an sich zu wahren; zum anderen wäre eine Steigerung über das vorgefundene Maß hinaus gefährlich, weil sich der Inhalt dann verselbständigen und zuviel Interesse auf sich ziehen könnte. Bei seiner Verstärkung arbeitet Stricker vielmehr mit einem eher subtilen Mittel, indem er nahezu regelmäßig da, wo es um die Handlungsmotive von Heiden geht, den Begriff 'guot' in der Bedeutung 'Besitz' hinzufügt (789, 977, 1o14, 1o91, 1489, 2688, 3299, 4653, 6298, 6638, 7283, 8669, 8831, 95o6). Auch bzgl. Genelun wird 'guot' z.T. dem dR hinzugefügt, entweder direkt (K 2o47, 2o98) oder auch in der Form, daß Genelun 'guot' als Argument verwendet und damit zeigt, womit er überzeugen zu können glaubt (3391, 3833). Ferner wird der Reichtum öfter in die Charakterisierung der Heiden mit einbezigen (1oo8,785). Deutlicher als im dR werden die Geschenke der Heiden auch als Mittel der Bestechung dargestellt (dR 6o1: 'dem keiser ze minnen' - K 119o: damit Karl 'die rede deste baz vernimt'). Fast schon karikierend K 1193, wo Marsilies unterstellt, es könne Karl vielleicht 'iht nôt umbe guot' sein, eine Stelle, die sicher nicht nur beim Publikum wirkt, weil es um Karls religiöse Motive weiß, sondern auch, weil es unvorstellbar ist, dem Kaiser könne es 'nôt umbe guot' sein.

Durch all das tritt die Ablehnung des Besitzerwerbs durch die Christen (K 9o4, 14o3, 1644 ff., 232o) (1) noch stärker in den Vordergrund. Die Desavouierung des Materiellen findet auch statt in der Verhandlung gegen Genelun (tatsächlicher Vorschlag materieller Kompensation im K statt rhetorischer Ablehnung Karls im dR; s.o.).

Die Stellen, in denen die Christen mit Reichtum in Verbindung gebracht werden, sind noch etwas seltener als im dR. Immerhin, dergleichen ist auch hier vorhanden und stellt insofern ein weltliches Element dar (dR 3279 ff.= K 4o11 ff.: Rolands kostbare Ausrüstung).

dR 1548 wird die Ausstattung der Vasallen Geneluns beschrieben, die u.a. einen regelrechten Edelsteinkatalog aufweist. Diese Stelle wird im K gestrichen, jedoch wird K 2137 ff. die Beschreibung von Geneluns eigenem Dekor übernommen aus dR 1668 ff. Auch dessen repräsentatives Element wird wieder

---

1) OHLY/Legende (s.S.63 A 2) stellt die Absagen zusammen, geht aber nicht auf die Unterschiede ein.

in den Vordergrund gestellt.

K 3278 ff. = dR 2778 ff. beschenkt der von Marsilies zurückgekehrte Genelun Naymis/Naimis mit einer Tragtierladung Gold. Um Bestechung kann es sich hier nicht handeln, denn Naymis wird durchgängig als integer dargestellt.

Allen diesen Stellen ist m.E. eins gemeinsam: Das materielle Element ist immer funktional gebunden an Bereiche, die für die religiösen Aussagen ungefährlich sind:

- K 4o11 ff. (Ausrüstung Rolands) bietet die traditionellen Inhalte der Waffenbeschreibung und befriedigt damit ein Interesse (das im übrigen nicht erst höfisch ist). Indem aber diese Waffen dem positiven christlichen Helden gehören und er sie für religiöse Zwecke einsetzt (in beiden Epen wird in diesem Zusammenhang außerdem das Kreuz als Abzeichen des Glaubenskämpfers erwähnt), da ferner die Schilderungen unmittelbar vor Beginn der Schlacht erfolgen, tritt der Zweckcharakter der Waffen in den Vordergrund. Das ergibt sich auch aus den eingeschalteten Kommentaren, in denen auf diesen Einsatz im folgenden Kampf hingewiesen wird.

- K 2137 ff. (Gesandtschaft der Christen) findet seine Rechtfertigung durch den Bezug auf den Kaiser, um dessen Gesandte es sich ja hier handelt. Genelun repräsentiert sich nicht selbst, sondern Karl, damit aber auch das Reich und die christliche Partei. Dies ist ganz klar zu trennen von dR 196o ff. = K 25o5 ff.: dort ist von Genelun allein die Rede, und deshalb kann dort auch der kritisierende Kommentar der Autoren einsetzen.

- K 3278 ff. (Geschenk an Naymis) bietet von der traditionellen Motivik her so etwas wie die Darstellung eines Ehrengeschenkes. Sein Wert übersteigt die einfache Kompensation der von Genelun gewünschten Leistung (Vorbericht Naymis' an Karl), seine Funktionalität ist aber auch nicht gegeben durch ein solches kompensatorisches Element, sondern durch den gesellschaftlichen Rahmen. Außerdem übernimmt die Stelle innerliterarisch eine Funktion bzgl. der Handlungsmotivierung: Genelun muß Naymis davon überzeugen, daß die Gesandtschaft erfolgreich war, und insofern haben die mitgeführten Reichtümer Beweischarakter.

- In K 3417 ff. (Karl belohnt Genelun) steht dagegen tatsächlich der Dienst-Lohn-Gedanke im Vordergrund. Karl hatte Genelun ja schon vorher große Lohnversprechungen gemacht; Genelun scheint seinen Auftrag erfüllt zu haben, und die tatsächliche Belohnung entspricht sowohl der quasi-juristischen Mechanik des Verfahrens zwischen Herrn und Vasall als auch dem traditionellen literarischen Procedere eines Herrschers, zu dessen Tugenden ja auch die 'milte' gehört.

Wie kann man nun auf dem Hintergrund solcher beibehaltenen Stellen die Kürzung der Lagerszene und die stärkere Herausstellung des Nicht-Materiellen in der Motivation Rolands erklären (Ausgangsfrage S. 117 unten)? Es ist zunächst zu betonen, daß man keineswegs von notwendigen oder zwangsläufigen Änderungen sprechen kann, denn Konrad hatte ja ganz offensichtlich solche Bestandteile als integrierbar betrachtet. Wenn dies um 117o und in einem kulturellen Umfeld der Fall war, das sicher nicht zu den fortgeschrittensten kulturprägenden Orten gehörte, dann wäre ein Ausbau, geschweige denn eine einfache Beibehaltung, z.Z. Strickers sicher nicht riskant gewesen. N u r ist es eben so, daß die Bearbeitungstendenz im K eine Reihe solcher Änderungen 'gegen die Uhr' zeigt, wie auch andererseits die Beibehaltung vieler religiöser und kreuzzugsbezogener Stellen in der im dR vorgefundenen Form als asynchron anzusprechen ist. Daher stellt sich unsere Ausgangsfrage in einer anderen Form: Was kennzeichnet Lagerszene und Rolands 'goldes han ich genuch', daß Stricker durch Änderungen hier eine zu starke Verselbständigung weltlicher Komponenten verhindern zu müssen glaubte?

Zunächst zur Lagerszene. Sie stellt im dR einen inhaltlichen Fremdkörper dar, und zwar m.E. nicht deswegen, weil hier weltliche Kulturformen zur Sprache kommen (das ist anderswo ja auch der Fall), sondern wegen Art, Umfang und Plazierung im Textganzen. Zeremoniell und Prachtentfaltung sind natürlich Formen der Repräsentation, aber literarisch (und weltanschaulich!) ist es doch sinnvoll, d a s als repräsentiert zu beschreiben, was im Text hauptsächlich im Vordergrund steht. In dieser Hinsicht läßt Stricker genau das fort, was innerhalb der Handlung keine Funktion besitzt: Tierkämpfe, musikalische Unterhaltung, dressierte Vögel, flanierende Damen usw. Übrig bleiben bei ihm nur das Dekor, das auf die Kämpfer selbst bezogen ist (Fahnen), die Kämpfer selbst und ein allgemein gehaltenes 'si sâhen da grôze schônheit'. Im K erfolgt also kein Wechsel des Umfeldes; es handelt sich um ein H e e r -, nicht um ein Hoflager.
Unter ähnlichen Aspekten klärt sich damit auch die Streichung des 'goldes han ich genuch'. Ich bin mir darüber im Klaren, daß der Fortfall eines einzelnen Verses immer auch aus formalen Gründen erfolgt sein kann. Trotzdem sind damit nicht die Fragen nach einem möglichen anderen Grund und nach der objektiven inhaltlichen Auswirkung der Streichung überflüssig. Zu beidem kann man hier feststellen: Die Formulierung des dR ist in zweifacher Hinsicht ambivalent; 1. der Lakonismus kann sowohl die Aufmerksamkeit von ihr ablenken als auch eine solche Aufmerksamkeit erst erregen; 2. der Ausdruck 'genuch' kann allgemein, aber auch sehr konkret aufgefaßt werden. Treffen die jeweils letzten Möglichkeiten zusammen, dann wird die Stelle, gerade auch wegen der folgenden Ansprache des Opfergedankens, gefährlich bzw. trifft nicht den Sinn des Gemeinten. Denn es steht ja nicht Rolands Prosperität zur Debatte, die für ihn das heidnische Angebot inattraktiv macht, sondern die grundsätzliche Abwägung materieller und religiöser Güter gegeneinander.

Behandelt werden müssen noch einige Stellen, in denen das materielle Element, anders als bisher, in reinerer Form auftritt und nicht mit repräsentativen oder kulturellen Aspekten zusammenfällt.

dR 147 ff. argumentiert Roland in seinem Kreuzzugsaufruf zunächst mit dem zu erwartenden göttlichen Lohn, macht dann aber auch das Angebot, diejenigen reich zu bezahlen, die 'gvt nemen' wollen. Dieses Angebot, im dR 3 Verse umfassend, wird im K ausführlicher und drastischer dargestellt:

K 586 swer aber an dem muote hât
deheiner slahte widersatz,
wil der varn umbe schatz,

K 589 man sol in machen rîche,
daz er vil willeclîche
mit den andern var.
ir müezet allesamt dar.
swerz durch got niht entuot,
der muoz varn umbe guot. (1)

Nachlassende Erfolge der Kreuzzüge, andererseits die Tatsache, daß die den Heiden abgenommenen Gebiete mittlerweile im Besitz von Christen waren und damit nicht mehr für die Verteilung an nachrückende Kreuzfahrer zur Verfügung standen, ließen in der Realität des 13. Jhs die Chance auf materielle Vorteile einer Teilnahme immer mehr sinken. Dies und andere Gründe führten bekanntlich dazu, daß die Initiatoren von Kreuzzügen oft nur noch durch finanzielle und andere Zugeständnisse Teilnehmer gewinnen können (2). Insofern könnte die Ausweitung des entsprechenden Motivs im K als ein Reflex auf die veränderten Ausgangsbedingungen gelten. Die Stelle hat aber im Gegensatz zum dR noch eine Fortsetzung:

K 595 dô sprâchen alle glîche
beidiu arme unt rîche,
si waeren in selben sô holt,
daz si durch silber noch durch golt
dâ nicht sterben wolten.
swelhe nôt si solten
an der marter doln,
die wolten si dar umbe holn,
daz in got geruoht geben
daz unzerganclîche leben.

Während also im dR das Angebot auf Bezahlung einfach stehenbleibt, nutzt Stricker das Motiv, um den Idealismus der Kreuzzugsteilnehmer noch deutlicher herauszustellen. Natürlich idealisiert auch das dR, insofern niemand von dem Angebot Gebrauch macht; aber die Idealisierung wird durchgeführt vermittels Aussparung. Im K dagegen wird das Angebot viel stärker herausgearbeitet, um dann in seiner Wirkung auf das Handeln desto entschiedener bestritten werden zu können. Hinzuzufügen ist, daß Stricker neben der religiösen Motivation auch hier wieder das persönliche Treueverhältnis herausstellt. Zwei im Grunde verschiedene Anschauungen überlagern sich also und verstärken sich gegenseitig in ihrer Wirksamkeit (3).

---

1) 59o pilleiche G.

2) Friedrich II. zahlt Ludwig von Thüringen 5ooo Mark Silber und überläßt ihm Meißen; der Herzog von Bayern erhält von der Kurie für die Mitwirkung am Unternehmen von 1221 2ooo Mark Silber, von Friedrich weitere 5ooo; der Herzog von Österreich dagegen erklärt sich auch gegen ein Angebot von 1oooo Mark nicht zur Teilnahme am Zug von 1228 bereit.
s. VEHSE, O.: Die amtliche Propaganda in der Staatskunst Friedrichs II. München 1929. S.21; BIEHRINGER (s.S.72 A 2) S.71; WAHL (s.S.72 A 3) S.74, 14o.

3) Man vergleiche einen Passus aus dem Kreuzzugsaufruf Friedrichs II. von 1221: "Doppelten Entgeltes Schenkung empfangen ja, die unsrer Erhabenheit im Vorsatze dieser heiligen Pilgerfahrt beistehen: außer der kaiserlichen Gnade erwerben sie die ewige Seligkeit." Zit. nach: STEINEN, W.v.d.: Staatsbriefe Friedrichs II. Breslau 1923. S.23.

Nach ihrem ersten Erfolg wollen die Christen den Tempel der Heiden plündern. Rolands Reaktion im dR:

dR 4196 ich bite uch herren alle samt,
durch den ewigen got
lat iu ditze golt rot
wesen unmare
wider uwerem schaephare.
ditze scone gestaine
ia ist iz unraine.
lat iz durch den waren gotes sun -
iz nemac uns ze gote nicht gefrumen,
want iz uns ze nichte entouc -
unt habet daz urlǒp,
swer morgen ze dirre zit lebe,
daz er im selbe neme,
swaz im hie geualle.
iane wizen wir noch alle,
wi iz noch hiute ergat.

Die Kritik im K fällt milder aus:

K 52o5 ich bite iuch alle durch got
und durch iwer verte gebot,
daz ir diz golt lâzet ligen,
unz wir gesehen ob wir gesigen.
ist daz ir hie sterben solt,
so ist iu allen diż golt
baz vermiten danne genomen.
ezn mac uns niht ze guote komen. (1)
(Die folgenden Verse entsprechen dem dR.)

Man würde die Formulierungen im dR mißverstehen, wenn man in ihnen eine allgemeine Absage an Kriegsbeute sehen würde. Denn schließlich stellt Konrad nach der Paliganschlacht kritiklos fest: 'al daz di haiden uz brahten/daz kam in allez ze guten staten' (dR 861o f.; Stricker stellt K 1o351 ff. den Umfang der Beute noch besonders heraus). Daß Kreuzzüge für die Teilnehmer materielle Anreize bieten, ist der Kirche bekannt. Innerhalb der offiziellen und offiziösen Propaganda existiert hierzu keine einheitliche Meinung; manchmal wird dieser Umstand explizit als Zusatzargument verwendet (2), z.T. finden sich aber auch Absagen und Kritik (3).

---

1) 52o9-12 fehlt AFH.

2) Martin von Troppau weist auf den Vorteil der Reichtümer des Hl. Landes für die Kreuzfahrer hin; s. WENTZLAFF - EGGEBERT (s.S.21 A 1) S.225. Materielle Argumente verwenden auch die Bischöfe von Evora und Lissabon; s. KURTH/ Niederdt. Kreuzfahrer (s.S.76 A 2) S.224. Vgl. auch 'Wilehalm' 446, 16 ff.: 'dâ wurden de armen rîche/die dâ tâten dem gelîche/daz si nemen wolten/als si b i l l î - c h e s o l t e n'.

3) Der päpstliche Legat Heinrich von Albano urteilt in einem Schreiben von 1187 über Personen, die unter Hoffnung auf materiellen Gewinn zum Kreuzzug aufbrechen: "Felix eis abest militia, in qua est vincere gloria, sed mori lucrum." Zitiert nach WENTZLAFF-EGGEBERT a.a.O. S. 144.

Konrad betreibt in der Stelle keine abstrakte Theorie. Das 'urlop' gilt nämlich Leuten, die 'morgen ze dirre zit' eben nicht mehr am Leben sein werden. dR 861o dagegen beschreibt die selbstverständliche Wahrnehmung eines Rechtes durch den Sieger - zumal Beutemachen gleichzeitig Z e i c h e n des Sieges ist (1). Strickers Kritik ist deshalb milder, weil sie die relativ massive verbale Abqualifizierung 'unraine' vermeidet. Gleichzeitig wird durch die deutlichere Bindung an die jeweilige Situation, in welcher dergleichen erlaubt oder verboten ist, eine einheitlichere Linie gewahrt - o h n e daß im K weltlicher verfahren würde: die Trennung, das Abgehen vom Absoluten ist schon im dR vorhanden.

Es muß betont werden, daß das Beutemotiv nicht eo ipso unreligiös ist. Das erweist sich nicht nur an der beschriebenen zwiespältigen Haltung der Kirche, sondern auch an der literarischen Darstellung dieses Motivs. Ob es als Folge eines an sich religiös motivierten Geschehens, als weltlich, als weltlich mit religiöser Rechtfertigung oder wie auch immer zu kennzeichnen ist, hängt nicht von einer Stelle ab, sondern meist vom Gehalt des ganzen Textes. So findet man etwa auch im 'Lohengrin' V. 36o1 u.pass. (2) Hinweise darauf, daß der Kampf gegen die Heiden nicht wegen materieller Interessen geführt wird; Loh. 5911 ff. wird dann vom Beutemachen nach der Schlacht berichtet; Loh. 6o41 ff. erweist sich hingegen der Edelmut der Christen daran, daß sie dem Beispiel Lohengrins folgen und Gefangene unter Verzicht auf Lösegeld freilassen. Man sieht daran die verschiedenen Möglichkeiten der Handhabung: Im Loh. steht der Kreuzzug nicht im Vordergrund; daß Thema wird von außen herangetragen, ist, wenn man so will, aufgesetzt. N o t w e n d i g wäre eine Betonung der ideellen Ziele bei diesem speziellen Motiv n i c h t ; andere Dichtungen mit nur angelagerter Kreuzzugsmotivik verzichten auf solche expliziten Hinweise ('Herzog Ernst' u.a.). Genausowenig notwendig folgt aus der Situation, daß Beute erwähnt werden m u ß ; denn literarische Kampfdarstellung lebt nicht von diesem Motiv allein. Der Verzicht auf Lösegeldforderungen ließe sich schließlich weltlich-ethisch wie auch religiös motivieren, kann aber auch dazu dienen, den positiven Charkter der Hauptperson noch mehr herauszustellen. Deutlich zeigt sich dergleichen im 'Reinfried von Braunschweig' (17632 ff.), wo der Dichter Reinfrieds Ablehnung heidnischer Geschenke anscheinend nicht mehr zu loben weiß als durch die Bemerkung, "sogar der Kaiser und der Papst (hätten) sich in diesem Falle für 'golt, guot unde rîcheit' entschieden (...) und nicht für die 'êre der kristenheit'"(3).

---

1) s. CRAM/Iudicium belli (s.S. 1o3 A 3) S. 138, 166 f., 165 ff.

2) CRAMER, Th.: Lohengrin. Edition und Untersuchung. München 1971.

3) WENTZLAFF-EGGEBERT a.a.O. S.289.

II. 6 Auswertung (II.1 - 5)

Die Ergebnisse der einzelnen Abschnitte bestätigen in keiner Weise die bisher fast allgemein geltende Vermutung, Stricker gebe sich über das im dR Vorgefundene hinaus weltlich oder nehme gar eine Höfisierung vor. Als wesentliches Element fehlt die Minnethematik; andere weltliche Elemente sind entfernt oder reduziert worden (Hofkultur). Was an Bereichen weltlicher Motivik verbleibt, ist schon in der Vorlage vorhanden und genau wie in dieser in den Grundtenor integrierbar. Die Integration scheint stellenweise geschickter. Strickers Rezeption erfolgt im Ganzen geschlossen, in Einzelheiten eklektizistisch. Von der reinen Quantität her halten sich Beibehaltung und Änderung annähernd die Waage. Überall jedoch, wo Änderungen oder Streichungen erfolgen, läßt sich im dR jeweils eine überproportionale Stärke weltlicher Motivik ausmachen - das gilt aber nicht umgekehrt.

Eine Vermehrung weltlichen Gedankengutes läßt sich auch nicht partiell innerhalb der einzelnen Kategorien ausmachen. Daher kann man schließen, daß das im dR Präsentierte z.Z. Strickers offenbar noch ausreichte, um den K rezipierbar zu machen.

Das Zurückgehen hinter den erreichten höfischen Standard zeigt sich besonders da, wo die Terminologie gegenüber dem dR moderner ist, beim Ritterbegriff: Im Wesentlichen ist der 'Ritter' im K nichts anderes als der 'helt', 'kneht' 'degen' des dR, hat aber auch die ganze religiöse bis weltliche Spannweite der Bedeutungen. Es scheint mir deshalb übertrieben zu sein, in Ablehnung älterer Meinungen nun umgekehrt zu behaupten, Stricker "verbinde deutlicher als Konrad geistliche Ziele und ritterliche Tugenden miteinander" (1). Die Tugenden, die VON DER BURG bei Strickers Rittern feststellt, kennzeichnen auch Konrads christliche Helden - nur heißen diese eben (meist!) noch nicht 'ritter'. Über erstere wird nichts gesagt, was sie in irgendeiner Beziehung weltlicher und selbständiger gegenüber religiösen Forderungen erscheinen ließe - aber auch nichts, was sie n o c h religiöser macht. Denn die Obergrenze situationsgebundener (Kreuzzugs-)Religiosität ist im dR schon erreicht. Die Fähigkeiten und Handlungen, die den positiven Helden abverlangt werden, sind primär solche, die die Kreuzzugssituation stellt, sind also bestimmt durch eine auf militärischen Erfolg im Dienst der Religion ausgerichtete Kriegerethik. Mit Ausnahme der Jugendgeschichte werden Strickers 'Ritter' nirgendwo aus dieser Kreuzzugssituation entlassen; und daß ihre spätere Haltung in der Jugendgeschichte schon vorbereitet wird, zeigt besonders die Charakterisierung der Verhaltensweisen Diepolds und Karls im Exil bei Marsilies (s. Kap. I S. 92 ff., 99).

---

1) VON DER BURG/Diss. (s.S. 3 A 3) S. 34o.

III. Formal-inhaltliche und inhaltliche Bearbeitungstechniken

In diesem Kapitel wird es um die Frage gehen, inwiefern Stricker im K besondere Arten der Präsentation von Inhalten aufweist. Dazu finden sich in der Literatur schon manche Einzelhinweise. Oft setzen solche Interpretationen bei der Feststellung äußerer Neugestaltung ein, so etwa, wenn FISCHER schreibt, Stricker bringe das dR "in eine für das Publikum des 13. Jahrhunderts lesbare Form" (1). Damit sind fast immer Modernisierungen des Vokabulars, Verbesserungen von Metrik und Reim u.dgl. gemeint; Erkenntnisse darüber gehören zu den ältesten der K-Forschung, waren ja wohl auch am leichtesten zu gewinnen und stellten oft die noch relativ lohnendste Beschäftigung mit dem Text dar. Nicht mehr so eindeutig lassen sich Ergebnisse erzielen, die Formales im weiteren Sinn betreffen. Formale Änderungen können auf zwei Ebenen Ursache für gehaltliche Folgen sein. Auf der Textebene sind sie es dort, wo sie Inhalte betreffen. Dies zeigt etwa K 2794 ff., wo gegenüber dR 2244 sowohl der saelde-Begriff als auch der Hinweis auf die Märtyrergesinnung Karls fehlen; dies ist augenscheinlich bedingt durch die metrische Unregelmäßigkeit Konrads, aber HALL kann (wenn auch nur für diese Stelle und mit entsprechend begrenzter Tragweite) dazu feststellen, Stricker seien zwei immerhin semantisch sehr besetzte Termini "less important than a stylistic consideration" (2). Mag sich hinter dieser Formulierung auch die für das MA so nicht existierende Alternative von Form und Inhalt verbergen, so bleibt hier bei HALL immerhin noch der Weg frei für eine Untersuchung inhaltlicher Phänomene, die sich aus formaler Umgestaltung ergeben und deshalb eben nicht mehr als nur-formal klassifizierbar sind.- Auf der Ebene des Publikums berührt Formveränderung Gehaltliches, wenn sie eine veränderte Art der Einstellung auf den Text schlechthin provoziert o d e r wenn eine solche Einstellung aus dem veränderten Text resultiert (dann allerdings fast nie auf Grund eines einzigen Textes, sondern nur bei einem insgesamt in einer Richtung veränderten Literaturangebot). So verlangt z.B. die Ersetzung der Parataxe durch hypotaktische Konstruktionen vom Autor wie vom Publikum eine andere Art literarischer Intellektualität.

Die Mehrzahl literarischer Texte stellt partiell Übergangs- und/oder Neuerungsformen dar. Schon Konrad bemüht sich, unbeschadet seiner geistlichen Umdeutungen, um eine gefälligere Präsentation des Stoffes, als er sie in seiner Vorlage zu finden glaubte (3). Eine 'Rationalität', die konstruiert wird aus dem Zurückdrängen "phantastischer Unwahrscheinlichkeit" ist kein Produkt des 13. Jhs, sondern findet sich etwa schon (gemessen an seiner französischen Vorlage) bei Heinrich von Veldeke (4), kann also auch nicht kennzeichnend

---

1) FISCHER/Strickerstudien (s.S. 5 A 1) S. 128.

2) HALL/Monatshefte 61 (s. S. 3 A 3) S. 351.

3) Vgl. etwa die Zusammenfassung bei KRAY, A.-M.: Der Glaubenskrieg und seine Darstellung in Kreuzzugsepen des Mittelalters. Diss. masch. Freiburg 195o. S. 79 ff.

4) s. KELLERMANN/GRM 26 (s.S. 12 A 1) S.3o5 f.; ebd. das Zitat.

sein für die Position, die Stricker in der Gestaltung des Stoffes einnimmt. Auch 'Verbesserungen' ergeben sich nicht notwendig aus einer gesteigerten Aufmerksamkeit gegenüber der Logik und Wahrscheinlichkeit, sondern resultieren zunächst aus dem Bonus, den der Nachbearbeiter gegenüber seiner Quelle durch eine Art 'Korrekturlesen' erhält. Dies läßt sich auf zwei Ebenen der Argumentation an Beispielen belegen:

1. Der klerikale Pseudoturpin verbessert gegenüber der weltlichen Chs. eine Reihe von Ungereimtheiten: "Es ist ein typisches Kennzeichen eines Nachdichters, sich um solche Erwägungen zu kümmern." (1)

2. Stricker seinerseits erfährt in der Weihenstephaner Chronik wieder "logische Besserung und Beseitigung von Widersprüchen" (2), sieht sich hier in der Rolle des Vorlagendichters und wird einer 'Schlamperei' überführt, die so gar nicht zum Bild des "banal, rationalistisch" (3) vorgehenden Korrektors passen will.

"Über die Art und Weise der Bearbeitung des Rolandsliedes durch Stricker herrschen bisher nur recht klischeehafte Vorstellungen" (4), mußte noch VON DER BURG feststellen, und er hat z.B. mit seinen Wortuntersuchungen Erhebliches geleistet, um einige dieser Klischees zu widerlegen. Bzgl. Strickerscher Rationalität existieren aber nicht nur Klischees über Art und Kriterien dieser Haltung, sondern auch über die gehaltliche und literarische Qualität, die sich aus einer entsprechenden Auffassung ergeben soll. So wird Rationalität gewertet als "vernünftelnde Erklärung (5) im Zusammenhang mit Strickers Bericht über die Tradierung der Roncevalles-Ereignisse - wobei dann übersehen wird, daß hier allenfalls eine ganz spezielle Art von Vernunft am Werk ist: erklärt wird im K, wie trotz des Todes aller Augenzeugen daß Geschehen aufgezeichnet werden konnte, zur Erklärung aber wird ein Wunder eingeführt (ein Engel diktiert dem Hl. Aegidius).

Es steht zu vermuten, daß das sonstige OEuvre Strickers die Bewertung der Rolle von Realismus und Rationalität im K prädisponiert hat. Die zentrale Rolle von 'list', 'wîsheit' u. ä. im Daniel, im Amis und in der Kleindichtung ist bekannt; sie ist aber nicht deswegen bedeutend, weil solche Themen überhaupt auftauchen, sondern weil sie sich im einen Fall (Daniel) einer Gattung bemächtigen, die dadurch inhaltlich wie ideologisch geradezu verfremdet wird (6) - nämlich des

---

1) BIELING (s.S. 11 A 2) S. 8 A 46.

2) FREITAG, O.: Die sogenannte Chronik von Weihenstephan. Halle 19o5. S.42.

3) HAACKE/PBB (W) 81 S.277 zu K 35o8 f.: 'ern moht ein wort niht gesprechen/unz er vil lange gesaz'!!

4) VON DER BURG/Diss. a.a.O. S.91.

5) JECKLIN, C.v.: Zu des Strickers Karl. Diss. Leipzig 1877. S.21.

6) Ein Verfahren, das ja nicht ohne Kritik geblieben ist; zur Konzeption von Pleiers 'Garel' als Anti-Daniel s. DE BOOR, H.: Der Daniel des Stricker und der Garel des Pleier. In: PBB (W) 79/1957. S. 67 - 84.

Artusromans -, und weil sie im anderen Fall (Amis) in einer Weise zur Geltung kommen, die gegen eine Reihe von Normen verstößt. In der Kleindichtung Strickers dagegen ist das Theme 'Klugheit' insofern nichts Außergewöhnliches, als es sich einerseits um eine themenadäquate Komponente handelt, andererseits der Intellekt dort weitgehend normenkonform eingesetzt wird - auch und eigentlich gerade dort, wo übertriebene Normen kritisiert werden ('Der nackte Ritter') oder wo die etwaige intellektuelle Überlegenheit eines negativen Charakters (Dieb in der 'Martinsnacht') nicht als Beispiel verwendbar ist und nicht mißverstanden werden kann, weil sie sich nur durchsetzt auf Grund verbesserungsbedürftiger Eigenschaften des Unterlegenen. Im K dagegen ist die Intellektualität weder konstitutiv für die Aussage, noch stellt sie sich in Gegensatz zur inhaltlichen Tradition des speziellen Stoffes.

An "Grundforderungen, die das Publikum an den Erzähler stellt", nennt PÖRSKEN "Überschaubarkeit der dargebotenen Geschichte, ihre Glaubwürdigkeit und ihre lebendige Darstellung" (1). Dies ist evident und führt als Erkenntnis nur weiter, wenn man die Relativität und Zeitgebundenheit dieser "Grundforderungen" herausstellt. PÖRSKEN macht dies auch an anderer Stelle deutlich, wenn er z.B. zum Begriff des Stils sagt:

> "Stil selbst ist ja ein Relationsbegriff. Er beruht auf einer charakteristischen Auswahl innerhalb der generell zur Verfügung stehenden (bzw. ableitbaren) Ausdrucksmöglichkeiten einer Sprache." (2)

So, wie sich die Ausdrucksmöglichkeiten der Sprache für Stricker gegenüber Konrad geändert haben, haben sich auch die Kriterien für 'Überschaubarkeit' usw. geändert, allerdings in jeweils verschiedenen Graden. 'Überschaubarkeit' ist noch die am wenigsten historische Kategorie, weil es mehrere Möglichkeiten gibt, sie zu erzielen, die zeitlich nebeneinander existieren können. Ob und wie eine Darstellung 'lebendig' ist, hängt dagegen sehr vom Objekt dieser Darstellung ab u n d vom Geschmack des Publikums. Es gibt neben der Lebendigkeit der Darstellung noch eine der Inhalte an sich, wobei es für Stricker darauf angekommen sein dürfte, letztere (die ihm ja vorgegeben war) für seine Zeit adäquat zur Geltung zu bringen. Hier hatte er sich also nur um den 'technischen' Aspekt zu sorgen. Am stärksten dem gesamten Wandel in geistiger, kultureller, philosophischer und theologischer Hinsicht unterworfen aber ist der Begriff der Glaubwürdigkeit. Er ist auch für den heutigen Interpreten am schwersten zu bestimmen, weil automatisch damit wieder Kategorien wie Realismus, Rationalität usw. angesprochen sind.

Zunächst einmal besagen soziologische Sphäre und Thematik einer Dichtung allein überhaupt noch nichts über ihren Realismus (3). Also muß vorab festgestellt werden, daß der

---

1) PÖRSKEN, U.: Der Erzähler im mittelhochdeutschen Epos. Berlin 1971. S. 18.

2) ebd. S.14.

3) Für das Maere hat FISCHER das sehr deutlich gemacht, indem er nämlich eine "Stilisierung 'nach unten'" nachweist (Studien zur deutschen Märendichtung. Tübingen 1968. S. 132.).

K insgesamt gesehen nicht mehr und nicht weniger Voraussetzungen für Realismus mitbringt als das dR; der Grundtenor wird, wie wir gesehen haben, übernommen, zusätzliche Orte, Figuren (Kaufleute, ein Bauer) und Themen ('Eheproblematik') ändern daran nichts bzw. dienen gerade dazu, den Tenor aus zusätzlichen Perspektiven heraus zu bekräftigen. Andererseits besagt das Erscheinen von Wundern in einem mal. Text auch noch nichts über eine unrealistische Grundtendenz, denn sie sind für die Zeitgenossen nichts Unnatürliches (1), ihre punktuelle Entfernung kann damit ebensowenig Anzeichen von Realismus sein.

Eine Trennung zwischen "philosophischem" und "naivem" Realismus, wie H. MOSER sie einführen wollte, scheint mir in diesem Zusammenhang nicht hilfreich, da die beiden Attribute auf verschiedenen Ebenen der Argumentation liegen, "naiv" z.B. eine Eigenschaft ist, die als Kennzeichen durchaus auch die Philosophie einer Epoche betreffen kann. Das Dilemma liegt einfach darin, daß man Aufschlüsse über den historischen Stellenwert einer Dichtung nur durch eine diachrone Verfahrensweise erhält, dabei aber dauernd der Gefahr unterliegt, synchroner Betrachtungsweise zu verfallen. Nicht immer wird einem die Urteilsfindung dadurch erleichtert, daß der Reizeffekt einer bestimmten Begrifflichkeit schon durch den unmittelbaren Textzusammenhang neutralisiert wird (2).

Es gibt nicht nur verschiedene 'Realismen', sondern auch verschiedene Arten von Rationalität. Mit dem K haben wir einen Text vorliegen, der dies plastisch vor Augen führt. Ohne Zweifel kennzeichnet ihn eine ähnlich intensive Lehrabsicht aus wie das dR. Lehrhafte Texte aber sind zwangsläufig rational bestimmt insofern, als sie sich zwecks Belehrung an den Verstand wenden müssen - ohne jedesmalige explizite Wendung an den Intellekt, aber auch die Wendung an das Gefühl setzt E r k e n n b a r k e i t der Signale voraus. Grad und Technik der Intellektualisierung hängen von den Verstehensbedingungen beim Publikum ab, aber nicht bei allen möglichen Rezipienten, sondern nur bei der unmittelbaren Zielgruppe. Der Autor richtet sich im 13. Jh. nicht nach d e m Publikum, sondern nach s e i n e m , und insofern entscheidet er über den Grad der Intellektualisierung. Dies muß deshalb betont werden, weil fortschreitende Rationalität nicht automatisch Funktion des zeitlichen Ablaufs von Geschichte ist. Auch z.Z. des dR waren andere Möglichkeiten der Darstellung gegeben - man vgl. die theologische Fachliteratur.
Aber der Sachverhalt ist noch komplizierter: Die von Konrad intendierte Zielgruppe kann von der Verständigungsbasis her durchaus potentiellen Rezipientenkreisen für eine völlig andere Darstellungsart ähneln - genauso, wie sich umgekehrt unter Strickers Publikum Gruppen befunden haben werden, die auf die Konzeption Konrads eingegangen wären. Und das wiederum zeigt, daß ein Autor durch bestimmte Arten der Darbietung auch zu bestimmten Formen der Vermittlung von Inhalten erziehen kann.

---

1) Sehr deutlich kennzeichnet Lohengrin V. 595o den Unterschied zwischen Wunderbarem und Unnatürlichem im MA; dort können sich Heiden ein göttliches Wunder nur als 'zouber' erklären.

2) Wie in V. 331 des 'Jüngsten Gerichtes' der Ava: 'vernunst unde ratio/diu edel meditatio'.

Will man bei der Beschreibung und Aufdeckung von Strickers Darstellungsart über Zufallsbeobachtungen herausgelangen, ist man zu einer Kategorisierung der Einzelphänomene gezwungen. Daß die mit einer Kategorisierung vorgenommene Trennung nur eine analytische sei, wird oft und gern betont, und auch ich kann mich diesem vorsichtigen Hinweis nicht entziehen. Der Beweis dafür, daß die analytische Trennung berechtigt war, kann nur in einer Erprobung der Synthesefähigkeit der Einzelphänomene gesucht werden, ein Beweis, der in der abschließenden Auswertung dieses Kapitels erbracht werden muß.

III. 1 Herstellung von kausalen, finalen, konsekutiven Bezügen; Doppelmotivierungen; Komplettierungen

Hierunter fallen Stellen, in denen Stricker abweichend vom dR Sachverhalte, Handlungsweisen etc. begründet, ihnen einen vom (literarischen) Handlungsträger intendierten Sinn verleiht, ihre Voraussetzungen oder Folgen thematisiert. Dabei kann es kein Auswahlkriterium sein, ob die Herstellung solcher logischen Bezüge im Rahmen entsprechender grammatischer Konstruktionen erscheint. Eine solche Reduktion würde z.B. zur Folge haben, daß alle parataktischen Konstruktionen, in denen ein Sinnbezug konjunktionslos hergestellt wird, für die Auswertung verlorengehen; man wird jedoch sehen, daß die Anwendung von Konjunktionen die bevorzugte Möglichkeit darstellt.- Andererseits können die bei Stricker ausformulierten Zusammenhänge durchaus schon im dR durch den Sinnzusammenhang angelegt sein; auf eine Differenzierung zwischen Stellen, in denen Stricker Selbstverständliches erklärt, und solchen, in denen nicht-evidente Sachzusammenhänge konstruiert werden, wird bewußt verzichtet: die explizite Erläuterung, das 'Sichergehen', daß der Rezipient die Intentionen des Autors versteht, ist auf der Ebene der Darstellungsart genauso wichtig wie die Neueinführung von Bezügen.

Die im Vorwort der Arbeit angedeutete Reduktion findet in allen Abschnitten dieses Kapitels ihren Niederschlag darin, daß zunächst Beispiele für die Kategorie geliefert und besprochen werden und dann eine kommentarlose Sammlung weiterer Stellen angeschlossen wird. Diese Belegsammlung ist um relative Vollständigkeit bemüht; in ihr befinden sich sehr oft auch Stellen, die eines ebenso ausführlichen Kommentars wie die Beispiele wert wären.

Beispiele:

Gleich in mehrfacher Hinsicht unterscheiden sich dR 815 ff. und K 1417 ff. bzgl. der Argumentationsstruktur:

dR 815 Marsilie hat uile widir mir getan:
er hiz mir houbten zwene mine man,
di ich zu ime sande,
da er mich mite sçande.
also solt ich u tůn.
sęlbe der ware gotes sun,
fůrste aller guote,
durch sine demůte
ein esel er zů Jerusalem reit,

dR 824 du er di marter durch uns leit.
einem palmen uorte er in der hant.
nu birt ir her zu mir gesant
un uoret daz selbe zeichin.
minem zorne muz ich intwichin.
di palme bezeichinot den sigenunpht.

K 1417 Marsilies iwer herre
hât mich versuoht ze verre,
er hiez mir houpten zwêne man,
der ich vergezzen niemer kan,
die ich dar ze boten sante.
da mit er mich sêre schante.
alsô würde ouch iu getân,
wan daz ich ez durch got lân,
der ein fürste ist aller güete
und dur sîne diemüete
ze Jêrusalêm einen esel reit,
do er die marter durch uns leit:
er fuort einen palmen an der hant.
nu sît ir her ze mir gesant
und füert daz selbe zeichen.
daz muoz mîn herze weichen:
ich schied iuch anders von dem besten lide.
der palme bezeichent den fride,
des muget ir wol wesen frô. (1)

Stricker nimmt also mit K 1424 die Entscheidung vorweg, erläutert dann durch einen Relativsatz bei Übernahme des Konradschen Inhalts die Eigenschaften, die Karl zu seiner Entscheidung verpflichten, entfaltet jetzt erst die biblische Reminiszenz. Den Symbolcharakter deutet er um, damit er noch der ersten Argumentationskette dienlich ist. Daraus zieht er noch einmal einen Schluß im Sinne der bereits bekannten Entscheidung ('daz muoz') und spricht schließlich erneut die theoretisch mögliche Alternative an. Mit K 1435 wird darüber hinaus die Ausdeutung des Symbols hinsichtlich ihrer Konsequenz für die Gesandten kommentiert.

dR 945 ff. enthält die Vorschläge Oliviers, die 951 unterbrochen werden durch den Satz: die Heiden 'muozen einen waren got irkennen'. K 16o3 werden Vorschläge und projektierte heidnische Sinnesänderung auch formal in eine Verbindung gebracht: 'sô bringe wirs an daz gebot/ daz si den oberesten got/zir schepfer müezen erkennen'. Eine ähnliche Funktion von 'sô' auch in K 1618 gegenüber dR 968, wobei metrische Gründe eigentlich nicht vorliegen können.

dR 176o f. leitet Blanscandiz sein Gespräch mit Genelun ein durch das obligate höfliche 'enwaere iz dir, herre, nicht swaere'. Dies übernimmt K 2271. Während aber die Stelle im dR mit einer Frage Blanscandiz' V. 1787 endet und 1789 Genelun seine Antwort beginnt mit 'iz enist mir nicht ungemach', also auf eine Stelle 27 Verse vorher Bezug genommen wird, verdeutlicht K den Zusammenhang, indem er Blanscandiz K 229o f. seine Rede noch einmal mit einer gleichartigen Floskel abschließen läßt; hier stellt Geneluns Einleitung also eine direktere Antwort dar.- Daß dies keine für das Verständnis unwichtige Einfügung ist, zeigt KARTSCHOKEs Übersetzung von dR 1789 ("es ist kein Unglück für mich"), wo der Bezug auf dR 176o offensichtlich vergessen wurde.

dR 2742 tröstet Genelun Marsilies wegen der Geiseln:

2742 ich setze dir mine sele
durch dich in urteile.
da ist umbe ueile
swaz ich uon deme kaiser han
iz ne můze nach dinen eren gan.

Im K liest sich das so:

3231 ir sult des âne zwîvel sîn,
<u>sît</u> ich durch iuch die sêle mîn
gesetzet hân zurteile,
ez ist ouch dar umbe veile
allez daz ich von Karle hân,
od ez muoz nâch iwerm willen gân.

Dadurch, daß das Verpfänden der Seele als schon stattgefunden dargestellt wird, wird einerseits Bezug genommen auf die vorhergehende Handlung (Eid), andererseits dieser Umstand zum Argument für die Glaubwürdigkeit des Versprechens gemacht.

dR 3573 ff. erwähnt Marsilies, daß Rolands Heer in 12 Abteilungen gegliedert ist, und ordnet eine entsprechende Gliederung seines eigenen Heeres an. Ab dR 3595 erscheinen dann die einzelnen Heerführer und bitten jeweils um das Vorkampfrecht. K 4339 ff. übernimmt dies, schaltet aber den Auftritten der Heerführer mit K 4351 ff. eine Stelle vor, in der begründet wird, weshalb die folgenden Bewerbungen vorgebracht werden (zwölf Bewerber, da zwölf Abteilungen gebildet werden sollen). Gleichzeitig erfolgt damit eine Systematisierung (vgl. Kap. III. 5), indem nämlich die handelnden Personen direkt zu einer Gruppe zusammengefaßt werden. Und schließlich steckt in dem Verfahren auch noch eine Art logischer Verbesserung: Im dR wirken die einzelnen Bewerbungen etwas diffus, weil nicht von Anfang an deutlich ist, daß es sich bei dem erbetenen Vorkampfrecht um ein solches innerhalb der einzelnen Abteilungen, nicht aber bzgl. des Gesamtheeres handelt. Die erste Bewerbung (Alterot) unterscheidet sich von den folgenden nicht, es ist also bei Konrad auch nicht klar, daß Alterot als Führer des ganzen Heeres fungiert, der die zwölf Abteilungen unter sich hat. Im K dagegen werden die Unterstellungsverhältnisse deutlich, und zwar von Anfang an. Die erste Bitte um den Vorkampf äußert Alterot, der Sohn Marsilies'. Er persönlich erhält den Oberbefehl und den Auftrag, zwölf Abteilungen zu bilden. Bezeichnenderweise redet Alterot, anders als im dR, auch nicht von '<u>seinen</u> tapferen Leuten' (dR 3557), mit denen er den Kampf eröffnen will, sondern sagt nur: 'hie ist sô vil guoter knehte' (K 4312) (1). Inwieweit die Delegierung des Oberbefehls an den Sohn des Königs auch eine Strickersche Verbesserung (vgl. Kap.III. 8) im Sinne einleuchtenderer Gestaltung des Inhalts sein soll, mag dahingestellt bleiben; ihre Wirkung ginge dann etwas dadurch verloren, daß Alterot innerhalb der Zwölfergruppe noch einmal erscheint (K 4363 ff.), wobei er allerdings wieder nicht als Führer eigener Truppenteile dargestellt wird. (2)

---

1) VON DER BURG/Diss. vermerkt den Wechsel in der Reihenfolge der Bewerbungen, geht aber auf die Funktion nicht ein.

2) Strickers Änderung bedingt eine weitere in K 4895 ff. gegenüber dR 3964 ff., wo Konrad (seinerseits konsequent) auf die Vierergliederung Bezug nimmt.

dR 3831 ff. entwickelt Falsaron einen Schlachtplan: die Heiden sollen vier Heeresgruppen bilden, um die Christen zur Zersplitterung ihrer Kräfte zu bewegen. Dieses 'rationale' Element (in der Chs ist davon nichts zu finden), bleibt aber ziemlich beziehungslos: die folgenden Kämpfe spielen sich jeweils im Rahmen der Abteilungen 1-12 ab, die Vierergliederung kommt also gar nicht zum Tragen. Stricker dagegen läßt diesen Plan unerwähnt und funktionalisiert stattdessen die Zwölfergliederung, indem er Falsaron einen Plan entwickeln läßt, der auf die eigentliche Einteilung bezogen ist; jede der zwölf heidnischen Abteilungen soll gegen eine christliche kämpfen. Begründet wird dies K 4866 ff. mit dem Argument, daß der gleichzeitige Einsatz des Gesamtheeres wegen der Enge des Schlachtfeldes wirkungslos bleiben würde (1). Eine Viergliederung der Heiden erwähnt Stricker erst K 6311; dort handelt es sich aber um das zweite Aufgebot.

Im dR geht Roland auf Oliviers Argument, schon Aldas wegen das Hornsignal zu geben, nicht ein. K 475o ff. dagegen nimmt darauf Bezug, allerdings nicht in einer Art, die Strikkers sonstiger Abqualifizierung der Liebe entspricht. Hier sagt Roland nur: 'ine solte deheines wîbes/ze rehte niemer werden vrô/gezwîvelt ich an gote alsô/daz ich dise nôt entsaeze'. Hier erfolgt also nur eine starke Anbindung an das religiöse Motiv, keine völlige Absage. Weltanschaulich ist dies ungefährlich, weil Rolands positiver Charakter festliegt u n d weil die Entscheidung ja das religiöse Ziel nicht gefährdet, sondern eher noch mehr in den Vordergrund rückt.

dR 4o58 f. beendet Roland seinen Sieg über Altarot mit dem Zuruf an seinen toten Gegner: 'Mahmeten zertrit ich unter minen fuzin/unt allez daz hie mit im ist'. Dies kann zweierlei gleichzeitig beinhalten: eine Art von Vergleich mit Ellipse des ersten Gliedes ('so wie ich dich vernichtet habe') und eine Reminiszenz an Altarots Prahlrede, in der er sich vorher als von Mahmet 'gesant' bezeichnet und Petrus sowie Gott abqualifiziert hatte. Stricker favorisiert eine Erinnerung des Publikums an letzteres, indem er Roland statt dessen sagen läßt: 'nu bistu wol bescheiden/daz sante Peter sterker ist/ und der vil heilige krist/ danne Mahmet dîn got'(K 5o24). Der Inhalt ist natürlich nichts Besonderes; auch im dR finden dauernd solche Vergleiche statt. Die Stelle wird aber wieder zum Beweis für

---

1) Es sei kurz auf das theoretische Gegenargument eingegangen, Konrads Vierergliederung sei auch funktional, weil es im dR im Roncevalles zu vier Schlachten kommt. Dies ist nicht stichhaltig: Die 2. - 4. Schlacht sind 'Verlegenheitslösungen', mit deren Notwendigkeit die Heiden vorher nicht rechnen. In den späteren Kämpfen kommen auch neue Heerführer zum Einsatz. dR 3838 ff. schlägt Falsaron vor, jede der vier Heeresgruppen solle 36ooo Mann umfassen; daraus ergibt sich, daß je drei der vorher aufgestellten 12 Abteilungen eine solche Gruppe bilden sollen. Diese 12 Abteilungen werden aber in der 1. Schlacht bereits vernichtet.

die Technik Strickers, auch zwischen kleineren Partien der Handlung laufend Bezüge herzustellen (s. Kap. III.4). Es handelt sich auch nicht um eine echte Ergänzung, denn das im K Formulierte taucht dR 4070 ff. auf. Man kann also feststellen, daß das In-Bezug-Setzen von Stellen der Vorlage (mindestens) auf zwei Arten durchgeführt wird: durch Erweiterungen und durch Kontraktionen. Das Verfahren der Kontraktion wird in der gleichen Stelle noch einmal angewendet, indem nämlich der im dR erst nach einem Einschub folgende Satz, Karl habe klug gehandelt, Roland als Nachhut zurückzulassen, vorgezogen wird und daher auf die Bemerkungen über Christus und Petrus direkt folgt (K 5030 f. = dR 4074 f.). Dadurch wird die gesamte Lehre, die sich aus der Niederlage der Heiden ergibt, zusammengefaßt, und damit wird auch, indem die gegensätzlichen Argumente gesammelt aufgegriffen werden, noch einmal zusammengefaßt auf Altarots Rede geantwortet.
Im Übrigen zeigt sich hier, wie fließend die Kategorien sind: indem die Bezugnahme hilft, gehaltliche Fragen zu klären oder zu beantworten, ist auch schon der Bereich des Argumentierens (Kap. III. 2) berührt; indem die Bezugnahme auch ganz allgemein den Inhalt vorausgegangener Partien aufgreift und quasi für das Publikum repetiert, geht es auch um Resümees (Kap. III. 4).

Zwischen dR 4905 ff. (Estrogant will fliehen) und 4908 ff. (erneuter, diesmal tödlicher Treffer Hattos), wird im K ein adversativer Bezug nicht konjunktional hergestellt, sondern diesmal durch einen eingeschobenen Hauptsatz: 'des (= Fluchtabsicht) wart Hatte gewar'.

Anders als dR 4967 ff., wo nur über den Erfolg der christlichen Reserve und die Flucht der Heiden berichtet wird, nimmt K 5970 noch einmal Bezug auf die anfänglichen heidnischen Teilerfolge: 'swie nahe in ê gelungen was'.

dR 5041 wird vom gemeinsamen Angriff der beiden letzten heidnischen Abteilungen berichtet. Im K wird der Umstand, daß hier erstmals zwei Abteilungen gleichzeitig auftreten, noch einmal gesondert erwähnt (K 6039 ff.). Roland registriert das und trifft spezielle Gegenmaßnahmen. Ein Detail der Handlung, daß aus dem stereotypen Ablauf herausragt, wird also nicht nur einfach übernommen, sondern verwertet und in einen speziellen Zusammenhang gestellt.

dR 5866 stellt Thibors nach seinem Sieg über Engelirs die Tatsache heraus, daß jetzt der erste der Pairs tot ist. K 6091 ff. spricht er auch die bei Konrad nur implizite Konsequenz aus: 'sît man der zwelf gesellen/deheinen mac gevellen/ez gêt in allen an daz leben'.

An dR 6052 schließt sich sofort die Mitteilung an, daß Roland doch noch das Hornsignal gibt. Stricker läßt Turpin erst noch einmal die wesentlichsten Aussagen seiner Rede zusammenfassen und dann Roland auffordern: '**dârumbe blâse dû dîn horn**' (7090). Hier erhält Roland also eine direkte Handlungsanweisung inklusive Motivation, während sich aus dR 6040 ff. beides allenfalls indirekt ableiten läßt.

In Walthers 'Rapport' an Roland (s. Kap. II.3) erwähnt er, daß der Gegner über 6o.ooo Mann stark war (dR 655o, K 7681). K 7682 komplettiert, indem er Walther die Gegenrechnung aufmachen läßt: 'don het ich niht wan tûsent man'.

Daß Roland mitten in der Schlacht Zeit findet, ausführlich mit Walther zu reden, wirkt heute unrealistisch. Anscheinend hat das schon auf Stricker schon so gewirkt; er ändert die Vorlage aber nicht, sondern erklärt stattdessen, weshalb dies möglich ist (K 7721-3o): die Heiden haben Angst vor Roland und fliehen aus seiner Nähe.

Die Tatsache, daß Roland als letzter am Leben bleibt, erfährt K 7838 eine Begründung unter Exklusion zweier anderer Möglichkeiten ('nicht sein Schwert, nicht seine Stärke, sondern Gott hat das bewirkt'). Die göttliche Einwirkung wiederum hat Beweischarakter: Gott 'tet sîn tugent dar an schîn' (K 7843).

dR 7o44 wird berichtet, daß der Ebro über die Ufer getreten ist, die Schiffe der Heiden abgetrieben worden sind und diese sich daher nicht mehr retten können. Im K wird eine andere Ursache angegeben: das Unwetter und die Stürme anläßlich Rolands Tod haben die Schiffe fortgetrieben (K 845o ff.). Insofern dies auch Strickers Vorliebe dafür entspricht, Handlungsteile in Beziehung zueinander zu setzen, halte ich VON DER BURGs Erklärung für zu weit hergeholt; er will die Darstellung im K auf Strickers Bekanntschaft mit der "Flußschiffahrt" zurückführen (Diss. S. 189).

Als Paligans Boten vor Marsilies erscheinen, schildert er ihnen u.a. die von ihm befohlene Zerstörung der Götzenbilder:

dR 7277 er sprach: 'waz machten mir die gote frum sin?
ich hiz si werfen unter die swin.
ir hus hiz ich nider brechen.
sie newolten mich nicht rechen.

K 8721 er sprach: waz mohtens mir frum sîn?
ich hiez si werfen für diu swîn
und hiez ir hûs brechen:
dazn mohtens niht gerechen.

Der Beweis für die Machtlosigkeit der Götter wird also im dR darin gesehen, daß sie den Heiden nicht gegen die Christen haben helfen können. Dieser Gedanke geht im K nicht verloren (s. die folgenden Verse), wird aber ergänzt durch einen zweiten Beweis: die Götter haben sich für die Zerstörung ihrer Abbildungen nicht rächen können. Die Vermutung, Stricker habe sich hier an die Beweisfunktion ähnlicher Vorgänge während der Christianisierung Europas erinnert (Irminsul u.ä.), drängt sich auf, kann aber wohl nur Spekulation bleiben.

Als dauernde Ergänzung zum dR im Zusammenhang der Gliederung von Karls Heer zieht sich fast leitmotivisch im K immer wieder die Aufforderung, an Roland zu denken und seinen Tod zu rächen (K 9117, 9148, 9153 ff., 9162 ff., 9174, 9185, 9196, 9211, 9237, 9257). Im dR wird die Handlung nur dreimal in diesen Zusammenhang gestellt (dR 7767, 778o, 7784).

Während des Zweikampfes Paligan-Karl fordert der Heide den Kaiser auf, sich zu unterwerfen. Er zählt alles auf, was Karl ihm an Schaden zugefügt hat, erklärt sich aber bereit, dies zu vergessen, wenn Karl sein Vasall werde (dR 8466 ff., K 1o168 ff.). Stricker läßt Paligan dieses Resümee auch noch begründen: 'des hân ich dich durch daz gemant/ daz du wizzest wie vil/ich durch dich verkiesen wil' (1o184 ff.). Der von BARTSCH nach 'gemant' gesetzte Punkt ist also überflüssig.

K 1o446 ff. fragt Pregmunda Karl nach dem Schicksal ihres Sohnes, der sich unter den Geiseln befunden hat. Diese Stelle, die im dR nicht zu finden ist, knüpft an den Ausgangspunkt des Konflikt an, denn die Überstellung der Geiseln sollte Marsilies Pläne absichern. Gleichzeitig wird dadurch eine (wenn auch unbedeutende) Teilhandlung zu Ende gebracht, wird die Funktionalität der Geiselgestellung aus christlicher Sicht betont, werden eventuelle Publikumserwartungen eingelöst. Es kann nicht ausgeschlossen werden, daß sich hier auch wieder ein Hang zum 'Sentimentalen' bemerkbar macht (vgl. die Antwort Karls K 1o455 ff., die Ausweitung der Alite-Klage 11217 ff., die Erweiterung der Klagen Karls 1o915 ff. oder die Bemerkungen über die 'armen Pferde' 72o8 ff. und 7223 f.).

Gegenüber dR 8646 ff. = K 1o466 ff. ermahnt Pregmunda/Juliane Karl noch ein zweites Mal wegen seiner Klagen um die Gefallenen (K 1o675 ff.). Im dR ist das erst bei der zweiten Klage Karls der Fall. Stricker komplettiert sich also - ein Spezialfall seines Vorgehens - selbst. Das wiederum zeigt seinen genauen Überblick über den Text, denn er vervollständigt ja aus einer Stelle, die in seiner Vorlage erst noch folgt!

dR 8713 ff. = K 112o5 ff. bittet Alite/Alda Gott, sie sterben zu lassen. Nach dem Ende ihres Gebetes berichtet Konrad lapidar:

dR 8723 si begunde harte blaichen.
der kaiser wolt ir heluen.
er beuie si mit der hant,
also tot er si uant.
da zaicte got siniu tougen.
man begrůp si zu anderen heiligin frouwin.

Stricker baut auf 28 Verse aus (K 11217-36, 11279-86). Zunächst wird Alites Tod mit ihrem Kummer erklärt - trotz des Sentiments eine gewisse Profanisierung gegenüber dem dR, wo durch die direkte Aufeinanderfolge von Gebet und Tod nur die göttliche Erhörung im Vordergrund steht, also von einem Wunder berichtet wird. Stricker gibt das Motiv aber nicht auf: die Anwesenden legen Alites Tod auch als ein solches Wunder aus. Dieses Wunder wiederum läßt Stricker für die Augenzeugen als Zeichen der Heiligkeit Alites erscheinen und expliziert damit einen Sachverhalt, der im dR nur ganz kurz angedeutet wird ('ze anderen heiligen f.'). K 1123o f. wird außerdem noch an K 112o1 ff. (Karls Hoffnung, in Alite Trost zu finden) angeknüpft; nachdem Alite jetzt auch tot ist, klagt Karl 'alrêrst' um Roland. Durch K 11279 ff. schließlich wird Alites Begräbnis im Gegensatz zum dR seines marginalen Charakters entkleidet und damit die Alite-Handlung zu einem abgerundeten Schluß gebracht. VON DER BURG (Diss. S.176 f.) sieht hier ein Indiz für die Überlieferungstradition des Klosters Neustadt/Main im K, qualifiziert es aber selbst als "bescheiden" (S.177). Dies ist es aber m.E. nur deshalb, weil die gesamte Neustadt-Theorie noch auf zu schwachen Füßen steht. Die Stelle macht tatsächlich den Eindruck, sehr "bewußt" (S.177) eingefügt worden zu sein; es wäre vielleicht zu überlegen, ob hier nicht eine Realitätsfiktion vorliegt.

Innerhalb des Genelunprozesses äußert Karl im dR über die Folgen des Verrats, die Christenheit sei 'geschendet' (dR 8782) Im K wird diese Aussage auch formal an die Person gekoppelt, die dafür verantwortlich ist, außerdem tritt eine leichte Umakzentuierung ein: Genelun 'hat vil wol bescheinet/ daz si ist mit ime geschendet' (K 11716 f.). Es ergibt sich eine Präzisierung der Aussage; 'schenden' hat im dR den Doppelaspekt von 'schänden' und 'zugrunde richten' und wird im K festgelegt auf die erste Bedeutung. Es handelt sich hier um das mehrfach zu beobachtende Verfahren Strickers, ambivalente Aussagen zu eindeutigen zu machen, auch wenn dies für das Verständnis der Zusammenhänge nicht unbedingt nötig ist.

Das Schweigen der Anwesenden nach Pinabels Rede wird zusätzlich zum dR mit der Angst vor seinen kämpferischen Qualitäten begründet (K 118o7 ff.). Mit K 1181o-12 wird außerdem eine bei Konrad nicht angelegte Rollenverteilung vorgenommen: der Partei Geneluns wird eine Partei Rolands gegenübergestellt, die eigentlich zum Handeln verpflichtet wäre (es fürchten sich vor Pinabel alle, 'die dirre kampf ane gie').

Zusätzlich zu dR 8859 ff. wird der Rat an Karl, sich vor dem Kampf Geiseln stellen zu lassen, K 11845 ff. ausführlich begründet: Karl gehe damit sicher, daß Geneluns Verwandte sich an das Ergebnis halten würden. Zwar nimmt auch im dR Karl von beiden Seiten Geiseln, aber die o.a. Begründung dafür enthält eine klare Parteinahme gegen Genelun und seine Anhänger. Nicht nur, daß die Argumentation nur sie betrifft und trifft; an den Rat schließt sich auch eine Vorwegnahme des Kampfergebnisses an einschließlich der Empfehlung, 'daz die selben alle/die sich für Genelûnen geben/ mit im verliesen daz leben' (K 11854 ff.). Diese Konsequenz a n s i c h ist nur logisch, findet sich auch im dR und wird dort mit dem Hinweis auf 'di phacht' (dR 8867) begründet. Im dR wird aber fortgefahren:

dR 8868 der kaiser si (= Geneluns Verw.) damit erte,
er nam uon Tirriche
drizec gisel dem riche
in dem selben gedinge.

Bei Konrad handelt es sich also um eine legalistische Maßnahme. Auch der im K explizierte Sinn der Geiselnahme entspricht der hinter der juristischen Maßnahme stehenden Absicht - aber er wird eben nur für eine Seite expliziert. Wegen der Rollenverteilung von 'gut' und 'böse' wäre eine gleichwertige Argumentation bzgl. der Tirrich/Dietrich - Partei nicht möglich - so weit geht auch das dR nicht. Aber mit der im K gewählten Formulierung, mit der Hypostasierung einer 'list' des Genelunanhangs (11847), den Kampfentscheid zu umgehen, und mit der - die späteren Maßnahmen Karls vorwegnehmenden - Empfehlung, Geneluns ganzes 'geslehte' zu 'verdrucken' (11861), verläßt Stricker den Rahmen der Schilderung eines normalen und dadurch neutralen Rechtsbrauches. Implizit wird damit das beschämende Bild der Inaktivität, das die Umgebung des Kaisers bisher geboten hat, teilweise revidiert: sie bezieht jetzt Stellung und zeigt keine Angst mehr vor der Genelun-Kamarilla.- Es darf freilich nicht unterschlagen werden, daß in Strickers Darstellung eine gewisse Inkonsequenz liegt. Die Vorwegnahme des Kampfergebnisses beraubt die folgenden dramaturgischen Kunstgriffe und die im Vergleich zum dR häufigeren Hinweise auf die schwächliche Konstitution Tirrichs ihrer Wirksamkeit. Von direkter Widersprüchlichkeit ist sogar zu reden, wenn K 1191o und 11915 davon gesprochen wird, daß 'alle algemeine' beim optischen Vergleich zwischen Binabel und Tirrich die Niederlage des Letzteren prophezeien - allerdings 'âne der keiser eine' (11916) (1).

Durch den Widerspruch von Siegeszuversicht vor dem Kampf und Angst während des Kampfes wird es Stricker aber möglich, einen anderen Widerspruch in der Darstellung Konrads zu umgehen. Im dR ist nur vor dem Kampf von Binabels Stärke die Rede; im Kampf selbst dagegen ist Tirrich von Anfang an erfolgreich (s. dR 8929, 8932 ff., 8979 f., 8982 ff.). Das Motiv der Stärke Binabels geht also verloren. Stricker dagegen nutzt es gleichsam als retardierendes Moment, bezieht sich darauf, indem er auch Dietrich in Gefahr kommen läßt und entsprechende Zuschauerreaktionen schildert (K 11953 ff., 11957, 11972, 11988 ff., 11993 ff., 12o38); in diesen Stellen tauchen auch die Epitheta 'wênic, kranc, kleine' bzw. 'krefte rîche, freislîch' für die Kontrahenten auf. Aus dieser Darstellung ergibt sich auch die Herstellung diverser kausaler, finaler und adversativer Bezüge (11955, 11958, 1196o, 11963, 11981, 11991, 11993, 12ooo, 12oo4, 12o58, 12o6o).

weitere Stellen

K 275 ff. - dR 31 ff.; K 291 ff. - dR 47 ff.; K 3o1 ff. - dR 51 ff.; K 326 ff. - dR 55 ff.; K 586 ff. - dR 152 ff.; K 756 ff. - dR 285 ff.; K 82o f. - dR 341; K 1o57 ff. zu dR 479; K 1118 ff. - dR 541 ff.; K 1214 ff. - dR 636 ff.; K 1677 (Genelun beim ersten Auftreten explizit als Stiefvater Rolands bezeichnet); K 17o1 - dR 1138; K 1716 zu dR 1141 ff.; K 1886 f. zu dR 1287 ff.; K 1918 ff. - dR 1311 ff.; K 1973 zu dR 1364; K 2249 f. zu dR 1716 ff.; K 3171 als Konsequenz aus dR 2692; K 3178 zu dR 2696; K 3194 zu dR 27o5 ff.; K 3481 ff. aus K 3489 zu dR 2956 f.; K 3617 Verbindung der Einzelgedanken in dR 3o62; K 3961 ff. zu dR 32o2; K 4o52 Verbindung von Einzelaussagen in dR 331o ff.; K 4237 ff. zu dR 3489 ff.; K 4268 ff. zu dR 3526 ff.; K 4713 zu dR 3849 ff.; K 474o zu dR 3891 f.= K 4767 ff., dadurch auch Rückbezug auf K 4275 ff.=dR 3533 ff.; Rückverweise K 5183, 6o61, 7285, 1oo34; K 5191 ff. - dR 4173 ff.; K 5289 zu dR 4267; K 54o1 zu dR 439o; K 5456 f., 5458 ff. und 5475 ff. Verbindungen aus Einzelgedanken in dR 4429 ff., 4436/4438 und 4447/4448; K 5767 ff. Reminiszenz an K 5677; K 5868 zu dR 4848; K 5887 zu dR 4863 f.; K 5821 zu dR 4897 ff.; K 5943 ff. zu dR 494o f.; K 63o6 zu dR 5221; K 6698 ff. zu dR 5591 ff.; K 69o5 zu dR 587o; K 7o77 zu dR 6o52; K 7186 zu dR 6124 ff.; K 7494 Motivaufnahme aus dR 6379; K 7754 f. zu dR 6594 ff.; K 7984 ff. zu dR 6683; K 8597 zu dR 7156 ff. (= Vorziehen von dR 72o4 = K 863o); K 8893; K 9o45 f. zu dR 7711 ff.; K 9167 ff. Konzessivgefüge aus dR 7817 ff.; K 9436 zu dR 7998 ff.; im Gerichtskampf Motivaufnahme dadurch, daß Dietrich mit Rolands Schwert kämpft, daraus Kausalerklärungen K 11966, 11969, 12o57 ff.

III. 2 Argumentieren

Es wird hier um solche Stellen gehen, in denen entweder zusätzlich zur Vorlage Sachverhalte u.a. nicht nur erwähnt oder geschildert, sondern auch arugumentativ beleuchtet, evtl. sogar diskutiert werden, oder in denen eine Argumentation Konrads durch eine neue ersetzt bzw. akzentuiert oder umgedeutet wird.

Beispiele

1. Der Genelunprozeß

a) In Konrads Rolandslied

Die Auseinandersetzung beginnt hier damit, daß Geneluns Verwandte zunächst auf den ihrer Ansicht nach rechtswidrigen Zustand der Fesselung des Angeklagten hinweisen - er sei ja noch nicht überführt ('uber wnden' dR 8735). KARTSCHOKEs Übersetzung ("ihrer Meinung nach sei er durchaus nicht überführt, auch wenn er in Ketten läge") verfehlt also die Argumentationsstruktur; es ist zu übersetzen: 'nicht überführt, aber trotzdem gefesselt'. Denn "die Fesselung des Verklagten kam im deutschen Recht (...) ohne weiteres einer Ueberwindung desselben gleich" (1).

Ferner wird auf Geneluns hohe Stellung verwiesen ('aller fursten genoz' 8738). Inwieweit zwischen dem Hinweis auf die unrechtmäßige Fesselung und Geneluns Stand ein argumentativer Zusammenhang intendiert ist, kann aus der reihenden Formulierung nicht erschlossen werden (2).

Im Anschluß an seine Verwandten verteidigt sich Genelun selbst, ohne aber deren Argumente aufzugreifen. Er gibt zu: 'iz was min wille' (874o), betont aber, vorher Fehde angesagt zu haben (s.o. Kap. II). Karl seinerseits geht ebenfalls nicht auf Geneluns Argumente ein, sondern rekurriert darauf, Genelun habe zugegeben, 'cristen in di gewalt der haiden gegeben' zu haben (875o f.). Geneluns Partei scheint Karl Recht zu geben, wenn sie antwortet, seine Schuld sei 'uil groz' (876o); auf ihre erste Stellungnahme kommt sie nicht mehr zurück, sondern empfiehlt Karl nur Rücksicht auf die 'ere' seiner Schwester (die ja Geneluns Frau ist). Karls Antwort:'nicht für alles Gold Arabiens' wolle er auf eine Bestrafung verzichten - also wieder kein Eingehen auf Vorgebrachtes (zur Beziehungslosigkeit dieser Äußerung s.o. Kap. II). Danach will Binabel seinen Oheim Genelun vom Vorwurf der 'untriwe' (8792) befreien; erst er greift Geneluns Argument der Fehdeansage auf, allerdings nur in Form einer Wiederholung. Karl sagt darauf zur Sache nichts mehr, sondern sucht nur nach Unterstützung (8811). Es tritt jetzt Tirrich auf, der zunächst seine Verwandtschaft mit Roland betont und dann äußert:

---

[1] KLIBANSKY, E.: Gerichtsszene und Prozeßform in erzählenden deutschen Dichtungen des 12. - 14. Jahrhunderts. Berlin 1925. S. 6o f.

[2] In der Regel können nur Unfreie gewaltsam vor Gericht gebracht werden; s. GRIMM/RA (s. S. 1o3 A 1) Bd. II. S. 477.

dR 8826 Binabel sich uermezen hat,
er welle in der untriwe bereden.
Genelun hat si durh miete hin gegeben
unt hat ungetriwelichen
geraten an daz riche
unt wolt da enteren
di chrone mines herren
unt zestoren di hailigen cristinhait.
da scol got sin warhait
hiute hie erzaigen,
daz er mit lugen unt mit mainaiden
di untriwe hat begangen.

Erst hier wird es konkreter, insofern es möglich ist, wenigstens assoziativ-interpretativ Zusammenhänge herzustellen: Gegen Binabels Absicht, Genelun vom Vorwurf der untriwe zu befreien, setzt Tirrich implizit die Gegenbehauptung, indem er nämlich Indikatoren für 'untriwe' nennt (Bestechung, Verrat, 'ungetriwelichez' Erfüllen der Pflicht zum consilium gegenüber dem Reich = Kaiser, Absicht der 'Entehrung' des Kaisers und der Vernichtung der Christenheit, Lüge, Meineid). Da auszuschließen ist, daß es Konrad hier um die Darstellung diffizilerer juristischer Probleme gegangen ist, da er ferner die Grundkonstellationen des Konfliktes aus seiner Quelle bezieht, und da schließlich für uns hier nur von Interesse ist, inwieweit literarische Darstellung und Publikumskenntnis einen Deckungsbereich finden, genügt es, wenn wir diese einzelnen Punkte der Anklage an den mal. Grundbestimmungen und -forderungen bzgl. des die Treuepflicht begründenden gesellschaftlichen Systems messen. Denn man kann voraussetzen, daß die Pflichten, denen Genelun unterworfen ist, im wesentlichen aus seiner feudal-vasallitischen Bindung an Karl resultieren; dazu kommen, gemäß der allgemeinen Tendenz des Textes, religiöse Verpflichtungen.

Treue an sich ist Grundpflicht des Vasallen. Es geht also in der juristischen Argumentation darum, den Treuebruch nachzuweisen; ist das möglich, dann ist der Angeklagte schuldig. Nun darf nicht übersehen werden, daß einer juristischen Argumentation, besonders aber deren Nachvollzug durch den Interpreten, bei der Untersuchung eines literarischen Textes etwas Künstliches anhaftet. Das Ergebnis ist durch den Autor ja vorgegeben. Der künstliche Charakter des Verfahrens ergibt sich aber noch aus einer anderen Perspektive: im Fall des dR (und des K sowie jedes anderen Textes mit in dieser Beziehung gleichem Inhalt) ist das juristische Ergebnis abgesichert durch das Ergebnis des später gewählten Beweisverfahrens, nämlich hier durch das Ergebnis des Gerichtskampfes. Auch wenn nicht genau zu entscheiden ist, ob der in dR und K dargestellte Kampf ein regelrechtes Ordal ist, so erhält er doch durch die Anrufungen Gottes einen stark gottesgerichtlichen Charakter. Daß Genelun schuldig ist, ist dem Publikum klar, das ja (im Gegensatz zu den literarischen Personen des Epos) die entscheidenden Szenen am Hof Marsilies' miterlebt hat. Es kann für den Dichter also nur noch darum gehen, den Konflikt in einer befriedigenden Weise zu lösen, befriedigend in zweierlei Hinsicht: 1. Dem Ineinander von objektiver ethisch-religiöser Norm und emotionaler Eingestimmtheit des Publikums muß entsprochen werden (wobei vom Standpunkt des b e l e h r e nd e n Autors der Norm auch entsprochen werden s o l l) - denn anders würde die Handlung ihren Exempelcharakter verlieren. 2. Die Durchführung der (literarischen) Lösung muß aber in einer Weise erfolgen, die mindestens insoweit 'realistisch' zu sein hat, daß sie den lehrhaften Zweck wie auch den Unterhaltungseffekt nicht durch Unbekanntes oder Uneinsehbares stört. Die erste Bedingung ist wegen der Interessenidentität Autor - Publikum leicht zu erfüllen: Genelun muß schuldig sein und bestraft werden. Die zweite Bedingung ist nur dann einzuhalten, wenn das 'Wie' der Urteilsfindung Gegenstand bewußter Planung wird. Auch dabei hat der Dichter natürlich noch erheblichen Spielraum; so kann z.B. einfach vorausgesetzt werden, daß Geneluns Schuld jetzt allen bekannt ist, ohne daß eine entsprechende Aufdeckung der Zusammenhänge konstruiert werden müßte. Zwar gibt es da die Träume Karls, die dem Kaiser schon früh die Zusammenhänge enthüllen; aber auch dieser Handlungszug gehorcht nicht moderner Logik, weil dann immer noch zu fragen wäre, warum denn auf solche doch schließlich göttlichen Hinweise nicht reagiert wird. Vielmehr leitet sich der Beweischarakter der Schuld und die Plausibilität der Schuldzuweisung ab aus identifikatorischen Prozessen beim Publikum. Identifikation an sich ist kein spezifischer Prozeß des mittelalterlichen Publikums. Was aber spezifisch daran ist, das ist die grundsätzliche Vertauschbarkeit der Identifikations r i c h - t u n g . Während der heutige Literaturkonsument (der Typisierung bin ich mir bewußt) zumindest gewohnheitsmäßig insoweit eine gewisse Distanz aufbringt, als er sich zwar mit dem literarischen Personal identifizieren kann, nicht aber dieses mit sich selbst, ist es dem mal. Rezipienten anscheinend möglich, auch in literarische Personen das eigene Wissen hineinzuprojizieren. Spekulationen über 'den' mittelalterlichen Leser haben immer etwas Verfängliches an sich - die (nicht mehr grundsätzlich zu verbessernde) Quellenlage scheint gegen den Nutzen und die Haltbarkeit von Vermutungen zu sprechen. Der Versuch eines dahingehenden Verständnisses ist aber nicht nur berechtigt, sondern auch notwendig. Die Plausibilität der Theorien muß deshalb gewonnen werden von Ansatzpunkten aus, über die man schon Aussagen machen kann, in diesem Fall von den Literaturproduzenten, ihrer Darstellungsart und den Textinhalten her. Die Frage muß also lauten: welchen Rezipienten setzen bestimmte Texte jeweils voraus? In unserem speziellen Fall kann man darauf antworten: Der Rezipient, der die literarische Lösung akzeptiert, daß Geneluns Schuld ohne Ableitung dieser Kenntnis als für die im Epos agierenden Personen bekannt vorausgesetzt wird, akzeptiert auch, daß damit diese fiktiven Personen seine eigene Kenntnis vom Sachverhalt besitzen.

Gleichzeitig ergibt sich damit eine Aussage über das Autorenbewußtsein: Eine Wirkabsicht vorausgesetzt, muß der Autor sein Publikum in der eben beschriebenen Weise eingeschätzt haben, um ihm eine Lösung wie die gewählte präsentieren zu können. (Mit meinen Äußerungen kann nicht impliziert sein, daß es sich bei Publikums- und Autoreneinstellung jedesmal um das Resultat b e w u ß t e r Erkenntnisakte oder der Entscheidung für eine bestimmte Haltung handelt. Aber neben den Traditionen von Stoffen, Inhalten,

Formen usw. existieren ja auch solche der Darbietung und Rezeption von Inhalten.)

Von diesen Voraussetzungen her scheint nun, um zur Interpretation von dR 8826 (Tirrichs Anklagen) zurückzukehren, plausibel, daß die einzelnen Vorwürfe hinsichtlich der Kriterien für ihre Stichhaltigkeit in drei Gruppen aufgeteilt werden können. Es ist zu unterscheiden zwischen Vorwürfen, denen Tatbestände zugrunde liegen, welche das Publikum aus der bisherigen Handlung kennt ('durh miete hin gegeben', 'lugen', 'mainaide'), solchen, deren Berechtigung auch den agierenden Personen einleuchtet ('ungetriwelichen geraten an daz riche' - feststellbar an den Resultaten von Geneluns Vorschlägen), und solchen, die den Effekt der behaupteten oder tatsächlichen Vergehen schildern ('enteren' des Kaisers, 'zestoren' der Christenheit) (1).

So abstrakt sich die Forderung nach 'Treue' besonders im Gegensatz zu konkreten Leistungen, die dem Vasallen abverlangt werden, auch anhören mag, so hat das MA für eine Faßbarkeit - und damit auch Beurteilbarkeit - des Begriffs doch schon selbst gesorgt:

> "In der klassischen Zeit des Lehnswesens, wie unserer Meinung nach auch in früheren Zeiten, ist die Treue in ihrem Wesen noch negativ bestimmt. Treu sein heißt vor allem: nichts tun, was den, dem man Treue geschworen hat, gefährden oder schädigen könnte." (2)

Von den religiösen Implikationen, welche die triuwe im MA und speziell auch im dR aufweist, einmal abgesehen (3), zeigt sich jetzt, daß alle Anklagen Tirrichs wie vorher auch Karls dann für eine Verurteilung ausreichen, wenn sie identisch sind mit Tatsachenfeststellungen; und dies sind alle Anklagepunkte mit Ausnahme der der 'lugen', der passiven Bestechung und der 'mainaide'; diese aber wiederum sind abgesichert durch die Publikumskenntnis.

Zusammenfassend kann man also über die Darstellung des Prozesses im dR sagen: Anklage und Verteidigung reden zunächst bzgl. ihrer Argumentation aneinander vorbei. Die Argumente an sich entstammen aber dem Inhalt der Ereignisse und/oder den Realitäten der Geschichte, sind hinsichtlich ihrer Art, Bedeutung und etwaigen Folgen dem Publikum vertraut. Ein verbales Aufgreifen von Argumenten findet von Seiten der Anklage erst vor Beginn des Gerichtskampfes statt. Die Kommunikation Autor - Publikum ist, was die Verständlichkeit der Inhalte betrifft, gewährleistet. Da aber andererseits nur Einzelargumente zu finden sind, hat die Auseinander-

---

1) Die grammatischen und semantischen Abhängigkeiten im Text decken sich mit dieser Einteilung nicht immer; sie widersprechen aber den von außen (vom Interpreten) herangetragenen Kategorien auch nicht.

2) GANSHOF/Lehnswesen (s.S. 1o5 A 1) S. 88.

3) Sie werden hier nicht etwa ausgespart, weil sie unbedeutend wären, sondern können gerade deshalb außer Betracht bleiben, weil sie ein so starkes Eigengewicht haben. Geneluns religiöses Vergehen ist so evident, daß es für eine Strafe ohnehin ausreicht. Die weltlichen Aspekte sind aber vorhanden und deshalb mit in den Vergleich einzubeziehen.

setzung kein Eigengewicht, sondern ist nur Folge der vorausgehenden Ereignisse und Handlungsauslöser für den folgenden Kampf.

b) In Strickers 'Karl'

Stricker fügt zunächst im Anschluß an die Genelunflucht und die erneute Gefangennahme des Delinquenten einen Satz Karls ein, der dem Geschehen schon einen besonderen Rahmen gibt:

K 11645 swie ich im von schulden vîent bin,
ine wil niht rihten über in
nâch vîentlicher râche.
ich wil die vürsten zÂche
urteiles über in frâgen
vor allen sînen mâgen.
dâ sol man hoeren unde sehen
den mort, der von im ist geschehen. (1)

Karls emotionaler Beteiligung wird also Erwähnung getan, ihre Bedeutung für den Entscheid über Genelun aber neutralisiert, denn Karl bekennt sich zu einer Art Haltung 'sine ira et studio'. Angelegt ist das (wenn überhaupt) im dR allenfalls Vers 61o9 ff., wo Karl Naimes daran hindert, Genelun zu erschlagen. Dort spielt aber nicht das juristische Element eine Rolle, sondern im Gegenteil der Gedanke, daß ein solch schneller Tod für Genelun zu schade sei (s. dR 611o, 6114).

Durch die vorherige ablehnende Erwähnung einer persönlichen Rache wird der Charakter der nachfolgenden Formulierung 'urteiles frâgen' betont. Auch im dR äußert Karl 'ich frage urtaile' (dR 8752), aber schon mitten im Prozeß im Rahmen einer heftigen Antwort auf Geneluns Verteidigung und außerdem vom Gang der Handlung her verfrüht, denn der Urteilsfindung gehen noch eine Verteidigungsrede, eine erneute Antwort Karls, die Rede Binabels, die Anklage Tirrichs und schließlich der Gerichtskampf voraus, dessen Ausgang ja erst die Frage nach dem Urteil rechtfertigt. Als einleitende Beschreibung eines Verfahrens gemäß rechtlichen Grundsätzen erfolgt die Urteilsfrage also zu spät, weil man sich zum Zeitpunkt der Frage schon mitten im Verfahren befindet; als konkrete Ansprache eines T e i l s dieses Verfahrens erfolgt sie zu früh, weil das Verfahren noch nicht so weit gediehen ist. Stricker dagegen betont durch die Vorwegnahme nicht nur Aspekte der oben beschriebenen Art, sondern auch die Rolle Karls in diesem Verfahren, nicht seine persönliche nämlich, sondern seine offizielle:

> "Grundzug der deutschen gerichtsverhandlung ist nun ihre trennung in zwei geschäfte, das richtende und das urtheilende, deren jedes besonderen leuten obliegt. Der richter leitet und vollstreckt, der urtheiler findet die entscheidung (...)." (2)

Daß Stricker den Terminus 'urteiles frâgen' nicht ohne Grund

---

1) 11645 im) iu C (Offensichtlicher Verschreiber! Karl redet zu Otte, den er gerade erst wieder rehabilitiert hat.) 11651 doch sol E.

2) GRIMM/RA (s.S. 1o3 A 1) Bd. II. S. 358 f. Unter den Belegen ebd. auch K 11648 f.

schon vor dem Verfahren gebraucht, ihm also einen besonderen Stellenwert verleiht, scheint mir daraus hervorzugehen, daß er ihn an der dR 8752 parallelen Stelle (etwa K 11744 ff.) vermeidet und ihn gegen eine inhaltlich nicht so besetzte Formulierung austauscht ('nu frâge ich beide junc unt alt/ allesamt bî mînen hulden/wes er nach sînen schulden/mir unt dem rîche schuldec sî').

Die Diskussion vor Beginn des Gerichtskampfes nimmt im K folgenden Verlauf: Wie im dR wird sie eröffnet durch Geneluns Verwandte - die aber jetzt völlig andere Argumente gebrauchen. Mit der Frage, ob Geneluns Fesselung zu Recht vorgenommen wurde, beschäftigen sie sich nicht mehr - sei es, daß Stricker dieses Problem zu marginal erschien, sei es, daß sich das Problem durch die Einfügung der Genelunflucht erledigt hatte; denn ein Angeklagter, der sich der Verhandlung zu entziehen versucht, kann gefesselt vor Gericht gebracht werden (1). Möglich wäre auch, daß hier noch eine weitere **Verbesserungsabsicht vorliegt** (objektiv i s t es eine Verbesserung!), denn"nach deutschem Recht" hätte Genelun später seine Verteidigung nicht selbst führen können, "wenn er wirklich gefesselt vor Gericht gebracht"worden wäre (2).

Geneluns Verwandte plädieren im K sofort für eine Begnadigung, gehen davon aus, daß Genelun schuldig ist und schlagen eine Kompensation seiner Schuld vor, an der sie sich selbst zu beteiligen versprechen (s.o. Kap. II). Geneluns Schuld steht also, da auch von seinen Verwandten anerkannt, im K von Anfang an so fest, wie sie auch für das Publikum steht.

Die rationalistisch anmutende Argumentation, ein toter Genelun könne niemand mehr nützen, besser sei es, ihn am Leben zu lassen und seine Schuld durch Leistung und Bezahlung zu kompensieren, kann nicht als Strickers Spezifikum gelten (K 11682 ff.). Sie ist angelegt in dR 8762 f. und wird im K nur ausgebaut. Auch der materielle Charakter der vorgeschlagenen Kompensation ist nicht auffällig, insofern das Wergeld eine ebenso alte Institution ist wie die (materielle und immaterielle) Haftung der Sippe.

Anders als im dR folgt nun nicht Geneluns Verteidigungsrede, sondern eine A n t w o r t Karls auf die Vorschläge, eingeleitet durch den Satz: 'dô sprach der rihtaere' (K 11707) (3). Der Begriff 'rihtaere' betont wieder die Funktion, die Karl im Verfahren ausübt. Am Ende steht der Satz,Genelun müsse sterben 'umbe den m o r t den er hât getan' (11719). Darauf erst folgt Geneluns eigene Verteidigung, die nun direkt Bezug nimmt auf Karls Vorwürfe: 'ich hân d e h e i n e n mort begangen' (11724 f.). Es schließt sich die aus dem dR bekannte Begründung an, die aber durch breitere Ausführung und die erwähnte Plazierung einen viel stärker argumentativen Charakter erhält. Der fast doppelt so große Umfang bei Stricker ist nicht durch Füllsel bedingt; jeder Vers enthält eine Aussage, die für die Argumentation wichtig ist. Der Bezug auf Karls Anklage wird noch betont durch die Formulierung 'deheinen mort ... alse man mir giht'. In Form eines 'Zwar - Aber' geht Genelun dann auf den Tatbe-

---

1) s. BRUNNER, H.: Grundzüge der deutschen Rechtsgeschichte. 4. Aufl. Leipzig 1910. S. 174. GRIMM/RA II. S.477.

2) KLIBANSKY (s.S.138 A 1) S.60.

3) 11707 do sprach Karl der gotes here H.

stand ein: er habe den Tod der Zwölf geplant - aber 'daz geschach unmortlîche'. Begründung: offene Fehdeansage. Verstärkung des Arguments: die Fehdeansage war eine ultima ratio, weil Genelun mit seinen Klagen kein Gehör gefunden hat (!). Zweite Verstärkung: die Fehdeansage war berechtigt, denn Genelun ist durch die Pairs absichtlich in Lebensgefahr gebracht worden. Explizites Resümee: 'daz ich daz rach, daz tet mir nôt' (11736).

Diese - zugegebenermaßen die Akzente scharf setzende - Interpretation darf nicht den Schluß nahelegen, daß Geneluns Argumente nun auch vom Standpunkt des Publikums, der literarischen Figuren und des Autors her als solche anerkannt werden könnten. Die Rollen sind verteilt, es geht nur noch um die A r t der Konfliktbewältigung. Aber je stärker der Widerstand ist, desto überzeugender wird der Sieg aussehen. Je geschickter also der Autor Genelun sich verteidigen läßt, desto mehr wird ggf. Spannung erzeugt. Indem Stricker ferner dR 8742 ersatzlos streicht ('der zwelue tot ist mir lip'), verlagert er Geneluns Haltung vollends aus der Sphäre eines trotzigen Heroismus, der ja gemäß literarischer Tradition und auf dem Hintergrund spezieller Publikumskenntnisse das Ende nur noch eher ahnen ließe; statt dessen spielt Genelun im K bis zuletzt die Rolle des Klugen, Listigen und Gewandten.

Wie im dR bezieht sich Karl nur auf einen Aspekt der Rede Geneluns: er habe zugegeben, Christen den Heiden ausgeliefert zu haben (11737 ff.). Der Kaiser fordert jetzt die Anwesenden zur Stellungnahme auf (n i c h t zum Urteil), die aber aus Angst vor Geneluns Verwandten schweigen. Daraufhin bittet Karl 'die fürsten und des rîches man' (1), ihm 'des rehtes' zu helfen (11761). Anders als im dR werden zwischen diese beiden Reden Karls zwei Stellen eingeschoben (11748 ff., 11755 ff.), in denen das Schweigen ausdrücklich mit Angst begründet und abschließend betont wird, daß Karl diesen Grund kennt. Diese Zusätze stellen also die Situation offener dar, als dies im dR geschieht. Zwar ist die Situation in beiden Epen gleich: es handelt sich um den Konflikt, der dann entsteht, wenn neben dem König/Kaiser noch eine zweite Macht existiert, welche die Hierarchie in Frage stellt und das Funktionieren der rechtlich - politischen Mechanismen verhindert. Garant des politischen Systems ist die Spitze der Lehnspyramide, Garant des juristischen Verfahrens der Richter. Beide Funktionen werden in der speziellen Situation von Karl wahrgenommen. Im dR folgt Karls Aufforderung zur Unterstützung auf die Rede Binabels; die Angst der Angeredeten läßt sich also leicht auf Binabel und den Zweikampf beziehen, zumal dieser vorher alle Anwesenden - 'uzen laz ich min herren ainen' (dR 8799)! - bedroht hat. Diese Rede folgt im K erst später (2), die Angst ist also hier nur auf Geneluns Verwandte als Gruppe beziehbar, was auch noch ausdrücklich gesagt wird (11748). Und indem zusätzlich Karls Wissen um den Grund dieser Angst betont wird, tritt gleichzeitig das Bewußtsein von seiner Rolle und Funktion

1) Indem 'frunt' (dR 8811) ausgelassen wird, erscheint die Hilfe primär als juristische Pflicht - sehr funktional, aber auch bemerkenswert, weil Stricker ja sonst personalisiert.

2) Wobei übrigens die Entsprechung zu dR 8799 fehlt! In Strikkers Konzeption wäre eine Ausklammerung Karls disfunktional, weil er einen entscheidenden Part spielt.

in den Vordergrund. Wenn der Kaiser jetzt seine Rede damit beendet, er wolle bei negativem Ausgang des Verfahrens 'niemer mê getragen/weder küneges namen noch krône' (11770 f.), er sehe seine 'êre zergan' (11774), dann ist dies die Heraufbeschwörung realer Konsequenzen. Zwar hat auch das dR eine ähnliche Stelle (8818 f.), aber deren Bedeutung wird einmal wie erwähnt dadurch gemindert, daß der Auslöser nicht zwingend in der Genelun-Sippe zu suchen ist, zum anderen liegt im 'Karl' eine Verstärkung dadurch vor, daß der Begriff 'küneges namen' genannt wird: 'König' bezeichnet die Funktion im innenpolitischen System - und diese Funktion nimmt Karl nicht mehr wahr, wenn andere gleich viel oder mehr Macht besitzen. Auf eine Machtfrage hat sich also das Problem zugespitzt.

Es wird jetzt die Reaktion der Genelun-Sippe beschrieben:

K 11775 Di mit Genelûne wâren,
den begunde diu rede swâren.
si wâren alsô dar komen,
daz si sich heten an genomen,
swie siz zesamene trüegen,
si woltenz alsô füegen,
daz er den lîp niht verlür.

In Karls letzter Rede waren keine konkreten Vorwürfe gegen Genelun mehr enthalten. Wieso kann sie also Geneluns Verwandte 'swâren'? M.E. deshalb, weil sie die in Karls Worten angelegte Konsequenz bemerkt haben. Indem Karl die Frage der Verurteilung Geneluns mit seiner eigenen Stellung verbunden hat, hat er die Fronten abgesteckt und die Problematik verschärft - eine Entscheidung muß herbeigeführt werden, ein Kompromiß ist nicht mehr möglich. Diese Entscheidung ist der Gerichtskampf, und dazu geht die Darstellung jetzt über. Der erste Protagonist tritt auf, Pinabel. Er wiederholt das Argument des 'offenlîche widersagen' (11801), stellt fest, daß es sich also um keinen 'mort' gehandelt habe; Genelun sei also unschuldig, zum Beweis dessen wolle er kämpfen.

Haben wir bisher festgestellt, daß sich im K, anders als im dR, die Kontrahenten aufeinander beziehen, daß auf ein Argument ein Gegenargument folgt, so muß man hier konstatieren, daß von diesem Prinzip abgewichen wird. Nicht nur, daß Pinabel sich nicht mehr auf Karl bezieht; er verläßt sogar die Position, welche die durch ihn vertretene Partei bezogen hatte - eine Schuld war ja schon z u g e g e b e n ! Ist Stricker also inkonsequent bzw. (von den methodischen Voraussetzungen her) anders gefragt: läßt sich der Fortgang keinem sinnvollen Schema mehr unterordnen? Es gibt eine einleuchtendere Erklärung. Das Verfahren ist jetzt in ein Stadium getreten, in dem ein qualitativer Umschwung erfolgt ist. Einen Beweis kann nur noch der Gerichtskampf erbringen, die verbalen Argumente sind nicht mehr tragfähig, weil sie auf verschiedenen Ebenen liegen (Frage des Mordes kontra Frage des religiösen Vergehens und des Vergehens gegen den Kaiser). Keine Seite kann mehr auf die Argumentationsebene der anderen treten, ohne ihr Ziel aufzugeben. Daher ist Pinabels Fehde-Argument (1) auch nur noch einmal die klare Festlegung

---

1) Inwieweit übrigens das Ganze mit Tendenzen des Landfriedens in Verbindung gebracht werden kann, wage ich vorerst wegen der Allgemeinheit des Problems und der unsicheren Datierung nicht zu entscheiden.

der Position, von der aus er sich in den Gerichtskampf begibt. Diese Situation ist im dR genauso angelegt, wird im K aber durch eine veränderte Reihenfolge klarer: Konrad läßt Binabel damit beginnen, daß er noch einmal argumentiert und zum Schluß äußert, er wolle Genelun retten oder selbst sterben; Stricker verdeutlicht in einem Erzählereinschub (11775 ff.) die Absicht der Genelunpartei, läßt dann Pinabel seine Position klarlegen und mit der formellen Aufforderung schließen, 'in den kreiz' zu treten (11804). Diese Änderung hat noch mehr Gewicht, weil in der nachfolgenden Gegenrede Dietrichs ebenfalls die Zweiteilung der Motivik und ihre Reihenfolge eingehalten wird: subjektives Empfinden ('Ruolant rîwet mich';11814), das nicht in einer offiziellen Eigenschaft vor Gericht geäußert wird, <u>danach</u> Auftritt vor Gericht und Eintritt in die Position des 'kemphe' (11819), abschließend dann Nennung des Kampfzwecks (Gott soll Recht geschehen lassen; 11844).

Bevor ich abschließend das Ergebnis der Strickerschen Änderungen und Umstellungen zu werten versuche, gebe ich noch einmal eine schematische Übersicht über Auftreten und Reihenfolge der Redner und ihre Äußerungen bis zum Gerichtskampf:

<u>Konrad</u>

1. Geneluns Verwandte
   a) Genelun ist nicht überführt.
   b) Trotzdem ist er gefesselt.
   c) G. ist ein Mitglied des Fürstenstandes

2. Genelun
   a) Der Tod der Zwölf entsprach seinen Absichten.
   b) Er hat ihnen vor dem Kaiser Fehde angesagt, der Kaiser ist also Zeuge.

3. Karl
   a) G. hat zugegeben, Christen den Heiden ausgeliefert zu haben.
   b) 'ich frage urtaile'
   c) 'Ich werde nach dem Gesetz über ihn richten.'

<u>Stricker</u>

1. Geneluns Verwandte
   a) Karl soll G. begnadigen.
   b) G. und seine Verwandten werden den Schaden wiedergutmachen und büßen.
   c) Auch wegen seiner Schwester soll Karl Gnade walten lassen.
   d) Niemand kann die Toten wiederbringen.
   e) Wenn G. stirbt, hat Karl noch mehr verloren.

2. Karl
   a) G. wird um keinen Preis freikommen.
   b) Die Christenheit hat Schaden erlitten.
   c) G. wird für den Mord büßen müssen.

3. Genelun
   a) Es war kein 'mort'.
   b) Er hat aber den Tod der Zwölf veranlaßt.
   c) Das geschah 'unmortlîche'.
   d) Er hat vor dem Kaiser Fehde angesagt und
   e) sich über sie beschwert.
   f) Die Zwölf haben ihn verraten und seinen Tod betrieben.

Konrad	Stricker
	g) Deshalb war die Rache berechtigt.
4. Geneluns Verwandte a) G.s Schuld ist groß. b) Niemand kann die Toten wiederbringen. c) Karl soll aus Rücksicht auf seine Verwandten, besonders seine Schwester, Gnade walten lassen. d) G. wird in Zukunft dem Kaiser/Reich dienen.	4. Karl a) Genelun hat damit zugegeben, Christen an die Heiden ausgeliefert zu haben. b) Aufforderung an die Anwesenden zur Stellungnahme.
5. Karl a) Um keinen Preis wird er G. begnadigen. b) Die Christenheit hat Schaden erlitten. c) Es war 'mort'.	5. Karl (Überlegung) Die Anwesenden haben Angst vor Geneluns Verwandten. Karl (Äußerungen) a) Die Anwesenden sollen ihm helfen. b) Wenn G. davonkommt, will er auf seine königliche Stellung verzichten.
6. Binabel a) Er will G. vom Vorwurf der 'untriwe' befreien. b) Dieser Vorwurf ist Grund der Gefangennahme und Fesselung. c) G. hat offen Fehde angesagt. d) Wer G. beschuldigt, wird mit Binabel kämpfen müssen. e) Er wird G.s Unschuld beweisen oder sterben.	6. Pinabel (Überlegung) Er will G.s Leben retten oder sterben. Pinabel (Äußerungen) a) Wer G. beschuldigt, muß mit Pinabel kämpfen. b) G. hat keinen 'mort' begangen. c) Er hat öffentlich Fehde angesagt. d) Pinabel wird im Kampf G.s Unschuld beweisen.
7. Karl a) Aufforderung an 'frunt unt man' zur Parteinahme. b) Wenn die Gegenpartei Erfolg hat, will er die Krone nicht mehr tragen.	7. Dietrich (Überlegungen) a) Roland 'riwet' ihn. b) Das wird er öffentlich zeigen. Dietrich (Äußerungen) a) Er wird gegen Pinabel antreten. b) Sein 'neve' Roland wird an Pinabel gerächt, denn dieser will Geneluns Unschuld beweisen. c) Pinabel ist daher 'der untriwen geselle'. d) Gott soll Recht geschehen lassen.

Konrad	Stricker
8. Tirrich	------

a) Er ist Rolands nächster Verwandter.
b) Binabel will Genelun vom Vorwurf der untriwe befreien.
c) Aber Genelun hat
   - si durh miete hin gegeben
   - ungetriwelichen geraten an daz riche
   - Karls Krone und
   - die Christenheit 'enteren' bzw. 'zestoren' wollen.
d) Gott wird beweisen, daß Genelun mit 'lugen unt mit mainaiden di untriwe hat begangen'.
e) Tirrich wird als Gerichtskämpfer gegen Pinabel antreten.

----

c) Auswertung

Von den auftretenden Personen her ist die Verhandlung also im dR in acht, im K in sieben Teile gegliedert. Fortgefallen ist der Protest gegen die Fesselung.

Im dR besteht eine direkte Bezugnahme nur zwischen den Punkten 2 und 3, 5 und 6 sowie auch 7 und 8, da Tirrichs Auftritt durch Karls Ermahnungen an die 'frunt unt man' motiviert sein kann.

Im K sind aufeinander bezogen 1 und 2, 2 und 3, 3 und 4 (wie zwischen dR 2 und 3), 4 und 5 (da aus Angst Karls erster Aufforderung nicht entsprochen wurde, wiederholt er sie mit stärkeren Argumenten), 5 und 6 (Ultimatum fordert vorbeugende Zweikampfansage heraus), 6 und 7.

Was bzgl. des dR einleitend gesagt wurde, gilt natürlich auch für den K. Eine strengere Logik, ein Ausweiten der Argumentation, die Einführung zugkräftigerer Beweise usw. ist für den l i t e r a r i s c h e n Zweck unnötig. Das Ende ist vorprogrammiert und wird auch vom Publikum erwartet worden sein. Wenn man daher feststellt, daß auch Stricker nichts getan hat, um die Diskussion der Argumente völlig durchzuführen, wenn auch er gerichtswirksame juristische Beweise 'vernachlässigt', dann hat das nichts mit Inkonsequenz zu tun. Als außerliterarischer Beweis für die Schuld genügt die Kenntnis des Publikums, als handlungsimmanenter Beweis der Ausgang des Gerichtskampfes.

Die inhaltlichen Änderungen, Streichungen und Ergänzungen stellen weder den Gesamtinhalt in Frage noch verändern sie den speziellen Handlungsteil entscheidend in seiner Aussage. Teilweise sind (beabsichtigt oder nicht) Verbesserungen zu beobachten (Streichung des Fessel-Motivs; andere Plazierung der Urteils-Frage), teilweise Verdeutlichungen (küneges namen) oder Entschärfungen (Wegfall der Fürstenproblematik); oft liegt auch eine Reduktion auf das Wesentliche vor (Fortfall der Argumentationswiederholungen Tirrichs, statt dessen klarere Herausstellung des gottesgerichtlichen Zweikampfcharakters) und eine deutlichere Herstellung von Bezügen (Plazierung der Argumente, Erzählereinschübe). Die prinzipielle Bindung an die Vorlage beweist sich deutlich daran, daß das prekäre Argument der Fehdeansage beibehalten wird (schon Konrad fand es in der Chs vor), prekär deshalb, weil es eigentlich nach Akzeptierung oder expliziter Widerlegung verlangt. Während in der Chs tatsächlich eine Art offizieller Fehdeansage vorliegt (O 286 ff.) (1) und Genelun offen seine Absicht kundtut, bei Marsilies 'un poi de legerie' (O 3oo) zu vollbringen, ist die spätere Berufung Geneluns bei Konrad eigentlich jedoch unberechtigt. Im K dagegen gewinnt das Argument wieder Berechtigung wegen zweier vorausliegender Zusätze:

K 2oo5 ff. und 2o66 werden statt der Verwünschungen dR 1421 ff. konkrete Drohungen ausgesprochen; zudem nimmt Genelun im K auch noch Bezug auf seine Beschwerden bei Karl (s.o.!). Das Argument erhält also bei Stricker sogar noch mehr Gewicht, und auf die Spitze getrieben wird dies durch den zweiten Zusatz in diesem Zusammenhang. <u>Schon während des Gespräches Genelun-Blanschandiz auf dem Weg zu Marsilies</u> kalkuliert Genelun völlig abweichend vom dR seine persönlichen Aussichten an Karls Hof, falls es ihm gelingt, Rolands Tod zu initiieren und er deshalb zur Verantwortung gezogen werden sollte. Und in dieser Kalkulation tauchen in schöner Vollständigkeit a l l e die Argumente auf, die später im Prozeß zur Verteidigung angeführt werden:

K 244o swie ez Ruolande ergêt,
des trûwe ich doch wol hin komen.
der kaiser hât wol vernomen,
daz ich im widersaget hân.
ouch muoz er mich geniezen lân,
daz sîn swester ist mîn wîp.
dannoch erwer ich mînen lîp
mit mînen mâgen harte wol.
swaz ich ze suone geben sol,
verliuset Ruolant sîn leben,
daz wil ich allez gerne geben. (2)

Auf dem Hintergrund dieser Zusammenhänge und vorbereitenden Konstruktionen ergibt sich für die Änderungen im Prozeß nun v i e l l e i c h t eine ganz bestimmte Absicht, s i c h e r aber eine inhaltliche und aussagemäßige Folge: Durch das Mißlingen von Geneluns sorgfältig eingefädeltem Plan werden

1. die Argumente Geneluns disqualifiziert, wird
2. damit der religiöse Zusammenhang seines Vergehens eindeutig in den Vordergrund gestellt und
3. die göttliche Gerechtigkeit noch mehr als im dR betont, da sie den Plan schließlich scheitern läßt.

---

1) Vgl. dazu KLIBANSKY (s.S.138 A 1) S.6o und KÖHLER (s.S. 78 A 3), dem es durchgängig um dieses Problem geht.

2) 2441/42 umgestellt H. 46 behalt F. 48 habin H.

Bedeutsam ist schließlich noch, daß die Eigenschaft der 'list' in diesem Zusammenhang bei Stricker eine negative Rolle spielt: sie kann sich nicht durchsetzen, und der Konflikt wird mit ganz anderen Mitteln bewältigt als mit Rationalität. Dies heißt nicht, daß hier eine Grundaussage des K vorliegen würde, es zeigt aber, daß die punktuellen positiven Betonungen intellektueller Fähigkeiten im K – a n d e r s als im Daniel, im Amis oder in der Kleindichtung – wirklich nur Randbedeutung haben.

2. Der Bischof Johannes

Sowohl im dR (1o54 ff., 1246 ff.) als auch im K (1673, 1816 ff.) tritt in jeweils zwei Szenen der Bischof Johannes auf. Beim ersten Mal befindet er sich unter denen, die auf Karls Aufforderung hin Stellung zum Angebot Marsilies beziehen; beim zweiten Mal eröffnet er als Sprecher der Fürsten Karl den gemeinsamen Beschluß. Zunächst sei, über die spezielle Thematik dieses Untersuchungsabschnittes hinaus, festgestellt, daß wir es hier mit einem der deutlichsten Beispiele für Strickers Verhältnis zu seiner Quelle zu tun haben:

Wir konnten schon bisher sehen, daß im K

1. nicht wahllos übernommen wird,
2. Kürzungen anscheinend nur da erfolgen, wo die feststehenden inhaltlichen Traditionen und damit die Kenntnisse des Publikums nicht gestört werden,
3. Stoff aus der Vorlage zum Zweck der Verdeutlichung bzgl. der Reihenfolge des Erscheinens innerhalb der Gesamthandlung variabel gehandhabt wird,
4. eine Konzentration auf die Hauptpersonen stattfindet, wo dies den 'roten Faden' der Vorlage nicht aus den Augen verlieren läßt,
5. dort, wo das nötig erscheint, die inhaltliche oder aussagemäßige Zentralität von Handlungsbestandteilen vertieft, vereinheitlicht und verdeutlicht wird.

A l l e s dies nun findet sich bei einem Vergleich der Johannes-Passagen in exemplarischer Weise bestätigt.

Als Johannes zum ersten Mal auftaucht, haben die Hauptpersonen ihr Urteil schon abgegeben. Das, was Johannes im dR zur Sache zu sagen hat, stellt gegenüber seinen Vorrednern nichts Neues dar. Neu ist nur das, womit er beginnt: er bittet Karl nämlich darum, in Almeria missionieren zu dürfen. Diese Bitte hat keinen irgendwie gearteten Zusammenhang mit vorherigen oder folgenden Inhalten (1). Inhaltlich und von der Tendenz her steht dieses Motiv von der friedlichen P r e d i g t mission sogar als Fremdkörper da in einem Epos, das vom Gedanken der bewaffneten Heidenbekehrung lebt, Kreuzzugssituation und -atmosphäre gestaltet. Die von Konrad gegenüber der frz. Vorlage eingefügte

---

1) Denn wenn über 3ooo Verse später noch einmal Almeria erwähnt wird (aber nur als Herkunftsbezeichnung Tortans), ist darin genausowenig eine Weiterverwendung des Motivs zu sehen wie in der Wendung 'almariske siden' (dR 76o4); hier geht es um geographische Angaben, was sich nicht zuletzt daran erweist, daß Stricker diese beiden Stellen übernimmt.

Stelle hat ihren vermutlich einzigen Zweck darin, daß sie einen Aktualisierungsversuch darstellt oder (vorsichtiger formuliert) auf aktuellen Assoziationen Konrads beruht. Die Einführung des Bischofs Johannes entspringt wahrscheinlich einer mehr individuellen Kenntnis, deren literarische Manifestation zwar zur Gesamtkonzeption nicht im Gegensatz steht, für sie aber auch nicht unbedingt nötig wäre(1).

Weder die relativ aktuelle Bedeutung von Almeria noch spezielle, zur Datierung anreizende Kenntnisse über einen historischen Bischof Johannes sind im Falle Strickers gegeben. Damit wird die erste Szene für ihn überflüssig bzw. enthüllt (da nun völlig zusammenhanglos) ihren heterogenen und disparaten Charakter. Das einzige, was noch rezeptionsfähig geblieben ist, ist der Inhalt der Stellungnahme zum heidnischen Angebot - die aber, wie erwähnt, identisch mit anderen Meinungen ist. Zwar unterscheiden sich auch die Meinungen Turpins, Rolands und Oliviers nicht, aber im Gegensatz zu Johannes sind sie Hauptpersonen und Träger d e r Handlung, die aus der späteren Entscheidung resultiert. Von dieser Entscheidung sind sie betroffen, ihre Meinung ist also auch dann interessant, wenn sie mit der anderer deckungsgleich ist; zusätzlich betont natürlich die Identität der Aussagen des Trifoliums dessen Einmütigkeit.

In diese theoretischen Überlegungen zu Sinn und Funktion der ersten Johannes-Szene fügt sich Strickers tatsächliche Handhabung des Stoffes nahtlos ein. Zunächst fällt die einleitende Bitte um Missionierung fort. Gestrichen wird im Folgenden auch alles, was durch seine Wiederholung für das Verständnis nicht nötig ist und durch Motivwiederholung die zwischen Roland, Turpin und Olivier herausgestellte Einigkeit weniger deutlich hervortreten läßt. Der erste 'Auftritt' des Johannes wirf im K auf eine Zeile reduziert, und er tritt nur dadurch individuell hervor, daß sein Name genannt wird:

K 1671 der rât dunket mich gewis,
sprach der herzoge Naymis
unde ein bischof, hiez Johan,
und dar nâch vrîen unde man
unze an einen herzogen (= Genelun). (2)

Es fragt sich nun, weshalb Stricker nicht, wie in anderen Fällen, ganz auf diese Person verzichtet und welchen Sinn es hat, daß rein versmäßig unter Vergleich beider Stellen doch noch ein Verhältnis von 82 (K) zu 88 (dR) zustande komt. Die Antwort kann nur lauten: Johannes hat bei seinem

---

1) Gerade wegen der handlungstechnisch untergeordneten Rolle des Johannes halte ich es für unentscheidbar, ob mit ihm der erste Bischof von Mecklenburg oder Johannes von Konstanz gemeint ist. KARTSCHOKE/Datierung S. 129-14o (pro Johannes von Mecklenburg) und BECKMANN/PBB (W) 95 S.289-3oo (pro Johannes von Konstanz) haben aber beide auf jeden Fall plausibel gemacht, daß es sich hier wahrscheinlich nicht um eine erfundene Figur handelt.

2) 1673 der DFG.- Das beiläufig scheinende 'ein' kann jedoch nicht als Verstärkung für meine Argumente verwendet werden, 1. wegen K 1675, 2. wegen der metrischen Funktion in der Stelle.

zweiten Auftritt auch für Stricker eine echte Funktion. K 1816 ff. (= dR 1246 ff.) ist Johannes nämlich Sprecher der Fürsten und soll in dieser Eigenschaft Karl das Beratungsergebnis mitteilen. Dies findet Stricker bei Konrad so vor. Im Unterschied zum dR ist Johannes aber noch keine vollständig eingeführte Figur. Die Funktion eines Sprechers der Fürsten kann nicht beliebig besetzt werden; der Heraushebung der Funktion muß eine Hervorhebung der Person entsprechen. Der verständnislosen Publikumsfrage, welche Eigenschaften denn einen quasi Unbekannten, später nicht mehr auftretenden und an den entscheidenden Handlungszügen nicht beteiligten Mann für die Rolle prädestinieren, ist vorzubeugen. Und Stricker führt denn auch beim zweiten Mal Johannes, kurz bevor dieser agiert, ausführlich ein. Dabei verwendet Stricker Material aus der ersten dR-Stelle und kombiniert es mit dem aus der zweiten.

Was uns im Zusammenhang mit dem Thema 'Argumentieren' an dieser Stelle noch besonders interessiert, ist die Tatsache, daß die Johannes von den Fürsten zugewiesene Funktion noch ausführlich begründet wird (K 1824 ff.). Eine der o.a. möglichen Publikumsfragen stellt Stricker einleitend selbst: 'war umbe si (= die Fürsten) daz tâten' (d.h.: Johannes zum Sprecher zu machen). Die Begründung wird eingeleitet mit der Bemerkung: 'des (= der Grund) enwas niht ein kleine', woran sich dann die einzelnen Argumente anschließen, im Wesentlichen Beschreibungen der religiösen, charakterlichen und geistigen Qualitäten des Bischofs.

3. 'sin wizzent waz si rechent'

Diesen Satz fügt Stricker K 651 der Klage Karls über die Heiden und der Schilderung ihrer Verbrechen (dR 2oo ff.) hinzu.

Zwar kann dieser Zusatz auch wegen des Reims erfolgt sein (K 652 'zebrechent' statt dR 2o3 'storent'), aber abgesehen davon, daß für solche Zwecke immer mehrere Möglichkeiten der Durchführung bestehen, wird damit die bloße Schilderung in Richtung auf eine zumindest ansatzweise Reflexion über Motive transzendiert. Die inhaltlichen Folgen sind mehrschichtig, indem die Bemerkung sich folgenden Gedankengängen öffnet:

- Das Verhalten der Heiden ist sinnlos und wirft daher ein zusätzliches Licht auf ihren religiös desolaten Zustand, der - infolge etwa der Lehre von den Sekundärauswirkungen eines sündhaften Zustandes - für ihr Nicht-Wissen verantwortlich ist.

- Auch unabhängig von theologischen Implikationen kann auf die mangelnden geistigen Qualitäten der Heiden abgezielt worden sein.

- In der Sinnlosigkeit der Handlung ist eine Verstärkung des Eindrucks der Verwerflichkeit beschlossen.

- Vielleicht genügt die Schilderung der Taten für Stricker auch noch nicht, um das Negative herauszustellen. Eine bewaffnete Invasion, Beutemachen, Brandschatzung - all das sind ja Handlungen, die auch von den Christen unternommen und in dR und K geschildert werden (vgl. z.B. dR 888 f. = K 15o7 f. die Tötung von Frauen und Kindern). Die Vermutung einer solchen Funktion ist nicht so spekulativ, wie es zunächst den Anschein haben mag. Es wurde ja schon bemerkt, daß Stricker in einer Zeit schreibt, die dem Kreuzzug, seiner Ideologie und seinen Erscheinungsformen schon kritischer gegenüberstand. Wenn Stricker also Handlungen deutlicher als im dR an Zwecke knüpft, die über deren Legitimität entscheiden, dann ist einem Teil der zeitgenössischen Kritik der Boden entzogen. Zu dieser (objektiven) Funktion paßt die Tatsache, daß Strickers eingeschobene Bemerkung auf die Nennung der allgemeinen Kriegsusancen folgt und die eigentlichen religiösen Vergehen der Heiden (Zerstörung von Kirchen, Menschenopfer, Götzendienst) erst d a n a c h geschildert werden.

weitere Stellen

K 919-4o (vgl. Kap. I 'Toleranz'); K 1o88-99 zu dR 521 f.; K 1546 - dR 911-36; K 1897-1966 - dR 1298-1363; K 1973; K 2154 (fehlt G.): Aufhebung des Topischen im Lob Konrads; K 2663 ff., 2683 ff., 2692 ff. - dR 2154 ff.; K 4713 ff. zu dR 3845 ff.; K 79o1 zu dR 6694 ff.; K 8653 ff. zu dR 7225 ff., vgl. dR 8646 ff. - K 1o464 ff., 1o675 ff.

III. 3 Beschreiben, Ausmalen, Kommentieren

Vieles bisher Gehörte ist natürlich schon in dem in der Überschrift dieses Abschnitts angedeuteten Sinn auslegbar. Speziell geht es hier um Stellen, in denen Stricker seine Vorlage mit dreierlei Tendenz erweitert:

1. Was unklar oder mehrdeutig ist, wird durch illustrierende Zusätze geklärt oder hinsichtlich einer einzigen Verständnismöglichkeit vereindeutigt.

2. Was inhaltlich wichtig erscheint, wird durch Zufügung neuer oder Variation vorgefundener Details verbreitert.

3. Vorgänge oder Handlungen, die einen Stellenwert hinsichtlich der Gesamtaussage haben oder mehr als nur marginale Bestandteile des Geschehens darstellen, werden durch eine deutende Stellungnahme ergänzt.

Beispiele

Turpin geht dR 245 ff. auf das Kreuz als Symbol der Heidenkämpfer ein; dies ist hier ein Motiv unter vielen. Stricker zieht alle Erwähnungen des Kreuzes zusammen, ergänzt sie durch weitere Hinweise und gestaltet so eine echte Kreuzrede (die es an anderen Stellen im dR natürlich auch gibt). Bei Stricker erfolgt hier eine sechsmalige Nennung des Kreuzbegriffs (K 694, 698, 7o1, 7o5, 7o9, 714).

Als die heidnischen Gesandten vor Karl erscheinen, fallen sie mehrmals vor ihm auf die Knie. Während dies dR 676 und 679 f. noch als Form ihrer speziellen Sitten gelten kann, akzentuiert Stricker zu einem wahren Byzantinismus um; sie fallen nicht nur vor Karl nieder, sondern schon 'an dem ersten gruoze allen den di da wâren'. Ihr Verhalten ist 'harte klagelîche', sie nähern sich erst, 'dô si niht schaden nâmen' (K 1233-35, 1231).

Blanschandiz begrüßt Karl mit einem dem Credo nachgebildeten Bekenntnis zum christlichen Gott. Gegenüber dR 714 ff. ergänzt Stricker K 1285 ff. das 'als Mensch am Kreuz gestorben' und läßt Blanschandiz den Erlösungsgedanken variantenreicher ansprechen.

Gegenüber dR 2919 ff. (Beratung der Christen, wer Führer der Nachhut werden soll) fügt Stricker K 3447 f. eine kleine Detailmalerei ein: 'swem si buten daz lant/der werte sichs alzehant'. Es handelt sich natürlich um einen durchaus heiklen Zusatz: Wehrt man sich aus Höflichkeit oder aus Angst? Geht man davon aus, daß Strickers Zusätze im Allgemeinen sehr kalkuliert aussehen, kann man also folgern, daß Strickers Bemühen um Seriosität hier hinter dem Bemühen um lebhafte Darstellung zurücktritt. 'Lebhafte Darstellung' schließt Seriosität nicht aus; insofern aber in dieser Stelle das eine das andere verdrängen kann, trifft die o.a. Folgerung zumindest zum Teil zu. Und d a n n ist die Ambivalenz der Aussage vielleicht nicht einmal ungewollt.

dR 5o61 ff. = K 6o74 f. wird berichtet, daß Roland Cornubiles in zwei Teile spaltet. Stricker spielt mit dem Motiv, fügt hinzu, er wisse nicht, welcher Teil der größere gewesen sei und kommentiert, der Teufel habe sich wohl über beide gefreut und zusätzlich noch über die Seele (6o76-79). Hier haben wird ein Beispiel für die o.a. Behauptung, daß lebhafte, ja ironisierende Darstellung die Seriosität der Aussage nicht gefährden muß - die Ironie ist ja hier weltanschaulich systemimmanent. Auch Konrad arbeitet so; vgl. z.B. dR 4359 ff. (= K 5373 ff.).

Ein Teil der Beschreibungen Strickers ist darauf zurückzuführen, daß er Schilderungen der Personen in den Erzählerbericht übernimmt (so K 6629 ff. gegen dR 552o ff.). STRAUSS hat im Übrigen festgestellt, daß im K die indirekte Rede sowie Berichte und Dichterrede gegenüber dem dR nur leicht überwiegen, wenn man den gesamten Inhalt vergleicht (1). Nach STRAUSS' Ergebnissen ist dieses Verhältnis auch nicht an bestimmte Inhalte gebunden, sondern betrifft gleichermaßen Verse mit "christlichem" (2) wie mit weltlichem Inhalt.

---

1) STRAUSS, D.: Redegattungen und Redearten im Rolandslied sowie in der Chanson de Roland und in Strickers Karl. Diss. Bochum 1972. S. 2o1, 2o4 f., 392. Zu Recht klammert er bei seinem Vergleich K 1-123 und 1219o-122o6 aus.

2) Terminologie nach STRAUSS. Über seine Abgrenzungskriterien zunächst überzeugend ebd. S. 144; in Einzelfällen werden allerdings heikle Begründungen geliefert, so z.B. S. 375 A 1.

Das Sonnenwunder, das die Verfolgung der Heiden ermöglicht, wird dR 7018 in nur einem Satz erwähnt, woran sich dann die typologische Ausdeutung eines entsprechenden Ereignisses aus dem AT anschließt (Josua 10, 12-13). K 8411-18 beschreibt vor der Ausdeutung erst einmal den genauen Verlauf dieses Wunders, wobei die Details mit Ausnahme des 'mitter-tac'-Motivs nicht aus der Bibel stammen. Überhaupt nichts wird im dR berichtet über die Reaktion der Heiden auf diese Erscheinung; im K wird sie in den Versen 8437 ff. beschrieben.

dR 8125 f. wird eine Fahne Paligans erwähnt, auf der ein Drache aus Gold zu sehen ist. K 9631 ff. und 9643 ff. berichten zusätzlich von einem Fahnenwagen und erläutern den Mechanismus des Drachens; im K ist er nicht mehr eine Abbildung auf der Fahne, sondern das Feldzeichen selbst. Innen hohl, sieht er aus 'alse er lebte und gein den liuten strebte', wenn er 'des windes wart vol' (9631-46 fehlt HKR !) (1).

Ich war eine Weile versucht, hier eine Anspielung auf die Ereignisse von Bouvines zu sehen (1214): In dieser Schlacht führte Otto IV. einen Fahnenwagen mit, auf dem sich ein Drache und ein goldener Adler befanden (2). Eine solche Vermutung ist aber m.E. nicht haltbar: Die zeitgenössischen Berichte über Details der Bouvines-Schlacht sind sehr dünn gesät, es dürfte also zunächst einmal schwerfallen, in der Stelle überhaupt eine gängige 'Anspielung' zu sehen. Nun kann man natürlich annehmen, daß das engere Publikum Strickers über die gleichen Kenntnisse verfügte wie er selbst; dann könnte es sich also um einen gezielten Hinweis handeln. Dafür aber ist wieder die ganze Stelle zu unspezifisch und in einer Hinsicht widersprüchlich: der Drache im Feldzeichen Ottos war ein b e s i e g t e r , auf dem der Adler saß (3).- Der Fahnenwagen dagegen ist deshalb nicht als gezielte und bewußte Anspielung Strickers zu identifizieren, weil er auch in anderen Darstellungen auftaucht, die den gleichen Stoff behandeln, darüber hinaus auch im im Willehalm, im Lancelet, im Herzog Ernst, in Athis und Prophilias sowie später im Lohengrin (4). Zudem wurde der Fahnenwagen bei Bouvines nicht von 'merohsen' gezogen, sondern von Pferden (5). Nimmt man hinzu, daß auch Roland ei-

1) Der Wagen ist abgebildet auf einer Illustration zur Hs. A. s. LEJEUNE, R. und J. STIENNON: Die Rolandsage in der mittelalterlichen Kunst. 2 Bde. Brüssel 1966. Bd. I. S.248.

2) s. SCHNEIDER, R.: Innozenz der Dritte. Köln 1960. S.180.

3) Damit ist er also auch nicht, wie SCHRAMM meint, mit dem englischen Drachen zu identifizieren. (SCHRAMM, P.E.: Herrschaftszeichen und Staatssymbolik. 3 Bde. Stuttgart 1954 ff. Bd. 2 S. 664.)

4) s. GRIMM/RA (s. S. 103 A 1) Bd. I S. 367; FOLZ, R.: La souvenir et la légende de Charlemagne dans l'Empire germanique médiéval. Paris 1950. S. 321.

5) s. KIENAST, W.: Deutschland und Frankreich in der Kaiserzeit. Leipzig 1943. S. 171 f.

nen goldenen Drachen führt, dann kann man wohl davon ausgehen, daß dieses Abzeichen keine so festgelegte Bedeutung für Stricker besaß, wie es eine Verwendung im o.a. Sinn erforder hätte. So ist denn wahrscheinlich bzgl. des Fahnenwagens mit nichts anderem zu rechnen als mit literarischem Einfluß des 'Willehalm'. Zumindest"lassen sich hier vorerst (sichere Aussagen) nicht machen" (1). Allerdings ist die Stelle dazu angetan, in Einzelfällen für Publikumsteile Assoziationsanreize zu bieten - die aber nicht mehr im Ermessen des Autors liegen. Solche möglichen Anreize betreffen besonders den Fahnenwagen, der ein spezifisches Kennzeichen vor allem der lombardischen Heere war und dessen Auftauchen also Erinnerungen an die Italienzüge deutscher Kaiser wekken könnte; auch vor und nach der Zeit, die für die Abfassung des K in Frage kommt, taucht hier immer wieder der 'carroccio' auf, z.B. 1167 bei Legnano (2) oder besonders 1237 bei Cortenuova: dort sandte Friedrich II. zum Zeichen seines Sieges den erbeuteten Fahnenwagen nach Rom (3). Die ständig mögliche Assoziation Fahnenwagen = lombardischer Fahnenwagen scheint mir auch 'Moriz von Craûn' V. 738 f. zu zeigen: 'als ein lampartischer vane schein sîn segel in daz lant/dâ man in an den mast bant' (4).

weitere Stellen

K 297 ff. - dR 47; K 1oo1 ff. - dR 426 f.; K 2729 ff. - dR 2191 ff.; K 4218 ff. zu dR 3498 ff.; K 5382 ff.; Kleinstkommentare mit topischen Wendungen K 135, 3755, 79o2, 823o, 12149, 724, 3621, 5744, 6432; K 6o34 ff. zu dR 5o45 ff.; K 7446 f.; K 7483 ff. und 7499 zu dR 6374 ff.; K 8292 ff. zu dR 695o ff.; K 8464 zu dR 714o; K 1o116 ff. zu dR 8439 ff.; K 11676.

III. 4 Zwischenhalte, Vorberichte, Retrospektiven, Resümees, Überleitungen

Der Inhalt der genannten Kategorien umfaßt Eingriffe in den literarischen Handlungsablauf. Bzgl. der Zusammenfassungen hat hier VON DER BURG schon wesentliche Feststellungen gemacht. Er konstatiert, daß sich dadurch "die Zahl der Ver-

---

1) VON DER BURG/Diss. a.a.O. S.64; ebd. eine interessante Theorie zum Gegensatz der beiden K-Redaktionen an dieser Stelle.

2) s. HAMPE, K.: Deutsche Kaisergeschichte im Zeitalter der Salier und Staufer. 11. Aufl. Heidelberg 1963. S. 188 f.

3) s. HADANK, K.: Die Schlacht bei Cortenuova. Diss. Berlin 19o5. S. 12, 5o ff.

4) Daß das Turnierschiff im 'Moriz von Craûn' als Fahnenwagen gedacht ist, zeigt SCHWIETERING, J.: Typologisches in mittelalterlicher Dichtung. In: Festschrift für Gustav Ehrismann. Berlin und Leipzig 1925. S. 4o - 55. Hier S. 5o ff.

se, nicht aber die berichtete Handlung (vermehrt)" (1). Diesen Effekt teilt Strickers hier zur Diskussion stehende Bearbeitungstechnik natürlich mit den meisten anderen. Die Belege VON DER BURGs genügen an sich schon, um die F o l g e n des Verfahrens zu erkennen; überdies sind sie ja auch schon fast evident:

> "Erzählerbemerkungen aus der zurückschauenden Perspektive gehören wie die Vorwegnahmen zu den grundsätzlichen Möglichkeiten des Erzählers." (2)

Daß es sich dabei um Techniken handelt, die Teile des Inhalts zueinander in Beziehung setzen, dürfte auch einleuchten. Trotzdem lohnt es sich m.E., noch einmal gesondert diesen Komplex aufzugreifen, und zwar aus folgenden Gründen:

- Im direkten Anschluß an seine oben zitierte Feststellung äußert PÖRSKEN, daß diese "grundsätzlichen Möglichkeiten" (Retrospektive und Vorwegnahme) "im mittelhochdeutschen Epos offenbar seltener (sind)" (3).

- Die Ergebnisse VON DER BURGs sind für meine Fragestellung schwer handhabbar; durch seine anders gelagerte Thematik bedingt, hat er auch andere Eintelungskategorien; Beispiele für meine Kategorie finden sich bei ihm zwangsläufig sehr verstreut.

- In der Wertung der F u n k t i o n ist VON DER BURG an zwei Stellen m.E. nicht konsequent: Einerseits sieht er in Strickers Vorgehen ein "Bemühen des Bearbeiters, die Handlung durch ständige Vor- und Rückdeutungen klarer erscheinen zu lassen" (4), andererseits stellt er dies einem dR gegenüber, daß o h n e solche Techniken bzw. nur unter sehr sparsamer Verwendung derselben "zielgerichtet und zügig" (5) vorantreibe. Vielleicht ist es übertrieben, hier auf den Ausdruck "zielgerichtet" zu viel Gewicht zu legen und daraus eine für den K unterstellte Ziellosigkeit abzuleiten. Ich greife aber diesen Aspekt primär einfach deshalb auf, weil ich Strickers Vorgehensweise dadurch schärfer herausstellen zu können glaube. Er ist nämlich nicht weniger zielgerichtet, sondern bedient sich nur anderer Techniken. Wer Handlung 'zügig vorantreibt', läuft Gefahr, daß diese Handlung sich verselbständigt, daß die sie begleitenden Aussagen zugunsten der dramatischen Abläufe zurücktreten.

Daß natürlich auch Handlung zum Bedeutungsträger wird, ist klar. Es geht hier oft auch nur um - wenn auch z.T. beträchtliche - <u>graduelle</u> Unterschiede, nicht um qualitative. Auch Konrad kommt nicht ohne diese Technik aus (6). Aber man muß noch ein Weiteres bemerken: Die Unterbrechung des Handlungsverlaufes geht nicht notwendig zu Lasten dieser Handlung. Denn wenn Vor-, Rück- und Querbezüge schon Erwähntes auf-

---

1) VON DER BURG/Diss. a.a.O. S. 1oo; Belege ebd. S.97 ff., 122 ff., 134 ff., jeweils pass.

2) PÖRSKEN/Erzähler (s.S.127 A 1) S. 39; vgl. ebd. S. 18.

3) ebd. S. 39.

4) VON DER BURG/Diss. a.a.O. S. 1oo.

5) ebd.

6) s. z.B. PÖRSKEN/Erzähler a.a.O. S. 28.

greifen bzw. spätere Handlungsteile vorbereiten, dann gewinnt die Handlung damit in den akzentuierten Teilen Gewicht. Gegenüber transzendierenden Generalaussagen mit nur abstraktem Gültigkeitswert kommt dann ein Konzept zur Anwendung, das dem Publikum die Handlung durchsichtiger erscheinen läßt und gleichzeitig dem Autor freiere Möglichkeiten der Betonung von Handlungszügen gibt.

Beispiele

Sowohl das dR als auch der K berichten von einem göttlichen Auftrag, mit dem Karl in Erfüllung seines eigenen Wunsches zum Heidenkrieg aufgefordert wird. Dieser Auftrag enthält, ebenfalls in beiden Epen, Vorgriffe auf spätere Ereignisse. Während solche aber bei Konrad nur in allgemeiner Form zu finden sind, geht Stricker schon sehr in die Details. Dabei ist nicht alles, was im Vorgriff auf die Handlungsabläufe geschildert wird, eine Vorausdeutung; vieles, vor allem Nachrichten über die von Karl vorher zu erobernden Länder, wird hier zum ersten und letzten Mal erwähnt. Daneben aber gibt es auch regelrechte Vorausdeutungen auf die spätere Haupthandlung und zentrale Ereignisse (K 366: Einführung Rolands und Hinweis auf das ewige Leben, das er sich bei dem Unternehmen verdienen wird; 436 die - fast schon als dramatische Ironie zu bezeichnende - Bemerkung, Karl werde Erfolg haben, 'unz Ruolant sîn leben hât'). Diese beiden Vorausdeutungen können durchaus eine gewichtige Bedeutung für den Gehalt des Epos bekommen, nämlich dann, wenn der Rezipient den Stoff schon kennt oder wenn er sich an späteren Stellen an sie erinnert. Wenn Rolands Schicksal von Anfang an durch göttlichen Ratschluß bestimmt und auf seinen Tod während des Spanienunternehmens hin angelegt ist, dann verliert der Streit um das Hornsignal viel von seiner Ambivalenz!

Im Anschluß an die Beschreibung des kostbaren heidnischen Tempels schildert K 4242 ff. noch eine besondere Absicht, die Marsilies mit dessen Herbeischaffung verbindet. Er glaubt, daß die Christen wegen dessen wertvoller Ausstattung aus Beutegier den Kopf verlieren und desto eher zu besiegen sind. Diese vorgezogene Erwähnung des Beutemotivs verleiht der Stelle K 52oo ff. (= dR 4192 ff.; s. II. 5), in der die Christen dann tatsächlich plündern wollen und von Roland daran gehindert werden, einen besonderen Akzent. Sie ist jetzt nicht mehr nur eine Arabeske im Kampfgeschehen, sie dient auch nicht mehr nur dazu, Rolands religiöses Ethos zu charakterisieren, sondern sie widerlegt Marsilies Einschätzung und durchkreuzt seinen Plan - also erneut die Abqualifizierung einer rational bestimmten Absicht.

Zu Beginn von neuen Kämpfen wird meist von Stricker kurz das Ergebnis des letzten resümiert, am Ende eines Kampfes der Gesamtverlauf, so z.B. K 5231 ff., 5353, 5385 ff., 5443, 55o9. Oft wird auch nur darauf hingewiesen, welche Abteilung zuletzt gekämpft hat und welche jetzt folgt (K 5557 f., 56o9, 5665, 5783, 6227). Im Falle von K 6o21 f. wird daraus eine direkte Zwischenrechnung: 'zehen schar lâgen nû dâ/dannoch habten dort zwâ'. HAACKE, der auch auf dieses Verfahren hinweist, reduziert den Sinn auf Strickers angebliche Pedanterie (PBB (W) 81 S. 285 f.). Dabei wird die Funktionalität des Verfahrens übersehen: der Kampf rollt jetzt nicht mehr n u r als vorwiegend auf die Emotion wirkendes Geschehen ab, sondern fordert durch die neue Art der Darstellung geradezu dazu auf, vom Rezipienten durchgängig v e r f o l g t zu werden. Daß Stricker hier sehr bewußt zu arbeiten scheint, zeigt ein von HAACKE nicht bemerkter Umstand: Zwischenrechnungen werden nur in der ersten Schlacht angewendet; später erfolgt eine Darstellung, die der des dR sehr ähnelt. Damit werden deutliche Akzente bzgl. der Stimmungslage gesetzt, die Darstellung paßt sich der Bedeutung und dem Verlauf der Kämpfe an. Denn die einzelnen Siege in der Roncevalles-Schlacht werden immer mühevoller von den Christen erfochten, der Kampf konzentriert sich immer mehr auf die Protagonisten. Die erste Teilschlacht bietet sich mehr dazu an, Erfolge darzustellen, die späteren dagegen nehmen zunehmend einen verzweifelt heroischen Charakter an. Der anfangs überschaubare und von Stricker noch überschaubarer gemachte Kampf zwischen, wenn auch nicht zahlenmäßig gleich starken, so aber doch gleichwertigen Gegnern wird zu einem Verzweiflungskampf. Später wären Berechnungen der o.a. Art nicht nur überflüssig, sondern unter dramaturgischen Gesichtspunkten auch äußerst störend. Wo sie noch auftauchen, beleuchten sie nur noch ganz krasse Ungleichgewichtigkeiten wie in der Retrospektive auf den Kampf von Walthers Abteilung gegen eine sechzigfache Übermacht. Wieder anders verhält es sich in der Paligan-schlacht; dort gibt es erneut Zwischenrechnungen (K 1oo35 ff., 1oo44 ff.), aber die einzelnen Abteilungen werden nicht mehr nachgehalten. Hier ist dies einfach dadurch bedingt, daß diese Schlacht von Anfang an auf den Zweikampf Paligan - Karl hin konstruiert ist, die anderen Kämpfe im Vergleich dazu keinen besonderen Stellenwert mehr besitzen und deshalb auch nicht mehr als besondere Darstellungseinheiten erscheinen müssen.- Ein letzter Aspekt: Die Roncevalles-Schlacht ist auch eine Schlacht der zwölf Pairs; von daher ist es sinnvoll, daß hier die Zwölfergliederung zur Geltung kommt, solange diese Gruppe noch vollständig ist, und daß die Abfolge der zwölf Kämpfe deutlich wird. Es sei also betont: Zwischenrechnungen beweisen keinen grundsätzlichen Hang Strickers zur Pedanterie, sondern werden von ihm nach Art und Zahl differenziert eingesetzt.

dR 6646 ff. berichtet über die Aufzeichnung der Geschehnisse kurz: 'daz hiez sent Egidie scriben/ze Leune in der stat/alse in der kaiser gebat'. Stricker verläßt hier noch viel spürbarer den eigentlichen Handlungsverlauf, in seiner Darstellung treffen wir aber auch noch auf einige andere Techniken. Zunächst wird das Ganze als Argumentation aufgebaut. Die Frage, die das Publikum stellen k ö n n t e , stellt der Autor implizit selbst, und er spricht dabei sein Publikum an:

K 8233 Nu hoeret wâ von daz quam,
daz man die wârheit vernam,
waz si sprâchen unde tâten.

Im Anschluß daran wird ein möglicher Einwand besprochen. Stricker macht sich etwaige Zweifel zunächst selbst zu eigen (1):

K 8236 swaz si begangen hâten,
dazn mohtens selbe niht gesagen,
si wurden allesamt erslagen.

Erst nach dieser Problemeinführung folgt die Erklärung, wird die Rolle des Hl. Ägidius in diesem Zusammenhang beschrieben. Auch dabei wird aber das dR ergänzt, wo ja immer noch die Frage offenbleibt, woher Ägidius denn von den Vorgängen erfahren hat (K 8244 ff.: Diktat des Engels). Entgegen der kurzen Darstellung Konrads, die mitten im Bericht über die letzten Kämpfe Turpins und Rolands steht, die Handlung kaum unterbricht und nach der auch die Handlung sofort weitergeführt wird, haben wir es im K mit einem regelrechten Exkurs zu tun, der auch anders plaziert ist. Stricker hat die Roncevalles-Schlacht schon zu Ende geführt und Rolands Sterbeszene dargestellt; der erste Hauptteil des Epos ist gerade abgeschlossen, als im K die Erklärung erfolgt. VON DER BURG erklärt die Umstellung mit einem "Informationsbedürfnis" des Publikums, das "nicht schon während des Verlaufes des Geschehens entstehen (konnte)" (2), und ich glaube, daß dies uns auf den Kern des Problems bringt. Ob das Bedürfnis überhaupt entstand und ob es erst am Ende entstehen k o n n t e , mag dahingestellt bleiben (fragt sich der Rezipient immer nach einer befriedigenden Erklärung der immanenten Logik des literarischen Geschehens?). Daß aber Strickers Plazierung erzähltechnisch günstiger und daß die Erklärung einer vielleicht gar nicht einmal bemerkten Unstimmigkeit wirkungsvoll ist, leuchtet ein. Es handelt sich also wohl primär um eine L e n k u n g des Publikumsinteresses.

---

1) Es ist klar, daß dies wie überhaupt vieles andere an Strikkers Darstellungsart mit Hilfe eines rhetorischen Modells kategorisiert werden kann. Mir kommt es aber hier weniger auf die Nomenklatur an, als vielmehr auf Beschaffenheit und Funktionen der Darstellung. Außerdem trägt die Einordnung in rhetorische Muster immer eine Gefahr in sich: es wird leicht der Eindruck erweckt, daß sich der Autor bewußt an die Schulrhetorik gehalten habe (was meist unbeweisbar ist), und es wird vergessen, daß ein Großteil rhetorischer Figuren nur die nachträgliche Kategorisierung von Darstellungsweisen ist, die sich ohnehin aus bestimmten Verfahren ergeben. Mit anderen Worten: Wer einen Sachverhalt vorstellen will, wird kaum an einer Darlegung des Tatbestandes vorbeikommen - gleichgültig, ob der Interpret das dann als narratio bezeichnet; wenn jemand trotz heikler Sachzusammenhänge glaubwürdig erscheinen will, dann ist die präventive Widerlegung von Einwänden ein probates Mittel - unabhängig davon, ob dies dann als refutatio erkannt wird. Und daß die Einleitung dem Hauptteil vorausgeht, leuchtet auch ohne Berufung auf Lysias, Cicero oder Quintilian irgendwie ein.

2) VON DER BURG/Diss. (s.S. 3 A 3) S. 131; ebd. Hinweis auf eine weitere Nachstellung K 1o328 ff. (Bericht über die Ausschaltung aller heidnischen Zeugen).

weitere Stellen

K 975 ff. aus dR 4o7 ff.; K 1o32 ff.; K1198; Zeitangaben K 151o f., 8283 ff., 8893 f. u. pass.; K 1516 ff.; über die Vorwegnahme der Genelunargumente s.o. III. 2; K 3361 zu dR 2833 ff.; K 3433 f.; K 8445 ff.; K 1o365; K 1o8o6.

III. 5 Systematisierungen

Mit diesem Thema, mit der Herstellung überschaubarer, geordneter, Einteilungsprinzipien unterworfener Strukturen, haben fast alle der bisher behandelten Darstellungstechniken ganz oder teilweise zu tun. Komplettierungen von Namenslisten, deren zahlenmäßiger Inhalt vorher angegeben, im dR aber oft nicht eingehalten wird, Zwischenrechnungen, das Einhalten und Deutlichmachen vorher festgelegter Reihenfolgen stellen das Gesamtgeschehen unter Ordnungen, die seinen Nachvollzug erleichtern, in mancher Hinsicht auch erst ermöglichen. Motivierungen, das Knüpfen von Beziehungen zwischen Einzelteilen, das Aufgreifen von bereits Erwähntem, Vorberichte, Resümees und Überleitungen zeitigen neben der Erfüllung ihres jeweiligen Zwecks als Grundeffekte Fixpunkte im Text.

So geht es denn hier nur noch um einige Beispiele, in denen die Technik des Systematisierens im oben beschriebenen Sinn besonders deutlich wird, deutlich vor allem, wenn ein direkter Sinn jenseits des bloßen Verfahrens allenfalls von sekundärer Bedeutung oder überhaupt nicht auszumachen ist. Ich bin mir bewußt, daß die Erklärung der folgenden Stellen als Ergebnis einer 'technique pour technique' durchaus Resultat der mangelnden Nachvollziehbarkeit der Autorenabsichten sein kann, d.h., daß sie evtl. doch noch speziellere Zwecke erfüllen sollten. Trotzdem ist ein Einbezug dieser Stellen auch unter einem vielleicht restringierten Blickwinkel zu rechtfertigen: das zeitgenössische Publikum des K war, wenn keine weiteren Verdeutlichungen eines spezifischen Sinnes erfolgten, ebenfalls nur auf die Einzelstellen verwiesen. Außerdem gewinnen solche Einzelbeobachtungen vielleicht einmal größere Bedeutung, wenn die Forschungslage es erst gestattet, Strickers Epen in einem umfassenden Sinn auch stilistisch in den Standard seiner Zeit einzuordnen.

Beispiele

Hang zur Verwendung von Schemata verrät die Darstellung der Heeresaufteilung K 4849 ff. Die Benutzung der Ausgangsstärke von 2oooo Christen zur Herstellung von Teilgliederungen hat VON DER BURG dazu gebracht, hier die Lösung einer "Divisionsaufgabe" mit Hilfe der "Rechensteinmethode" vorgeführt zu sehen (1). So sehr Scharfsinn, Findigkeit und Kenntnis der mal. Rechensysteme hier zu bewundern sind und so bezeichnend es m.E. für Strickers Darstellungsweise ist, daß

---

1) VON DER BURG/Diss. a.a.O. S. 36o.

ein Interpret auf eine solche Deutung verfallen kann, so wenig überzeugt mich aber der Erklärungsversuch im Ganzen. Das Problem mag peripher sein (VON DER BURG behandelt es auch ausdrücklich im Rahmen eines Exkurses), wegen der damit implizierten Deutung des Sinns der Darstellung möchte ich aber doch darauf eingehen. Diese Deutung hat folgenden Wortlaut:

> "Es besteht kein Zweifel, daß Stricker in den Versen 4849 ff. seines Karlsepos die Divisionsaufgabe nach der Rechensteinmethode löst. (...) Angesichts der Einfachheit der Aufgabe dürfte der Dichter allerdings bei der Konzeption aus dem Kopf gerechnet haben (!). Die vorliegende Textstelle läßt einen lehrhaften Unterton durchblicken; denn es ist in der altdeutschen Dichtung nicht gerade alltäglich, daß ein Dichter seinem Publikum aus der höfischen Gesellschaft die Lösung einer Mathematikaufgabe unter Demonstration der Einzelschritte vorführt. In der Regel wird das fertige Ergebnis genannt (...)." (1)

Wie steht es mit einer solchen Belehrung? Ich argumentiere gegen die vorgetragene Meinung auf zwei Ebenen, 1. immanent, indem ich versuche, die Wiederauffindbarkeit und damit die Anwendbarkeit aller Schritte des herangezogenen Rechenmodells in der Strickerschen Darstellung zu widerlegen, 2. von der vorgetragenen Deutung einer Belehrungsabsicht her unter Bezug auf die Bedingungen und Möglichkeiten, welche ein Epos in der Rezeption bietet. Abschließend werde ich eine eigene Deutung anbieten.

zu 1. Als erstes haben wir es nicht mit einer Divisionsaufgabe zu tun, sondern mit einer Subtraktions- und zwei Divisionsaufgaben:

K 4849 Dô si sich wol bewarten,
nu hoeret wie si sich scharten.
Walthêr der reit von dannen
ûf den berc mit tûsent mannen
und wollte ir hüeten dâ mite,
daz si niemen obene an rite.
dô nam der zwelfer ieslich
zehen hundert ritter ze sich.
siben tûsent wâren noch dâ.
der nam ieslîcher iesa
rehte sehsthalp hundert.
noch wâren da ûz gesundert
vier hundert ritter guote.
die sazten sich ze huote,
swelh schar dar zuo niht entohte,
daz si sich erwern mohte,
daz si daz war naemen
und der ze helfe quaemen.

(Es ist im Übrigen zu beachten, daß Stricker die Basiszahl 20000 aus dem dR bezieht, es sich also nicht etwa um ein von ihm zur Vorführung einer Methode konstruiertes Beispiel handelt (2)).

Nach Abzug von Walthers Abteilung reduziert sich die Divisionsaufgabe auf das Problem 19000 : 12, zusätzlich dadurch vereinfacht, daß jeder der zwölf Pairs zunächst 1000 zu sich

---

1) VON DER BURG/Diss. a.a.O. S. 363 f.

2) Ein solches Konstrukt scheint mir VON DER BURGs Begriff "Konzeption" (s.o.) nahelegen zu wollen.

nimmt. Da, wo es komplizierter wird und sich die Darstellung der einzelnen Rechenoperationen lohnen würde bzw. im Sinn einer Belehrung gerade notwendig wäre, gibt Stricker aber nur das Ergebnis - 7ooo : 12 = 55o Rest 4oo. Und dabei macht er auch halt, übernimmt genau das dR, wo ebenfalls von einer Eingreifreserve die Rede ist (s. dR 4949 ff.). Von sechs möglichen Dividenden (12ooo, 6ooo, 6oo, 3oo, 6o, 36), die sechs Rechenoperationen nach der angeblich gewählten Methode erlauben, benutzt er nur zwei direkt (12ooo, 6ooo), einen dritten indirekt (6oo), womit er insgesamt z w e i Schritte ausführt (worauf VON DER BURG sogar selbst S. 363 hinweist).

zu 2. Hier ist zu fragen, wo der "lehrhafte Ton" überhaupt spürbar wird. Sucht man nach äußeren Hinweisen, fällt der Blick auf K 485o ('nu hoeret'). Tatsächlich ist das attentum parare oft Zeichen für eine folgende Unterweisung. VON DER BURG benutzt diesen Vers nicht für seine Argumentation, und im vorliegenden Fall ist das auch kein Fehler. Denn wie ein Blick auf gleiche oder ähnliche Einleitungsformeln im K zeigt, sind sie zwar z.T. formal Bestandteil einer Darstellung mit lehrhafter Absicht (z.B. K 83o), aber sie werden bei weitem nicht nur zu diesem Zweck verwendet (s. K 7589, 7721, 8233, 1o984). Die Erschließbarkeit des Sinns einer solchen Einleitung hängt ja überhaupt gerade nicht von ihr selbst ab, sondern vom Inhalt dessen, was folgt. Und hier muß also an unserer Stelle gefragt werden: Worin wird unterwiesen? Der einzige Inhalt der Stelle ist die Aufteilung des Heeres. Gegenstand der Unterweisung könnte also entweder die Gliederung selbst oder die Methode der Durchführung sein. Letzteres nimmt VON DER BURG an. Von der Rezeptionssituation her ist das aus zwei Gründen abzulehnen: 1. Sinn einer Unterweisung ist es, daß sie angenommen wird und der Unterwiesene die Fähigkeit erhält, das Gelernte anzuwenden. Genau diese Fähigkeit wird aber in der Stelle nicht vermittelt (s.o.), weil das Modell unvollständig ist, wesentliche Schritte ausgelassen werden - u n d weil es sich überhaupt nicht um einen Lehrinhalt handelt, der schriftlich oder mündlich vermittelt werden kann. Das bei VON DER BURG anschaulich geschilderte Verfahren des Rechnens auf dem Rechenbrett bzw. 'auf den Linien' gerät bei ihm deshalb so anschaulich, weil er mit Abbildungen arbeitet und das Verfahren ganz erklärt. Die Anwendung kann nur im Wechsel von Handhabung, praktischer Übung und begleitender Anleitung vermittelt werden. Alles das fehlt im K.- 2. Die Plazierung der Stelle unmittelbar nach der emotional aufgeladenen Schilderung der gottergebenen, beispielhaften Glaubenskämpfer, verbunden wieder einmal mit dem intercessio-Gedanken (s. Kap. I), und unmittelbar vor Rolands Rede über die Themen 'Ritterschaft', 'ritters namen' und 'ritters muot', das Ganze dann wiederum in einer Situation, die auf den Beginn der Schlacht förmlich hindrängt, ist nicht gerade dazu angetan, das Publikum attentus und docilis bzgl. einer Rechenmethode zu machen. Was allenfalls in der Stelle spürbar sein könnte, das ist ein g e l e h r t e r Unterton. Dabei ist dann festzuhalten, daß gerade die gelehrte Attitüde sich mit einem lehrhaften Impetus nicht recht verträgt: was jedem einleuchtet, wirft auf den Vortragenden kein besonderes Licht mehr. Und tatsächlich läßt sich ja feststellen, daß durch die Raffung der Rechenoperationen der Nachvollzug erschwert, die Technik undurchschaubarer gemacht wird; über eine entsprechende Absicht ist natürlich nur zu spekulieren.

Damit zu meinem eigenen Erklärungsversuch: Es ist deutlich, daß Stricker hier die Darstellung des dR systematisiert. Für diese Feststellung würde schon der Hinweis genügen, daß das lediglich durch die Personen Turpins, Oliviers und Rolands bestimmte Gliederungsprinzip Konrads im K erweitert und spezifiziert wird. Man muß aber zusätzlich berücksichtigen, welche Mühe sich Stricker anscheinend gegeben hat, um das Vorgefundene zu einem solchen System auszubauen. Sämtliche Zahlen holt er sich nämlich aus z.T. beträchtlich auseinanderliegenden Stellen, und das Gleiche gilt für einige Namen:

Die Zahl 2oooo stammt aus dR 3246; Walther und seine Abteilung werden dR 3373 einschließlich der Zahl 1ooo genannt; die Reserve mit Alrich, Witram, Ornant/Otnant, Billunc und Sigebant erscheint dR 4949.

Es werden also Informationen zusammengesucht und dann kombiniert. Erreicht wird damit, daß die Stelle 4 Funktionen übernimmt:

1. Sie ist Rückschau bzgl. des Auftrages an Walther (dR 3371 ff. wird nämlich schon an der entsprechenden Stelle K 4115 übernommen).

2. Sie ist Beschreibung eines Teils der Ausgangslage, wie sie sich den Christen darstellt und wie sie jetzt an passender Stelle auch dem Publikum dargestellt wird (dies ist schon im dR ansatzweise so).

3. Sie ist Vorausdeutung auf K 5957 ff., wo das Eingreifen von Alrichs Reserve parallel zu dR 4949 ff. geschildert wird.

4. Die in der Systematisierung zu Tage tretende Durchdachtheit überträgt sich auf den Eindruck, den das Handeln der literarischen Personen auf das Publikum macht. Sowohl die Besonnenheit, die in der momentanen Situation deutlich wird, als auch die Bewährung des Systems durch seine spätere Anwendung (Walther; Reserve) werden gegenüber dem dR entscheidend mehr betont.

Ein zweites Beispiel für Strickers ordnende Verfahrensweise. In den folgenden Stellen geht es um die Schilderung der Bedrängnis, in welche die Heiden während der ersten Schlacht geraten:

dR 4441 di helme si uerscarten
di halsperge si in zerzarten.
di starche hitze si můte.
si waren rehte sam in ainer glůte
baidiu uzen unt innen.
di cristen uachten wol nach ir willen.
di haiden getorsten nicht geflihen.
uil manige tot uielen,
selbe si sich erdrungen.

K 5462 ir viel mê unde mê
vor den kristen wunt unt tôt.
si heten drîer hande nôt:
in tet daz gedrenge wê
und die slege michels mê.
die grôze hitze si muote.

K 5468 si wâren alse in einer gluote
beidiu ûzen unde innen
und entorsten nicht entrinnen. (1)

Die Änderungen sind augenfällig. Dem von Konrad Geschilderten wird ein System unterlegt - es ist hier ein einfaches Zahlensystem (2). Dieses wird dem Rezipienten vorgegeben, das heißt, der Umfang des im Folgenden Beschriebenen wird K 5464 als Einleitung mitgeteilt. Die Reihenfolge des Aufgezählten ist belanglos; für die Arbeitsweise ist aber wieder interessant, daß erstens in den Verlauf des dR eingegriffen wird (die dritte 'nôt' stammt aus dR 4449) und daß zweitens Einzelangaben zusammenfassend verwertet werden (K 5466 aus dR 4441 f.). Natürlich ist klar, daß die Umstellung erfolgen muß, sobald sich Stricker für eine Systematisierung entschieden und die Zahl '3' mitgeteilt hat. Was aber die Arbeit mit der Quelle angeht, liegt wieder ein Beweis dafür vor, daß er nicht einfach ausschreibt und bestenfalls punktuell Korrekturen vornimmt, wo es sich um offensichtliche Fehler und Versäumnisse Konrads handelt (Namenslisten), sondern daß er im Großen wie im Kleinen, bei näher wie bei weiter auseinanderliegenden Stellen die Vorlage genau im Kopf hat und weiß, woher er ggf. Material beziehen kann.

Falls man der Meinung ist, Stricker habe das Dreierschema schon im dR vorzufinden geglaubt - dR 4441-43 hat ja, bedingt auch durch das anaphorische 'di' - aufzählenden Charakter, würde es sich um eine (subjektive!) Verbesserung handeln: dR 4441 f. einerseits und 4443 andererseits liegen nämlich auf verschiedenen Ebenen, während man den Inhalt von K 5465 ff. jeweils abstrakt unter Berücksichtigung dreier in ihren Auswirkungen gleicher Gegebenheiten fassen könnte (also etwa mit den Formulierungwn 'Feindlage', 'Feindeinwirkung', 'äußere Einflüsse').

<u>weitere Stellen</u>

Dreiergruppen und -schemata K 928, 5914 (vgl. zur letzten Stelle Kap. I 'Toleranz'); K 3216 f. - dR 2727 ff.; K 421o gegen dR 3496 (vgl. aber die K-Hs. H.).

III. 6 'Entschärfungen'

Zu dieser Kategorie gehören Beispiele dafür, daß Stricker Problematiken umgeht, die sich aus der Darstellung des dR ergeben k ö n n e n (einige solcher Entschärfungen haben wir schon in anderen Zusammenhängen kennengelernt). Dieses Verfahren wird aber oft nur punktuell, nicht durchgängig angewendet. Dazu gleich ein Beispiel:

Konrad läßt dR 5829 ff. Marsilies vor Beginn der 4. Schlacht eine Rede an sein Heer halten, in der auf den deprimierenden

---

1) K 5463-66 fehlt H.

2) Vor einer Überbewertung der Sinnträchtigkeit solcher Zahleneinheiten sollte immer noch warnen, was CURTIUS (DVjs 21/1943. S.343 - 368. Hier S. 359 f.) in seiner berühmten Kritik an EHRISMANNs 'Ritterlichem Tugendsystem' über dieses Thema gesagt hat.

Zustand der Christen hingewiesen wird. In der Parallelstelle K 6448 ff. wird dies ausgelassen. Ein Blick auf andere Stellen zeigt aber, daß negative Zustandsbeschreibungen der Christen auch übernommen werden. Eine Änderung oder Beibehaltung hat daher m.E. immer nur einen eng auf den jeweiligen Zusammenhang bezogenen, deshalb auch nicht mehr erschließbaren Zweck.

Sehr planvoll erscheint dagegen die Fortlassung folgender dR-Stelle (Ausruf Turpins im Kampf):

dR 6297 er scol von rechte imer mûnich sin
swer hi nicht slet daz swert
derne wart nie mannes wert.

(WESLEs Interpunktion habe ich fortgelassen; ich fasse die Stelle als Apokoinou-Konstruktion auf.)

Bzgl. des dR spricht HAACK hier zutreffend von einer "Distanz der Haltung geistlicher Fürsten zur mönchischen vita contemplativa" (1). Es ist aber eben zu beachten, daß Konrad sich diese Distanz hier zumindest in Hinsicht auf sein Publikum zu eigen macht. In der miles-christianus-Vorstellung und -konzeption, wie HAACKE das meint (2), ist dies sicher nicht schlechthin angelegt. Solche Tendenzen sind natürlich gerade auch in weltlicher(er) Dichtung verbreitet; man vgl. etwa 'Reinfried von Braunschweig' V. 15472 ff. oder auch die folgende Stelle aus dem 'Lohengrin':

32o7 ... welch ein orden
bist dû, werdiu ritterschaft! Vil herter danne Franzisse
und aller gràwer orden sî,
Benedic, Dominic, Augustîn da bî,
swer dich mit wirde wil tragen sunder misse. (3)

Diese Einstellungen sind nicht zu verwechseln mit solchen, die den Mönch bewußt für geistig-geistliche Aufgaben freistellen und ihn deshalb der Teilnahme an realen Kämpfen entziehen wollen (4); denn während dabei zumindest für die Lebensweise Gleichrangigkeit beansprucht wird, setzen Stellen wie die o.a. oder ganze Epen mit solcher Tendenz wie die 'Moniage Guillaume' (5) ein Werteschema voraus, in denen die mönchische Lebensweise eine tiefere Rangskala besetzt hält. Selbst im 'Gregorius' Hartmanns (1534 ff.) werden solche Einstellungen noch deutlich; Vorbehalte gegen das Mönchtum und Ritterelogen werden dort zwar jemand in den Mund gelegt, dessen Meinung als unreif erscheinen soll, der aber später auch nicht Mönch wird (sein Eremitendasein ist nur Buß- und Übergangsstation), sondern direkt an die Spitze der kirchlichen Hierarchie katapultiert wird.

---

1) HAACK/Geschichtsauffassungen (s.S. 14 A 1) S. 79.

2) HAACKE/PBB (W) 81 S. 28o.

3) Loh. 32o7 ff. charakterisiert auch mit Wipreht von Lüttich einen Prototyp des kämpferischen Bischofs.

4) Vgl. Bernhard v. Clairvaux, Ep. 399: "neque enim terrenum sed coeleste Jerusalem monacho propositum est et hoc non pedibus pro fiscendo sed affectibus proficiscente." Zit. nach WENTZLAFF-EGGEBERT/Kreuzzugsdichtung a.a.O. S. 336 A 32.

5) s. KÖHLER, E.: Ideal und Wirklichkeit in der höfischen Epik. 2. Aufl. Tübingen 197o. S. 1o1 A 2.
Die dR-Stelle entspricht der Aussage nach Chs. O 1878 ff.

Stricker entfernt also dR 6297 ff. und beseitigt damit eine der wesentlichsten Verselbständigungen weltlichen Gedankengutes. Diese Streichung korrespondiert interessanterweise mit einem Lob des Klerikerstandes in K 15o ff. (über Leo). Und die dort an Leo gelobten Eigenschaften (Kontemplation, Buchgelehrsamkeit) entsprechen gerade solchen, die Turpin im dR der geforderten militärischen vita activa gegenüberstellt. Strickers Leo-Charakteristik gewinnt noch erheblich an Gewicht dadurch, weil ihr negative Charakteristiken der Brüder gegenüberstehen, die ein - R i t t e r l e b e n führen!

Eine an sich gravierende Änderung, die aber für den weiteren Verlauf folgenlos bleibt und deshalb auch nicht als Zeichen einer Tendenz angesehen werden kann, finden wir in K 17o3 (fehlt H.) gegenüber dR 114o ff. Konrads Roland wird während des gesamten Epos als aufbrausend gekennzeichnet. Bei Stricker ist Roland hier zwar auch zornig auf Genelun (K 17o2) - 'und tet idoch als ein man/der sîne zuht behalten kan' (17o3 f.). Der dadurch entstehende Eindruck wird verstärkt durch den gegenüber dem dR viel mehr argumentativen Charakter der folgenden Rede Rolands (Ablehnung des heidnischen Angebotes). Wie kann dann aber Karl Roland wie im dR K 1725 ff. als 'ungezogenlîche' bezeichnen? M.E. deshalb, weil hier das Karlsbild im Vordergrund steht: Karls Tadel stellt seine Dispositionsberechtigung heraus, und diese anzutasten, kann ja nicht in Strickers Interesse gelegen haben. Was hier aber noch zu ändern ist, um einen groben Widerspruch zu verhindern, hat Stricker durchgeführt; anders als im dR wird der Tadel einschließlich des Prädikates 'ungezogenlîche' nicht auf das Verhalten bezogen, sondern auf die Uneinigkeit der beiden (K 1721 f.), und diese Begründung geht dem Tadel voraus.

In der Diskussion über die Frage, wer als Gesandter zu Marsilies gehen soll, läßt Stricker zwar keinen der im dR von Karl für die Ablehnung Rolands, Turpins und Oliviers angegebenen Gründe aus (Roland sei zu aufbrausend, Olivier 'ze gaehe mit der rede', Turpin habe nicht mitzureden, da er kein Kerling sei), durch einen Zusatz klingt das Ganze schließlich aber doch freundlicher. K 1964 ff. sagt Karl nämlich: 'in wil iwer deheinen von mir lân/die mîn hüetent naht unt tac/wan ich iwer enbern niene mac'. Die Argumentationen in diesem Zusammenhang sind also recht heterogen. Dabei gilt es natürlich, der heutigen Interpretation den Blick offenzuhalten für die Rezeptionssituation. Und auf die Frage, was beim Publikum an Eindrücken haften bleibt, kann geantwortet werden: Dem Text wird erstens entnommen, daß Karl seine kaiserliche Rolle als oberste Entscheidungsinstanz wahrnimmt, und man entnimmt ihm zweitens (an dieser Stelle sicher deutlicher als im dR), daß zwischen Karl und den Pairs ein ideales Verhältnis besteht. Diese beiden Eindrücke aber sind n i c h t mehr heterogen. Ob die ungleichartige Argumentation ins Bewußtsein gedrungen ist, darf mit Recht bezweifelt werden.

Wie sehr Stricker mit Stimmungslagen und Charakterzeichnungen 'jongliert', wie sehr er sie dem anpaßt, was er (aus welchen Gründen auch immer) in einem speziellen Zusammenhang für wichtig hält, ohne daß dies nun als 'einzig angebrachte', 'notwendige', 'beste und plausibelste' Lösung interpretiert werden darf, zeigt umgekehrt zu unserem letzten Beispiel K 2o88. Hier greift Karl in den Streit zwischen Roland und Genelun 'zornlîche' ein (fehlt G.) - dR 1487 hat 'gezǒgenliche'. Hier handelt es sich also verbal um eine Verschärfung, die aber insofern auch zu unserer Kategorie gehört, als man Folgendes bedenken muß: Genelun ist als Gesandter vorgeschlagen worden; Karl hat das akzeptiert und ihn durch Überreichung des Handschuhs offiziell mit dieser Aufgabe betraut. Damit hat Genelun jetzt eine Pflicht zu erfüllen und haben die Anderen deren Ausführung nicht mehr hinauszuzögern. Beides ist aber durch den ausbrechenden Privatdisput in Frage gestellt, in Frage gestellt ist damit auch Karls Autorität. Hier 'gezǒgenliche' zu reagieren, betont diese Autorität nicht gerade und paßt auch nicht zum Inhalt des folgenden Tadels.

Über den Fortfall der Kritik an Oliviers Verhalten dR 5574 ff. (swert = ritterlich gewant) wurde schon Kap. II. 2 gehandelt.

Nachdem Marsilies seinen Arm verloren hat und geflohen ist, haben die Christen außer Roland noch sechzig Mann (K 7436; dR 6347: mit Roland 62). Sie treffen jetzt auf die Heere zweier verspätet eintreffender Heidenkönige, sind beeindruckt von deren Zahl, und Turpin fragt sich beim Anblick der schwarzen Kämpfer: 'waz volkes mac diz sin?' (K 7458 = dR 6349). dR 6361 antwortet Roland darauf: 'enruchet wer di <u>wizenare</u> sin'. K 7466 akzentuiert um und setzt 'zagen' (Hs. B: vaeigen; dort also sogar direkte Umkehrung des Bildes im dR).

dR 79o3 ff./K 933o ff. betet Karl vor der Paligan-schlacht und stellt biblische Reminiszenzen an Fälle her, in denen Gott den Seinen aus Gefahr geholfen hat. Die Erwähnung des Hl. Petrus hat dabei verschiedene Gestalt:

dR 7919 sent Petern (sc.: hast du) uz des meres unden (sc.: gerettet)
er uerlǒgenote din drie stunde. (1)

K 9354 du lôstest Petern ûz dem mer,
do er sêre vorhte den tôt.

Hier von Entschärfung zu reden, scheint vielleicht nicht ganz gerechtfertigt, weil ja der Inhalt des dR genauso durch die Bibel legitimiert ist. Immerhin öffnet sich Konrads Darstellung nur mit dR 7917 einem Analogieschluß, während der zweite Vers zusammenhanglos bleibt bzw. bleiben muß, wenn man nicht gerade einen adversativen Zusammenhang ansetzt - aber die Fortführung 'wieviel mehr Aussicht haben dann wir' kann ja wohl nicht der Sinn sein. Die K-Stelle dagegen ist ganz auf die Situation der Christen übertragbar, und auch die kurz vorher erwähnte Petersfahne (K 9324 = dR 79o1) mag wohl nach Strickers Meinung mit seiner Version besser in Einklang gestanden haben.

---

1) Statt als elliptische Konstruktion, bei der ein neues Prädikat zu ergänzen ist, kann man den Vers auch noch von dR 7915 abhängig auffassen: 'du hast St. Peter erhört, (als er) aus den Wellen (um Hilfe rief)'.

III. 7 Profanisierungen

Diese Kategorie gehört zu den heikelsten, weil der Begriff 'profan' sich einer annähernd objektiven Bestimmung leicht entzieht. Mittelalterliche Literatur präsentiert vieles, was heute als profan zu bezeichnen wäre, einer diachronen Betrachtungsweise aber gerade wegen der naiven Nähe, in die es im MA zu Nicht-Profanem gebracht wird, nicht als schlechthin im Besitz dieser Eigenschaft gelten darf. Die Etymologie leistet sowenig wie die Ersetzung durch Einwort-Synonyma, und hier eine Definition zu versuchen, würde wahrscheinlich nur zu einem weiteren Unikat in der Sammlung wissenschaftlicher Individualterminologien führen. Da es aber unzweifelhaft das Phänomen des Wechsels zwischen ethischen Bezugsebenen gibt und da dies auch im K der Fall ist, dürfen Beispiele bei einer Darstellung der Bearbeitungsweise nicht fehlen.

Zunächst einige Erläuterungen zu meiner noch recht abstrakten Formulierung eines 'Wechsels der Bezugsebene', die dazu dienen soll, das Problem auf einer allgemeinen, aber handhabbaren Ebene zu lösen. Im Ganzen gesehen ist der K genauso wenig profan wie das dR. Der christliche Glaube im Ganzen und einige seiner konkreten Inhalte werden in fast alle Handlungsteile einbezogen; zur 'tugent' der Hauptpersonen gehört eine im Verlauf der Handlung immer wieder praktizierte und vom Autor entsprechend kommentierte Religiosität; innerliterarisch ist die religiöse Problematik handlungsauslösend, was ganz sicher einem außerliterarischen Konzept entspricht. Der Kreuzzugsgedanke dominiert das Epos, nicht umgekehrt (wie in einigen der in Kap. I erwähnten Werke). Handlung, Motive, didaktische Elemente, Vergleiche, Sentenzen und viele Begriffe entstammen der Religion bzw. verschiedenen ihrer Umfelder und sind umgekehrt auf sie bezogen. Eine versuchsweise Reduktion auf die wesentlichen Bestandteile - Hauptpersonen, Haupthandlung, Hauptmotiv - kann im Fall von dR und K nie so weit gehen, daß nicht noch das religiöse Element erhalten bliebe. Neben dem Religiösen gibt es aber noch andere Bereiche, auf die sich dR und K beziehen. Literarische Bezugsobjekte besitzen verschiedene ethische, moralische, geistige Wertigkeiten je nach dem Bereich, aus dem sie stammen. Die Wertigkeit oder auch gleichzeitig Bedeutung, die verschiedenen Stoffen und Themen zukommt, ist natürlich im Wesentlichen Folge einer Konvention, an der auch Autor und Publikum teilhaben. Deutlich wird dies z.B. an der Lehre der Rhetorik von den drei genera: gerade die Rhetorik will ja Mittel zum Erfolg beim Rezipienten an die Hand geben und geht dann bei ihren Empfehlungen davon aus, worauf das Publikum besonders anspricht, d.h. also, sie empfiehlt ein Eingehen auf den Standard zum Zweck besserer Verständigung. Man kann also, was das Renommee verschiedener Themen angeht, von Bezugsebenen eines Textes sprechen. Von einem 'Wechsel der Bezugsebene' hinsichtlich dessen, was im allgemeinsten Sinn unter 'Profanisierung' zu verstehen ist, spreche ich i.F. dann, wenn Erklärungen, Stoffe, Themen u.a.m. einem Verstehens- oder Lebensbereich entnommen sind, der im K im Verhältnis zu dem in der Vorlage angesprochenen eine (relativ) geringere Wertigkeit besitzt. Dies muß sich nicht notwendig nur auf Religiöses beziehen.

Beispiele

Nachdem Karl vom Auftrag des Engels an ihn berichtet hat, befragt er zunächst die Pairs um ihre Meinung. Sie erklären sich zur Unterstützung bereit, und zwar aus zwei Gründen:

K 559 si tâtenz beidiu durch got
und durch der liebe gebot,
die si zum künege hâten.

Das dR hat keine genaue Parallelstelle, sowohl bei Konrad als auch bei Stricker stehen aber sonst in der gesamten Beratungsszene Kreuzzugs- und Martyriumsgedanke im Vordergrund. Anläßlich des Themas 'Persönliche Bindungen' (II. 4) hatten wir bemerken können, daß Stricker normalerweise nur da solche Beziehungen einführt, wo sie für den religiösen Gehalt ungefährlich sind, oder daß er institutionelle Beziehungen durch persönliche ersetzt. Nun ist die hier angesprochene Bindung ohnehin nicht gefährlich, weil sich ihr Resultat mit dem der religiösen Motivation deckt. Trotzdem geht aus der Formulierung, in der ja zumindest die Syntax eine differenzierungslose Gleichstellung nahelegt, sehr deutlich die Hinzunahme einer zweiten ethischen Bezugsebene hervor. Von einer Profanisierung im o.a. Sinn zu reden, geht nun sicher nicht an. Zwar ist der Bindung an Gott theoretisch jede andere unterzuordnen, aber diese Forderung beweist ja gerade, daß sie sich in der Praxis nicht in gewünschtem Maß durchgesetzt hatte. Strickers Darstellung wird also von seinen Rezipienten nicht als profan angesehen worden sein. Trotzdem ist die Stelle beachtenswert: von Bedeutung darf nicht nur sein, was aus einem Text per Rezeption entstehen oder nicht entstehen kann, sondern auch, was in ihm von vornherein dem Rezipienten zugestanden wird. Diese Trennung ist sicher in vielen Fällen künstlich, aber nicht von vornherein in allen. Die schon erwähnte explizite Abqualifizierung des Mönchtums in dR 6297 ff. stellt gewiß ein solches Zugeständnis an das Publikum dar, die dahinter stehende Anschauung kann aber, unabhängig von der Existenz dieser Stelle, schon allein durch den Inhalt des Gesamttextes beim Publikum entstehen, denn es geht darin von der reinen Handlung her ja meistens um Kämpfe. Stellt dieser Fall also das dar, was ich als vermittels der Rezeption entstehende Aussage bezeichnet habe, so kann aus ihm bzgl. der Autorenhaltung nur geschlossen werden, daß bestimmte Inhalte als einer Weltanschauung integrierbar erachtet werden. Der erste Fall aber - explizite Nennung einer aus der Handlung nur erschließbaren Haltung - läßt Rückschlüsse auf den G r a d der Verformung dieser Weltanschauung beim Autor selbst zu, die über Aussagen wie 'Zugeständnis', 'Tolerierung in Einzelheiten' oder vielleicht auch nur 'geschickte Einkleidung' weit hinausgehen. Kommen wir von daher wieder auf K 559 ff. zurück, dann kann man also feststellen, daß die deutliche Doppelmotivierung bei nicht nur wie sonst durch die verschiedenen Handlungsteile angelegter tendenzieller, sondern bei offen ausgesprochener Gleichrangigkeit beider Motive den Gehalt der Vorlage an d i e s e r Stelle ändert.

Eine Profanisierung eigener Art stellt auch K 2755 dar. Der Vers steht im Zusammenhang mit den Versprechungen, die Marsilies Genelun macht. Im dR (2211 ff.) bietet er ihm u.a. die Herrschaft über sein eigenes Reich, ja sogar die

Befehlsgewalt über seine eigene Person und das Heer an - Rechte also, die sicher nicht wörtlich genommen werden dürfen, sondern nur die Größe des Angebots verdeutlichen sollen; andernfalls würde Marsilies ja die Abhängigkeit von Karl, der er entgehen will, nur mit einer solchen gegenüber Genelun vertauschen. Stricker stellt das Ganze zunächst einmal in Form einer Herrschaftsteilung bei gleichen Rechten für beide Seiten dar (K 2756 f.); aber dadurch wird der Charakter des Angebots noch nicht in Frage gestellt. Wenn Stricker aber Marsilies im o.a. Vers sagen läßt, er werde mit Genelun alles teilen 'âne mîne frowen eine' (2755 f. fehlt F. ane das weyb GHI), dann ist der Einbruch der Ratio zu groß, um nicht auch für das Publikum spürbar zu werden und die Aussage als Ganzes zu relativieren, obwohl niemand an eine solche Möglichkeit überhaupt gedacht haben wird. Die Änderung des dR wird für das Publikum nicht spürbar, das ja nicht mit der Vorlage vergleichen kann. K 2755 bringt aber dieses Publikum auf Möglichkeiten, die sich aus dem Text sonst nicht hätten erschließen lassen. Ich stehe einigermaßen ratlos vor dem Zusatz; er ist inhaltlich zu spezifisch und zu auffällig, um nur auf metrische oder Reimgründe zurückgeführt werden zu können. Wenn es nur um eine Einschränkung an sich gegangen wäre, hätte es sicher deutlichere Möglichkeiten gegeben. Drei vage Deutungen bieten sich immerhin an, ohne aber m.E. letztlich überzeugen zu können:

1. Von Strickers Technik der Vor-, Rück- und Querbezüge her läge es nahe, hier eine Hindeutung auf die Existenz Pregmundas zu sehen - warum aber dann ohne Namensnennung? Erst dadurch wäre ja der Effekt der Identifizierung für das Publikum möglich gewesen.

2. Sehr verführerisch wäre es, ausgehend vom Topos des 'bürgerlichen Stricker' hier den Aufbau einer persönlichen oder Privatsphäre gegenüber dem funktionell-institutionellen Bereich (Herrschaft, Untertanen) zu sehen. Das mag objektiv stimmen, ist aber im Ganzen zu wenig fundiert, um eine bewußte Autorenhaltung ausmachen zu können. Auch ist Strikkers 'Bürgerlichkeit' selbst etwas umstritten, so daß sie Ausgangspunkt einer Interpretation der Stelle nicht sein kann. Zudem stünde ein Passus mit solcher Tendenz im K sehr isoliert da, bliebe also auf jeden Fall folgenlos. Auch hier verbietet also der Blick auf Strickers sonstiges Bemühen um Motiveffizienz das Beharren auf einer Erklärungsmöglichkeit.

3. Möglich wäre schließlich noch, daß seine Äußerung Marsilies in dem Sinn diskreditieren soll, daß auch er jemand ist, der wie Genelun an seiner Frau hängt. Diese Aussage stünde im K ja nicht isoliert da (s. Kap. I), aber die theoretische Alternative, die in der Aussage impliziert ist, dürfte gerade vom religiösen Geschmack (und nicht nur von ihm her) zu anrüchig sein, um Stricker hier gelegen zu kommen.

Damit bleibt die Verwertbarkeit von K 2755 im Rahmen eines Beschreibungsversuches der Darstellungstechnik beschränkt auf die Kenntnisnahme der inhaltlichen Besonderheit. Sie bewirkt den Einbruch in die Sphäre des Floskelhaften, indem sie Redensartliches wörtlich nimmt.

dR 2415 ff. = K 2941 ff. entwickelt Genelun Marsilies seinen Plan, wie man Karl beizukommen habe. In beiden Epen wird auf folgender Überlegung aufgebaut: Wenn Karl Tribut und Geiseln erhalten habe, würden die Christen keinen Grund mehr sehen, im Land zu bleiben. In einem Zusatz Strickers ist davon die Rede, die Christen würden abziehen, sobald 'siz guot zeteilet hânt' (K 2953). Damit wird der Tribut seines symbolischen Charakters entkleidet (dR 2425 spricht ausdrücklich davon, daß die Christen unter dieser Bedingung 'mit grozzen eren' abziehen können) und auf seine materielle Komponente reduziert. Stricker läßt hier übrigens den Hinweis auf die Sehnsucht der Christen nach Frauen und Kindern aus; dies stimmt mit seiner sonstigen Haltung überein, wäre aber sicher nicht geschehen, wenn es ihm in K 2755 (s.o.) um das Einbringen einer 'Privatsphäre'gegangen wäre.

Die Interpretation, es handele sich bei dem Zusatz K 2953 um eine Profanisierung, kann nicht durch den Hinweis entkräftet werden, es handle sich ja nur um eine Vermutung Geneluns. Denn erstens geht sein Plan ja in Erfüllung, zweitens entspricht es seiner vom Autor konzipierten List, auf normalerweise berechtigten Überlegungen und Annahmen aufzubauen (was dann nur für falsche Ziele eingesetzt wird).

Ein Vergleich von dR 4796 ff. und K 5817 scheint nahezulegen, daß Profanisierungen manchmal schon in der Vorlage angelegt sind und nur durch andere Zusammenstellung des Textes mehr zur Geltung kommen: Eschermunt bringt bei Engelirs einen Lanzenstoß an; Stricker bemerkt, daß 'beide got und ouch sîn halsperc' den Christen vor dem Tod retten. Damit zieht er aber nur zwei auseinanderliegende Stellen des dR zusammen. Bei Konrad wird jedoch deutlicher, was das Entscheidende ist: 'got in vil wol bewarte' (dR 4797), von einem Zusammenwirken qualitativ gleicher Faktoren kann im dR hier keine Rede sein. Und wenn dann in einer ähnlichen Situation Stricker den rettenden Gott aus dR 5o73 durch Oliviers 'îsenhôse' (K 6o91) ersetzt, wird im Rückblick auch die Tendenz der letzten Stelle deutlich. Ähnliches gilt für K 66o8 ff.: während im dR Turpin durch Gott vor dem Tod bewahrt wird, ist es bei Stricker zusätzlich der Umstand, daß das Pferd des Bischofs strauchelt und seinen Reiter so der vollen Gewalt des Lanzenstoßes entzieht.

Unbedingter Realismus und schiere Profanität kann aber in allen drei Fällen deshalb nicht angesetzt werden, weil die Unterhaltungsfunktion der Begründungen nicht unterschätzt werden sollte. Die Qualität von Waffen und Ausrüstungsgegenständen sowie Details des Kampfverlaufs (Sturz des Pferdes) stehen ja mit im Zentrum des äußeren Geschehens und decken somit Publikumserwartungen ab. Daß sich dieses Element nicht verselbständigt (jedenfalls nicht über den ganzen Text hin), dafür sorgt das gehaltliche Umfeld.

<u>weitere Stellen</u>

K 3256 ff. - dR 2763 ff. (Schutz- statt Ehrenfunktion des Geleites); K 329o; K 4o11 ff.

Einordnung

Die Bereiche, aus denen die Beispiele stammen, sind heterogen. Man kann also wieder nicht feststellen, daß der religiöse oder der weltliche Bereich entscheidend stärker betroffen wäre. Einerseits fügt Stricker göttliche Erscheinungen hinzu (K 4822: die Stimme vom Himmel), andererseits wird einmal die Bezeichnung dR 31 'gotes dinist man' für Karl weggelassen (1). Einerseits wird das, was dR 345 f. noch als durchaus unkonkret empfunden werden kann (die Seelen der Heiden fallen dem Teufel zu), K 846 ff. zum Wunder ausgebaut und auch ausdrücklich so bezeichnet ('zeichen'); andererseits kann gerade Religiöses umgekehrt die Entzauberung weltlicher Ideale bewirken, wenn nämlich K 392 f. Karl von Gott für seine Feldzüge von vornherein körperliche Unversehrtheit garantiert bekommt.

Bezeichnungen wie "frivol" oder "ironisierend" sind für den K ohne Zweifel nicht angebracht (2); sie würden eine Distanz und darüber hinaus eine k r i t i s c h e Distanz Strickers zum Inhalt seines Werkes ausdrücken, die gerade hinsichtlich der Gesamtdarstellung (s. Kap. I und II) keinerlei Stütze findet. Stricker ist allenfalls punktuell auf eine andere Art religiös als Konrad. Und diese andere Art kann kaum auf eine andere 'Weltschau' zurückgeführt werden, weil z.B. gegenüber dem Kreuzzug die gleiche Problemlosigkeit an den Tag gelegt wird wie im dR - dies aber zwei Generationen später und nach Vorgängen, die Konrads Horizont noch nicht tangieren konnten.

Eine Form von Religiosität, in der auch Rechenexempel darüber angestellt werden konnten, wieviel Verdammte auf einen Geretteten fallen oder wieviel Engel auf einer Nadelspitze Platz haben, kann vieles aufnehmen, was nur heute profan wirkt (zumal 'Profanität' auch im MA selbst eine durchaus umstrittene Kategorie ist; man vgl. etwa die uneinheitliche Haltung der Kirche gegenüber dem geistlichen Drama). Gerade in einer Zeit, in der Religion viel unmittelbarer und selbstverständlicher in alle Lebensbereiche hineinwirkt, ist Religiöses nicht nur ausgewählten Denk- und Vorstellungsformen vorbehalten. Wenn aber durch eine Hinzunahme durchschaubarerer und (hier ist der Ausdruck angemessen) realerer Elemente das Abstrakte an der Religion konkretisiert wird, dann ist dies gerade kein Zeichen von Distanz, sondern von Bemühen um Einsicht und - sofern sich in Literatur niederschlagend - von Lehr- und Vermittlungsabsichten. Dies gilt umgekehrt auch dann, wenn Religiöses nicht im Vordergrund steht, sondern für andere Zwecke genutzt wird. Die Verse 151 f. der 'Frauenehre' Strickers ('got den lobet manic man/der in doch nicht gesehen kan') (3) scheinen blasphemisch. Wer sie so wertet, abstrahiert völlig von ihrer Funktion: Es soll ausgesagt werden, daß nicht nur Sichtbares Realität besitzt; um etwas so schwer Einsehbares zu beweisen, bedarf es zugkräftiger Argu-

---

1) AMMANNs Kommentar, Stricker streiche damit eine "Individualisierung geistlicher Art", ist wohl nicht als zutreffend anzusehen. Es handelt sich doch eher im Gegenteil im dR um eine Klassifizierung Karls. (AMMANN (s.S. 12 A 6) S. 66).

2) So aber HAACKE/PBB (W) 81 S. 287.

3) Kleindichtung Bd. 1 (s.S. 25 A 3) Nr. 3.

mente. Das Argument, das schließlich benutzt wird, bezieht seine Schlagkraft gerade aus der Stärke dogmatischer Glaubensinhalte, die der Dichter sich hier zu eigen macht und durch Weitergabe auch für sein Publikum als überzeugend erachtet.

Wenn nun aber Profanisierungen im K a) nur punktuell und nach keineswegs einheitlichen Kriterien eingesetzt werden, b) die nur jeweils an den betreffenden Stellen verlagerten Werte nicht grundsätzlich relativieren, und wenn c) vieles überhaupt nicht oder nur sehr eingeschränkt als profan angesehen werden kann, dann bleibt für die von mir unter dieser Kategorie behandelten Fälle m.E. vorläufig nur eine Möglichkeit der Erklärung: Sie haben keine konstitutive Bedeutung für die Gesamtaussage und damit auch nicht für die interpretatorische Gesamtbewertung; ihrem punktuellen Einsatz entspricht nur eine punktuelle Tragweite. Sie lassen also nur erkennen, daß der Autor es in den jeweiligen Fällen für opportun gehalten hat, die vom dR vorgegebenen Bezugsebenen zu wechseln; sie beweisen damit aber auch wieder den Reflexionsgrad des Bearbeiters - ohne daß sich nun der Interpret die gewählte Lösung jeweils zu eigen zu machen hätte. Letztlich lassen sich damit die Beispiele auch wieder anderen Kategorien zuordnen: die Änderungen dienen z.T. der Konkretisierung, z.T. stellen sie ein Ausmalen dar, z.T. repräsentieren sie den Hang zu Erklärungen.

III. 8 Realismus?

Zu einer solchen Kategorie könnte man für den K kommen, wenn man einige der unter den Kategorien 'Erklärungen', 'Argumentieren', 'Systematisieren' und 'Profanisieren' aufgeführten Stellen differenzierungslos zusammenrückt und von ihrem jeweils spezifischen Sinn abstrahiert. Ich kann und will hier nicht in eine Diskussion über den Realismusbegriff einsteigen; er ist schon bzgl. neuerer Literatur bekanntermaßen umstritten - nur daß man dort wenigstens z.T. auf Äußerungen der Autoren zurückgreifen und ihre Absichtserklärungen an dem messen kann, was wirklich erreicht wurde. Bei mal. Dichtern ist das so gut wie unmöglich. Zwar macht sich schon die scholastische Logik eine inhaltliche Bestimmung von Wirklichkeit zu eigen (1), und der aristotelische Mimesis-Begriff operiert implizit auch mit einem bestimmten Wirklichkeitsverständnis. Ob aber Dichter versucht haben, sich bewußt an solche Vorgaben zu halten (2), ist eben nicht feststellbar. Man kann allenfalls rekonstruieren, was dem Publikum bestimmter Epochen unter der stillschweigenden Voraussetzung der Realitätsfiktion als Realität angeboten werden konnte. Das aber kann immer nur flächig, nicht punktuell für einen Autor geschehen.

---

1) s. GAEDE, F.: Realismus von Brant bis Brecht. München 1972. S. 8.

2) Die aristotelische Kunstlehre blieb im mal. Europa fast unbekannt. s. KOHL, St.: Realismus. Theorie und Geschichte. München 1977. S. 39.

Für Strickers 'Karl' bezweifele ich die Existenz von 'mehr Realismus' im Ganzen, und zwar sowohl im Vergleich zur Literatur der Zeitgenossen als auch im Vergleich zu seiner eigenen Kleindichtung - und zur Vorlage. Begründungen wie K 5816 f., 6o9o ff., 66o9 ff., 7499 ff. im Vergleich zu dR 4797 f., 5o72 f., 55o2 ff. und andere verraten nur, daß es Stricker an den entsprechenden Stellen darum ging, zusätzlich zur Vorlage noch andere Aspekte zu thematisieren; daß diese (zum Teil!) heute realistischer wirken, heißt nicht, daß sie als durchgängige Ersetzung unrealistischer (auch dieser Begriff müßte eigentlich in Anführungszeichen stehen) Motive zu verstehen sind - es gibt genug solcher Motive, die Stricker beibehält.

dR 425 'spranc' Blanschandiz auf, der Blanschandiz, von dem dR 426 gesagt wird: 'uor alter mûser nigen'. Stricker setzt K 1ooo 'ûf so stuont'. Das 'paßt' besser, aber daraus schon Realismus ableiten zu wollen, würde erst einmal bedeuten, Konrads Formulierung als unrealistisch zu deklarieren. Das ist sie aber nicht, denn der zeitgenössische Rezipient wird sich in seinem Realitätsempfinden nicht gestört gefühlt haben: Bei Konrad steht im Vordergrund, daß eine erregte Situation dargestellt werden soll, bei Stricker dagegen wird der bedächtige Charakter mehr betont. Die punktuelle Bedeutung der Änderung dominiert, bei Stricker wie bei Konrad soll ein wirklicher Eindruck und ein Eindruck von Wirklichkeit erzeugt werden.

Die Unterordnung einer grundsätzlichen Realität unter eine punktuelle Realitätsfiktion zeigt bei Stricker umgekehrt K 8732 - wo der Heide Marsilies ein 'wolte got' von sich gibt. Stricker übernimmt auch Widersprüche aus dem dR; so bezeichnet er Olifant K 8132 als 'zespalten', und in der Paliganschlacht erhält und gebraucht Rapoto dieses Horn.

Die Grenzen der Wirklichkeit sind im MA weit gezogen. Die Bevorzugung eines Aspektes bedeutet nicht, daß sie verengt und damit heutigen Vorstellungen angenähert würden. 'Realität' ist zwar etwas Relatives, der Begriff 'Realismus' aber sollte es nicht werden, da er sonst unbrauchbar wird.

Die Jbb. von Pöhlde bezeichnen es als "gar nicht wunderbar, daß die Erde bei so großen Erschütterungen in einem Jahre auch erschüttert wurde" (1). Otto von Freising sagt zu den Gründen einer Überschwemmung, es sei ungewiß, "an (amniculus) ex refluxione proximi maris imbrivium multitudine an ex (...) superne maiestatis ultione" über die Ufer getreten sei (2). Stricker führt ein Wunder ein, um die Trennung von Heiden- und Christenleichen 'motivieren' zu können (s. auch oben zum Ägidiusbericht). All das sind (waren) Möglichkeiten der Realitätsauffassung; sie decken sich mit heutigen nicht und können deshalb auch nicht an ihnen gemessen werden.

HERZMANNs Bedauern darüber, daß bzgl. des mal. Realismus "über der Katalogisierung und Edition des riesigen Materials die Interpretation und die geistesgeschichtliche Ein-

---

1) Die Jahrbücher von Pöhlde. Nach der Ausgabe der MGH übersetzt von E. WINKELMANN. Neu bearb. von W. WATTENBACH. 3. Aufl. Leipzig 1941. ad a. 1o81.

2) Bischof Otto von Freising und Rahewin: Die Taten Friedrichs oder richtiger Cronica. Hrsg. von F.-J.SCHMALE. 2. Aufl. Darmstadt 1965. I, 48.

ordnung zu kurz (kommen)" und man sich "(noch weniger) an eine Gesamtbeurteilung (wagt)" (1) sowie sein Postulat wenigstens "vorläufiger Deutungsversuche", weil "auch 'falsche' Interpretationen (...) die Forschung weiterbringen" (2), sind prinzipiell berechtigt. Daß aber nur "vereinzelte Vorstöße" (3) unternommen worden sind, heißt nicht, daß es in der Literaturwissenschaft keine Vorstellung(en) über mittelalterlichen Realismus gäbe. Diese Vorstellung beruht zwar selten auf großangelegten Untersuchungen (4), dafür aber um so mehr auf scheinbaren oder tatsächlichen Einzelfeststellungen, Sentenzen, Thesen, Verallgemeinerungen und Analogieversuchen, auffindbar in den meisten Arbeiten, die sich mit Texten jenseits der staufischen Klassik beschäftigen. Eindeutig zugunsten des Prädikats 'realistisch' für die mal. Literatur hat sich nur Erich AUERBACH festgelegt (5); er gibt durch diese Offenheit auch die Möglichkeit, sich mit seinen Thesen auseinanderzusetzen. Dagegen sind die o.a. Miniaturdeutungen für die Diskussion praktisch ungreifbar, bestimmen aber durch ihren Verbreitungsgrad, ihre Häufung und eben ihre Unangreifbarkeit das Bild vom mal. Realismus und seinen Kriterien. Daß die Auffindung solcher Kriterien den üblichen methodischen Schwierigkeiten unterliegt, kann nicht verwundern - nur: diese Schwierigkeiten kommen oft gar nicht zur Geltung, denn gerade bei mal. Literatur wird zu viel mit (scheinbaren) Evidenzen gearbeitet. Das, was ohne weiteres als realistisch klassifizierbar erscheint, gewinnt die Berechtigung dieser Benennung oft aus dem Vergleich mit Texten, deren Inhalte heute oft absolut fremd erscheinen. Dabei wird Folgendes m.E. nicht immer genügend beachtet:

1. Ein Großteil des Fremdartigen ist nicht durch die Haltung der Autoren zu und ihren Auffassungen von bestimmten Gegenständen bedingt, sondern durch diese Gegenstände selbst.

2. Das Objekt literarischer Darstellung besagt über den Grad realistischer Einstellung nichts.

3. Eine eigene Kategorie 'Realismus' einzuführen, hat nur Sinn, wenn man sie für das MA nicht mit der des Naturalismus vermengt (6). Der Hauptakzent der Unterscheidung ist

---

1) HERZMANN, H.: Zum 'Realismus' in der deutschen Literatur des Spätmittelalters. In: Daphnis 5 H. 1/1976. S. 1-36. Hier S. 3.

2) ebd. S. 4 3) ebd. S. 3

4) Solche betreffen fast nur die Realismusproblematik einzelner Gattungen, so z.B. die Arbeiten von H. FISCHER zum Maere oder von P. NYKROG zu den Fabliaux. Zum Realismus innerhalb von Gattungen vgl. KOHL (s. S. 174 A 2) S. 44-49.

5) s. dazu KOHL a.a.O. S. 42-44.

6) Die von M. DVOŘÁK ausgehende Naturalismus-Diskussion scheint zwar beendet (s. KOHL a.a.O. S. 4o f.); seine Analogieschlüsse von der bildenden Kunst her, erweitert um Aspekte der Musikgeschichte, sind aber nach wie vor aktuell; s. etwa HERZMANN a.a.O. S. 2 oder GROSSE, S.: Zur Frage des 'Realismus' in den deutschen Dichtungen des Mittelalters. In: WW 22/1972. S. 73-89. Hier S. 74. Solche Vergleiche sollten m.E. eher der Abgrenzung als der Analogie dienen.

dabei auf die Anwendungsgebiete zu legen, wobei das des Realismus als das weitere zu betrachten ist.

4. Definitionen wie "Realismus - im weitesten Sinne - bedeutet den Versuch in der Kunst oder in der Literatur, die Wirklichkeit möglichst genau abzuschildern" (1) sind für Autoren, von denen keine entsprechenden theoretischen Absichtserklärungen vorliegen, nur als eingeschränkt tauglich zu erachten. Wer kann beurteilen, ob ein solcher Versuch vorliegt? Definitionen müssen in solchen Fällen ihren Ansatzpunkt auf der Seite des Dargestellten, nicht auf der des Darstellenden haben, und h i e r ist auch die Subjektivität des Interpreten sinnvoll (und unumgänglich) ins Spiel zu bringen.

5. Vielleicht die einzige, auf jeden Fall aber die erfolgversprechendste Möglichkeit zur Identifizierung von Realismus in einem zeitlich sehr entfernt liegenden Text bietet die Wertänderung im Dargestellten, d.h.: wenn innerhalb der Beschreibung eines überwiegend positiv dargestellten Bereiches, einer Person, einer Handlungsweise usw. auch Darstellungen von Negativa zu finden sind und umgekehrt, dann ist die Möglichkeit gegeben, daß der Autor sich um eine nicht-idealisierende und das heißt: realistische (2) Gestaltung bemüht hat. So ist es etwa realistisch, wenn Jansen Enikel berichtet, es sei Karl dem Großen nicht gelungen, den 'widerslac' (= Selbstjustiz) auszurotten (3); und zwar ist dies nicht deshalb realistisch, weil sich der Bericht mit historischen Fakten deckt, sondern weil der Autor damit beweisbar Aspekte seiner eigenen Zeit mitreflektiert und den Rahmen idealisierender Geschichtsbetrachtung verläßt.

6. Bei Vorliegen der in 5. genannten Voraussetzungen kann immer erst eine gewisse Quantität der Fälle in einem Text darüber entscheiden, ob es sich um eine grundsätzlich realistische Haltung des Autors handelt oder nur um "Einzelrealismen" (4).

7. Von der Position des Interpreten, von seiner (jeweils zeitgenössischen) Kenntnis dessen aus, was 'real' war z.Z. des untersuchten Textes, darf wie angedeutet nicht abstrahiert werden. Mit der (im Kern richtigen) Feststellung, daß gerade mal. Texte auch und oft besonders dann, wenn sie idealisieren, Beweis des Bemühens um Wirklichkeitsdarstellung sind, weil die Autoren die geschilderten Zustände für wünschenswert, machbar und deshalb wahrscheinlich irgendwie und irgendwann vorhanden angesehen haben, ist die Diskussion um den Realismus beendet (5) - was kann dann nicht mehr als realistisch angesehen werden?

8. Aus der Einbeziehung historischer Kenntnisse des Interpreten folgt aber auch, daß es prinzipiell erlaubt sein

---

1) HERZMANN/Daphnis 5 a.a.O. S. 1.

2) Zu entsprechenden Gegensatzpaaren s. ebd. S. 2.

3) s. KÖSTER/Karl der Große (s.S. 75 A 2) S. 85.

4) Begriff bei HERZMANN a.a.O. S. 35.

5) Zu einer ähnlich umfassenden Definition BRINKMANNs s. GROSSE/WW 22 (s. S. 176 A 6) S. 74.

muß, auch bei mal. Dichtungen von Realismus zu reden und nicht nur von "realistischen Zügen" (1) - wenn sich Indikatoren finden lassen. Die Bestimmung von Realismus als Entsprechung von Darstellung und Wirklichkeit (die Schwierigkeiten der Bestimmung von 'Wirklichkeit' kann nicht dazu zwingen, die Bindung zwischen beiden Begriffen aufzugeben) ist nicht an bestimmte Epochen gebunden. Die Kritik an vorschneller Zuweisung des Prädikats 'realistisch' hat nicht auf dem Weg über ein Hinausdefinieren dieser Eigenschaft zu erfolgen, sondern vermittels einer Untersuchung der Stichhaltigkeit und des Vorhandenseins von Kriterien.

9. Realismus ist nicht primär eine Frage von Form und Darstellung, sondern von Inhalten. Begriffe wie "lebendig, dramatisch bewegt, abgerundet" (2) abstrahieren aber vom Inhalt und können einer Lösung nicht dienen, zumal entsprechende Verfahrensweisen in Texten sehr oft der Beförderung von Realitätsfiktion dienen, also gerade das Gegenteil bewirken. Techniken sind eben prinzipiell zu gegensätzlichen Zwecken einsetzbar, was ihre Beziehung zur konkreten Aussage angeht. Das zeigt sich auch bei dem Begriff "anschaulich": In Übereinstimmung mit EHRISMANN (3) zählt GROSSE Anschaulichkeit einmal im Fall von Chrestien zu den Kennzeichen eines Realisten (4), um dann später resümierend bei der als Beispiel für Pseudorealismus im Wunderbaren aufgeführten Schilderung des Waldmenschen im Iwein Hartmanns festzustellen, die Figur stehe "anschaulich vor dem Auge des Lesers" (5).

Ausgehend von diesen postulathaft vorgetragenen Überlegungen möchte ich noch einmal zusammenfassend auf die Frage nach dem Realismus im K eingehen:

Stricker behandelt im K einen (vielleicht paradigmatischen; s.u.) Ausschnitt aus dem Leben Karls des Großen, und der überwiegende Teil ist als Kreuzzug dargestellt. Eine Menge von Detailschilderungen, besonders was den Kampf angeht, kann man insofern als realistisch bezeichnen, als sich dergleichen in entsprechenden historischen Situationen durchaus so abgespielt haben wird. Solche Details sind aber den o.a. Einzelrealismen zuzurechnen, größtenteils schon in der Vorlage vorhanden und entsprechen überdies den inhaltlichen Erwartungen des Publikums. Die Korrelation zwischen Publi-

---

1) So aber GROSSE/WW 22 S. 77, der, ausgehend von Übertragbarkeit des an das 19. Jh. gebundenen Epochenbegriffs 'Realismus', die Anwendung auch des einfachen Begriffs für das Mittelalter ablehnt. Seinem Resümee S. 89 ist dagegen uneingeschränkt zuzustimmen.

2) GROSSE a.a.O. S. 78.

3) Geschichte der deutschen Literatur bis zum Ausgang des Mittelalters. Teil 2.2,1. Neudruck München 1954. S. 136 f., 176 f.

4) GROSSE a.a.O. S. 78.

5) ebd. S. 83.

kumserwartung und Dargestelltem macht eine realistische Grundhaltung beim Autor nicht unmöglich, wohl aber deren Erschließbarkeit durch den Interpreten, weil eine 'Grundhaltung' des Autors als Person immer nur zu Tage tritt, wenn sie vom Publikumsgeschmack losgelöst erscheint.

Auf übergeordneter Argumentationsebene ist festzuhalten, daß Rolle und Stellung des Dichters sowie die Funktion des Textes realistischen Tendenzen im MA sehr oft widersprechen. Im K werden gesellschaftlich allgemein anerkannte Normen propagiert und idealisiert, auch wenn die theoretische Anerkennung nichts darüber besagt, wie verbreitet die praktische Befolgung dieser Normen war. Auch hier gilt also, daß Realismus sich in einem solchen Umfeld nur feststellen läßt, wenn die Idealität zerstört würde, und zwar wenigstens punktuell. Eine punktuelle Zerstörung der Idealität wäre kein Einzelrealismus mehr (andererseits ist die Ersetzung einer Idealität durch eine andere nicht als Zerstörung der Idealität im Ganzen anzusehen). Selbst der Extremfall eines sich verselbständigenden Realismus, der auf Grund intrapsychischer Mechanismen beim Autor die kontextuellen Gegebenheiten sprengt, müßte sich dem Kriterium des Wertwechsels unterziehen lassen.

Es gibt im K zwei Passagen, in denen sich ein solcher Wertwechsel anzudeuten scheint:

1. Auf seiner Flucht trifft Genelun K 11322 Kaufleute, die sehr darüber erschrecken, ihn 'gewâfent' zu sehen. Das Ganze spielt sich in Kerlingen ab, also nicht etwa auf heidnischem oder ausländischem Gebiet. Man kann hier zunächst die Selbstverständlichkeit, mit der Bewaffnung und Rüstung, Attribute des Ritters, als Grund des Erschreckens angegeben werden, als Realismus, als Beschreibung tatsächlicher, unidealer Verhältnisse ansehen: neben Bauern und Klerus hatten Kaufleute am meisten unter der adligen 'Berufsausübung' zu leiden. Mit der Anrede Geneluns an die Kaufleute wird aber sofort wieder die Idealität hergestellt; besonders deutlich wird dies, weil seine Worte nicht individuellen Bezug aufweisen (etwa in der Form 'ich werde Euch nichts tun'), sondern einen übergeordneten Rahmen ins Spiel bringen, der Sicherheit garantiert:

K 1134o furhtet dehein ungemach;
hie ist der fride alsô guot,
swer iu naeme einen huot,
der müese den tôt kiesen.

Ich möchte darauf hinweisen, daß noch eine andere Möglichkeit der Interpretation besteht, nämlich wenn man hier von der Darstellung von Vorbildhaftem ausgehen würde. Zu akzeptieren wäre diese Ansicht aber nur, wenn man bzgl. der speziellen Tendenz noch andere Anzeichen im Text fände. Denn falls eine solche Problematisierung beabsichtigt wäre, wird sie durch allzu große quantitative Unterlegenheit gegenüber anderen Themen verhindert - was einem Autor wie Stricker sicher kaum unbewußt geblieben wäre. Diese Bemerkungen sind sinngemäß auf das nächste Beispiel zu übertragen, sowohl was die Relativierung der von mir vorgetragenen Ansicht angeht als auch hinsichtlich der nötigen Zusatzbedingungen, die für eine Umbewertung erforderlich wären.

2. Anläßlich der Genelunflucht kommt es zu einer ernsthaften Divergenz zwischen Karl und Otte. Otte hatte auf die falschen Informationen der Kaufleute hin die Suche nach Genelun abgebrochen; der Kaiser legt das als Pflichtverletzung aus (K 114o7: 'do du mir niht dienen woltest/als du von rehte soltest') und spricht ihm alle ständischen Rechte ab (Allodialbesitz, Lehnsbesitz, Erscheinen am Hof, Teilnahme am 'teiding'; K 11419 ff.). Dieser Konflikt erscheint deswegen so besonders auffällig, weil sowohl Karl als auch Otte positive Charaktere sind, der juristisch-vasallitische Konflikt also nicht wie im Fall Geneluns durch andere, quasi normenkonforme Probleme verdeckt wird. Vor allem die Rolle Karls ist sehr zwiespältig - zwar kommt durch sein Verhalten natürlich seine Machtbefugnis zur Geltung, er scheint aber für einen Moment in eine Rolle gedrängt, die den Kaiserfiguren im 'Herzog Ernst' oder im 'Heinrich von Kempten' entspricht.

Der Konflikt wird gelöst in einer Weise, welche die Idealität wiederherstellt, ohne daß (anders als im 'Hz. Ernst' und im 'Heinrich von Kempten') am Kaiser ein Makel haftenbleibt. Denn der Unschuldige selbst übernimmt es, die Idealität der Normen zu wahren:

Otte wird von seinen Verwandten aufgefordert, Widerstand zu leisten und dem Kaiser Fehde anzusagen. Diese Aufforderung bringt Stricker in indirekter Rede, und sein Einleitungssatz macht sofort klar, daß die Idealität grundsätzlich nicht bedroht ist:

K 11461 do begunden di tumben sprechen,
si woltenz im helfen rechen
mit urliug an daz rîche.

Der Widerstand gegen den Kaiser wird also von Stricker überhaupt nicht als eine mögliche Konsequenz des schuldlosen Vasallen dargestellt, sondern als töricht abqualifiziert. In der folgenden Antwort Ottes zeigt sich überdies, daß Stricker hier auch die Problematik des Widerstandsrechtes erst gar nicht weiterverfolgt (etwa unter positivem oder negativem Rekurs auf die 'triuwe'), sondern daß die von Otte gewählte Verhaltensweise primär Beweischarakter hat:

K 11464 ir ratet mir tumplîche,
sprach der vil wol geborne.
sô waere ich der verlorne,
swie gar ich unschuldec bin.
swenn ich mich sazte wider in,
sô würde ein lantmaere,
daz ich vil schuldec waere.

Widerstand wird also als Schuldbeweis deklariert - so stark wirkt die Idealität hinüber in eine literarisch auf Verselbständigung geradezu angelegte Situation hinein.

'tumplîche' ist m.E. sehr eindimensional aufzufassen, hat hier keinen Nebensinn von 'moralisch verwerflich' o.ä., sondern meint tatsächlich, daß das von Ottes 'mannen' vorgeschlagene Verhalten unklug wäre. Die von Otte vorgetragene Argumentation hat bzgl. der Aussage zwei Folgen:

1. Durch die Ablehnung an sich (unabhängig von der Begründung) wird die anfänglich gefährdete Idealität gewahrt, es kommt nicht zu einem Bruch oder zu einer di-

rekten Konfrontation zwischen zwei gleichermaßen subjektiv im Recht befindlichen Personen - was ja sehr heikel zu lösen wäre. Durch das von Otte gewählte Beweisverfahren (er zieht allein los, um Genelun zu finden) werden die Kontrahenten nicht nur räumlich getrennt; es entspinnt sich eine eigene neue Handlung, die auch das Interesse vom Ausgangsproblem abzuziehen imstande ist.

2. Das spezielle Argument hat den Konflikt in geordnete Bahnen gelenkt. Es geht nur noch darum, wie Otte sich rehabilitiert, und mit der Frage nach dem 'Wie' zeichnet sich auch schon diese Rehabilitation als Ergebnis ab.

Verstärkt wird die im Wesentlichen schließlich doch unbedrohte Idealität dadurch, daß Otte zunächst Gott um Hilfe bittet (K 11483 ff.). Indem also die folgende Lösung auf göttliches Eingreifen zurückgeführt werden kann, handelt es sich um eine normativ verpflichtende und quasi 'praktische'. Bezieht man hier noch Beobachtungen aus dem Genelunprozeß ein, dann muß sogar die Frage erlaubt sein, ob Stricker einzelne realistisch erscheinende Züge nicht sogar bewußt einsetzt, um Ideale stärker zu betonen, um zu zeigen, daß normale Probleme im Bereich Karls ihre unkalkulierbare Gefährlichkeit verlieren.

Rekurriert man auf die Kreuzzugssituation, dann widerspricht einem Realismus im K auch die weitgehende gehaltliche Identität mit dem dR. Ungefähr 5o Jahre nach Abfassung des dR, 13o Jahre nach dem 1. Kreuzzug, in einer Zeit, in der deutliche Kritik längst artikulationsfähig ist und auch artikuliert wird, bezieht Stricker nichts von der Realität der Kreuzzüge ein, was über den situationsgebundenen Rahmen hinausgeht. Identische Aussagen in einer völlig anderen historischen Situation sind - unrealistisch.

III. 9 Ergebnisse (Auswertung III. 1 - 8)

Das, was in diesem Kapitel festgestellt wurde, sagt hauptsächlich etwas über den G r a d der Bearbeitung aus. Über diesen Grad kann man nichts erfahren, wenn man wie AMMANN zwar eine Unmenge von Einzelabweichungen von der Vorlage verzeichnet, sie aber inhaltlich beziehungslos nebeneinander stehenläßt (1). Die Techniken und Verfahrensweisen, die Stricker anwendet, sind qualitativ durchaus nichts Besonderes und gehören zu dem Repertoire, das jedem Bearbeiter und überhaupt jedem Autor potentiell zur Verfügung steht. Sie k ö n n e n auch gar nichts Besonderes sein, weil sich die praktisch angewendeten Verfahren nahezu lückenlos mit dem decken, was theoretisch möglich ist. Und hier läßt sich zunächst fest-

---

1) Eine Kritik an AMMANN gehört schon fast zum guten Ton in der K-Forschung. Vergessen wird oft, daß er seine Arbeit unter quellenkritischen Gesichtspunkten verfaßt hat, daß also seine Kategorisierungen durchaus nicht sinnlos sind. Im Grunde genommen wurde AMMANNs Untersuchung bis heute nicht ausgewertet; sie scheint mir immer noch ein enormes heuristisches Potential zu enthalten, und von der Intensität her war A. sicher derjenige, der sich mit dem Text am gründlichsten beschäftigt hat. Wenn man manche Kritiken liest, meint man allerdings, Stofffülle an sich wäre etwas Negatives.

stellen, daß Stricker eben eine ganze Menge des Möglichen realisiert hat. Weil die Logik der Struktur darunter nicht leidet, zeigt das gleichzeitig, daß er seine Vorlage völlig beherrscht und an fast jeder Stelle fest im Griff hat. Von einer rein mechanischen Bearbeitung kann nicht die Rede sein, einmal **deswegen nicht, weil für derart** häufige und z.T. auch weitgehende Eingriffe in den Text (nicht den Inhalt!) kein einfaches mechanisches Muster zur Verfügung steht, zum anderen auch deshalb nicht, weil sich die Änderungen keiner Mechanik unterordnen lassen; d.h., man sucht vergeblich nach einem durchgängig und lückenlos angewendeten System innerhalb der einzelnen Kategorien. Es fehlt ein Prinzip für ihr Inkrafttreten, falls man nicht die Häufigkeit an sich zu einem solchen erklären will. Stricker wendet seine Verfahren nicht überall an, wo dies möglich wäre. Trotzdem genügt das, was von seiner Seite geschieht, für die Feststellung durchgängiger W i r k u n g e n der Änderungen in den einzelnen Kategorien. Die deutlichste dieser Wirkungen ist wohl die engere Verknüpfung von Handlungsteilen. Und dies wird nicht nur hervorgerufen durch Techniken, die sich ohnehin dazu anbieten (grammatische Verbindungen, Rückbezüge, Vorausdeutungen), sondern genauso durch die meisten anderen: Auch Kürzungen wirken in dieser Richtung, insofern sie Handlungsteile näher zusammenrücken lassen und dabei keine für das Verständnis wichtigen Informationen verlorengehen (1). Auch das "verstärkte Netz epischer Verwandtschaftsverhältnisse" (2) hat ähnliche Folgen. Desgleichen schafft andererseits die Reduzierung des Personals und geographischer Namen (3) mehr Raum für Aufmerksamkeit gegenüber dem Verbleibenden. Und Kommentare zeitigen durch implizite Betonung des vorher Mitgeteilten den Effekt, daß diese Informationen im Gedächtnis des Publikums abgerufen werden (können), fügen also nicht nur durch die Deutung des Autors neue Aspekte hinzu, sondern rekapitulieren Handlung.

Die Handlungsteile, die enger verknüpft werden, können durchaus nicht immer als diejenigen angesehen werden, die dafür auf jeden Fall am besten geeignet wären. Mit anderen Worten: Stricker behält sich anscheinend gegenüber sich selbst in den angewendeten Verfahren die Entscheidung darüber vor, was jeweils als wichtig erscheinen soll und deshalb betont wird; seine Verfahren verselbständigen sich augenscheinlich nicht, und er unterwirft sich weder in Zustimmung noch in Ablehnung einem durch die Vorlage bestimmten Konzept.

Wenn AMMANN zwischen formalen und inhaltlichen Änderungen unterscheidet (4), dann ist dies prinzipiell richtig. Aber das Formale bezieht sich über die Publikumswirkung auch immer auf den Inhalt:

> "Die moderne Vorstellung der mit dem Stoff immanent vorgegebenen Form läßt sich hier (= für das MA; R.B.) nicht anwenden. Eher ist es so, daß die Form auf den Stoff einwirkt, insofern sie ganz bestimmte Seiten der stofflichen Gegebenheiten zur Geltung bringt."(5)

---

1) Zu Auslassungen s. JECKLIN (s.S. 126 A 5) S. 37.

2) VON DER BURG/Diss. S. 149.

3) Es handelt sich um rd. 4o Streichungen; s. JECKLIN S. 3o f.

4) AMMANN (s. S. 12 A 6) S. 65 f.

5) EGGERS, H.: Vom Formenbau mittelhochdeutscher Epen. In: DU 11/1959. H. 2. S. 81-97. Hier S. 83.

Ein Großteil der Änderungen Strickers betrifft auch Form und Stil. Damit kann also die Behauptung (die ohnehin ein sehr restringiertes Formverständnis beweist), sein formales Vorhaben sei "vornehmlich darauf gerichtet, die Assonanzen durch einen reinen Reim zu ersetzen" (1), als widerlegt gelten.

EGGERS' Beobachtung, daß das Lob der Formgewandtheit im Mund mancher Interpreten oft schon implizite Mißbilligung ist (2), kennzeichnet das z.T. anzutreffende Unverständnis gegenüber der Tragweite formaler und stilistischer Änderungen in mal. Texten. Um die Wirkungen solcher Änderungen richtig einschätzen zu können, muß man sie allerdings immer in Bezug zum Inhalt setzen. So bevorzugt z.B. auch die Fassung O der Chs. genauso eindeutig wie das dR die Parataxe (3) - die sich daraus ergebende gedankliche Struktur ist aber durchaus verschieden (4). Formale und sprachliche Glättung, diese sich oft wie ein Vorwurf anhörende Beschreibung e i n e r Bearbeitungstendenz Strickers, wurde vom Publikum erwartet - entschuldigt sich doch z.B. der Niedersachse Albrecht von Halberstadt präventiv für etwaige mangelhafte Reime (5). Das Formale an Strickers Bearbeitung darf auch deshalb nicht unterschätzt werden, weil Kunst in seiner Zeit immer noch "die alte Doppelbedeutung von lateinisch 'ars', nämlich von Kunst im engeren Sinne, zu der auch die Wissenschaft gehört, und Handwerk bzw. handwerklicher Geschicklichkeit"(6) besitzt. Aber auch als Leistung an sich, nicht nur im Verhältnis zu dem, was noch möglich gewesen wäre, ist formale und stilistische Bearbeitung nicht gering zu veranschlagen, zumal im 13. Jh. schon bald ein "wieder Roherwerden" (7) der Formen in der Epik zu beobachten ist.- Da die Wirkung von Form und Stil auf das zeitgenössische Publikum jedoch nicht mehr im Einzelnen abzuschätzen ist, empfiehlt es sich, in dieser Schlußwertung mehr auf die grundsätzliche Bedeutung der Änderungen einzugehen und auf die Schlüsse, die man daraus für das Verständnis Strickers von seiner Aufgabe einer Neubearbeitung ziehen kann.

Konrads "Aufbauprinzip (...) ist die Addition" (8). Eine Folge dieses additiven Prinzips ist die inhaltliche Betonung dessen, was jeweils neu an Inhalt erscheint. Damit entsteht auch die Gefahr, daß das Vorhergehende zunehmend der Aufmerksamkeit des Publikums entschwindet. Von Gefahr kann man natürlich nur sprechen, wenn diese Folge Absichten des Autors konterkarieren würde. Davon kann im dR insofern

---

1) EDER, G.: Die Reimverhältnisse im Karlsepos von dem Stricker. Diss. Wien 1952. S. 12 f.

2) EGGERS/DU 11 (s. S. 182 A 5) S. 81.

3) s. AUERBACH, E.: Mimesis. 3. Aufl. Bern 1964. S. 1o3 ff.

4) s. HINTERKAUSEN, S.: Die Auffassung von Zeit und Geschichte in Konrads Rolandslied. Diss. Bonn 1966.

5) s. STAMMLER, W.: Ideenwandel in Sprache und Literatur des deutschen Mittelalters. In: DVjs 2/1924. S. 753-769. Hier S. 762.

6) GERNENTZ, H.J.: Die gesellschaftliche Stellung des Künstlers um 12oo. In: WZUR 9/1959-6o. S. 121-125. Hier S. 122 f.

7) BARTSCH/Über Karlmeinet S. 26.

8) HINTERKAUSEN (s.o. A. 4) S. 21.

keine Rede sein, als die Stilisierung des Kreuzzugsgedankens an allen Stellen gleichermaßen zur Geltung kommt. Der Kreuzzugsgedanke verliert im K nichts von seiner dauernden Präsenz (s.o.); wenn aber Stricker durch seine Verfahren der Handlungsverknüpfung, der Wiederaufnahme von Handlungszügen usw. einzelne Teile des Gesamtinhaltes auch später noch abrufbar macht (1), dann verlangt und fördert das gleichzeitig ein stärkeres Interesse an Neben- und Begleithandlungen. Diese Nebenhandlungen stehen aber überall im Dienst der übergeordneten Aussage bzw. stören diese zumindest nicht und enthalten identische Problemaussagen (Jugendgeschichte).

Indem im K laufend Bezüge zwischen einzelnen Teilen hergestellt werden, wird der Text einerseits kohärenter; diese Kohärenz ist allerdings wegen der hinzugefügten Nebenhandlungen auch nötig. Die Kohärenz dient auch der stärkeren Wirksamkeit der lehrhaften und adhortativen Passagen. Gleichzeitig wird der Text verfolgbarer und liefert Anreize zum Wiedererkennen, zum Identifizieren der Genese von Problemen, Handlungszügen, Sachzusammenhängen. Dadurch wird der Text gerade n i c h t "nüchtern" (2), sondern gewinnt an Lebendigkeit per Rezeption. AMMANN bezieht den Grund für sein Urteil der Nüchternheit aus den Techniken Strickers, denen tatsächlich etwas Rationales anzuhaften scheint, also etwa aus der Herstellung grammatischer Bezüge, den Doppelmotivierungen o.ä. Eine solche Interpretation ist aber wieder Beispiel dafür, daß man mit der 'mentalen Provenienz' bestimmter Darstellungsweisen und ihrer vordergründigen Funktion noch keinen Aufschluß über ihre Wirkung innerhalb des Textganzen gewonnen hat. Stricker stellt z.B. überhaupt nichts klar an den Stellen, wo man vielleicht eine Darlegung des komplizierten Verhältnisses Roland - Genelun erwartet hätte; hier wird nur das diffuse Bild der Chs. und des dR übernommen (3). Die 'Rationalität' des K stellt keine Überforderung dar; das Publikum wird zu keinen komplizierten gedanklichen Verbindungen genötigt, sondern die vom Autor hergestellten Verbindungen sind ganz einfacher und eindimensionaler Art. Rück- und sonstige zeitliche Bezüge verlangen weder großes Erinnerungsvermögen noch geistige Anstrengungen, sondern bewirken lediglich an den entsprechenden Stellen einen 'Aha-Effekt'. Das aber belebt den Rezeptionsakt; durch Rationalität bestimmte Nüchternheit dagegen setzt erst oberhalb eines bestimmten Niveaus den Verstand herausfordernder logischer Verknüpfungen ein, für die sich im K keine Beispiele finden lassen.

Für den Grad der Beherrschung der Vorlage sind die Verbesserungen offensichtlich falscher Zahlen etc. weniger bedeutsam, weil es sich dabei um punktuelle und komplementlose Auseinandersetzungen mit dem Text handelt. Aufschlußreicher sind Änderungen, Verschiebungen, Zusätze, die (selten absolut, aber immer relativ) weiträumig verfahren. Diese Weiträumig-

---

1) Es wäre hier wenigstens im Rahmen einer Anmerkung zu fragen, inwieweit Stricker hier den Weg zum L e s e epos beschreitet.

2) AMMANN (s. S. 12 A 6) S. 66.

3) Nur die Fassungen FH fühlen sich verpflichtet, nach K 1966 eine Klarstellung darüber einzuschieben, daß Roland seinen Vorschlag, Genelun zum Gesandten zu machen, wirklich nur deshalb macht, um seinen Stiefvater zu ehren!

keit steht nicht etwa im Widerspruch zu der o.a. Behauptung, Strickers Publikum würde nicht zu großen geistigen Anstrengungen gezwungen: Hier geht es um die Tatsache, daß Stricker selbst mit seiner Vorlage so vertraut ist, daß er Zusammenhänge zwischen weit auseinanderliegenden Passagen im Auge behält, mit ihnen arbeitet und sie durch Bezüge verdeutlicht. Ob sein Publikum das immer bemerkt, ist eine andere Frage - nötig für das Gesamtverständnis ist es nicht, aber die Chance dafür ist wegen der vom Autor angebotenen Hilfestellungen größer als im Fall des dR.

Im Ganzen gesehen, verfährt Stricker aber auch mit diesen Techniken selektiv, ohne feststellbare Schwerpunkte und ohne Konzentration auf spezielle Themenbereiche.

Diese Selektion ist mehrfach zu bemerken. So wird etwa im Genelunprozeß durch Umstellungen, Auslassungen, Zufügungen und weite Vor- und Rückbezüge eine Menge getan, um die (ohnehin klare) Schuld Geneluns noch deutlicher erscheinen zu lassen; dagegen bleibt Geneluns Verhältnis zu Roland (weiter) im Unklaren (s.o.). Die Zugehörigkeit Rolands zu den Pairs wird in den Zahlenangaben gegenüber dem dR z.T. korrigiert, z.T. bleibt sie unberücksichtigt. Aber 'die Zwölf' bedeutet wie im dR mehr eine Gruppen- als eine Zahlenangabe. Nimmt man es genau, ist hier im K die Widersprüchlichkeit eher noch größer als im dR, weil Stricker ja einmal eine vollständige Auflistung gibt. Dieses Beispiel zeigt aber, daß es Stricker nicht um eine durchgängige Rationalität im Sinn absoluter und lückenloser Absicherung jeder Textangabe gegangen sein kann; denn wenn er die Namensliste des dR komplettiert, dann ist unter Berücksichtigung seiner sonstigen Arbeitsweise nicht anzunehmen, daß er das Zahlenverhältnis als solches aus den Augen verloren hat.

Wenn man überhaupt von einer bestimmten Tendenz Strickers im K sprechen will, dann ist es für mich wahrscheinlich, daß er nur dort ändert, kürzt, erweitert, wo das Publikum mit einer Neubearbeitung etwas anfangen kann bzw. anfangen s o l l . Allgemein stimme ich AMMANNs Urteil zu, daß Stricker eine eigene Auffassung "nur in kleineren Dingen" (1) verrät. Daraus ergibt sich aber nicht zwingend der Schluß, daß Stricker aus Unfähigkeit unselbständig gewesen wäre - und ich betone dies nicht einer abstrakten 'Ehrenrettung' wegen, sondern weil mit diesem Fehlschluß Erkenntnisse über die Schreibmotivation verlorengingen. Die Beschränkung Strickers auf nur wenige und nicht sehr weitreichende inhaltliche Neuerungen zeigt vielmehr nur, daß er grundsätzlich die Ziele und Auffassungen Konrads akzeptieren zu können glaubte und lediglich mit ihrer Präsentation nicht immer einverstanden war. Daher glaube ich auch nicht, daß die "gewisse Kritik und Distanz" (2) Strickers gegenüber seiner Vorlage über das Maß hinausgeht, das jeder Neubearbeiter gegenüber der Quelle anlegt, w e n n er sie nicht lediglich als Stofflieferanten ansieht. Es wäre aber auch falsch, nun jede Änderung auf eine solche Unzufriedenheit mit der Gestaltung der Vorlage zurückführen zu wollen. Änderungen können auch Beweis für die Entfaltung von Eigeninitiative sein, die sich u.U. völlig losgelöst von irgendwelchen Grundeinstellungen

---

1) AMMANN (s.S. 12 A 6) S. 16 speziell zu K 1918 f., 1964 f., 2o6o f.

2) VON DER BURG/Diss. (s. S. 3 A 3) S. 93.

ergibt. Daß z.B. Stricker die Überlieferung der Roncevalles-Schlacht, von deren Teilnehmern ja niemand überlebt, durch den Bericht eines Engels 'erklärt' (s.o.), ist nicht Beweis "nüchterner Prosagesinnung" (1), weil die Erklärung nicht weniger wunderbar ist als der ursprüngliche Sachverhalt.

Stricker könnte sich, selbst wenn er das gewollt hätte, kaum als Realist geriert haben. Zum Beweis der Heiligkeit etwa fordert die Kirche miracula supra, contra et praeter naturam. Wenn Stricker also die Heiligkeit bestimmter Personen herausstellen will, dann ist er zur Übernahme und ggf. Neueinführung von Wundern gezwungen. Ein Wunder hat aber, von der Stellung des mal. Publikums aus gesehen, einen Doppelcharakter: einerseits ist es nicht unrealistisch, denn Wunder gibt es ja; andererseits handelt es sich dabei aber nicht um etwas Gewöhnliches - denn Wunder sind selten.

Auch nicht alles, was genau beschrieben wird, zeugt von Realismus (2). Beschreibungen in mal. Epik sind vielmehr primär immer eine Gelegenheit, Stoff auszubreiten, Stoff, von dem der Autor annimmt, daß er sein Publikum damit gewinnen kann. Auch Motivangaben, das Knüpfen von Kausalketten, ist in dieser Hinsicht nicht unbedingt Anzeichen grundsätzlicher Rationalität. Abgesehen davon, daß damit ja, wie mehrfach betont, auch ein Memorieren von Handlungsteilen mit der Folge ihrer Betonung vor sich geht, handelt es sich dabei auch um eine geschickte (oder geschickt wirken sollende?) Handhabung komplizierterer Verbindungen. AUERBACH äußert über die Chs.: "Es steht alles fest, weiß und schwarz, gut und böse, und es bedarf keiner Erforschung oder Begründung mehr" (3). Dies gilt sicher auch für dR und K. Wenn im K formal der Erforschung und Begründung mehr Raum gewährt wird, so ist davon nämlich nicht eine differenziertere Betrachtung der Probleme die Folge. Eine andere Frage ist es, ob nicht das Publikum, wenn es an solche Begründungsmethoden genügend gewöhnt ist, nicht eines Tages selbst dahingehende Ansprüche stellt. In diesem Fall, der natürlich noch mehr und andere Einflußfaktoren voraussetzt, hätte sich erst der formale Begründungsversuch zu einem aus inhaltlichen oder problemorientierten Interesse hervorgerufenen gewandelt - und dann werden Autoren sich auch eher verpflichtet fühlen, durchgängiger solche Interessen zu befriedigen. Von solchen Mechanismen schon im Fall des K auszugehen, wird durch die Entstehungszeit, Hypothesen bzgl. der Biographie des Autors und dessen sonstiges OEuvre nahegelegt. Stricker verrät in seiner Kleindichtung tatsächlich Realismus, er neigt dort wie im 'Daniel' und 'Amis' zu einer Hochachtung verstandesmäßiger Fähigkeiten, er scheint Nähe zum Bürgertum zu zeigen, und dieses Bürgertum ist gerade auf dem Wege, solche Fähigkeiten entsprechend seiner Lage einzusetzen. Für den K wäre aber vor Analogieschlüssen zu warnen, solange sich keine inhaltlichen und aussagemäßigen Aspekte ergeben, denen solche

---

1) BARTSCH/Einleitung zur Edition S. XX.

2) Zum 'Beschreiben' vgl. RUH, K.: Höfische Epik des deutschen Mittelalters. Bd. 1. 2., verb. Aufl. Berlin 1977. S. 33.

3) AUERBACH/Mimesis (s. S. 183 A 3) S. 1o9.

hypothetischen Einstellungen f u n k t i o n a l (1) zugeordnet werden können. Die Sphäre, in der sich der Inhalt des K abspielt, ist nicht für eine solche Inbezugsetzung geeignet.

Wie sehr Strickers Eingriffe in den Text des dR eine dienende Funktion haben, zeigt sich für mich auch in AMMANNs Beobachtung, daß der häufigste Ausfall von Verszeilen gegenüber dem dR am Anfang oder am Schluß von Abschnitten zu finden ist (2). Denn auch daran erweist sich ja, daß es dem Bearbeiter um eine Präsentation in neuem Rahmen, aber mit im Wesentlichen gleichem Inhalt und gleicher Aussage geht. Anfang und Schluß von Abschnitten dienen der Vor- und Nachbereitung ihrer Inhalte. Und da der Inhalt eben keine gravierenden Änderungen aufweist, können Eingriffe in Anfang und Schluß nur als Verfahren der Neudarstellung, aber nicht als Art eines Neu-Dargestellten betrachtet werden. Ein grundsätzliches Muß ist dies natürlich nicht; der Inhalt könnte in den Rahmenteilen ja auch umgedeutet werden - genau das ist aber im K nicht der Fall.

Stricker zeigt durch seine verschiedenen Bearbeitungsweisen, durch Art, Grad und Orte ihrer Anwendung, daß er seine Vorlage in einer intensiven Auseinandersetzung kennengelernt hat, was den reinen Inhalt angeht, daß daraus eine Distanz gegenüber der Vorlage hervorgegangen ist, was die grundsätzliche Freiheit der Bearbeitungsmöglichkeiten betrifft, daß diese Distanz sich aber nicht aussagemäßig auswirkt, weil die Inhalte akzeptiert werden. Strickers Textkenntnis, Textbeherrschung und Fähigkeit, permanent über die Inhalte zu verfügen, die ihm geliefert werden, beweisen, daß er potentiell in der Lage war, sich der Vorlage gegenüber frei zu verhalten. Diese Freiheit ist eine erarbeitete; er hat es nicht nötig, einfach 'abzuschreiben', weil er das vorgegebene Gerüst als die Neufassung in jedem Punkt begleitende Anleitung zum Schreiben nicht braucht. Wenn er sich also an die Inhalte und vor allem an die Aussagen hält, dann heißt das nichts anderes, als daß es sich dort um ein freiwilliges, planmäßiges Beharren handelt.

Die beschriebene mögliche Aktivierung des Publikums durch die Angebote inhaltlichen Wiedererkenns und Verfolgens bedeutet nicht, daß das Publikum freier agieren kann als das des dR. Im Gegenteil: Ist es bei Konrad die Reihung, die den Rezipienten auf das jeweils Folgende warten läßt und ein dem Text gegenüber freieres Verhalten verhindert, so ist es im K die Technik der Bezüge. Stricker läßt sein Publikum nicht 'von der Leine'; es wird permanent mit dem Text beschäftigt. In diesem Rahmen sind auch die impliziten oder expliziten Zwischenfragen des Autors zu verstehen, die er stellt, um sie selbst zu beantworten. Eine größere Ausnahme von dieser Festlegung des Publikums gibt es allerdings: Im Botenbericht an Markgraf Gerhard und seine Nichte Alite (K 11o38 ff.) er-

---

1) 'Funktional' ist hervorgehoben, weil es ja auch Stellen gibt, in denen Verstandesfähigkeiten betont werden. Ihnen kommt aber keine konstitutive Bedeutung für das Ganze zu. Außerdem konnten wir ja zwei gravierende Fälle kennenlernen, in denen geradezu eine Abqualifizierung der ratio stattfindet.

2) AMMANN (s. S. 12 A 6) S. 65.

hält das Publikum Gelegenheit, die Falschinformationen selbst durch die richtigen zu ersetzen. Da allerdings die Beschwichtigungen keine 'Detaillügen' enthalten und die Diskrepanzen zum tatsächlich Vorgefallenen sich auf das Entscheidenste und gleichzeitig Vordergründigste beschränken, handelt es sich nur um einen scheinbaren Freiraum. Der größeren Gelegenheit zur gedanklichen Aktivität entspricht genau die inhaltliche Füllung, zu deren Einsatz allein die Aktivität genutzt werden kann. Interessant übrigens, daß auch hier wieder die für den K einzig mögliche Spannung erzeugt wird, nämlich die auf den Verlauf gerichtete: w i e erfahren die Betroffenen schließlich die Wahrheit und wie reagieren sie darauf?

Es muß noch auf eine offensichtliche Heterogenität der von mir gewählten Kategorien hingewiesen werden: Selbst wenn sich, wie betont, durch formale Techniken inhaltliche Aspekte ergeben, so besteht doch ein deutlicher Unterschied zwischen Kategorien wie 'Herstellung grammatischer Bezüge', 'Vergleiche', 'Systematisieren', 'Argumentieren', 'Kommentieren' einerseits und solchen wie 'Profanisierungen', 'Entschärfungen', 'Realismus' andererseits. Während bei den Verfahrensweisen der ersten Gruppe mit der Darstellung eine bestimmte Sprach- und Redeform verbunden ist, die schon selbst auf den Inhalt verweist, ist dies in der zweiten Gruppe nicht notwendig der Fall. Diese Heterogenität hat m.E. keine negativen Folgen bzgl. der Untersuchungsergebnisse und stellt die Methode nicht in Frage (zu kritisieren wäre allenfalls die Einteilung); das verbindende Ziel, das zur Aufstellung der Kategorien geführt hat, war ja die Feststellung des Bearbeitungsgrades auf neuen Gebieten. Hinsichtlich der aus den Beispielen zu ziehenden Schlüsse und ihres Aussagewertes muß aber eine solche Heterogenität berücksichtigt werden. Denn überall, wo die Form selbst spürbar auf die vom Autor gesetzten Akzente verweist, werden diese Akzente zumindest potentiell auch für das Publikum spürbar. Wo aber ohne formale Ankündigung Änderungen gegenüber der Vorlage erfolgen - einer Vorlage, die ja vom Leser/Hörer nicht vergleichend eingesehen werden kann - erhält das Publikum einen Eindruck nur aus dem gesamten Text, und ob dies bei jeder Einzelstelle funktioniert, ist fraglich.

Die Verbesserungen kann man aus naheliegenden Gründen hier außer Acht lassen. Auch die 'Entschärfungen' sind von der Heterogenität insofern nicht betroffen, als sie der Ausschaltung möglicher oder tatsächlicher Disfunktionalitäten gelten - eine Ausschaltung, die also gerade den vorherrschenden Gehalt betont. Damit fallen in den Bereich Strickerscher Bearbeitungsmittel, die a) nicht durch verbale oder syntaktische Signale angekündigt werden, b) nicht den vorgefundenen Inhalt akzentuieren, gerade die beiden, die im K gering vertreten sind: Profanisierungen und Realismus. Die möglichen Inhalte dieser beiden Kategorien wären aber gerade am besten geeignet, auf den Gehalt der Vorlage Einfluß zu nehmen. Und das führt zu drei Folgerungen, die sich mit Beobachtungen decken, die schon von anderen Ansatzpunkten aus in dieser Arbeit gewonnen werden konnten:

1. Die formalen Akzente im K dienen überwiegend der Verstärkung des Vorgefundenen, nicht aber seiner Umdeutung.

2. Das Repertoire formaler Akzentuierungen, das Stricker ja offensichtlich beherrscht, stellt den Schwerpunkt auch seiner

inhaltlichen Bearbeitung dar - die aber eben eine affirmative ist.

2. Die Nichteinbindung der (im K seltenen) Verfahrensweisen des Rationalisierens in Techniken formaler Ankündigung zeigt, daß die ihnen vom Autor zugewiesene Wichtigkeit im Vergleich zu seinen Hinweisen auf den Text gering zu veranschlagen ist.

Auch aus dieser Betonung des vorgefundenen Inhalts läßt sich also schließen, daß die weitgehende gehaltliche Anlehnung an die Vorlage bewußt und absichtlich erfolgt sein muß, daß es sich nicht nur um eine Neuformulierung handelt, sondern geradezu um eine Neupropagierung.

Exkurs: Überlegungen zum Abfassungsanlaß

Zu Abschluß dieses Teiles möchte ich noch auf einen speziellen Aspekt zu sprechen kommen, der sich nicht direkt aus den behandelten Verfahrensweisen ergibt, wohl aber damit in Verbindung steht; davon ausgehend wird auch über einige Thesen zu den Entstehungsbedingungen des K zu reden sein.

Wenn man so will, stellt schon die Gesamtanlage des K eine einzige große 'Systematisierung' dar. Die Chs. fängt mitten im Krieg an, Konrad schildert auch den Beginn des Feldzuges, Stricker aber fügt noch die Jugendgeschichte Karls hinzu und weist mit K 12192 ff. auch noch nach hinten über den bloßen Rahmen dieses einen Unternehmens hinaus. Daß dies eine direkte Folge des Bestrebens ist, ein Karlsepos zu gestalten, leuchtet ein. Art und Umfang der Erweiterung, besonders der Ausblick im Epilog, deuten aber gerade im Vergleich zum dR, in dem Karl ja auch im Mittelpunkt steht, darauf hin, daß es um mehr geht als um das Vor-Augen-Stellen der vorbildlichen Bewährung dieses Kaisers in einer speziellen Situation. Strickers Epos ist nicht Karlsverherrlichung in einer nur graduell vom dR verschiedenen Form, sondern es ist, so meine Behauptung, eine (wenn auch gekürzte und geraffte) Karls v i t a . Es fragt sich, weshalb dann nicht auch eine komplette Vita verfaßt wurde, warum Stricker sich an den Rolandstoff klammert, durch den mehr als 3ooo Verse schon allein in der Roncevalles-Handlung in Anspruch genommen wurden (1). Fragen dieser Art sind nicht eindeutig zu klären, aber immerhin läßt sich dreierlei feststellen:

1. Der Spanienfeldzug ist in Deutschland das bekannteste und relativ am besten eingeführte Ereignis aus Karls Leben, das gleichzeitig zu einem Epos ausbaufähig ist. Außerdem bietet es Gelegenheit, die Vorbildlichkeit Karls unter Beweis zu stellen.

2. Andere mit Karls Leben verbundene Ereignisse, die ansonsten ähnliche Präferenzen aufweisen, sind zu spezifisch französisch, um in Deutschland publik zu werden oder publik gemacht werden zu können, entweder weil sie rein französische

---

1) Interessant und - im Sinne meiner These - vielleicht bezeichnend, daß die rd. 3ooo Verse, die der K mehr hat als das dR, "quantitativ im großen und ganzen der sog. Vorgeschichte sowie der zweiten Hälfte des Karlsepos zugute kommen"; VON DER BURG/Diss. S. 336.

Geschichte darstellen oder weil die in ihnen enthaltene deutsche Geschichte unangenehme Assoziationen wecken könnte (Bayernfeldzüge, Sachsenkriege u.ä.); man vgl. etwa die äußerst geraffte Darstellung solcher Ereignisse in der Kaiserchronik (1). Nicht zufällig ist daher der Karlmeinet ein Produkt des Grenzraumes.

3. Die 'Tugenden', die bzgl. Karls assoziiert werden, sind oft zu wenig verbindbar, die Ereignisse aus seinem (historischen oder dichterischen) Leben sind zu zahlreich, um dichterisch stringent und homogen verarbeitet werden zu können - der Karlmeinet-Kompilator hat sich an ihnen verhoben.

Abstrahiert man von der Frage des Quellenangebots bzw. der Beschaffbarkeit von Quellen, dann ist damit gleichzeitig geklärt, warum Strickers 'Karlsvita' nicht mehr an biographischen Details über den Kaiser enthält: alles, was über das Bild des frommen, imperialen, gesetzgebenden (2) Karl hinausgeht, ist entweder aus Gründen des Zusammenhangs nicht unterzubringen oder fällt unter das Verdikt der Publizität bzw. der nationalen Nichtopportunität. Was machbar ist, hat Stricker größtenteils eingebracht, und es wird so m.E. für das Publikum erkennbar, daß es sich um eine spezielle Art von Vita handelt. Ich befinde mich hier im Gegensatz zu GEITH, der die Ansicht vertritt, "daß der Stricker schon im Prolog nachdrücklich darauf hinweist, daß er nicht die ganze Geschichte von Karl erzählen kann, sondern nur einen Teil davon bringen will" (3). Ich behaupte dagegen, daß dieser (objektive) Ausschnitt durch die erwähnten Zusätze komplettiert und vom Autor selbst als paradigmatisch für Karls Leben erklärt wird: K 52-57 weist Stricker auf die Schwierigkeiten der Stoffülle hin - was m.E. durchaus inhaltlichen Charakter hat (4), wenn man sich die o.a. drei Feststellungen vor Augen hält! - und fährt dann fort:

K 58 der es kurzlîche wil
ein teil hoeren umbe daz,
daz er bekenne deste baz
den vil saeligen man,
dem sage ich, sô ich beste kan,
daz was Karl der reine,
der alle die gemeine
ze friunde hât gewunnen,
die sich versinnen kunnen:
die tragent im holden muot
durch daz er reht unde guot
an allen sînen dingen was.

---

1) vgl. GEITH/Carolus Magnus (s. S. 3 A 2) S. 69.

2) Den Karl, der die 'pfahte lêrte' (K 127o), übernimmt Stricker wohl aus dR 7o3. Der Zusammenhang entstammt aber schon der karolingischen Hofliteratur (s. RÜNGELER, J.: Das Bild Karls des Großen in der zeitgenössischen Annalistik und in der Gedichts- und Briefliteratur. Gütersloh 1937. S. 37) und ist auch in anderen Dichtungen verbreitet, z.B. im 'Schwanritter' Konrads von Würzburg.

3) GEITH/Carolus Magnus S. 17o gegen SINGER/Diss. (s. S. 3 A 2) S. 39. Mit seiner Kritik an SINGERs falschem Bezug von 'man' K 1o hat GEITH recht.

4) Zum brevitas-Topos s. SCHNELL/ZfdPh 93 S. 56.

'daz' K 63 bezieht sich nicht nur auf den 'vil saeligen man', sondern verweist auch zurück auf eine andere Stelle:

K 41 von dem ich iu sagen wil,
der hâte saelden sô vil,
daz er der werlte lop erwarp
und fuor, do im der lîp erstarp,
diu sêle zehimele schône.

'der werlte lop' erwirbt Karl aber nicht in Roncevalles und nicht nur in der Paligan-Schlacht [1], sondern vor allem in dem Teil seines Lebens, den Stricker zusätzlich zum dR schildert; man beachte K 21o f., wo über Karls Taten an Marsilies Hof Entsprechendes gesagt wird! Und ein (wenn auch kurzer) Bericht über Karls Lebensende, wie im Prolog angedeutet, findet sich K 122oo ff., also ebenfalls dort, wo das dR ergänzt wird. Zieht man die Einleitung des dR zum Vergleich heran, bemerkt man den Unterschied der Konzeptionen noch deutlicher: Konrad bittet Gott, er möge ihn mit dem Hl. Geist erfüllen,

dR 7 daz ich di luge uirmide,
die warheit scribe
uon eineme turlichem man,
w i e er daz gotes riche gewan.
daz ist Karl der cheiser.
uor gote ist er,
w a n t er mit gote ů̊ber want
uil manige heideniske lant.

Für Konrad hat sich Karl also das ewige Leben durch den Kreuzzug erworben. Stricker dagegen geht augenscheinlich davon aus, daß Karl sich insgesamt durch ein vorbildliches Leben des göttlichen Lohnes als würdig erwiesen hat, und als Beispiel führt er den Kreuzzug an, ergänzt aber durch Hinweise auf andere Lebensabschnitte.

Hier stellt sich nun die Frage nach dem Abfassungsanlaß. Stricker selbst scheint K 1o2 einen Hinweis zu geben, wenn er davon spricht, daß der von Karls Heiligkeit ausgehende Nutzen für die Menschen 'nû alrêrst ane gât'. Zwei Erklärungen sind im wesentlichen geliefert worden, die ihre Vertreter zuletzt in SINGER und GEITH gefunden haben: SINGER bezieht die Entstehung des K auf die Beisetzung im Karlsschrein unter Mitwirkung Friedrichs II. 1215 [2]; GEITH plädiert für die These, daß die Begründung des Züricher Karlskultes ausschlaggebend gewesen sei [3], womit er zwar ältere Vermutungen von FOLZ und MANDACH [4] aufgreift, diesen aber durch eine sehr kritische Widerlegung der Argumente SINGERs einen relativ höheren Wahrscheinlichkeitsgrad verleihen kann. Ich möchte zu diesem Problem einige Gedankengänge vortragen und daran einen eigenen Interpretationsversuch anschließen, der zwar den individuellen Impetus Strickers nicht zu klären imstande sein wird, sehr wohl aber die Bedeutung von K 1o2 wie auch den Stellenwert einer Karlsvita für regional nicht fixierbare, weitere Publikumskreise.

---

1) Dort liegt der Akzent ohnehin auf dem Religiösen - worüber 'werlte' nicht hinwegtäuschen sollte: der subjektive Genitiv meint die Bewunderer Karls, nicht die Qualität der Taten.

2) SINGER/Diss. (s. S. 3 A 2) S. 39.

3) GEITH/Carolus Magnus (s. S. 3 A 2) S. 192.

4) FOLZ/Souvenir (s. S. 155 A 4) S. 319. MANDACH, A. de: Naissance et Développement de la Chanson de Geste en Europe I. Genf, Paris 1961. S. 333.

Was Deutschland angeht, so wird Karlsverehrung sowohl bezeugt durch die Aachener Ereignisse von 1215 wie auch durch den Züricher Karlskult. Karlsverehrung beweisen das dR und Barbarossas Karlsrenaissance; die Aktualität der Karlsfigur schon vor der Heiligsprechung ergibt sich aus der Kaiserchronik, deren oft zitiertem Hinweis auf 'enderiu liet', aus einer Glosse zu Einhards Karlsbiographie im Kloster Steinfeld, datiert auf das letzte Viertel des 12. Jhs (1), aus der genealogischen Verknüpfung im 'Rother' u.a.m. Nimmt man die zahlreichen Neufassungen der Einhardbiographie, die zumindest relative Vielzahl der historiographischen Erwähnungen (2), die berechtigten und die mit Fälschungen arbeitenden Berufungen auf Karl den Großen hinzu, vergenwärtigt man sich, daß "bei fast allen Herrschern" (3), also nicht nur bei Friedrich I., an Karl angeknüpft wird, daß Frutolf 1o99 von dem Gerücht einer Wiederauferstehung Karls im Zusammenhang mit dem 1. Kreuzzug berichtet (4), dann muß man von einer nahtlosen und ununterbrochenen Karlstradition ausgehen. Diese war sicher zu verschiedenen Zeiten verschieden stark, aber man kann keine Lücken ausmachen, keine Perioden, in denen es um das Thema still wird; die relative Seltenheit deutschsprachiger schriftlich fixierter Dichtungen, in denen Karl Hauptperson ist, darf das Bild seiner allgemeinen Popularität also nicht verzerren.

Auch wenn die Karlstradition, was das Bild der Person angeht, nicht überall einheitlich ist, ist die Figur 'Karl' während des gesamten Mittelalters auch in Deutschland in hohem Maße bekannt. Wenn sie nicht bekannt wäre und auf bestimmte Erwartungshaltungen träfe, könnte sie sich nicht im vorhandenen Umfang im Schrifttum Platz verschaffen; wenn sie nicht anerkannt wäre, würden juristische Berufungen auf den Kaiser sinnlos sein. Bekanntheit und Anerkanntheit in einem Grad, der zu literarischer und - im engen und weiten Sinn - politischer Nutzung führt, müssen sich aber in einem Rahmen bewegen, der lokale, regionale, ständische und politische Grenzen überschreitet. Daher und auch weil Karl gleichzeitig eine historische Figur ist, sind überdies mündliche Traditionen anzusetzen. GEITH ist zu widersprechen, wenn er meint, daß "der Faktor 'mündliche Tradition' für den Bereich der Karlsdarstellung sehr gering veranschlagt werden muß" (5). Er hat zwar sicher recht, wenn er sich energisch gegen den <u>Beweis</u>charakter hypothetischer Traditionen wendet und der Forschung methodische Fehler vorwirft, wenn sie "Inhalte und Motive, für die sich keine schriftlichen Zeugnisse auffinden lassen, der mündlichen Überlieferung zuschreibt" (6). <u>Arbeiten</u> läßt sich mit solchen Traditionen nicht. Aber ihr Vorhandensein und auch ihre möglichen Wirkungen auf schriftliche Darstellungen zu bestreiten, geht nicht an. Dagegen spricht auch schon ein Blick auf die Ikonographie: Kirchenbaukunst ist in hohem Maß Kunst und Belehrung auch für das V o l k ; wenn sich hier zahlreiche Karlsdarstellungen finden , dann zeigt das, daß Karls Leben bekannt war bzw. bekannt gemacht wurde, daß man Kenntnisse über ihn nicht

---

1) s. GEARY, P.: Songs of Roland in 12th century Germany. In: ZfdA 1o5/1976. S. 112-132. Hier S. 113 und A 7.

2) s. HOFFMANN, H.: Karl der Große im Bilde der Geschichtsschreibung des frühen Mittelalters. Berlin 1919.

3) GEITH/Carolus Magnus a.a.O. S. 32.

4) MG SS VI 215

5) GEITH/Carolus Magnus S. 31.

6) ebd. S. 31.

nur in bestimmten Kreisen weitertransportiert, nicht nur in der Umgebung weniger Höfe, Städte und Klöster. Sicher darf man 'Kenntnis' nicht von vornherein gleichsetzen mit einer festen Tradition, aber verbreitete Kenntnis von Gegenständen und Personen genügt, um von literarischer Gestaltung angesprochen zu werden und sie umgekehrt z.T. auch hervorzurufen.

Spielen wir nun einmal einige Möglichkeiten durch unter dieser Voraussetzung, daß Grundkenntnisse von und Grunderwartungen an eine literarische Gestaltung von Karlsstoffen nicht nur an feste Zentren gebunden sind. Zugrunde gelegt werden die folgenden Alternativen:

- Stricker hat den K nicht gezielt für Kreise geschrieben, denen aktuelle Ereignisse im Zusammenhang mit der Verehrung Karls bekannt waren oder die daran mitgewirkt haben; er hatte zu solchen Kreisen keinen Kontakt.

- Stricker hat aus einem aktuellen Anlaß geschrieben und wendet sich mit K 1o2 gezielt an Kreise, die im Mittelpunkt des dann vom Autor gemeinten Ereignisses stehen.

Versteht man das 'alrêrst ane gân' als Hinweis auf ein bestimmtes Ereignis, zu dem Stricker selbst in keinem direkten Verhältnis steht, dann scheint mir die Aachener Beisetzung als Objekt der Anspielung auszuscheiden. Sie fand außerhalb Aachens so gut wie keine Resonanz, und GEITH hat sehr deutlich dargelegt, wie wenig es mit einem erneuten Aufgreifen der Karlstradition bei Friedrich II. auf sich hatte (1). Eine Anspielung auf einen konkreten Vorgang bei einem Publikum und einem Autor, die damit nichts zu tun haben (also nicht am Ort des Geschehens wohnen oder in direkter Umgebung leben), setzt ein Ereignis von überregionaler Bedeutung voraus. Dies wäre im Fall von Zürich schon eher gegeben; zwar liegt hier keine überregionale Bedeutung in dem Sinn vor, daß das Einzelereignis Bedeutung für andere Gegenden gewonnen hätte, aber immerhin ist eine Manifestation des Karlskultes dort auffälliger gewesen als in Aachen, wo es sich lediglich um eine unter vielen handelte und die Verbindung mit Karl als 'normal' gegolten haben würde. Zwar sprechen die Datierungsgründe, die GEITH zusätzlich anführt, noch nicht gegen Aachen, weil es sich ja nicht um einen direkten Reflex handeln muß (2); sollte aber die Beziehung auf das Aachener Geschehen aus der Distanz mehrerer Jahre heraus erfolgt sein, dann wäre es allerdings sehr merkwürdig, von 'alrêrst' im Zusammenhang mit einem Ereignis zu reden, dessen Fortsetzung nie richtig 'anegangen' ist bzw. dessen eigentlicher Anfang gerade für Aachen ja sicher nicht erst für 1215 festzusetzen ist. Unter der oben gemachten Voraussetzung (kein Zusammenhang zwischen Autor und einem bestimmten Kreis) wäre aber auch im Fall Zürichs zu fragen, ob die Anspielung überhaupt verständlich war, und es wird nicht leicht zu erklären sein, weshalb Stricker keine genaueren Hinweise gegeben hat.

---

1) GEITH/Carolus Magnus a.a.O. S. 19o ff.

2) Als einen solchen Reflex sieht SINGER/Diss. S. 41 allerdings den K und vertritt eine Entstehung "bald nach 1215". Dies würde sich dann aber kaum mit der Datierung des 'Willehalm' vertragen, und insofern ist es nur logisch, wenn GEITH die Datierung gegen SINGER ins Feld führt.

Die zweite Alternative wäre wie gesagt, daß Stricker den K gezielt für eine Einzelperson oder einen Kreis geschrieben hat, der mit einem bestimmten Ereignis der Karlsverehrung in engem Zusammenhang steht. Ob das möglich ist, kann hier und vorerst wohl überhaupt nicht geklärt werden - wieder einmal wirken sich mangelnde biographische Daten negativ aus (1). Es geht mir hier nur darum, zu untersuchen, inwieweit die Textrealisation dieser Hypothese gerecht wird. Und dies ist nun weder im Fall Zürich noch im Fall Aachen ernsthaft zu vertreten. Denn ein gezieltes Ansprechen eines mit dem auslösenden Vorfall in Verbindung stehenden Kreises ist nur sinnvoll, wenn auch auf das Ereignis selbst näher Bezug genommen wird - zumindest näher als im K der Fall. Aachen wird dort immerhin erwähnt, aber in ganz anderen Zusammenhängen, zum einen übernommen aus der Quelle, zum anderen innerhalb eines Themenkreises, der durch gewichtige Implikationen sehr spezieller Art besetzt ist (Königskrönung; s. Kap. IV). Für Zürich spricht in diesem Fall überhaupt nichts; im Gegenteil: daß eine Züricher Tradition sich ausgerechnet in einem Werk niederschlagen soll, das mit völlig anderen Inhalten operiert, ist unwahrscheinlich.

Was kann nun ein Publikum, das nicht durch spezielle eigene Kenntnisse oder eigene Beteiligung an einer 'jetzt erst richtig beginnenden' Karlsverehrung zu einer sicheren Identifizierung imstande ist, mit der Stelle K 1o2 anfangen? Es kann den Vers geradezu beliebig auf das beziehen, wovon es gerade im Einzelfall Kenntnis hat. Überall da, wo Karl aus irgendeinem Anlaß Bestandteil mündlicher oder sonstiger Tradition ist, sind Bezugspunkte für ein Verständnis vorgegeben. Und solche Voraussetzungen existieren an einer Vielzahl von Orten im deutschen Sprachgebiet; ich schreibe im Folgenden nur die in Anm. 2) angegebenen Untersuchungen auf Städte und Regionen im Reichsgebiet aus: Stromberg, Metten, Batenbug, Halberstadt, Hildesheim, Münster/Westf., Münster/Schweiz, Ostfriesland, Paderborn, Sitten, Hamburg, Magdeburg, Oberaegeri/Schweiz, Alzenau/Unterfranken, Bremen,

---

1) Das, was man vermutet, spricht dagegen, sowohl die Regensburgthese (MENHARDT) als auch die These der Kloster-Neustadt-Tradition (VON DER BURG).

2) BEISSEL, St.: Die Verehrung der Heiligen und ihrer Reliquien in Deutschland im Mittelalter. Nachdr. d. Ausg. Maria Laach 189o, 1892. Darmstadt 1976.- KERLER, D.H.: Die Patronate der Heiligen. Ulm 19o5.- ZENDER, M.: Räume und Schichten mittelalterlicher Heiligenverehrung in ihrer Bedeutung für die Volkskunde. Düsseldorf 1959. (ders.) Die Verehrung des Hl. Karl im Gebiet des mittelalterlichen Reiches. In: Karl der Große. Lebenswerk und Nachleben. Hrsg. von W. BRAUNFELS. Bd. IV: Das Nachleben. Hrsg. von W. BRAUNFELS und P.E. SCHRAMM. Düsseldorf 1967. S.1oo-112.

Vgl. (von mir hier nicht benutzt) FOLZ, R.: Études sur le culte liturgique de Charlemagne dans les églises de l'Empire. Straßburg 1951.

Viele Gründungslegenden wirkten sich kultisch erst seit dem 15. Jh. aus; dabei ging aber die Legende einer Gründung "fast immer voraus" (ZENDER/Verehrung (s.o. A 1) S. 1o2).

Frankfurt/Main, Köln, Lorsch, Niedersachsen, Bayern, Nürnberg, Neustadt/Main, Obermarsberg, Osnabrück, Pfäfers/Schweiz, Regensburg, Straßburg, Verden, Wiedenbrück, Würzburg - und natürlich Zürich und Aachen. Aus der Verbindung mit anderen Personen aus Geschichte und Sage zu Karl ergeben sich weitere Orte und Regionen mit besonderer Karlsaktualität (1). Daß Karl nie ein ausgesprochener Volksheiliger wurde, ist in unserem Zusammenhang kein Gegenbeweis, weil diese Tatsache nur spezielle liturgische Aspekte betrifft. Interessant ist ZENDERs Feststellung, daß die von Barbarossa betriebene Karlskanonisation für die Karlsverehrung keineswegs notwendig oder auslösend war (2).

Berücksichtigt man wieder einen gewissen Umkreis, in dem die Kenntnisse der zentralen Orte selbstverständlich auch vorhanden waren, berücksichtigt man ferner den Informationsfluß, der sich aus Reisen, Kriegszügen, Pilgerfahrten usw. ergab, dann muß man feststellen, daß ein Verständnis (wenn auch vielleicht nicht das vom Autor intendierte 'richtige'), ein Inbezugsetzen von K 1o2 kaum irgendwelchen geographischen oder sonstigen Grenzen unterlegen haben dürfte. Da nun auch noch aktuelle Ereignisse (Wallfahrten, Patronatsfeste, Reliquienübertragungen) in dauerndem zeitlichen Wechsel erfolgen, setzt die Stelle auch kein Publikum voraus, das auf einen speziellen Vorgang fixiert sein mußte. Und schließlich sei auch noch darauf hingewiesen, daß das 'geniezen' des 'heiligen man' (K 99 f.) Karl durchaus nichts mit einer einmaligen Manifestation dieser Heiligkeit zu tun haben muß. Daß Karl für Stricker ein Heiliger war, steht fest (3), und eine Folge dieser Eigenschaft für die Menschen ist gerade die Fähigkeit zur intercessio. Der breit ausgeführte Hinweis auf die 'unsaelecheit' eines Menschen, der andere Menschen 'unsaelec' macht, und auf die 'saelde' Karls, die viele andere Menschen in den Genuß der 'saelecheit' versetzt hat (K 12174 ff.), und der nun bemerkenswerterweise einmal <u>nicht</u> im Zusammenhang mit Karls gesamtem Leben erscheint, sondern speziell auf die Ereignisse des Spanienfeldzuges abgestellt wird, zeigt ebenfalls, daß Karls sanctitas nicht im Zusammenhang mit einem speziellen Ereignis des 13. Jhs gesehen werden mußte, um von einem Publikum verstanden zu werden.

Ich komme zum Schluß dieser Betrachtung. Mein Erklärungsversuch für die Aufnahme, auf die die Karlsdarstellung des K allgemein und der Vers 1o2 speziell treffen konnten, geht davon aus, daß der Protagonist des Epos in der ersten Häfte des 13. Jhs und zumal seit 1165 (4) ohnehin in und aus den verschiedensten Zusammenhängen bekannt war. Die sehr oberflächlichen 'Anspielungen' Strickers vermögen die An-

---

1) s. ZENDER/Verehrung (s. S. 194 A 2) S. 1o1, 1o4 über Tassilo- und Ägidiusklöster und -kirchen.

2) ebd. S. 1oo.

3) s. besonders SCHNELL/ZfdPh 93 S. 57 f.

4) Für die Zeit danach bis ins 15. und 16. Jh. dürfte Ähnliches gelten. Die Frage der Aktualität der verschiedenen späteren Handschriften des K bedürfte jedoch eigener Untersuchungen.

sprüche eines an Karl im Zusammenhang m i t s i c h s e l b s t interessierten Publikums kaum zu erfüllen. Dagegen wird auch in solchen Kreisen eine Karlsvita bzw. werden überhaupt Begebenheiten aus dem Leben Karls auf Interesse stoßen und a l l g e m e i n e Erwartungen erfüllen können – und dies gerade dann, wenn der Autor sich der Realisierung speziellerer Wünsche gegenüber nicht prätentiöser gibt, als er es später einlöst. Gleichzeitig aber öffnet sich das Epos mit seinen unspezifischen Formulierungen weiteren Publikumsschichten, als es vielleicht mit gezielten Ansprachen möglich wäre. Und ein weiteres Publikum braucht Stricker, wenn er sein Epos in den Dienst des Kreuzzugsgedankens stellt.

Meine Deutung macht Untersuchungen bzgl. aktuellerer Anlässe der Abfassung nicht überflüssig, wird durch solche bzgl. ihrer Aussage über die Wirkmöglichkeiten aber auch nicht widerlegt. Es muß jedoch die Frage legitim sein, ob nicht auch von einer b e w u ß t vagen, gewollt allgemeinen Anspielung ausgegangen werden kann – die allerdings der Autor durchaus unter dem Eindruck eines bestimmten Ereignisses verfaßt haben könnte und die vom jeweiligen Publikum mit Hilfe eigener Kenntnisse (u.U. verschieden) zu entschlüsseln wäre. Zu beweisen ist diese Vermutung nicht; aber die objektiven Folgen der Darstellung im Epos sind m.E. deutlich. Damit stehen wir vor ähnlichen Tendenzen, wie sie uns im nächsten Kapitel beschäftigen werden.

IV. Strickers 'Karl' und die Zeitgeschichte

Auf dem Gebiet zeitgeschichtlicher Interpretation von Texten, die nicht schon per Gattung (Chronistik,Annalistik, Urkunden, Akten, Briefe usw.) als Quelle ausgewiesen sind, kann man bzgl. der Literaturwissenschaft von zwei Traditionen sprechen. Die ältere setzt nahezu gleichzeitig mit der Institutionalisierung literaturwissenschaftlicher Fächer an den Universitäten im 19. Jh. ein. In ihr wurde zeitgeschichtliche Interpretation in Formen betrieben, wie sie auch für die Geschichtswissenschaft bei der Bearbeitung literarischer Sekundärquellen kennzeichnend sind. Sinn und Nutzen dieses Verfahrens sind so bekannt wie seine Nachteile, die dann entstehen, wenn der faktenorientierte Angang an Texte die Perspektive für die Betrachtung des Phänomens 'Literatur' verengt (1). Die jüngere (sehr junge) Tradition zeitgeschichtlicher Deutungsversuche ist entstanden in Reaktion auf andere Einengungen des Literatur- und Literaturwissenschaftsbegriffs, stellt aber im Großen und Ganzen keine Rückkehr, kein Anknüpfen an die ältere Tradition dar, weil der Rahmen der 'Zeitgeschichte' meist weiter gespannt wird und weil vor allem Historie über bloße Fakten- und Ereignisreihung hinaus eine Fortschreibung erfährt in eine politische und soziale Dimension. Letzteres ist es auch, was die Methode der Kritik ausgesetzt hat: Falsche Ergebnisse hat es auch 'früher' gegeben; sie wurden von der Kritik polemisch, süffisant oder ganz neutral korrigiert, aber ohne daß diese Fehler der Methode zur Last gelegt wurden - denn über sie bestand zwischen Kritikern und Kritisierten meist Einigkeit. Die neuere Richtung aber hat es schwerer, weil die Einzelkritiken oft gleichzeitig als Argument gegen den neuen Ansatz dienen ('banal', 'vordergründig', 'das Objekt entzieht sich solchen Betrachtungsweisen' usw.). Es läßt sich aber auch feststellen, daß diese Kritik (deren eigene theoretische Prämissen natürlich sehr schnell und mit sehr viel Recht theoretisch kritisiert werden können) oft zu leicht Opfer findet (2). Deshalb und weil man oft gezwungen ist, von einer Faktenbasis auszugehen, die von anderen als den eigenen theoretischen Prämissen aus gewonnen wurde, empfiehlt sich für eine zeitgeschichtliche Interpretation ein doppelt kritisches Verfahren, was die Erprobung des immer noch neuen Ansatzes und die Tragfähigkeit der in

---

1) Es ist zu betonen, daß diese Nachteile auch n u r in diesem Fall auftreten. Die Bezeichnung 'Positivismus' o.ä. ist oft zu schnell bei der Hand; das, was Positivismus, Biographismus etc. wirklich ausmacht, sind Methode und Aufgabenstellung im Ganzen, nicht aber einzelne Verfahrensweisen und Teilziele. Man sollte hin und wieder daran denken, daß die Wissenschaft in weiten Bereichen immer noch von den Ergebnissen des Positivismus zehrt.

2) Etwa dann, wenn - wie geschehen - das konservative, gängigen Klischees, Ängsten und dem traditionellen Frauenbild in weiten Bereichen entsprechende Strickersche Maere 'Das erzwungene Gelübde' unter das Thema "Frauenemanzipation durch solidarisches Handeln" gestellt wird.

der Praxis entsprechend immer noch zu wenig zur Anwendung gekommenen Methoden betrifft, eine behutsame (1) Interpretation der eigenen Ergebnisse für die Einordnung des untersuchten Textes.

Das, was in den folgenden Abschnitten vielleicht als nur negativ oder gar destruktiv erscheint, möge als der Versuch der Einhaltung dieser Prämissen gewertet werden.

IV.1 Die Deutschen und die 'roemische krône'; Kaiser und Papst; translatio imperii

K 45o do er (= Karl) roemesch rîche gewan
und dar zuo elliu diu lant,
diu ich iu ê hân genant,
dô sagter tiuschen liuten danc.
swaz er der lande betwanc,
sît si im wurden undertân,
daz hete er gar mit in getân.
des gap er in ze lône,
daz si roemische krône
dem iemer geben solten,
den si ze herren wolten:
daz wart gevestent mit der schrift.
dô machet er ein rîche stift
in unser frowen êre,
daz si da iemer mêre
ir künege krônten unde kürn
und daz reht niemer verlürn:
diu stat ist Âche genant. (2)

Diese Stelle gehört zu den bekanntesten des gesamten Epos. Sie scheint einen der wenigen Zugänge (3) für ein Inbezugsetzen von dichterischem Text und historischer Wirklichkeit zu bieten, und sie wurde auch mehrmals kommentiert.Bezeichnenderweise waren es zuerst Historiker (STENGEL, BUCHNER, KÖSTER, FOLZ), die Deutungen unternahmen.- Wenn auch die Axiomatik eines restringierten Verständnisses von historischem Textbezug nicht gerechtfertigt werden kann, so ist das doch kein Grund, Stellen aus der Untersuchung auszuschließen, welche auf Grund dieses Verständnisses zu Objekten der Interpretation geworden sind. Das literarische Thema 'Wahl' gehört fraglos zu dem Stoffbereich, der solange auf ein Interesse beim Publikum stoßen wird, als ihm ein aktuelles Thema 'Wahl' im politischen Umfeld von Text und Publikum gegenübersteht. Dies ist z.Z. der Entstehung des K gegeben, und dies ist auch noch zur Zeit der Entstehung späterer Hss. der Fall.

---

1) Nicht aus Angst vor Kritik, sondern weil vermeidbare Fehler hier leichter als anderswo die Methode auf Dauer im Ganzen diskreditieren.

2) 45o gar gevvan HK. 453-68 fehlt F. 454 wan das H. 455 das yme würden H. sind im warden GOQ. 456 für 456/46o sus hat he die romische krone entphan Q. 462 nuwe EQU. 463 sant Marien KQR. 464 daz) da GK. 467 ward HKR. och B. auch U. aich Z.

3) Einen der wenigen aber nur dann, wenn man glaubt, historische Bezüge würden sich nur in einer Kohärenz von historischem Faktum und direkter Widerspiegelung des Faktums im Text erschöpfen.

Schon STENGEL (1) und BUCHNER (2) (191o bzw. 1912) sahen in K 45o ff. eine Stellungnahme zum Kampf zwischen Papst und deutschem König um die Frage, woraus sich die Kaiserwürde ableitet. Und wie schon bei ihnen der Begriff 'Wahl' ins Spiel kommt, so spricht auch KÖSTER (1939) hier von einer "Knüpfung des deutschen Wahlrechtes an Karl den Großen", die eine "politische Maßnahme der kaiserlichen Partei gegenüber päpstlichen Interessen gewesen" und auch "den Interessen der Kurfürsten" (3) entgegengekommen sei. Indem Stricker also Verfasser dieser Passage ist, wird nahegelegt, daß er damit im Sinn kaiserlicher Ansprüche in den Streit eingreift. Auch FOLZ (195o) sieht bei Stricker hier eine prokaiserliche Stellungnahme in besagter Auseinandersetzung (4).

VON DER BURG (1974) formuliert dies sehr deutlich. Für ihn nimmt Stricker "zu der prinzipiellen und aktuellsten staatspolitischen Frage seiner Zeit Stellung" (5). Mit dieser Frage ist die der Translation gemeint, jedoch ist bei VON DER BURG vorher und nachher des öfteren von Wahl die Rede. Er zitiert auch den Halberstädter Domherrn und späteren Kirchenrechtslehrer Johannes Teutonicus, der 1215 zum Translationsproblem wie folgt Stellung nimmt:

> "regimen mundi (...) translatum est ad Theutonicos (...). (...) imperator (...) enim est princeps mundi et dominus (...). Fateamur ergo quod Theutonici promouerunt virtutibus imperium." (6)

Dazu VON DER BURG: "Nichts anderes aber gibt Stricker sinngemäß in den Versen 45o-61 seines Karlsepos wieder."(7)

SCHNELL (1974) bemerkt zu der Stelle:

> "Die Verarbeitung zeitgeschichtlicher Vorstellungen im 'Karl' läßt sich am einfachsten in einem Zusatz Strickers nachweisen, der zunächst wie ein Exkurs wirkt, aber nach den vorangegangenen Untersuchungen als eine konsequente Fortsetzung der dichterischen Konzeption zu gelten hat." (8)

Mit der Konzeption meint SCHNELL hier die Absicht, nicht nur zu unterhalten, sondern auch politische Stellungnahmen abzugeben (9). Nach Zitierung der Stelle fährt SCHNELL fort:

> "Auf drei Punkte kommt es hier an: 1. Schon Karl wird der Besitz des Romanum Imperium zugeschrieben. 2. Von Karl wird den Deutschen das Recht übertragen, den Herrscher über das Romanum Imperium zu wählen und zu krönen. 3. Mit dieser Begründung des deutschen Wahlrechts wird die Stiftung der Aachener Marienkirche in Verbindung gebracht." (1o)

---

1) STENGEL, E.E.: Der Heerkaiser. In: Abhandlungen und Untersuchungen zur Geschichte des Kaisergedankens im Mittelalter. Köln und Graz 1965. S. 1-169.

2) BUCHNER, M.: Die Entstehung und Ausbildung der Kurfürstenfabel. Freiburg i.Br. 1912.

3) KÖSTER (s.S. 75 A 2) S. 41.

4) FOLZ/Souvenir (s. S. 155 A 4) S. 32o f.

5) VON DER BURG/Diss. a.a.O. S. 199.

6) zit. nach VON DER BURG ebd. S. 2o9.

7) ebd. S. 2o9.

8) SCHNELL/ZfdPh 93 S. 71. Unterstr. von mir.

9) SCHNELL ebd. S. 52.

1o) ebd. S. 71.

Zu seinem zweiten Punkt bemerkt SCHNELL, dieser hänge "ganz eng mit dem Thema der Translatio Imperii zusammen, das im Mittelalter im Brennpunkt der Auseinandersetzungen zwischen Kaiser und Papst, aber auch zwischen deutschem Kaiser und europäischen Königen" gestanden habe; K 45o ff. sei also sowohl gegen den Papst als auch gegen Unabhängigkeitsbestrebungen anderer Könige gerichtet und "als Ausdruck einer kaiser- und damit stauferfreundlichen Haltung (zu) werten" (1).

GEITH (1974/1977) (2) verweist auf STENGEL, BUCHNER, FOLZ und stellt fest, Strickers Zusatz werde "allgemein als Anspielung (...) auf die Fabel von der Einsetzung des Kurfürsten-Kollegiums durch Karl aufgefaßt" (3). Damit trifft er m.E. nicht ganz den Inhalt der bisherigen Interpretationen, die einerseits insofern im engeren Rahmen verbleiben, als sie zwischen Kurfürstenfabel und Darstellung im K als Gemeinsamkeit nur die Rückführung eines staatspolitischen Instituts auf Karl d.Gr. sehen, andererseits aber weiter als bei GEITH angedeutet ausholen, indem sie eine Stellungnahme zum Problem der Translation usw. zu sehen glauben. Wichtig ist jedoch GEITHs nachfolgende Bemerkung:

> "Es darf aber nicht übersehen werden, daß hier gerade die wesentlichen Züge dieser Fabel (= Einsetzung eines Kurkollegs durch Karl; R.B.), nämlich die Erwähnung der deutschen Fürsten und ihres Wahlrechtes nicht vorhanden sind. Die Verse scheinen mir weniger eine 'légende lancée par le Stricker' zu sein, d.h. eine bewußte Darstellung einer politischen Theorie, als vielmehr vager Ausdruck bestimmter Vorstellungen und Kenntnisse über den Anspruch der Deutschen auf die Kaiserwürde und die Vorrangstellung Aachens als Wahl- und Krönungsort." (4)

Damit vollzieht GEITH einen Schritt, der so selbstverständlich nicht zu sein scheint: Er kehrt zum Wortlaut des Textes zurück und bemißt an ihm etwaige Interpretationen. Dies scheint mir im vorliegenden Fall nur allzu nötig zu sein; im Folgenden ist daher zu untersuchen, inwieweit Ausdeutungen ihre Berechtigung aus mehr als nur aus Reizworten beziehen können, welche alternativen Interpretationen durch die vorliegende Begrifflichkeit zugelassen werden und welche Verständnisdimensionen sich gerade aus den so allgemein gehaltenen Formulierungen im K ergeben.

Im Zusammenhang der sog. Wahlstelle von einer "Verarbeitung zeitgeschichtlicher Vorstellungen" (SCHNELL; s.o.) zu sprechen, setzt m.E. aus zwei Gründen falsche Akzente:

1. Weder beim Thema Wahl noch beim Thema Translation kann bei der vorliegenden Darstellung Strickers von ausgesprochen zeitgeschichtlicher Thematik die Rede sein. Zwar verlangt SCHNELL völlig zu Recht, daß bei zeitgeschichtlichen Interpretationen der zeitliche Rahmen, "dem eventuelle Anspielungen entnommen sind, sehr weit" gespannt sein muß (5). Aber durch seine In-

---

1) SCHNELL/ZfdPh 93 S. 71, 73.

2) Laut Vorwort war das Druckmanuskript schon 1974 fertiggestellt.

3) GEITH/Carolus Magnus a.a.O. S. 174.

4) ebd. S. 174. Das Zitat stammt aus FOLZ/Souvenir S. 369.

5) SCHNELL/ZfdPh 93 S. 54.

terpretationen unterlegt er doch der K-Stelle eine Aktualität, welche eine Gleichsetzung von 'zeitgeschichtlich' mit 'zeitgenössisch' beinhaltet. Translation und Wahl aber sind Themen, die das MA immer wieder neu beschäftigen. Die allgemeinen Bemerkungen Strickers rechtfertigen keinen Bezug auf eine speziellere Diskussion über diese Gegenstände zu seiner Zeit. Das besagt nichts darüber, ob nicht die zeitgenössischen Rezipienten hier Assoziationsanreize empfangen haben; dies ist sogar sehr wahrscheinlich, und insofern ist die Stelle auf jeden Fall von Belang. SCHNELL behauptet aber zumindest implizit, daß die Aktualität vom Autor provoziert worden ist, womit das Stadium vager Andeutungen überschritten wäre (1).

2. Weil nun die Thematik ganz allgemein bleibt und sich aktuelle Bezüge nur aus möglichen Publikumsreaktionen ergeben können, ist es auch nicht möglich, von einer "Verarbeitung" zu sprechen. Stricker gibt nur die Stichworte (Deutsche; römische Krone; Freiheit der Entscheidung, wem diese Krone von den Deutschen verliehen wird). Unter einer Verarbeitung wäre zumindest ein Verfahren zu verstehen, durch das dem Rezipienten nahegelegt wird, welche Richtung sein Verständnis nehmen soll. Ich werde im Folgenden näher darzulegen versuchen, inwiefern das nicht der Fall ist.

Relativ einfach läßt sich die These widerlegen, Stricker biete eine Vorform der Kurfürstenfabel. Selbst ihre Verfechter weisen ja darauf hin, daß dies dann der erste Beleg überhaupt wäre und daß (wie ja auch GEITH einwendet) gerade deren wesentliches Element - nämlich die Kurfürsten - fehlt. Nicht einmal von Fürsten allgemein ist die Rede, was besonders deswegen bedeutsam ist, weil Stricker sonst die Tendenz zeigt, den Kreis der Handelnden auf die Fürsten zu reduzieren. Die allmähliche Herauskristallisierung einer bestimmten Gruppe von Wahlberechtigten war ein langsamer und vor allem diskontinuierlicher Prozeß. Bis zur Konstituierung des jüngeren Reichsfürstenstandes (118o) war die Zahl der theoretisch und praktisch Wahlberechtigten unüberschaubar, und auch danach, bis zur Doppelwahl von 1257, waren Zahl und Zusammensetzung des Wahlkollegiums von politischer Lage, Tagesereignissen, Zufällen (Verkehrslage) abhängig (2). Die sich abspielenden Prozesse, die zur Konstituierung eines festen und eingegrenzten Kreises von Wahlberechtigten führten, blieben den Zeitgenossen so gut wie verborgen, eine 'Gesetzmäßigkeit' der Entwicklung konnte es für sie nicht geben. Die an einer Wahl Beteiligten werden bei Doppel- und Gegenwahlen im Unterschied zur Bedeutung von Wahlort, Krönungsort, Person des Krönenden, Besitz der Reichsinsignien auch nur in Ausnahmefällen zum Argument für die Rechtmäßigkeit der Wahl. Zu behaupten, Stricker antizipiere mit seiner

---

1) Ein Beispiel für die Lieferung von Assoziationsanreizen durch "vage Ausdrücke bestimmter Kenntnisse" (GEITH; s.o.) wäre etwa gerade im Zusammenhang mit Karl d.Gr. Ulrich Richentals Chronik des Konstanzer Konzils: Anscheinend hat jeder Schreiber einer Hs. bei den Themen Translation und Kurfürstenkolleg seine individuellen Kenntnisse hinzugefügt. (Freundlicher Hinweis von Frau Martina Bosten, Alsdorf.)

2) s. BOSL, K.: Staat, Gesellschaft, Wirtschaft im deutschen Mittelalter. München 1973. S. 162, 18o.

Formulierung die nachmalige Entwicklung - und dies wäre ja die logische Konsequenz der o.a. These - ist also von den Fakten und den methodischen Voraussetzungen her nicht möglich.

Man kann hier schon eine weitere der referierten Thesen einbeziehen, nämlich die von der 'Stauferfreundlichkeit' und der prokaiserlichen Haltung, die sich hinter Strickers Exkurs verberge. Dabei nun läßt sich ziemlich eindeutig feststellen, daß man beides zusammen - Propagierung des Kurrechtes der Fürsten und Vertretung kaiserlicher Interessen - nicht behaupten kann: Die Staufer als Könige/Kaiser hatten sich nicht nur mit dem Papst und ausländischen reges auseinanderzusetzen, sondern genauso ernsthaft mit den Fürsten im eigenen Reich. Dies ist kein spezifisch staufisches Problem, sondern eines, das sich aus der Position an der Spitze des feudalen Systems ergibt. Eins der wichtigsten Instrumente der Fürsten, schon frühzeitig Einfluß auf die Person des Monarchen geltend zu machen, ist aber die Königswahl. Für einen regierenden König wäre dies kein Problem, wenn er davon ausgehen könnte, daß seine erreichte Position mit dem vollzogenen Wahlakt gesichert ist. Dem aber stehen zwei Faktoren gegenüber: 1. das theoretisch nirgendwo verankerte, aber latent stets als Möglichkeit einzukalkulierende und ja auch praktisch zur Anwendung kommende Phänomen des Gegenkönigtums, 2. das stetige Bestreben des jeweils Regierenden, die Regierung durch Designation, später durch Wahl und Krönung des Sohnes noch zu Lebzeiten des Vaters innerhalb der eigenen Dynastie zu behalten. Das Wahlrecht der Fürsten ist also für jedes regierende Haus eine durchaus nachteilige Einrichtung. Wie nachteilig, zeigt sich wohl am besten am Erbreichsplan Heinrichs VI., der versucht hat, den Fürsten das Wahlrecht durch sehr bedeutende Zugeständnisse auf anderen Gebieten abzuhandeln (1). Und wie sehr andererseits die Fürsten ihr Wahlrecht als unverzichtbar empfinden, zeigt die Tatsache, daß sie trotz dieser immensen Zugeständnisse zu diesem Handel nicht bereit waren. Auch Friedrich II. kann die Zustimmung der Fürsten zur Wahl Heinrichs (VII.) 122o nur durch die Bestimmungen der 'Confoederatio cum principibus ecclesiasticis' (2) erkaufen.

Versteht man also unter Strickers 'liuten' die Fürsten (was gar nicht selbstverständlich ist), interpretiert man die Stelle als engagierten Versuch, die Wahl als die den König legitimierende politische Handlung durch Berufung auf Karl zu propagieren - auf Karl, der ja weder gewählt worden ist noch im K als durch Wahl in seine Stellung gelangt dargestellt würde -, dann bleibt für eine 'Stauferfreundlichkeit' nichts mehr übrig. Legt man aber die ganze Stelle als stauferfreundlich aus (über mögliche Argumente wird noch zu reden sein), dann kann man darin keine Betonung eines immanent für den König nachteiligen Fürstenprivilegs sehen.

---

1) Zum Erbreichsplan s. JORDAN, K.: Investiturstreit und frühe Stauferzeit. 4. Aufl. München 1978. S. 172-176.

2) s. GRUNDMANN, H.: Wahlkönigtum, Territorialpolitik und Ostbewegung im 13. und 14. Jahrhundert. 3. Aufl. München 1977. S. 37.

Versuchen wir nun, K 45o ff. hinsichtlich weiterer, durch die Allgemeinheit der Darstellung zunächst begünstigter Aussagedimensionen zu untersuchen. Als erstes wird die Situation Karls vor Erteilung seines Privilegs beschrieben. Er hat das 'roemesch rîche' und alle 'ê' aufgezählten Länder erobert. Diese Länder sind K 337 ff. von einem Engel genannt worden: Apulien, Böhmen, Polen, Ungarn, Griechenland, Rußland, Armenien, das Land der 'Serven' und 'Plachen' (s.u.), Dänemark, Schottland, Irland, England, das 'rîche zArle'. SCHNELL vermutet, daß K 45o Karl schon den Besitz des Imperium Romanum zuschreibe (s.o.). Stricker unterscheidet nun sowohl K 45o ff. als auch 332 ff. (1) ausdrücklich zwischen dem Römischen Reich und eben diesen Ländern. Vergleicht man den Bestand des Reiches z.Z. Strickers mit diesen Ländern, dann erscheinen zwei Gebiete gesondert, die eigentlich mit zu diesem Reich gehören: Böhmen und das Arelat. Vergleicht man den Länderkatalog mit den historischen Eroberungen Karls, dann stellt man fest, daß weder England, Irland, Schottland, Dänemark, Böhmen, Polen, Griechenland, Rußland, Armenien, Serbien noch die Walachei (2) zu Karls Herrschaftsbereich gehört haben. Letzteres ist sicher nicht mit mangelnden Kenntnissen Strickers zu erklären; Quellen wie Einhards Karlsvita (Kap. 5-14 über Karls Kriege, Kap. 15 Katalog der Eroberungen) waren durch das ganze MA hindurch verbreitet, gewisse Grundkenntnisse sind also schon anzusetzen. Es handelt sich somit also sehr wahrscheinlich schon um eine gewollte Aktualisierung Strickers, zumal, wenn man sich vor Augen hält, daß er die Namen der von ihm gegenüber der Vorlage eingefügten Stelle aus den durch dR 117o ff. und 683o ff. gelieferten auswählt und um Armenien, Serbien, Walachei, Dänemark und das Arelat ergänzt. Von diesen Ergänzungen wiederum können das Arelat, Dänemark und Armenien ebenfalls aus dem dR geschöpft sein, obwohl 'Arle' dort nur sehr marginal erscheint und Dänemark und Armenien nur als Herkunftsangabe Naimes' bzw. Ogiers eingeführt werden. Bei den 'Serven' wäre eine Verwechslung mit Konrads 'Sorbiten' möglich; für sehr viel wahrscheinlicher aber halte ich SCHNELLs Erklärung, daß Stricker Serven und Plachen aus der Kenntnis über deren Rolle im Zusammenhang mit Kreuzzügen hinzusetzt (3). Aus ei-

---

1) Dort befiehlt der Engel ausdrücklich, Karl solle zunächst das Reich erobern, erst danach die anderen Länder.

2) Daß die von Stricker angegebenen Ländernamen z.Z. Karls zum größten Teil noch nicht existierten, versteht sich ohnehin von selbst; es gab eben noch kein Apulien, sondern nur ein Hztm. Benevent, kein einheitliches 'Polen' oder 'England' usw. Dies ist aber kein besonderes Phänomen und bedarf daher keiner Erklärung.

3) SCHNELL/ZfdPh 93 S. 64 f.- GEITH/Carolus Magnus S.312 A 6o ist sich m.E. zu sicher, wenn er "Serven und Sorbiten identifiziert". Es kann sich zwar um eine Verwechslung handeln, aber um eine, die auch für Strickers Zeitgenossen einen ganz anderen Sinn ergibt (Sorben - Serben!). Heikel ist auch die Problemlosigkeit, mit der GEITH das 'rîche zArle' als einfache semantische Transkription von Konrads 'Prouincia' ansieht. Nimmt man noch die voreilige Annahme eines Überlieferungsfehlers für 'Plachen' hinzu, dann ist es mir rätselhaft, wie GEITH zu all dem sagen kann: "vgl. jetzt auch R. Schnell a.a.O. S. 62".

ner Quelle, in der neben den Plachen auch die Armenier genannt werden (1), zieht er weiter den Schluß: Armeniern, Serben und Walachen "haftet (...) die Vorstellung des Fernen und Weiten an, vielleicht auch der Gedanke an den Herrschaftsanspruch im Osten. Diese Namen setzt der Stricker ein, um die weite völkerumspannende Macht des Kaisers zu betonen." (2) In diesem Zusammenhang erinnert SCHNELL auch an die noch im Auftrag Heinrichs VI. erfolgte Belehnung Leos von Armenien 1198 (3). Dieser Leo II. (d.Gr.) war durch seine Heirat mit Isabella von Österreich (4) auch genealogisch mit der zentraleuropäischen Politik verbunden. Ferner weist SCHNELL sehr präzise nach, daß die gesteigerte Bedeutung des Arelats wohl auf die Gestaltung im K Einfluß genommen hat. So gilt die von ihm vertretene "bewußte Nennung" (5) der dem dR hinzugefügten Länder wohl auf jeden Fall für Serven, Plachen und das Arelat. Und auch für Armenien und Dänemark möchte ich zustimmen, wenngleich eine Anregung der Vorlage möglich ist (s.o.). Aber der veränderte Zusammenhang, in dem sie genannt werden, läßt den Schluß berechtigt erscheinen. Am deutlichsten ist dies m.E. bei Dänemark der Fall:

Gegenüber der nur einmaligen Nennung als Herkunftsland Ogiers im dR wird Dänemark im k sechsmal genannt, viermal als Herkunftsbezeichnung und zweimal als ein zu eroberndes bzw. erobertes Land; denn auch in Rolands Sterbeszene K 8177 taucht es in diesem Zusammenhang noch einmal auf. Die Beziehungen zwischen Dänemark und dem Reich erlauben es tatsächlich, "zeitgeschichtliche(n) Einfluß an(zu)nehmen, ohne daß man an ein konkretes Ereignis denken müßte" (6). Nur muß hinzugefügt werden: "ohne daß man müßte" ist euphemistisch; man kann an gar kein konkretes Ereignis denken. Wohl ist Dänemark im Gespräch, aber die Erwähnung im K bietet kein "Dänenbild". Man kann noch nicht einmal von ambivalenter Charakterisierung sprechen, denn die Erwähnung als erobertes Land ist keine Abwertung, die der Herkunftsbezeichnung eines positiven Protagonisten (Ogier) kontrastieren würde. Zweites Hindernis für eine Identifizierung bestimmter auslösender Ereignisse ist wieder die unsichere Datierung des K in Verbindung mit einer ausgesprochenen Diskontinuität der deutsch-dänischen Beziehungen. SCHNELL berichtet über die "Auseinandersetzungen des Königs Waldemar III. (gemeint ist natürlich Waldemar II.; R.B.) von Dänemark mit den angrenzenden deutschen Gebieten (vor allem mit Otto IV.)" (7). Ferner berichtet er, daß "Friedrich II. (...) 'die dänischen Expansionsbestrebungen, denen er in der Zeit seines Kampfes

---

1) Chronica collecta a Magno Presbytero. MG SS XVII. s. SCHNELL/ZfdPh 93 S. 65 f.

2) SCHNEL a.a.O. S. 66.

3) ebd. S. 66. An Belegen füge ich bei: Arnold von Lübeck c. 2o; Marbacher Annalen ad a. 119o (!); die Rolle Armeniens als Durchzugsgebiet bei Kreuzzügen beleuchtet die Kölner Königschronik, Cont.I ad a. 1189 u. 119o (SSrG us.schol. S. 146, 151).

4) BÖHM/Bild Barbarossas (s.S.114 A 3) S. 113.

5) SCHNELL/ZfdPh 93 S. 66.

6) ebd.

7) ebd. S. 66 f.

mit Otto IV. notgedrungen zunächst hatte Zugeständnisse machen müssen, mit wacher Sorge' (verfolgte)" (1). In beiden Fällen haben wir es aber nur mit Ausschnitten zu tun! Und in der Auswahl der Quelle ist SCHNELL hier etwas unglücklich; über die o.a. Grenzkämpfe werden an Zeugnissen, die "(wir) besitzen" (2), nur die Annales Ryenses mit zwei Stellen ad a. 1215 und 1216 angegeben - also die Annalen eines dänischen Klosters der dänischen Diözese Schleswig (3). Ich gebe im Folgenden einige Beispiele, um zu zeigen, daß das Thema 'Dänemark' zwar immer Aktualität beanspruchen und Strickers punktuelles, andeutendes Evozieren dieses Themas seit der Zeit der Entstehung des dR durch verschiedene Ereignisse bedingt sein kann, daß aber mangels Aussagekraft der Stellen im K solche Ereignisse weder eine Datierungshilfe bieten noch umgekehrt mangels auch nur tendenzieller Gleichförmigkeit die Art der sich evtl. einstellenden Assoziationen erhellen können.

Entscheidend beeinflußt wurde das deutsch-dänische Verhältnis durch die Randlage Dänemarks. Die von SCHNELL zitierte Äußerung BAETHGENs, Friedrich II. habe die Vorgänge an der dänischen Grenze "mit wacher Sorge verfolgt" (s.o.), ist nur eine vornehme Umschreibung dafür, daß 1. die Konflikte lokal waren und 2. Friedrich ihre Bereinigung, auch soweit Reichsinteressen betroffen waren, meist lokalen Machthabern überließ (4). SCHNELLs Bemerkung zu den Grenzkämpfen - "vor allem mit Otto IV." - verdeckt die Tatsache, daß Dänemark bis 1214 zu dessen Verbündeten zählte (5) und die Anhängerschaft Philipps von Schwaben durch alle Fürsten verstärkt wurde, die dänischen Angriffen ausgesetzt waren (6). Mit der Abwendung Dänemarks von Otto ist aber gleichzeitig eine aktive Unterstützung Friedrichs II. verbunden, die mit einem formellen Vertrag - 1215 Metz - besiegelt wird (7). Für diese Unterstützung sichert Friedrich dem Dänenkönig den Besitz von bereits okkupiertem Reichsgebiet zu (8)! Damit sind wir bereits beim Zeitpunkt der Frühestdatierung des K angelangt. Ein neuer Umschwung setzt ein, als Friedrich die Gelegenheit

---

1) SCHNELL/ZfdPh 93 S. 66 f. Zitiert wird BAETHGEN, F.: Kaiser Friedrich II. In: Die großen Deutschen. Bd. I. 1956. S. 161.

2) SCHNELL ebd. S. 66.

3) s. HOLDER-EGGER, O. und K. ZEUMER: Indices eorum quae monumentorum Germaniae historicorum tomis hucusque editis continentur. Berlin, Hannover 189o. S. 226.- An Quellen aus dem Reich wären etwa zu nennen Arnold v. Lübeck V 17, VI 9-11, 14 u. pass.; Kölner Königschr. Cont. 4 ad a. 1227, 1222, 1224; Albert v. Stade ad a. 1199, 12o1, 12o2, 1213, 1214, 1223, 1225 u. pass.

4) s. KANTOROWICZ, E.: Kaiser Friedrich der Zweite. 3. fotomech. Nachdr. der 4.Aufl. 1936. Düsseldorf, München 1973. S. 148 f. BIEHRINGER (s. S. 72 A 2) S. 1o8 ff.

5) s. WISSOWA, A.F.: Die politischen Beziehungen zwischen England und Deutschland bis zum Untergange der Staufer. Diss. Breslau 1889. S. 51. WAHL (s.S. 72 A 3) S. 4o.

6) s. WINKELMANN, E.: Philipp von Schwaben und Otto IV. von Braunschweig. Bd.1. Nachdr. Darmstadt 1968. S. 151.

7) BIEHRINGER a.a.O. S. 34 f.

8) WINKELMANN (s.o. A 6) Bd. II S. 398.

der Gefangennahme Waldemars durch Heinrich von Schwerin (1223) benutzt, um die "Wiederherstellung der Nordgrenze" (1) zu betreiben. Engelbert von Köln dagegen verlangt Waldemars Freilassung und wird, nachdem dieser sich zum Kreuzfahrer erklärt hat, darin vom Papst unterstützt (2). Hermann von Salza (1224) schließt mit dem Dänenkönig im Auftrag Friedrichs einen Vertrag mit drei wesentlichen Bestimmungen:

1. Zahlung eines Lösegeldes an Heinrich von Schwerin.

2. Entgegennahme der dänischen Krone als Reichslehen (!).

3. Rückgabe der abgetretenen (s.o.) Gebiete. (3)

Der Vertrag wird mehrmals gebrochen, nach der Niederlage Waldemars bei Bornhövede (1227) im Wesentlichen jedoch restituiert (4).

Die Beziehungen zu Dänemark sind also im ersten Viertel des 13. Jhs genauso schwankend wie im letzten des 12. Jhs; denn schon Waldemar I. und sein Nachfolger Knut VI. betrieben gegenüber dem Reich eine ziemlich genau entgegengesetzte Politik. Dieser stete Wechselzustand, der sich von der subalternen Stellung Dänemarks vor der und zur Zeit des dR durchaus unterscheidet, eines Dänemark, dessen führende Familien sich in dauernden Machtkämpfen befinden und oft genug deutsche Kaiser als Schiedsrichter anrufen (5), gibt allen Grund, bei den Rezipienten des K für eine Erwähnung neue Aktualität zu vermuten. Die von SCHNELL als Beleg herangezogene Stelle in Ottos von Freising 'Gesta' II, 32 (6), wo Friedrich I. in einem Brief an die Römer warnend auf das Schicksal der 'Daniae nuper subactae Romanoque redditae orbi' hinweist, scheint mir demgegenüber nicht in den Zusammenhang meines (und SCHNELLs) Problems zu passen: die Briefstelle stammt aus dem Jahr 1152, wird zwischen 1157 und 1158 aufgezeichnet worden sein (7) - und behandelt Ereignisse des Jahres 1152. Der Brief spiegelt damit eine Zeit, die aus den o.a. Gründen gegenüber dem Thema 'Dänemark' eine völlig andere Stellung einnimmt.

Zurück zur Wahlstelle im K. Wenn Stricker, abweichend von der Historiographie auch seiner eigenen Zeit, Karls Herrschaftsbereich um eine Anzahl von Gebieten erweitert, die diesem nie angehört haben, kann dies weder Irrtum noch Zufall sein. Es wäre nun zu klären, wie weit man bei der Ausdeutung dieser Zusätze gehen kann. Im Wesentlichen liegen zwei Interpretationen vor:

---

1) s. HOLTZMANN, R.: Lothar und die Hohenstaufen. In: Gebhardts Handbuch der deutschen Geschichte. Neu bearb. von R. HOLTZMANN. Cambridge/Mass. o.J. S. 3o6-379. Hier S. 369.

2) ebd. S. 369. 3) ebd.

4) ebd.

5) vgl. Otto von Freising/Gesta (s.S.175 A 2) II 5; über den Hang der Dänen zu Bürgerkriegen auch Helmold c. 51.

6) Nach der Zählung der MGH II, 3o.

7) s. SCHMALE/Einleitung zu den Gesta (s. S. 175 A 2) S. 2.

1. KÖSTER sieht Strickers Länderkatalog als "eine Schilderung, die durch die hochfliegenden staufischen Vorstellungen angeregt ist, diese aber ins Maßlose treibt" (1), und auch STENGEL sieht hier ein Echo des "staufischen Imperialismus" (2).

2. GEITH sieht die Aufzählung als Vorwegnahme derjenigen in der Sterbeszene Rolands dR 683o ff. und erkennt darin ein spezielles Verfahren Strickers, das auch schon bei der Schwertübergabe an Karl (K 364 ff.) verwendet worden sei, nämlich die Umwandlung eines "späteren Abschnitt(s) des RL (...) in eine Prophezeiung" (3).

GEITHs Beobachtung ist sicher richtig; seine Deutung expliziert einen Spezialfall des in Kap. III dieser Arbeit festgestellten Sachverhaltes: Stricker ist daran gelegen, zwischen den von Konrad in reihender Darstellung mitgeteilten Inhalten ein Beziehungsgeflecht herzustellen. Für ebenso berechtigt halte ich GEITHs Ablehnung der These KÖSTERs, nur ist G.s Begründung nicht zureichend. Der formale Aspekt schließt den inhaltlichen nämlich nicht aus. Im Gegenteil: insofern nicht nur die Heidenkämpfe, sondern auch die vorausgehenden Eroberungen Karls als Erfüllung eines göttlichen Auftrages dargestellt werden, erfahren sie eine Steigerung ihrer Wertigkeit. Zu kritisieren an KÖSTERs Interpretation ist jedoch Folgendes:

1. Eine Verbindung zu spezifisch <u>staufischen</u> Vorstellungen läßt sich nicht erweisen und drängt die Ausdeutung nur in Richtung von Wunschbeobachtungen, welche dann ihrerseits Spekulationen über die prostaufische Tendenz ungerechtfertigterweise plausibler erscheinen lassen.

2. 'Maßlosigkeit' ist kein Kriterium, das hier angelegt werden könnte, weil sich die Länderkataloge in dR und K ja doch fast decken (4) und es sich also genauso um eine Maßlosigkeit Konrads handeln würde, wenn man die Aufzählung nur als Bericht über Karl (<u>ohne</u> Verbindung zur jeweiligen Zeitgeschichte) auffaßt.

Damit kommen wir wieder zum Ausgangspunkt zurück: Indem Stricker sowohl (wie schon Konrad) den Machtbereich Karls ohne Rücksicht auf vorhandene oder sicher beschaffbare historische Kenntnisse ausweitet als auch zwei Gebiete (Böhmen, Arelat) nennt, bei denen eine Trennung vom Reich eigentlich nicht berechtigt ist, läßt sich einigermaßen sicher schließen, daß es ihm primär darum gegangen ist, zu zeigen, was alles zum Herrschaftsbereich eines imperialen Herrschers gehört. Darauf deutet auch hin, daß Stricker im Gegensatz zu Konrad an dieser Stelle die <u>deutschen Stämme</u> nicht detailliert aufführt, sondern pauschal mit unter das 'roemesch rîche' faßt (K 333). Im dR finden wir das genau entgegengesetzte Verfahren (177o ff.); dort nennt Blanschandiz u.a. Sachsen, Bayern, Schwaben und fährt dann erst zusammenfassend

---

1) KÖSTER/Karl der Große (s. S. 75 A 2) S. 39.

2) STENGEL/Heerkaiser (s. S. 199 A 1) S. 165.

3) GEITH/Carolus Magnus (s. S. 3 A 2) S. 175.

4) Insofern hat GEITH nämlich sehr wohl recht! Nur ist es unzulässig, die wenigen Abweichungen ganz zu negieren (s.o.) und auf den Stellenwert des Kataloges in einer anderen Zeit nicht einzugehen.

fort: 'unde alle die in dutisker erde waren'. Den gleichen Unterschied kann man feststellen zwischen K 8177 ff. und dR 683o ff.: bei Konrad die bekannte Aufzählung mit Bayern, Sachsen, 'Alemannia', 'Franchen', Friesen, bei Stricker eine (nun verkürzte, weil ja schon vorher vollständig gelieferte) Darstellung, in welcher jetzt überhaupt keine deutschen Stämme oder Gebiete enthalten sind: 'Palerne', dann zusammenfassend 'swaz dannen ist zîrlant', 'von dem riuzeschen mer unz ze Portegâl in daz lant' und 'swaz lande von Tenemarke unz hin ze Arle sint gelegen'. Strickers Resümee soll hier wahrscheinlich natürlich die deutschen Gebiete mit meinen, aber erwähnt werden sie eben nicht mehr. Damit ist jetzt sehr deutlich, daß Karl nach seiner Jugendgeschichte primär als Weltherrscher erscheinen soll.

Nun stellt sich für einen deutschen Dichter im 13. Jh. bei der Ausformung des Karl - Roland - Stoffes natürlich das Problem, wie eine besondere Beziehung Karls zu Deutschland und den Deutschen zur Geltung gebracht werden kann. Dieses Problem stellt sich verschärft für jemand, der ja in seiner Darstellung keineswegs 'nationalistisch' verfährt, der Karls 'französische' Herkunft nirgendwo unterschlägt (s. Kap. IV. 2), der alle auf der Seite Karls kämpfenden Stämme und 'Nationen' und auch die besondere Rolle der 'Franzosen' würdigt. Hier möchte ich mit meiner Interpretation ansetzen. Ich sehe in Strickers Darstellung der Wahlstelle nämlich vor allem einen Versuch, dieses besondere Verhältnis auszudrücken (1). Die 'Deutschen' sollen sich von den anderen auftretenden Völkern unterscheiden; sie sollen selbst als 'Nation' erscheinen, deren Untergliederung in Stämme nur marginale Bedeutung besitzt (2); sie sollen eine besondere Beziehung zu Karl aufweisen. Und dies alles muß auf eine Weise geschehen, welche den notwendig positiven Charakter der anderen christlichen Gruppen nicht antastet - denn auch diese sind ja für den Kreuzzug wichtig.

Zur Erfüllung solcher Ziele bietet sich das Thema 'Wahl' nun allerdings auf eine fast schon hervorragende Weise an. Alle im K vertretenen Volksgruppen auf der christlichen Seite sind mehr oder weniger feudal organisiert. Äußerer Habitus und innere 'Gesinnung' sind gleich bzw. müssen gleich erscheinen. Sie besitzen die gleiche Religion. Ihre Kampftechnik ist so gleich wie ihre persönliche Tapferkeit. Die ständische Gebundenheit des auftretenden Personals bedingt eine nahezu identische Standeskultur, und feinere Differenzierungen wären wenig wirkungsvoll. Aber daß der deutsche König nicht durch Erbfolge an die Macht kommt, das ist etwas, was Deutschland z.Z. der Abfassung des K auf jeden Fall von den beiden anderen großen europäischen Nationen unterscheidet und darüber hinaus auch von den meisten anderen. Wichtig ist im K natürlich besonders der Unterschied

---

1) Etwas Ähnliches findet sich im Annolied, wo Str. 28 das 'igizin' des Herrschers als durch Cäsar bei den Deutschen eingeführt dargestellt wird; vorher schon (Str. 24) wird auf Cäsars besonderes Verhältnis zu den Deutschen hingewiesen; sein Gesamtheer aber besteht aus 'scarin vzir Gallia unti Germania' (25, 3). Annolied, ed. NELLMANN. Stuttgart 1975.

2) Vielleicht auch d e s h a l b die Zurückdrängung von Konrads bayrischem Lokalpatriotismus.

zu Frankreich, dem 'alter heres' Karls des Großen. Dieser Unterschied wird sicher im Bewußtsein der mal. Öffentlichkeit manifest gewesen sein. So berichtet Salimbene von Parma, die Franzosen hätten auf eine Anfrage des Papstes, ob der Bruder Ludwigs IX. die deutsche Krone annehmen wolle, gegenüber jenem und auch Friedrich II. geäußert, der frz. König stehe höher als ein Kaiser - denn er herrsche durch Erbrecht, der Kaiser habe seine Stellung nur der Fürstenwahl zu verdanken (1). Dabei ist es belanglos, ob es sich hier um eine Erfindung Salimbenes oder um eine Kolportagefabel handelt: entscheidend ist, daß der Unterschied zwischen Wahl und Erbfolge geeignet ist, die Stellung der Repräsentanten zweier Nationen und damit diese Nationen selbst zu charakterisieren. Ähnliches zeigt sich in einer (angeblichen) Äußerung Friedrichs II. gegenüber Far ed-Din, die Erbfolge im Kalifat sei etwas Sinnvolleres als das deutsche Verfahren, "irgendeinen" (K 459 f.: 'den iemer den sie wolten'!!) zu ihrem Herrscher zu machen (2). Otto von Freising (Gesta II,1) interpretiert die Wahl als "id iuris Romani imperii a p e x , videlicet non per sanguinis propaginem descendere, sed per principium electionem reges creare, sibi tamquam ex singulari vendicat prerogativa" (3). Natürlich handelt es sich um eine sehr idealisierende und puristische Beschreibung, denn der in der Tat ja auch im Reich wirksame Faktor der Geschlechtsnachfolge wird unterschlagen (4). Das gerade aber unterstreicht wieder die Bedeutung, die man dem Wahlrecht als distinktivem Merkmal der Verfassung des Reiches beigemessen hat. Indem dieses spezifisch deutsche Rechtsinstitut auf Karl zurückgeführt wird, erhält es natürlich im K einen besonderen Glanz; indem diejenigen, welche dieses Rechtsinstitut zur Anwendung bringen, unbeschadet der z.Z. Strickers nicht mehr existierenden Organisationsform des Stammesherzogtums immer noch Repräsentanten einzelner geographisch-ethnisch-kulturell individueller Gebiete sind, ist diese Einrichtung auch geeignet, die Unterschiede auf der Ebene eines gemeinsamen Rechtsgutes zu nivellieren (5).

Ich bin mir bewußt, daß diese Interpretation von K 45o ff. vorerst durch keine anderen Argumente gestützt werden kann als die von mir bisher vorgebrachten: Die Stelle übernimmt tatsächlich alle genannten Funktionen, fügt sich sehr wohl in Strickers sonstige Darstellung ein und kann so auf eine widerspruchsfreie und funktionale Art gedeutet werden. Nun läßt sich damit aber nicht wegdiskutieren, daß die

---

1) s. KIENAST/Dtld. u. Frkr. (s. S. 155 A 5) S. 19o.

2) Übersetzt abgedruckt bei HEINISCH, K.J. (Hg.): Kaiser Friedrich II. in Briefen und Berichten seiner Zeit. 5. Aufl. Darmstadt 1977. S. 17o.

3) Hervorh. von mir.

4) s. die Nota KOCHs zur Stelle in: Taten Friedrichs von Bischof Otto von Freising. Nach der Ausgabe der MGH übers. von H. KOHL. 2. Aufl. Leipzig 1939 sowie SPILLE-MENSLAGE, R.: Geblütsrecht und Wahlrecht im Mittelalter. In: Genealog. Jb. 4/1964. S.15-48. Hier S.37, die sich offensichtlich auf KOCH stützt.

5) Vgl. den Sachsenspiegel (s. S. 78 A 1) mit seiner Begründung für den Ausschluß des böhmischen Königs vom Wahlrecht.

Stelle auch geeignet ist, Assoziationen hervorzurufen, die in Richtung der bisher von der Forschung beigebrachten Thesen liegen. Es muß aber gesagt werden, daß sich solche Auffassungen nicht grundsätzlich ausschließen. Wogegen ich mich wende, das ist die Meinung, wir hätten es hier mit einer dezidierten, deutlichen, programmatischen Stellungnahme Strickers zu tun. Daß dem nicht so ist, will ich auch im Folgenden weiter zu zeigen versuchen. Man wird sehen, daß die Formulierungen Strickers auch bzgl. anderer Themen ambivalent sind. Der Aufweis solcher Ambivalenzen hat aber noch einen weiteren Zweck: Es handelt sich dabei um einen Versuch eines Beweisverfahrens ex negativo, indem durch Exklusion bzw. Relativierung anderer Interpretationsmöglichkeiten, die über die Behauptung von Assoziations a n r e i z e n hinausgehen, der von mir behaupteten Funktion der Stelle größere Wahrscheinlichkeit verliehen werden soll. Was das Publikum eines Autors 'darf' und was in seinem Fall selbstverständlich bei der Textinterpretation einzukalkulieren ist, nämlich das Eingehen auf Assoziationspotentiale, das ist dem Wissenschaftler dann nicht erlaubt, wenn er den Anspruch vertritt, der ursprünglichen Autorenintention auf die Spur zu kommen.

"Die Tutschen kiesent den kunig, daz erwarp in der kunig Karle...". So weiß es der Schwabenspiegel (1). Sein Verfasser ist erwiesenermaßen stark kanonistisch-kurial beeinflußt (2), vertritt ansonsten Ansichten, welche vom Primat des Papstes ausgehen.

Als die Anhänger Tancreds von Lecce sich gegenüber Heinrich VI. auf das in Sizilien formell noch geltende Wahlrecht berufen, werden sie darin von der Kurie unterstützt (3).

Das Recht der deutschen Fürsten auf die Königswahl wird im Dekretale 'Venerabilem' ausdrücklich anerkannt: "ad quos (= den Fürsten; R.B.) de iure ac antiqua consuetudine noscitur pertinere ius et potestas eligendi regem in imperatorem postmodum promovendum". (4)

Nach einem Bericht Helmolds von Bosau soll der Erzbischof von Mainz vor der Absetzung Heinrichs IV. zu den zögernden Fürsten gesagt haben: "Quod igitur principium decreto impendere licet, eorumdem auctoritate tollere non licet?"(5) - womit also das Wahlrecht ganz eindeutig als gegen den König handhabbar dargestellt wird.

HUGELMANN kann über die Durchsetzung des Wahlprinzips im Reich sagen, daß päpstliche Politik und kanonisches Recht die "Befestigung des Wahlprinzips gefördert und den Ansätzen zum Durchdringen des Erbrechts mächtig entgegengewirkt" haben (6).

---

1) zit. nach BENNA, A.H.: Der Kaiser und der König von Frankreich im Recht des späten Mittelalters. In: Zs d. Savigny-St. Germ.Abt. 68/1951. S. 397-41o. Hier S. 4o3.
2) ebd.
3) s. PFISTER (s.S. 69 A 2) S. 34; BIEHRINGER (s.S.72 A 2) S.16.
4) zit. nach HUGELMANN, K.G.: Die deutsche Königswahl im Corpus iuris canonici. Neudr.d.Ausg. Breslau 19o9. Aalen 1966. S. 47.
5) ebd. S. 132.
6) Ed. STOOB. Darmstadt 1973. S. 134.

Coelestin III. lehnt den Erbreichsplan Heinrichs VI. nicht nur ab, weil er die Zementierung der Einheit von Sizilien und dem Reich befürchtet, sondern weil so auch der päpstliche "Einfluß auf die Thronfolge durch das Erbrecht ausgeschlossen"worden wäre (1).

Alexander von Roes, engagierter Verfechter kaiserlicher Rechte gegenüber dem Papst und anderen Nationen, geht davon aus, daß der Papst das Imperium zur Zeit Karls d.Gr. auf die Deutschen übertragen habe (2).

W i e v e r t r ä g t s i c h das alles mit der Interpretation, Stricker vertrete mit K 45o ff. eine prokaiserliche Position und betone mit der Verleihung des Imperiums an die Deutschen durch Karl den antikurialen Standpunkt? Um es kurz zu sagen: mit einer Interpretation in dieser Form verträgt es sich überhaupt nicht, und das liegt an der Interpretation. Die aufgeführten Beispiele (es handelt sich keineswegs um gesuchte) verlieren ihre 'Rätselhaftigkeit', wenn man die in ihnen dargestellten Sachverhalte expliziert:

Der Schwabenspiegel vertritt nicht ausnahmsweise eine antikanonistische Richtung, sondern behält seine Tendenz bei, indem er nämlich das auf Karl zurückgeführte Wahlrecht für das Verhältnis Kaiser-Papst folgenlos bleiben läßt und u.a. feststellt: "Den kaiser sol nieman bannen wan der babest." (3)

Die Unterstützung der Berufung Tancreds auf das sizilianische Wahlrecht durch den Papst besagt nicht, daß es ihm um abstrakte staatsrechtliche Fragen geht, sondern ist allein vom praktischen Interesse des Papstes bedingt, eine staufische Herrschaft in Sizilien zu verhindern.

Die Anerkennung des Fürstenwahlrechts im Dekretale 'Venerabilem' hat in der Argumentation keinen hohen Stellenwert - niemand hat dieses Recht je ernsthaft bestritten; entscheidend ist, was folgt: Der Papst beansprucht 'ius et auctoritas examinandi personam electam in regem et promovendam ad imperium" (4). Gegenüber früheren Anschauungen, "daß die Thronbesetzung principaliter dem Papst zustehe" (5), geht man in 'Venerabilem' jetzt auch päpstlicherseits vom Wahlrecht aus. Außerdem darf nicht vergessen werden, daß dieses Dekretale zunächst eine ganz spezielle Erwiderung auf den Fürstenprotest gegen die Proklamation Ottos IV. durch den päpstlichen Legaten war (6).

Der Bericht Helmolds von Bosau zeigt, daß sowohl Wahlrecht als auch vollzogene Wahl für keine Seite Konstanten darstellen, sondern in ihrer Tragweite und Gültigkeit stets der jeweiligen Machtverteilung unterworfen sind.

---

1) SPILLE-MENSLAGE (s.S. 2o9 A 4) S. 44; Hervorh. von mir.

2) s. SCHRAUB, W.: Jordan von Osnabrück und Alexander von Roes. Heidelberg 191o. S. 71 f.

3) Zitiert nach BENNA (s.S. 21o A 1) S. 4o3.

4) Zitiert nach HUGELMANN/Königswahl (s.S.21o A 4) S. 47.

5) ebd. 6) ebd.

Die von HUGELMANN festgestellte Einflußnahme der Kurie auf die Durchsetzung des Wahlprinzips im Reich besagt ebenfalls noch nichts über die Umstände, unter denen das Wahlrecht die Position des Kaisers o d e r der Fürsten stärkt (1).

Coelestins III. Widerstand gegen den Erbreichsplan zeigt einen Fall, in dem der Papst an der Weiterexistenz des Wahlprinzips interessiert sein muß, in dem der Kaiser durch Änderung dieses Prinzips seine Stellung stärken will und in dem die Fürsten eben deshalb die gleiche Position wie der Papst vertreten. Es gibt also kein einheitliches Wahlprinzip, sondern nur verschiedene Prinzip i e n , die, ausgehend vom Institut einer Wahl, dieses verschieden ausgestalten wollen.

Und wenn schließlich Alexander von Roes auch von einer Verleihung des Imperiums an die Deutschen durch den Papst redet, dann übernimmt er damit noch nicht die Folgerungen der päpstlichen Translationstheorie. Denn er interpretiert die Übertragung als Vollzug eines göttlichen Auftrags (2). Entscheidend ist also nicht die Person des ersten 'Translators', sondern die jeweils hineininterpretierte Intention und Folge.

Wir haben also einige wesentliche Bedingungen kennengelernt, unter denen erst das Wahlrecht einerseits, die Translationstheorie(n) andererseits Wirksamkeit in der politischen Auseinandersetzung gewinnen. Alle diese Bedingungen aber werden im Text des K nicht erwähnt. Allenfalls zur Konzeption Alexanders von Roes ergäbe sich eine gewisse Nähe, falls man die Aufnahme der Weihe Karls durch den Papst (K 413) in eine göttliche Prophezeiung implizit als göttlichen Auftrag ansieht. Auch wenn davon direkt nichts gesagt wird, kann ein solches Verständnis bei einzelnen Publikumsschichten nahe gelegen haben. Dazu wäre aber eine gedankliche Verbindung der beiden Stellen nötig - K 45o ff. ist nämlich davon nicht mehr die Rede; der Vollzug der prophezeiten Weihe fällt wieder unter den Teil des 'maere, daz lanc ze sagen waere' (K 447 f.), wird nicht mehr erwähnt! Die angeschnittene Thematik kann uneingeschränkt Aufmerksamkeit beanspruchen, aber alles, was eine Parteinahme des Autors beweisen würde, fehlt. Wie eine solche Parteinahme aussehen kann, zeigt etwa Lohengrin 3164 f., wo deutlich ein von päpstlicher Weihe unabhängiges Kaisertum gemeint ist(3), wo diese Weihe zwar den Kaiser 'an wirde gesteiget' hat (Loh. 51o3), aber für die Ausübung kaiserlicher Befugnisse nicht Bedingung ist.

Die bisherige Diskussion um die hier behandelte Stelle hat durch die benutzte Terminologie die Interpretation schon in eine bestimmte Richtung gedrängt. Auch ich habe mir diese Terminologie zu eigen gemacht, indem ich ebenfalls von 'Wahl' rede. Aber dieser Begriff erscheint K 45o ff. überhaupt nicht! Nun geht allerdings selbst aus den wenigen Bemerkungen Strikkers hervor, daß es sich um Wahlthematik handelt. Denn einmal

---

1) Natürlich lassen sich manchmal Interessenidentitäten zwischen Papst und Fürsten feststellen, wenn es gegen eine gewohnheitsmäßige Quasi-Erbfolge geht; s. BLOCH, H.: Die staufischen Kaiserwahlen und die Entstehung des Kurfürstentums. Leipzig und Berlin 1911. S. 5 f.

2) s. SCHRAUB/Jordan von Osnabrück (s.S. 211 A 2) S. 71 f.

3) Der Lohengrin kennt auch die vollständige Kurfürstenfabel (V. 1976 ff.).

ist ja die Rede von den Deutschen, die die römische Krone vergeben - und darunter kann nichts anderes verstanden werden als die im Reich übliche Prozedur, zu welcher der Wahlakt dazugehört. Die Herleitung eines Rechtes von Karl d.Gr. kann ja nur Sinn haben, wenn es sich um ein noch praktiziertes handelt. Wo Usancen geschildert werden, die den Zeitgenossen antiquiert vorkommen, weist Stricker auf die nur noch 'historische' Gültigkeit hin (Hinrichtungsart Geneluns; Bartmode K 9384). Der Zusammenhang der Stelle mit dem Thema 'Wahl' ist also im MA klar. Aber erst K 465 ist neben 'kroenen' auch von 'kürn' die Rede. Zwischen küren und wählen besteht aber ein Unterschied: Kur bedeutet die "Anerkennung der Sohnesfolge im Hause des Königs", gewählt wird ein König, der einem neuen Herrscherhaus angehört (1). Es fragt sich also, ob Stricker sich dieser begrifflichen Feinheiten bewußt war; immerhin spricht er K 3898 davon, daß Roland zum König von Spanien 'gekroenet unde erwelt' wird. Die Entscheidung dieser Frage könnte ein neues Licht auf die Interpretation der Stelle werfen. Gebraucht Stricker 'kürn' K 465 mit dem Bewußtsein des Unterschiedes zu 'weln', dann könnte man mit einiger Berechtigung davon sprechen, daß er für eine Erbwahl plädiert, und d a s liegt auf jeden Fall im Interesse der Staufer. So reizvoll diese Vermutung aber auch sein mag, ohne gleichzeitig die Unstimmigkeiten bisheriger Interpretationen mitzuschleppen, so sehr tendiere ich dazu, sie negativ zu bewerten. Denn:

1. Die Festlegung von 'Kur' auf den Aspekt der Sohnesnachfolge ist im 13. Jh. schon längst veraltet (2). Ein neuer Unterschied zwischen Kur und Wahl läßt sich zwar seit der Erhebung Rudolfs von Rheinfelden zum Gegenkönig (1o77) ausmachen, betrifft aber jetzt die Aspekte 'Erstwahl des Kandidaten aus mehreren' (Wahl) und endgültige Zustimmung des Wahlkollegiums zur Person des Ausgewählten (Kur) (3). Dieser Unterschied wird zwar in deutschsprachiger Fachliteratur meist berücksichtigt (z.B. unterscheidet der Sachsenspiegel zwischen 'erweln' und 'kiesen'), soweit stichprobenartige Nachforschungen ergaben jedoch nicht in Dichtung.

2. Stricker selbst gibt in seinem sonstigen Wortgebrauch keine Veranlassung zu der Vermutung, er lege küren und wählen unterschiedlich aus (s. K 5285, 2318, 4o78, 4286, 11875).

3. Das letzte Argument dafür, die Terminologie in den beiden Stellen nicht überzubewerten, ist ein schon aus anderen Zusammenhängen bekanntes: Wenn Stricker wirklich Wert auf eine bestimmte Aussage legt, warum macht er dann nicht deutlich, was er meint? Und da wir an vielen Stellen beobachten konnten, daß er das für ihn Wichtige auch erkennbar und eindeutig darlegt, kann hier auf eine relative Bedeutungslosigkeit geschlossen werden.

---

1) RASSOW, P.: Honor Imperii. Die neue Politik Friedrich Barbarossas 1152-1159. Neuausgabe Darmstadt 1961. S. 1o.

2) s. MITTEIS, H.: Die deutsche Königswahl. 4., unveränderter reprograf. Nachdruck der 2., erw. Aufl. Brünn, München, Wien 1944. Darmstadt 1977. S. 6o-65.

3) s. ebd. S. 61.

In K 45o ff. ergibt sich ferner das Thema 'Krönung'. Auch hier kann für das 13. Jh. von Aktualität gesprochen werden, die sich von der zur Zeit des dR unterscheidet. Im Thronstreit zwischen Otto und Philipp gewann nämlich das Problem Bedeutung, ab welchem Zeitpunkt und unter welchen Bedingungen jemand als rechtmäßiger König anzusehen ist: nach der Wahl? nach Thronsetzung und Krönung? beim Besitz der Reichsinsignien? nach der Krönung durch eine bestimmte Person?
Als Heinrich VI. starb, gab es bereits einen gewählten Nachfolger: seinen Sohn Friedrich. Dieser war jedoch noch unmündig. Das legalistische Verfahren wäre gewesen, einen Regenten bis zur Volljährigkeit einzusetzen. Aber es gab eben kein weitreichendes kodifiziertes Recht, und es gab vor allem kein Recht, das sich nicht bei wechselnden Machtverhältnissen hätte ändern lassen. Die Vorgänge im Ganzen sind zu bekannt, um referiert werden zu müssen. Man kann aber aus der Abfolge Sohneswahl (Friedrich II.) - Wahl eines Königs statt Regentschaft (Philipp von Schwaben) - Suche nach Gegenkandidaten (Berthold v. Zähringen, Heinrich v. Braunschweig) - Wahl eines Gegenkönigs (Otto IV.) wieder einmal schließen, daß eine Erwähnung des Wahlrechts in der Form des K zwar zuviel ist, um negiert werden zu können, aber zuwenig, um daraus irgendwelche Autorenpositionen abzuleiten.

Otto wurde am richtigen Ort (Aachen!) und vom 'richtigen' Erzbischof (Adolf von Köln) gekrönt; Philipp war im Besitz der Reichsinsignien. Wenn SCHRAMM äußert: "Nur wer Krone und Lanze besitzt, ist (...) als rechtmäßiger Herrscher über Deutschland ausgewiesen" (1), dann beleuchtet er damit zwar zu Recht die Bedeutung von Symbolen, wird aber durch die folgenden Ereignisse und wie so oft durch den politischen Pragmatismus des Mittelalters widerlegt. Die Wirkung von 'Äußerem' war zwar ungleich höher als in der Neuzeit, darf aber auch nicht überschätzt werden. Walther 19,1 f. ('swer nû des rîches irre gê/der schouwe wem der weise ob sîme nacke stê') (2) ist eben gerade kein Beweis für die absolute Gültigkeit mal. Symbolik, sondern stellt den Versuch eines politisch Engagierten dar, der ohnehin (damals) zu Philipps Anhängern gehört, Andere mit Hinweis auf ein Symbol zu überzeugen - ein Symbol, das aber dann ja ohne diesen Hinweis (und bei Gegnern Philipps trotz dieses Hinweises) offensichtlich keinen absoluten Beweischarakter hat. Im Übrigen ist es wichtig darauf hinzuweisen, daß "der Thronstreit auf die Form der deutschen Wahl unmittelbaren Einfluß" nur durch zwei Faktoren gewonnen hat: durch die Tätigkeit von Vorwählern und durch die Frage der päpstlichen Approbation (3); vom ersten ist im K überhaupt nicht die Rede, über das zweite wird noch zu diskutieren sein.

Für unser Thema wichtig ist die Verbindung 'römische Krone'. Man hat dies meist stillschweigend mit der Kaiserkrone gleichgesetzt; nur so läßt sich ja die Theorie wenigstens im Ansatz halten, im K werde der Anspruch der deutschen

---

1) SCHRAMM/Herrschaftszeichen (s. S. 155 A 3) Bd. 2. S. 5o3.
2) Die Gedichte Walthers von der Vogelweise. Hrsg. von Karl LACHMANN. 13., auf Grund der 1o. von C.v. KRAUS bearb. Aufl. neu hrsg. von H. KUHN. Berlin 1965.
3) s. BLOCH/Staufische Kaiserwahlen (s.S.212 A 1) S. 331 u. A 1.

Könige auf die Kaiserkrönung durch den Papst vertreten. Die Reichskrone ist aber eine Doppelkrone, ist sowohl Kaiser- als auch Königskrone, und der das Kaisertum bezeichnende Bügel, der das Königsdiadem überspannt, befindet sich also schon bei der Königskrönung im Besitz des deutschen Königs (1). So kann zwar DECKER die Frage, ob es sich bei der Reichskrone um eine Kaiser- oder Königskrone handelt, als unwesentlich bezeichnen (2), bei der Nennung des Begriffs 'römische Krone' drängt sich aber nur die Funktion ihres Trägers, nicht unbedingt dessen genaue Stellung auf. Trotzdem kann die Gleichsetzung mit der Kaiserkrone nicht als falsch angesehen werden; man muß aber auf das Bindeglied hinweisen, das diese Gleichsetzung erst rechtfertigt. Und das ist die imperiale Machtbefugnis, die schon dem dt. König nach Selbstverständnis und z.T. auch real zusteht (3). Der 'erwählte deutsche König' wird in Urkunden als "in Romanorum regem electus" bezeichnet (4), und Heinrich VI. nennt sich "per Romani imperii gratiam rex" (5). In Frankreich und Unteritalien werden die Begriffe vom römischen Königtum und Kaisertum oft synonym verstanden (6); in Deutschland wird noch bis 1198 die Wahl "ausnahmslos als eine solche zum König bezeichnet (...). Aber dafür greift hier die Ansicht Raum, daß sie bereits das Recht gebe, das Imperium Romanum zu lenken (...). Heinrich V. hatte durch die Vereinigung der getrennten Kanzleien für Deutschland, Italien, Burgund die Einheit der Herrschaft im Gesamtreich zur Geltung gebracht" (7). Und der in so mancher Hinsicht aufschlußreiche Erbreichsplan Heinrichs VI. gibt auch hier wieder Hinweise; denn wenn Heinrich durch den Verzicht der Fürsten auf das Wahlrecht neben dem Erbkönigtum auch das Erbkaisertum erreichen wollte, dann war damit für die Königswahl schon die Kaiserwahl mitgedacht (8). Schließlich zeigt sich der Hang zur Vermengung von regnum und imperium, rex und imperator auch an der fast gewohnheitsmäßigen Fehlberechnung von Geschichtsschreibern und Kanzlisten, wenn es darum geht, die Regierungszeiten eines Herr-

---

1) s. EICHMANN, E.: Die Kaiserkrönung im Abendland. 2 Bde. Würzburg 1942. Bd. 2. S. 7o.

2) DECKER-HAUFF, H.: Die 'Reichskrone', angefertigt für Otto I. In: SCHRAMM/Herrschaftszeichen (s. S. 155 A 3) Bd. 2. S. 56o-637. Hier S. 623.

3) Vgl. KIENAST/Dtld.u.Frkr. (s. S. 155 A 5) S. 97. KÖSTER/Karl der Große (s. S. 75 A 2) S. 134.

4) HUGELMANN/Königswahl (s. S. 21o A 4) S. 145.

5) Zitiert nach KIENAST/Dtld.u.Frkr. a.a.O. S. 91. Friedrich II. führte den Titel 'Römischer König' nach der Kaiserkrönung und der Königswahl seines Sohnes nicht mehr; s. WAHL (s. S. 72 A 3) S. 215.

6) s. BLOCH/Staufische Kaiserwahlen (s. S. 212 A 1) S. 9. Vgl. MICHAEL, W.: Die Formen des unmittelbaren Verkehrs zwischen den deutschen Kaisern und souveränen Fürsten vornehmlich im X., XI. und XII. Jahrhundert. Hamburg und Leipzig 1888. S. 2, 54.

7) s. BLOCH/Staufische Kaiserwahlen a.a.O. S. 9.

8) s. ebd. S. 13.

schers als König bzw. Kaiser auseinanderzuhalten (1). Der Zusatz 'deutscher Nation' zum Begriff 'Hl. Römisches Reich' ist erst seit 1486 nachweisbar(2).

Stricker gibt im K keinen Hinweis, was für ihn im Vordergrund steht. Eins ist immerhin deutlich: zumindest der Anspruch der Deutschen auf das Reich wird von Stricker vertreten. Wenn also die Deutschen die Reichskrone zu vergeben haben, ist für den Autor des K jeder außerdeutsche Einfluß ausgeschlossen. Jedoch ist dies nicht etwa als auffälliges politisches Engagement zu werten: der Anspruch der Deutschen auf das Imperium wurde bis etwa 127o (Stabilisierung der Macht Karls von Anjou in Italien) auch von antikaiserlicher Seite nie diskutiert. Erst 1272 griff Frankreich nach der Kaiserkrone, aber auf dem Umweg über die Kurfürstenwahl, womit ja dann immer noch das Recht der Deutschen auf die Wählerfunktion anerkannt wurde (3). Bemerkenswert, daß die K-Stelle auch zu dieser Zeit nicht obsolet wird; theoretisch ist ja nur die Rede davon, daß die Deutschen die Krone 'dem iemer geben solten/den si ze herren wolten'!

Die zeitgenössischen Vorstellungen von einer kaisergleichen Stellung des dt. Königs und auch die tatsächlichen funktionalen Identitäten sind unbestreitbar und rechtfertigen die Auffassung, mit der Vergabe der Krone im K sei wahrscheinlich auch die Kaiserkrone gemeint. Schließlich spricht ja z.B. auch Walther (18,32) davon, daß 'diu krône' dem'keiserlichen houbet' Philipps anstehe - die Umtauschbarkeit zeigt freilich wieder Walther 8, 28. Nun hat aber ULLMANN doch auf erhebliche Unterschiede zwischen dt. König und Kaiser hingewiesen (4), die in unserem Zusammenhang nicht unbeachtet bleiben können. Auch U. verweist zunächst auf die Ursachen, welche die Identität von Königs- und Kaiserbild im Bewußtsein des MAs bedingt haben (5). Und hier stellt er fest, daß diese Identität nicht nur dadurch zustande kam, daß schon der König imperiale Befugnisse hatte, sondern auch dadurch, daß der Kaiser "den deutschen König sozusagen aufsaugte, und wenn einmal der deutsche König vom Papst gekrönt war, der König selbst im Kaiser aufgegangen war" (6). Was die Publizität des Königtums angeht, so stellt U. eine wesentlich größere Verbindung mit der "tonangebenden Schicht des Volks" (7) fest, als dies beim Kaisertum der Fall gewesen sei; Ursache sei nicht zuletzt die Abstraktheit der Kaiseridee **"römisch-antiken-päpstlichen Ursprungs" (8)** gewesen. Diese Abstraktheit - und hier versuche ich, ULLMANNs Ansatz in Richtung auf unseren Gegenstand fortzuführen - ist auch für die zitierten "tonangebenden Schichten" nur zum Teil durchschaubar. Denn man darf auch für diese Schichten nicht

---

1) s. Vorwort zu: Rahewins Fortsetzung der Taten Friedrichs von Bischof Otto von Freising. Nach d. Ausg. der MGH übers. v. H. KOHL. 2. Aufl. Leipzig 1941. S. VI f.

2) s. KERN, F.: Die Anfänge der französischen Ausdehnungspolitik bis zum Jahre 13o8. Tübingen 191o. S. 323.

3) s. SCHRAUB/Jordan v. Osnabrück (s.S. 211 A 2) S. 69 f.

4) ULLMANN, W.: Schranken der Königsgewalt im Mittelalter. In: HJb 91/1971. S. 1-21.

5) Ein Bewußtsein, daß nach ULLMANN ebd. S. 2 auch noch das der heutigen Mediaevistik bestimmt.

6) ebd. S. 3. 7) ebd. 8) ebd.

auf eine Differenzierung hinsichtlich Bewußtsein, Bildung und Interessen verzichten. Zu den tonangebenden Schichten gehört im weitesten Sinn auch Stricker, insofern er über Bildung verfügt und diese Bildung sowie sich selbst nach außen darstellen kann. Zu den tonangebenden Schichten im engeren Sinn, die auf oberer und oberster Ebene selbst Politik miterleben und mitgestalten, gehört er selbstverständlich nicht. Im MA aber ist Bildung wesentlich mehr als heute neben dem Stand auch an die Funktion geknüpft (1), die jemand im politischen System einnimmt. Banal formuliert: Stricker konnte (eventuell) ebensogut lateinische Akten lesen wie Otto von Freising, Petrus de Vinea oder Alexander von Roes - er konnte nur nicht in wichtige Akten Einsicht nehmen. Dementsprechend aber müssen auch seine Stellungnahmen ausfallen - falls wir es mit solchen zu tun haben. Er bleibt mit diesen Stellungnahmen an der Oberfläche, nicht weil er ungebildet, teilnahmslos, auf seine Quelle fixiert, Epigone oder Unterhaltungsschriftsteller ist/wäre (2), sondern weil er seine gesellschaftliche Stellung auf dieser Oberfläche hat, weil seine Informationen und sein (bedingtes) Interesse ihn nicht tiefer eindringen lassen.

Die Idee des Königtums ist nach ULLMANN eine "bodenständige", im Volk "verwurzelte" (a.a.O. S. 3), während der Kaiser sich "seinen Untertanen mehr und mehr (entfremdete), ganz abgesehen davon, daß der Abstand sich zwischen ihm und seinem Volk durch die häufige und lange Abwesenheit in Italien vergrößerte" (ebd.). So wie ich dies auffasse, kann damit nicht schlechthin eine Entfremdung von der jeweiligen Person des Herrschers gemeint sein, denn dies würde ja in den Fällen, in denen der König gleichzeitig Kaiser war, beide Funktionen und über die Funktionen dann doch wieder die Person betreffen, womit das Sinnvolle an ULLMANNS Unterscheidung hinfällig würde. Vielmehr hängt m.E. der Grad der Entfremdung (der Begriff ist für das MA ohnehin zu entpersonalisieren) von den jeweiligen Gegebenheiten ab; bei Friedrich II. ist er sicher höher anzusetzen als bei Friedrich I., bei Friedrich II. zwischen 1211 und 122o sicher niedriger als in späteren Jahren. Zusätzlich müssen dann noch Elemente berücksichtigt werden wie die der Verklärung des Herrschers gerade w e g e n seiner Abwesenheit und Nichtgreifbarkeit. Was aber ULLMANNS Feststellungen hier im Wesentlichen bzgl. unseres Themas beinhalten, ist Folgendes: Das Bild, das sich die Öffentlichkeit von einem Herrscher macht, ist nur zu einem geringen Teil durch die juristisch-staatsrechtlichen

---

1) Damit wird für die Gegenwart keine unumschränkte Verfügungsgewalt über Informationen behauptet (wie auch?); es gab aber z.B. im MA keine Politikwissenschaft heutiger Prägung, die auf Grund von Informationen, die sie mit den politisch Agierenden teilt, alternative Lösungen entwirft,und deren Vertretern auf Grund der theoretischen Kenntnisse leichter der Übertritt in die politische Praxis möglich ist.

2) Gar so politisch im engeren Sinn fallen ja Walthers Sprüche auch nicht immer aus - auch er bleibt mit seinen Reflexionen im Bereich dessen, was ihm diese erst ermöglicht, nämlich seiner jeweiligen Kenntnis. Wenn er also Otto IV. wegen dessen Geiz tadelt, dann ist das nicht politisch, weil Geiz eine politische Kategorie wäre, sondern weil sich diese Kritik gegen jemand richtet, der auf der politischen Bühne steht.

Konstituentien seiner Stellung determiniert, sondern hauptsächlich durch die tatsächlich wahrgenommene Funktion, das jeweilige persönliche Charisma (bedingt natürlich von außerpersönlichen Faktoren) und das Selbstbild der Gesellschaft; nicht umsonst spielen in der Forschung 'Reichsidee', 'Kaiseridee' usw. eine so bedeutende Rolle, Gegenstände also, die nicht mit den enger faßbaren und leichter feststellbaren zeitgenössischen Definitionen des Reiches, Kaisers verwechselt werden dürfen. Bei einem solchen Herrscherbild verschwimmen die Konturen der Bestandteile, aus denen sich die reale Herrscherfunktion zusammensetzt, oder es werden darin dem Herrscher Funktionen zugewiesen, die ihm nach der Theorie nicht zustehen. Wenn nun schon für die Theoretiker, die Fachleute, der Kaiser im Gegensatz zum König "verfassungsmäßig immer irgendwie (...) eine schwer greifbare Gestalt" (ULLMANN S. 4) geblieben ist, dann kann für das 'Volk', kann für einen Dichter mit speziellen thematischen Schwerpunkten kaum vorausgesetzt werden, daß staatstheoretische Probleme manifest werden. Die tatsächlichen Auseinandersetzungen im MA werden aber auf dem Gebiet der Staatstheorie diskutiert (nicht ausgefochten!); gerade die schwierigen Probleme wie Translation, Wahlrecht, Zwei-Schwerter-Theorie, Stellung ausländischer Könige gegenüber dem dt. Kaiser u.a. verlangen nach einer Behandlung durch Experten. Von den Interna dringt im Regelfall nur an die Öffentlichkeit, wovon man sich auch eine Reaktion dieser Öffentlichkeit verspricht; eine Ver-öffentlichung von Problemen ist ein gezielter Akt. Der berühmte beneficium - Streit konnte nur entstehen und so weite Kreise ziehen, weil Rainald von Dassel die entsprechende Stelle im Brief Hadrians IV. in einer bestimmten Art und coram publico übersetzte. Die Weigerung Friedrichs I., dem Papst den gewohnten Steigbügeldienst zu leisten, konnte, weil in der Öffentlichkeit erfolgt, nur zu einem Eklat führen, und deshalb war die Art der Weigerung auch nicht zufällig. Das Kreuzzugsmanifest Friedrichs II., das er an 'die ganze christliche Welt' richtete, in dem er sich also vor der Öffentlichkeit darstellte (1), unterscheidet sich durch seinen ausgeweiteten Adressatenkreis qualitativ von inhaltlich identischen Mitteilungen an den Papst allein. Nicht umsonst hält Hermann von Salza seine Rede, mit der die gleichen Ziele verfolgt werden, in deutscher und französischer Sprache (2), und es ist bezeichnend, daß Patriarch Gerold von Jerusalem dies dem Papst für besonders mitteilenswert hält (3). Mit solchen Informationen gelangen aber meist nur die Symptome politischer Divergenzen sowie die Meinung der jeweils publizierenden Seite an die Öffentlichkeit. Was nun in Texten dichterischer wie auch sonstiger Art, die nicht im direkten Umkreis einer der beteiligten Seiten anzusiedeln sind und damit auch nicht interne Informationen verarbeitet haben können, an Stellungnahmen zu finden ist, kann sich immer nur auf das beziehen, was auch einer breiteren Öffentlichkeit zugänglich ist - oder die Autoren erfinden etwas. Wenn aber das Publikum solcher Texte

---

1) Übersetzt bei HEINISCH (s. S. 2o9 A 2) S. 173.

2) s. RUNCIMAN, St.: Geschichte der Kreuzzüge. Sonderausg. in 1 Band. 2. Aufl. München 1975. S. 966.

3) Übersetzt bei HEINISCH a.a.O. S. 179 ff.; die erwähnte Stelle S. 186.

seinerseits nicht eng eingegrenzt, einer der beteiligten Parteien affin oder sogar mit ihr identisch ist, können Autoren sich nicht nur auf allgemein Bekanntes beziehen, sondern sie müssen es sogar, wenn und weil sie nämlich verstanden werden wollen. Auch das im MA zu berücksichtigende geschärfte Verständnis für Anspielungen findet da seine Grenze, wo die sachlichen oder personellen Objekte der Anspielung nicht mehr vom Publikum identifiziert werden können. Insofern Stellungnahmen zu politischen Problemen selbst als politischer Akt intendiert sind, können sie nur wirksam werden, wenn sich der Verfasser die Kenntnisse der Zielgruppe zunutze macht oder solche Kenntnisse produziert. Daß Stricker in der Wahlstelle irgendwelche Kenntnisse über die zu seiner Zeit aktuellen Probleme zwischen Papst und Kaiser mitteilt, hat niemand bisher behauptet und wird wohl auch niemand behaupten wollen. Damit aber - und deswegen zielt dieser Hinweis nicht ins Leere - ist auch deutlich, daß Strickers Publikum für eine Aktualisierung des im Text Präsentierten nur auf diesen Text selbst angewiesen ist. Es wurde bereits gesagt, daß das Thema 'Wahl' an sich Aktualität besitzt. Wenn dieses Thema aber über einen allgemeinen Assoziationsanreiz hinaus dazu gedacht gewesen sein sollte, spezielle Reaktionen hervorzurufen, Einstellungen zu schaffen oder an vorhandene Einstellungen zu appellieren, muß es auch in seiner Darstellung im Text in Richtung auf solche Reaktionen durchgeführt sein. Worum geht es im ersten Viertel des 13. Jhs in der Diskussion zwischen weltlicher und kirchlicher Macht?

Die deutsche Königswürde war Voraussetzung "für die vom Papst zu verleihende römische Kaiserwürde" (1). Dieser Anspruch der Päpste, die Kaiserwürde zu vergeben, war "eigentlich unbestritten" (2). Solange aber der Kaiser nur mit einem deutschen König identisch sein konnte,

> "mußte es zu einem Zusammenstoß der Gewalten kommen, deren Rechtsansprüche einander entgegenstanden. Die Frage drängte zur Entscheidung, ob der Papst verpflichtet sei, jeden beliebigen von den Deutschen erhobenen König zum Kaiser zu weihen, oder ob nicht vielmehr die Fürsten Deutschlands gehalten seien, nur einen dem Papste für das Kaisertum genehmen König zu wählen. Das freie Wahlrecht der deutschen Fürsten zum römischen Königtum und das freie Krönungsrecht des Papstes zum römischen Kaisertum waren unvereinbar miteinander; das eine mußte dem andern mindestens bis zu einem gewissen Punkte weichen." (3)

Der "Vorstoß in das seit dem Ende des neunten Jahrhunderts unbestrittene Rechtsgebiet des Papstes", der in der Form des Zweifels daran erfolgt, "ob überhaupt ihm die Verfügung über die Kaiserwürde zustehe, ob nicht vielmehr durch die Wahl der deutschen Fürsten auch bereits das Kaisertum vergeben werde" (4), setzt schon z.Z. Lothars III. ein und wird ma-

---

1) HUGELMANN/Königswahl (s. S. 21o A 4) S. 19.

2) ebd.

3) BLOCH/Staufische Kaiserwahlen (s. S. 212 A 1) S. 4.

4) ebd. S. 5.

nifest im Streit Friedrichs I. mit Hadrian IV. Aus dem Krönungsrecht des Papstes wird in der kaiserlichen Argumentation eine Pflicht, die sich aus der Tatsache der Wahl zum König ergibt. Das Wahlrecht der Fürsten wird vom Papst nie angetastet; daher ist es zur Stützung kurialer Ansichten nötig, ein Approbationsrecht zu konstruieren (1). Zu dessen Grundlage wird die Behauptung des Dekretale 'Venerabilem', das fürstliche Wahlrecht sei durch den Papst verliehen worden (2) - "cum ad eos ius et potestas huiusmodi ab apostolica sede pervenerit, que Romanum imperium (...) a Grecis transtulit in Germanos" (3). Mit dem 'transferre a Grecis in Germanos' haben wir also das Thema der Translation wieder vor uns, bei dem Karl d.Gr. eine so wichtige Rolle spielt. Es gab im Wesentlichen drei Translationstheorien (4): Die Kurie vertritt den Standpunkt, der Papst habe durch die Kaiserkrönung Karls das Kaisertum auf die Deutschen übertragen; die kaiserliche Partei sieht in der Übertragung entweder eine Leistung Karls oder vertritt die legistische Theorie, nach der die Wahl durch die Römer für das Kaisertum konstitutiv sei. Mit der Meinung Alexanders von Roes haben wir schon eine weitere, weniger gebräuchliche Theorie zugunsten des Kaisers kennengelernt, welche die Übertragung durch den Papst akzeptierte, aber wegen eines göttlichen Auftrags für belanglos erklärte.

Aus all dem sieht man zunächst wieder, daß die Person 'Karl' für das MA keine festgelegte Größe ist, sondern daß seine Stellung erst argumentativ funktional gemacht werden muß. Karl besitzt Prestige, ist aber historisch für keine Seite mehr so determinierbar, daß allein die Nennung seines Namens einen Beweis darstellt. Wegen seines Renommees wird aber immer wieder versucht, ihn als Begründer eines Rechtsinstituts, einer Stiftung, eines Gesetzes usw. zu vereinnahmen, und solche Vereinnahmungsversuche werden andererseits erst möglich durch die mangelnde historische Fixierbarkeit. Der Satz 'Karl der Große hat ... begründet' ist auch im MA kein Beweis, sondern nur eine Behauptung; allerdings stellt er immer eine sehr massive Behauptung dar, denn falls es gelingen sollte, ihn zu beweisen, wäre damit die Gültigkeit des betreffenden Rechts kaum noch in Frage zu stellen. Gerade beim Beweisen setzt aber die Schwierigkeit ein. Für die Kirche war Karl der Typus des dem Papst gehorsamen, religiös eifrigen Herrschers; für die weltliche Seite war er der Typus des auch gegenüber der Kirche selbstbewußt auftretenden und dominanten Herrschers. Beide Seiten aber können nicht darauf verzichten, ihre Karlsbilder teilweise auch mit Zügen auszustatten, die dem Repertoire der jeweils anderen Seite angehören. Da Religiosität und Gläubigkeit zumindest theoretisch sowohl dem Selbstbild als auch dem akzeptierten Fremdbild mal. Herrscher entsprechen und die Öffentlichkeit zumindest die verbale Einhaltung solcher Grundvorstellungen überwacht, der Herrscher

---

1) 'Konstruieren' impliziert kein Werturteil. Einseitige Parteinahmen (GIESEBRECHT - DÖLLINGER) sollten obsolet sein. Konstruiert sind solche Theorien allemal - müssen es auch sein, weil sie aus neuen Konstellationen hervorgehen und auf sie zu antworten versuchen.

2) s. SCHRAUB/Jordan v. Osnabrück (s.S. 211 A 2) S. 69 f.

3) Zit. nach BLOCH/Stauf. Kaiserwahlen (s.S. 212 A 1) S. 47 A 1.

4) nach WEVERS, M.: Einhards Vita Caroli Magni in der mittelalterlichen Geschichtsforschung und Heldensage. Marburg 1929.

ja auch einen großen Teil seines Legitimationspotentials von der Kirche bezieht, muß auch das weltliche Karlsbild religiöse Züge besitzen. Da ein nur frommer Kaiser, der sich nicht auch aktiv und unter Nutzung seiner Machtmittel für die Kirche einsetzt, für diese nutzlos wäre, muß auch der kirchliche Karl mit weltlichen Tugenden ausgestattet sein und muß vor allem seine Stellung - die kaiserliche Stellung - als machtvoll erscheinen. Indem nun beide Bilder einen beträchtlichen Deckungsbereich aufweisen, Unterschiede oft nur graduell sind und qualitative Differenzen letztlich doch erst dann auftauchen, wenn es um (angebliche) konkrete Handlungen Karls geht, muß auch ein Text, der Karl für bestimmte Interessen vereinnahmen will, schon etwas mehr bieten als eine allgemeinsten Vorkenntnissen entsprechende, neutrale Darstellung. Ist dies im K der Fall?

Im Allgemeinen unterscheidet sich Strickers Karlsfigur nicht von der Konrads, jedenfalls was Funktion, Charakterisierung, Ausstattung mit Prädikaten und Epitheta (mit Ausnahme des 'heilec') angeht. Drei Besonderheiten fallen allerdings auf:

1. die bekannte Steigerung der Konzentration auf Karl,
2. die Hineinnahme einer biographischen Komponente durch die Jugendgeschichte und den Ausblick am Schluß,
3. die Aufnahme des Papstes als im entscheidenden Stadium der Reichsgewinnung beteiligter Figur.

Die stärkere Betonung Karls allgemein, die gleichzeitig Roland etwas zurücktreten läßt (1), muß an sich noch nicht als Mittel interpretiert werden, über die Person eine stärkere Betonung des Kaisertums zu erreichen, die dann ihrerseits evtl. gegen das Papsttum gerichtet wäre. Denn die Vollkommenheit einer Person ist kein Indiz für eine vom Verfasser konzipierte Zuordnung. Sie hat insofern noch nicht einmal Verstärkerfunktion, als sie gerade dann, wennn eine solche Zuordnung durch andere Mittel erfolgen sollte, einfach notwendig ist. Auch die Jugendgeschichte darf nicht allein auf Grund ihres Vorhandenseins Grundlage weitreichender Interpretationen werden - erstens haben wir bereits wesentliche andere Funktionen feststellen können, zweitens sind Genealogie und Biographie eines literarischen Helden immer interessant und können auch (wie im K der Fall) bei Vorliegen entsprechender inhaltlicher Momente zusätzlichen Reiz gewinnen (heldenepische Motivkette). Interessant wird die Jugendgeschichte im Zusammenhang unseres Abschnitts erst dadurch, daß sie in ihrem letzten Teil (der der Jugend Karls eigentlich schon nicht mehr zurechenbar ist), Inhalte bietet, die zum 3. Punkt gehören - zum Auftreten des im dR nicht vorhandenen Papstes. Da diese Figur den in den K hineininterpretierten Gegensatz Kaiser - Papst personal komplettiert, muß bei der Papstdarstellung im Text angesetzt werden.

Innerhalb des göttlichen Auftrages, den der Engel Karl überbringt, finden sich die folgenden Sätze:

K 4o5 als du gewaltec werdest dâ (= in Dtld.),
sô rît ze Rôme iesâ.
der nû ze Rôme bâbest ist,
der stirbet in der selben vrist,
sô du ze Rôme rîtest.

---

1) Vgl. aber die Überschriften einiger Hss.! In BFNS wird mit Karl zusammen Roland erwähnt, in EK sogar nur Roland. Es fragt sich also, ob die Konzentration auf Karl beim Publikum immer durchgedrungen ist.

K 41o da erwirbestu undé erstrîtest,
daz dîn bruoder babest wirt.
von dem bistu unverirt:
der enpfaeht dich mit der wîhe.
so dir got daz heil verlîhe,
daz er dir dîn reht getuo
unde dir diu lant dar zuo
elliu werden undertân,
sô heiz rîten unde gân ... (1)

Im Kurzbericht Strickers über die Ausführung des Befehls wird darauf nicht mehr Bezug genommen. Nur noch einmal wird der Papst erwähnt; im Anschluß an die Wahlstelle fährt Stricker fort:

K 469 dô dâhte er (= Karl) wider an sîne vart,
diu im von got enboten wart.
nu seite der gewaere
dem bâbeste diz maere:
der wart der rede harte frô
und sprach, er hulfe im alsô,
er wolde senden zehant
sîne boten in diu lant
und woldez kriuze heizen geben
ûf der heidene leben. (2)

KÖSTER meint, daß durch die Hereinnahme der Eroberung des Reiches in den göttlichen Auftrag eine " n a t i o n a l e Translationstheorie" (3) verfochten werde: "Karl e r o - b e r t das römische Reich mit eigener Kraft, es wird ihm nicht vom Papst übertragen." (4) Daran ist sicher richtig, daß sich die Darstellung der Vorgänge im K inhaltlich mit einer solchen Translationstheorie deckt. Die "Legitimierung durch die militärische Macht" (5) ist außerdem seit Friedrich I. eine zusätzliche Argumentationshilfe der kaiserlichen Partei: "Das beginnende Spätmittelalter findet dafür auch eine juristische Fixierung durch Johann von Buch (ca. 13oo-136o; R.B.): Das Königreich erwirbt der König mit der Kur, 'dat keiserrike irwirwet hei mit stride' (...)."(6) Ob Stricker hier aber etwas "verficht" (KÖSTER), ist fraglich. Daß in der Stelle keine theoretische Auseinandersetzung stattfindet, darf freilich nicht als Gegenargument zählen; immerhin haben wir es mit einer epischen Dichtung zu tun, in welcher die Vorgeschichte ohnehin nur den geringsten Teil der Inhalte ausmacht. Andererseits kommt es mir aber gerade darauf an, den wesentlichen Unterschied zwischen einer engagierten Stellungnahme, deren Engagement durch eine zumindest spürbar werdende Kontra-Position bestimmt sein müßte, und einer wohl implizit einer Seite mehr zuneigenden, dabei aber durchaus nicht besonders prätentiösen Schilderung im Rahmen anderer, inhaltlich übergeordneter Vorgänge herauszustellen. Und daß Stricker hier nur der zweiten Kategorie zuzurechnen

---

1) 411 din bruoder leo FHKOR. 412 Du denne bist ungeert (!) Q.

2) 472 den pesten F. 478 auch auf G.

3) KÖSTER/Karl der Große (s. S. 75 A 2) S. 39; Sperr. i. Orig.

4) ebd.; Sperr. i. Orig.

5) CRAM/Iudicium belli (s. S. 1o3 A 3) S. 1o7.

6) ebd.

ist, dafür lassen sich weitere Argumente finden. Zunächst wieder eines ex silentio: die schon oben konstatierte Übergehung des Inkrafttretens der Prophezeiung gerade in diesem Punkt ist bemerkenswert. Denn Stricker wird sich ja wahrscheinlich bewußt gewesen sein, mit K 4o5 ff. ggf. Publikumsreaktionen hervorzurufen - die Thematik an sich ist nicht wegzudiskutieren. Gerade die Darstellung der tatsächlichen, auf die Prophezeiung bezogenen Vorgänge aber wäre die einzige Möglichkeit gewesen, das Verhältnis Kaiser - Papst so darzustellen, daß eine Parteinahme deutlich würde.

Ein Zweites: Stricker benutzt hier die aus der Kaiserchronik bekannte Karl-Leo-Legende - aber in einer sehr verkürzten Form. Ausgespart werden vor allem Absetzung und Blendung Leos durch seine Gegner, sein Hilfeersuchen, Karls Kampf für Leo sowie Leos Wiedereinsetzung und Wunderheilung. Vergleicht man also den Inhalt der Kchr. mit dem, was im K vom Stoff übrigbleibt, muß man wieder feststellen, daß Stricker sich Handlungszüge 'entgehen läßt', die ihm zu einigen prokaiserlichen Darstellungen verholfen hätten. In der Kchr. (143o8-14826) ist der Papst hilflos und bittet Karl um Unterstützung; dort vollbringt Karl auch glorreich das, was deutsche Kaiser wiederholt auf ihren Italienzügen mußten - ihre Gegner in Rom niederkämpfen und sich tatsächlich die Kaiserwürde 'mit stride' erwerben; in der Kchr. wird die Annahme der Kaiserkrönung von Karl lange verweigert (vgl. Einhard), und erst auf inständiges Bitten Leos (mit Fußfall!) willigt Karl ein; dort erfolgt Leos Heilung auf ein Gebet Karls hin, wobei dieser sogar Drohungen gegenüber Petrus ausstößt. Bei Stricker findet sich nur ein schwacher Anklang an die Kämpfe (K 41o), der neue Papst Leo ist in seiner Stellung unangefochten und benötigt keine Hilfe mehr (1). Wie tendenziös KÖSTERs Darstellung ist, zeigt sich daran, daß er den im K erwähnten Vorgänger Leos als "Gegner" Karls bezeichnet (2) - wovon im Text nun wirklich nicht die Rede ist (einziger schwacher Anhaltspunkt - auf den KÖSTER sich aber nicht bezieht - wäre K 412, wenn man 'dem' betont). Der in eine Anmerkung verbannte Satz "Die Weihe durch den Papst will der Stricker nicht missen!" (3) verdient dagegen viel größere Beachtung. Denn hier kommt deutlich zum Ausdruck, daß Stricker die staatsrechtliche Funktion des Papstes offen zum Ausdruck bringt, die Funktion, an der für den, der Kaiser werden will, kein Weg vorbeiführt; Hs. Q macht das ja noch deutlicher - 'du denne bist ungeert/der enpfaeht dich mit der wihe'. Und erst nach dem Zeitpunkt, an dem vom Erzählgang her diese Weihe vollzogen ist, gebraucht Stricker für Karl den Titel 'keiser' (K 5o5); noch nicht einmal in der Einleitung und im Vorbericht findet der Titel vorher Verwendung!

---

[1] Zusätzlich sei darauf hingewiesen, daß Stricker sich mit der Aussparung der Kämpfe auch weiterer Möglichkeiten begibt, seiner 'Geschichte' hinsichtlich für seine Zeitgenossen junger und jüngster Vergangenheit Aktualität zu verleihen. Vgl. HAMPE, K.: Deutsche Kaisergeschichte im Zeitalter der Salier und Staufer. 11. Aufl. Heidelberg 1963. S. 154, 179, 193, 2o9.- GREGOROVIUS, F.: Geschichte der Stadt Rom im Mittelalter. Hrsg. von W. KAMPF. Neuausg. Darmstadt 1978. Bd. II,1. S. 263.- PFISTER (s. S. 69 A 2) S. 123.

[2] KÖSTER/Karl der Große a.a.O. S. 4o.

[3] ebd. S. 14o.

Auch der Bericht über den Kreuzzugsaufruf K 469 ff. gibt m. E. keine Veranlassung, an eine von Stricker intendierte Darstellung der Inferiorität des Papstes zu glauben. Denkt man daran, daß z.B. Friedrich II. durch seine unerwartete Kreuznahme bei der Aachener Krönung 1215 die Kurie in arge Verlegenheit brachte, daß in den Krönungsprotokollen diese Kreuznahme ausdrücklich als "ohne Rückfrage beim Papst und ohne dessen Zustimmung erfolgt" (1) dargestellt wird, daß im 'Reinfried von Braunschweig' die Kirche überhaupt nicht an den Kreuzzugsvorbereitungen und der Propaganda beteiligt wird, daß Walther immer für einen Kreuzzug unter weltlicher Führung plädiert, daß die Kurie später Friedrich II. für dessen geplanten Kreuzzug nach dem Fall Damiettes (1221) die Kreuzzugspropaganda in der Öffentlichkeit überläßt (2), dann haben wir damit Beispiele aus Literatur und Geschichte dafür, daß

1. die Durchführung eines Kreuzzuges keine nur religiöse Angelegenheit ist, sondern für alle Beteiligten ein Politikum ersten Ranges,

2. die Beteiligung der einen Seite von der anderen zumindest wenn irgend möglich kontrolliert, nach außen hin aber, in der Propaganda, im Falle eines unklaren oder negativen Verhältnisses zwischen den Beteiligten von der jeweils anderen Seite heruntergespielt oder negiert wird,

3. In literarischen Bezugnahmen auf das Thema ein Übergehen des Papstes möglich ist (was ja im übrigen schon das dR zeigt!).

Nimmt man ferner wieder Bezug auf das Verhältnis Vorlage – Nachdichtung, dann erweist sich aus all dem, daß in Strikkers Darstellung keine Rangabstufung vorgeführt wird. Ein Gegenargument bliebe: Man könnte sagen, daß ein Unterschied zwischen zwei Größen erst dann zur Geltung kommt, wenn beide Größen auch erscheinen; dann wäre also die von der Vorlage abweichende Einbeziehung des Papstes gerade ein Mittel, um Karls herausgehobene Stellung besser beleuchten zu können. Ist die erste (allgemeine) Aussage über die Verdeutlichungsmöglichkeit durch Kontrastierung sicher richtig, so verbietet sich ihre Anwendung auf den K in diesem Punkt jedoch. Denn wir finden nirgendwo eine solche Kontrastierung. Sicher agiert Karl einmal zugunsten des neuen Papstes insofern, als er dessen Stellung 'erwirbet unde erstrîtet'. Er setzt ihn aber nicht ein, ja er restituiert ihn noch nicht einmal, wie es in der Kaiserchronik vorgeführt wird. Daher besitzt man eine gewisse Berechtigung für die Vermutung, daß Stricker die Quelle, aus der er die Karl-Leo-Legende bezogen hat, absichtlich ändert. M.E. ist seine Darstellung ganz im Sinn einer idealen Ergänzung zu verstehen, was auch eine gewisse Kritik an den zeitgenössischen Zuständen impliziert. Die Idealität wird erleichtert durch das vorgegebene Arrangement einer engen Verwandtschaft zwischen dem Repräsentanten der kaiserlichen und dem der päpstlichen Macht.

---

1) Übers. nach WAHL (s. S. 72 A 3) S. 43. Zu ähnlichen Kontroversen mit Richard von Cornwall, Konrad III. und Heinrich VI. s. SPILLE-MENSLAGE (s. S. 2o9 A 4) S. 31; WISSOWA (s.S. 2o5 A 5) S. 71; WENTZLAFF-EGGEBERT (s.S. 21 A 1) S. 135.

2) s. VEHSE, O.: Die amtliche Propaganda in der Staatskunst Friedrichs II. München 1929. S. 1o ff.

Leo ist Karls Halbbruder, und die Herstellung oder Betonung einer Verwandtschaft zwischen positiven Charakteren (im Fall von Roland - Genelun und Karl - Wineman/Rapoto ist das ja anders) ist ein beliebtes Mittel, um deren Gleichrangigkeit und Gleichwertigkeit zu betonen. Positiv konzipiert ist Leo im K ganz sicher; seine Vorstellung K 149 ff. erhält nicht zuletzt durch die Abgrenzung zu Wineman und Rapoto ihre besondere Note:

K 146 wand er (= Karl) vaterhalp hâte
drî bruoder in den jâren,
daz ir zwêne ritter wâren.
der dritte wart ein gotes kint,
der tet als die vil wîse sint,
er kêrte allen sînen sin
an den himelschen gewin.
er wart diu buoch gelêret,
daz wart vil wol bekêret.
er waz geheizen Lêô.
sîner saelden wart maneger frô.
also wart er gêret von gote. (1)
Wineman und Rapote,
die sîne bruoder solden sîn,
die waren tump, daz wart schin. (2)

Hier wird nichts weniger gemacht, als den frommen, buchgelehrten Kleriker dem 'ritter' zu kontrastieren (vgl. Kap. I). Wenn Stricker selbst Kleriker war (MENHARDT) und mit der Verbreitung von Gedankengut des IV. Laterankonzils befaßt (U.SCHWAB), dann war er vielleicht auch mehr als der fest in einen weltlichen Hof integrierte Kleriker Konrad einem Gedankengut verpflichtet, das dem Laienadel immer noch oder wieder mit einer etwas kritischeren Distanz gegenübertrat. Dies kann nun nicht mehr sein als eine Vermutung, die aber doch zur sonstigen Gestaltung im K paßt; gestrichen wird ja auch die 'Mönchlein'-Stelle des dR (s.o.).

Hervorzuheben ist schließlich noch, daß Leo genau wie Karl mit dem Gedanken der intercessio massiv in Verbindung gebracht wird. Mit all diesen Eigenschaften ist Leo für das höchste Kirchenamt prädestiniert. Karl 'verschafft' ihm nichts, sondern er führt nur einen göttlichen Auftrag aus - macht also umgekehrt das, was Alexander von Roes bzgl. des Papstes als Argument gegen päpstliche Ansprüche ins Feld führt. Karl und Leo sind gleichermaßen begnadet; auf Grund ihrer jeweiligen Voraussetzungen und Stellung erhalten sie Plätze zugewiesen, Plätze in verschiedenen Hierarchien; über die Wertigkeit dieser Hierarchien zueinander wird nichts gesagt. Es ist m.E. sehr bezeichnend, daß beim zweiten Erscheinen Leos, also bei der Kreuzzugsplanung, nichts mehr von der Verwandtschaft zwischen ihm und Karl erwähnt wird. Karl berichtet nicht mehr der Person 'Leo' oder seinem Bruder von dem göttlichen Kreuzzugsgebot, sondern 'dem babeste'. Mit Leos Amteinsetzung wird das (literarische) Individuum (das natürlich auch einen Typus verkörpert) zu einer Institution. Betrachtet man den Inhalt von K 469 ff. genauer, dann muß man von einer zu weitgehenden Betonung von Karls Eigeninitiative Abschied nehmen: zwar ist der Kreuzzug sein eigener Wunsch (K 275 ff.), aber die Realisierung wird ihm von Gott

---

1) Wahrscheinlich eine Vorausdeutung auf sein späteres Amt.

2) 153/54 fehlt G. 153 kunst E. 154 daz her wart wol geeret E. 155 wart H. 157 geleret A. 148 richter Q.

erst gestattet, nachdem er eine Reihe anderer Aufgaben durchgeführt hat; Karl bittet auch nicht primär darum, einen Kreuzzug durchführen zu dürfen, sondern darum, daß G o t t 'daz liut da bekêrte' (K 29o) - womit schließlich doch die gleiche Ausgangslage geschildert wird wie im dR. In der Unterredung mit dem Papst wird dann von Karls eigenen Plänen gar nicht mehr gesprochen. Karl denkt an die 'vart, diu im von got enboten wart' (K 469 f.). Für Karls eigene Haltung macht das keinen Unterschied, wohl aber für das Verhältnis Papst - Kaiser in der betreffenden Stelle. Denn Kaiser u n d Papst sehen sich gleichermaßen und potentiell gleichberechtigt mit dem Unternehmen 'Kreuzzug' konfrontiert. Der Papst erfüllt seinen Teil der Aufgabe: Er übernimmt die Propaganda und macht außerdem das, was kein Kaiser kann und was auch kein Dichter als Recht des Kaisers darstellen kann - er 'heizt daz kriuze geben ûf der heidene leben'. Wenn davon die Rede ist, daß der Papst Karl zusichert, er 'hulfe' ihm, so kann damit schon allein deswegen keine Inferiorität der päpstlichen Aktivitäten gemeint sein, weil vorher auch Karl Gott bittet, ihm bei der Heidenbekehrung zu 'helfen' (K 296 f.) (1).

Zusammenfassende Auswertung

Karl der Große erscheint bei Stricker als Begründer des deutschen Königswahlrechts, und das ist offenbar der erste literarische Beleg für diesen Zusammenhang. Dieses Wahlrecht stellt gegenüber den meisten anderen mal. Nationen und Reichen, besonders aber gegenüber Frankreich und England, zur Entstehungszeit des K ein deutsches Spezifikum dar. KERNs Äußerung: "Die romantische Auffassung, daß der gewählte Herrscher ehrwürdiger sei als der Erbkönig, ist nicht die des Mittelalters." (2) muß zwar mit HINTZE entgegengehalten werden, daß auch das Wahlrecht ursprünglich "einen magisch - rituellen Ursprung hat und gar nicht auf dem Gedanken beruht, daß man willkürlich einen Kronbewerber zum Herrscher machte, sondern daß es darauf ankomme, den rechten Mann, dem die Krone von Rechts wegen gebührt, zu finden" (3), daß also sowohl dem einen wie dem anderen legitimatorische Funktionen anhaften. Dem Gedanken aber, daß das 'Volksganze' im Akt der gemeinsamen Entschlußfassung diesen "rechten Mann" durch das Zusammenwirken der geistigen Kräfte aller identifiziert, wird im 13. Jh. schon längst nicht mehr entsprochen. Die Wahl Konrads II. ist nachweislich die letzte, an der das Volk teilnahm; im weiteren Verlauf wird der Wählerkreis immer mehr eingeschränkt. Stricker benutzt für die Beschreibung des Wählerkreises den Begriff 'tiusche liute'. Das Königswahlrecht im dt. Reich ist aber zum Fürstenwahlrecht geworden. Mit der Wahrnehmung dieses Rechtes sichern sich die Fürsten ihre Einflußnahme auf die Reichspolitik, und sie opfern ihre 'freie Entscheidung' jeweils nur gegen Zugeständnisse. Schon im K, bei der Darstellung der Begründung des Wahlrechts, handelt es sich um ein Privileg: dort ist das Wahlrecht Lohn für Vorleistungen (Hilfe bei der Begründung des Imperiums). Indem dieser Lohn d e n Deutschen allgemein gewährt wird, müssen s i e in erster Linie als die von Stricker bevorzugt dargestellte Gruppe angesehen werden.

---

1) Damit ist auch keine Rede von einem Zusammenhang zwischen Kaiserkrönung und Kreuzfahrt wie im 'Lohengrin'.
2) KERN/Anfänge (s. S. 216 A 2) S. 29.
3) HINTZE, O.: FEUDALISMUS - Kapitalismus. Hrsg. von G. OESTREICH. Göttingen 197o. S. 8o.

Karl ist zu diesem Zeitpunkt schon König (durch Erbfolge) und Kaiser (durch päpstliche Weihe).

Das Wahlkönigtum ist keine Einrichtung, die den König begünstigt. Begünstigt werden dadurch die Fürsten, begünstigt wird aber auch der Papst, weil er sich nur auf diesem Weg einen Einfluß auf die zukünftige Person des zukünftigen deutschen Königs und damit potentiellen Kaisers sichern kann; gegenüber den englischen und französischen Königen ist er dagegen auf sein 'normales' Repertoire politischer Aktivitäten beschränkt. Eine Interessenidentität von dt. König und dt. Fürsten in der Frage des Wahlrechts ist nur gegeben in speziellen Lagen, nicht eo ipso, wie KÖSTER dies darzustellen versucht; es haben eben gerade nicht "beide Seiten" vom Wahlrecht profitiert (1). Profitiert haben im Einzelfall fast immer und auf Dauer endgültig die Fürsten, insofern die Stellung des Königs und seine Befugnisse immer weiter geschwächt wurden. Die Kirche hat durch das Wahlrecht allein auch nur sehr wenig gewonnen, sondern hat ihre Ziele nur mit Hilfe allgemeiner politischer Konstellationen innerhalb des Reiches und auch international erreichen können. Der König/Kaiser kann sich nur argumentativ auf das Wahlrecht berufen, wenn er sich, wie in der Antwort auf Hadrians beneficium-Brief auf seine Legitimation durch die Fürsten stützt, oder wie Friedrich II. die dem Papst unerwünschte Wahl Heinrichs (VII.) mit der angeblich gegen seinen Willen erfolgten electio durch die Fürsten zu entschuldigen versucht(2). Durchsetzen kann sich der König nur, wenn die Fürsten ihn aktiv unterstützen und auf seine Argumentation eingehen; dies aber ist meist dann der Fall, wenn sie ihre eigenen Rechte schützen wollen.

Ein Wahlrecht in reiner Form hat nie existiert (3). Und gerade in Zeiten, in denen sich die Einrichtung der Wahl besonders hinderlich für die feudale Spitze ausgewirkt hat, wurde versucht, sie zu umgehen oder zu ändern. Friedrich I. geht bei der Designation Heinrichs VI. vom Wahlgedanken ab - bei gleichzeitiger formaler Anerkennung des Fürstenwahlrechts! (4); wenn Philipp von Schwaben sich wählen läßt, um die Position des Königs für den noch unmündigen Neffen freizuhalten, dann ist das geblütsrechtliches und nicht wahlrechtliches Denken; Heinrich VI. versucht mit seinem Erbreichsplan sogar, dieses Geblütsrecht durch ein Erbrecht, die noch direktere Gegenform zur Wahl, zu ersetzen; Friedrich II. hat "auf der Höhe des Kampfes mit Innozenz IV. in einem Rundschreiben an die Städte Italiens auf das Wahldekret (von 1237 bzgl. der Wahl Konrads IV.; R.B.) hingewiesen" und darin deutlich gemacht, "daß die Nachfolge im Reiche verliehen werde durch das Zusammenwirken von Erbrecht des Kaisergeschlechtes mit der Wahl aller Fürsten Germaniens, denen sie von Reiches wegen zusteht." (5)

---

1) KÖSTER/Karl der Große a.a.O. S. 41.

2) Übers. bei HEINISCH (s.S. 2o9 A 2) S. 52 ff.

3) Zu Verschränkungen schon z.Z. der Merowinger s. SCHNEIDER, R.: Königswahl und Königserhebung im Frühmittelalter. Stuttgart 1972. S. 12.

4) s. SPILLE-MENSLAGE (s. S. 2o9 A 4) S. 4o f.

5) BLOCH/Stauf. Kaiserwahlen (s.S. 212 A 1) S. 334.

Insofern ist eine Darstellung wie die Strickers zunächst einmal alles andere als prokaiserlich. Indem die freie Verfügungsgewalt der Deutschen über die Krone betont, jeder Gedanke an geblütsrechtliche Aspekte unterdrückt wird, handelt es sich implizit um einen kirchengünstigen Standpunkt. Geblüts- oder Erbrecht läßt kaum noch einen kirchlichen Einfluß zu, und deshalb stellt Innozenz III. in 'Venerabilem' das Wahlprinzip in den Vordergrund (1). Diese implizite Aussage als die gemeinte anzusehen, ist aber ebenfalls unmöglich, da Hinweise auf die beiden wesentlichen Eingriffsmöglichkeiten fehlen, die das Wahlrecht erst für den Papst handhabbar machen (Approbationsrecht; Schiedsrichterfunktion bei Doppelwahlen).
Auf der anderen Seite läßt Stricker alles fort, was zu einer auch nur punktuell auf die Realität hindeutenden Darstellung des Wahlrechts und seiner Anwendung gehören würde. Deswegen kann auch nicht etwa, spekulierend auf einen Mäzen Strickers, behauptet werden, er vertrete einen fürstenfreundlichen Standpunkt. Dazu fehlt vor allem eine genaue Ansprache des Wählerkreises, dazu fehlen aber auch wenigstens einige Andeutungen über den Wahlmodus, weil gerade aus diesem die für die Zeit Strickers aktuellsten Probleme resultiert haben. Dem Publikum wird nichts in die Hand gegeben, um eigene Geschichte in der Stelle wiederzuerkennen oder Gedanken zu bekommen, die über ein nahezu beliebiges, wenngleich für die Rezeption natürlich immer wirksames, verbal-vordergründiges Assoziieren hinausgehen.

Strickers Darstellung ist aber, bis auf das Bild einer idealen Übereinstimmung zwischen Kaiser und Papst, auch nicht eigentlich ideologisch oder ideologisierend. Zu jeder Ideologie gehört ein gewisses Maß an (wenn auch nur scheinbarer) Realisationsfähigkeit. Dabei könnte auf die Verbalisierung eines Pro-Standpunktes noch verzichtet werden, wenn wenigstens klargemacht würde, gegen wen sich die Darstellung richten soll. Auch das ist nicht der Fall, und aus dem Text ist auch kein solcher Gegner rekonstruierbar. Der Kaiser Karl, nicht der König, der vom Papst geweihte Kaiser verleiht hier einem Teilgebiet seines Reiches ein Privileg. In der Stelle, in der das Privileg verliehen wird, erscheint der Papst nicht mehr. Daher ist sie nur von solchen Zeitgenossen als antikurial auffaßbar, die von der päpstlichen Behauptung Kenntnis haben, das deutsche Wahlrecht sei ein Privileg des Papstes. Diese Behauptung erfolgte aber nie direkt, sondern auf dem Weg der Identifizierung von deutschem König und Kaiser. 'Venerabilem' spricht nicht davon, daß die sedes apostolica das Recht auf die Königswahl verliehen habe, sondern von dem ius und der potestas 'elegendi regem in imperatorem' (2). Der Begriff 'Kaiser' fehlt aber in der Wahlstelle. Es ist bezeichnend, daß die Kirche ihre Theorie bzgl. der Wahlberechtigten später neuen Verhältnissen angepaßt hat: während 'Venerabilem' noch allgemein die Fürsten als Wähler nennt, bezieht man sich nach dem Entstehen eines festen Kurkollegs nur noch auf dessen Mitglieder (3). Stricker würde, falls er hier argumentieren wollte, mit seiner Beschreibung des Wählerkreises niemand gerecht.

---

1) s. MITTEIS, H.: Die Krise des deutschen Königswahlrechts. In: SB d. Bayr. Ak.d.Wiss. Phil.-Hist. Kl. 195o/8. München 1951. S. 87.

2) s. GRAEFE, F.: Die Publizistik in der letzten Epoche Kaiser Friedrichs II. Heidelberg 19o9. S. 22o.

3) s. SCHRAUB/Jordan v. Osnabrück (s.S. 211 A 2) S. 69 f.

Da Stricker der erste Autor ist, der eine Vorstufe der Kurfabel präsentiert, seine Aussage im ersten Viertel des 13. Jhs also zumindest nicht zum Standardrepertoire des Karlsstoffes gehört, muß trotz allem vermutet werden, daß damit eine bestimmte Absicht verknüpft ist. Diese Absicht wurde bisher nur in der Umgebung des Kräftedreiecks Kaiser - Fürsten - Papst gesucht. Wir haben gesehen, daß in der Stelle selbst hinsichtlich einer Begünstigung oder Nichtbegünstigung weder vom Kaiser noch vom Papst noch von den Fürsten die Rede ist und daß das im K dargestellte Verhältnis Kaiser - Papst so ideal angelegt ist, daß man für Kompetenz- oder Rangabstufungen keinen Hinweis findet. Die einzigen, die in der Stelle privilegiert werden, sind d i e D e u t s c h e n . Bei ihnen muß also m.E. auch die Interpretation ansetzen. Die politisch-geographische Verfassung des karolingischen Großreiches hatte zur Folge, daß in den beiden später aus ihm hervorgehenden Teilreichen und im 13. Jh. längst als selbständige 'staatliche' Einheiten existierenden politischen Gebilden Karlstraditionen vorhanden waren. Diese Traditionen waren teils deckungsgleich, teils spezifisch, teils konträr. Leugnen konnte man die Traditionen und ihre Berechtigung im jeweils anderen Reich nicht. Man konnte sich nur gegen daraus abgeleitete Ansprüche zur Wehr setzen, die gegen den eigenen Kompetenzbereich gerichtet waren. Aber auch für eine Zeit, in der ein nationaler Gegensatz inaktuell war, oder für Personen, denen an einem Ausspielen gegenseitiger Präferenzen nichts lag (s. zu beidem Kap. IV. 2), war das Thema 'Karl der Große' zu bedeutend, um unter dem Gesichtspunkt vergangener Zeiten der Einheit oder nur allgemein abgehandelt zu werden. In Deutschland wie in Frankreich war Karl unverzichtbarer Bestandteil der eigenen Tradition. Um aber als Teil dieser Tradition erkennbar werden zu können, bedurfte es bestimmter Anknüpfungspunkte. Diese sind um so schwerer zu finden, je weniger der politische Gegensatz der Nachfolgestaaten spürbar wird oder aktuell ist. Noch diffiziler wird die Suche nach Bezügen, wenn das Thema 'Karl' in einer Dichtung abgehandelt wird, in der handlungsmäßig nur Ausschnitte der Karlsbiographie im Mittelpunkt stehen. Handelt es sich dann noch um einen Ausschnitt wie den Spanienfeldzug, in dem die Rollenverteilung der Protagonisten fast ausschließlich religiös bestimmt werden muß und in dem nationale Differenzierungen verwischt werden, dann muß der nationale Bezug außerhalb dieser Haupthandlung hergestellt werden. Auch deshalb vielleicht zunächst das Ausweichen in die Jugendgeschichte! Aber selbst diese enthält noch zu wenig variablen Stoff, variabel bzgl. der Einbringung nationaler Traditionen. Zudem sind die historischen oder pseudohistorischen Kenntnisse des mal. Publikums immerhin so groß bzw. so festgelegt, daß die Biographie Karls nicht willkürlich ausgestaltet werden kann.

An einer Stelle nun, an der Karl sein Reich gegründet hat, an der die politische Konstituierung dessen vollzogen ist, was die Ursache der diffizilen Thematik 'Karl und das Deutsche Reich' ist, und an der auch eine genügende Vorbereitung der späteren Haupthandlung stattgefunden hat, fügt Stricker die Verse 45o ff. ein. Ohne Karls 'kerlingische' Abkunft zu kaschieren, ohne das Neben- und Miteinander verschiedener Nationalitäten in seinem Reich zu leugnen, wird hier eine besondere Beziehung Karls zu d e n D e u t s c h e n hergestellt.

Wie dagegen deutliche Stellungnahmen im Streit zwischen Kaiser und Papst aussehen können, zeigen z.B. Walthers Sprüche, die Kaiserchronik, das 'Lobgedicht auf Ludwig den Bayern' u.a.m. Wenn Stricker mit K 45o ff. eine solche Stellungnahme hätte abgeben wollen, würde er eine profunde Ungeschicklichkeit im Umgang mit aktuellen Problemen und ihrer literarischen Vermittlung verraten. Dies ist nichts weniger als wahrscheinlich nach allem, was man in seiner Kleindichtung vorfindet und was wir bisher am K festgestellt haben - die These vom 'Lernen' Strickers, das ihn schließlich zum geschliffenen Problemliteraten auf den Gebieten von Fabel, Maere und Bispel gemacht habe, drückt angesichts der unsicheren Werkchronologie nur die Hilflosigkeit vor der gattungsmäßigen Vielfalt seines OEuvre aus. Aber auch wenn man von Strickers Fähigkeiten und Absichten abstrahiert, läßt sich feststellen, welche Folgen sich aus seiner Darstellung für ein zeitgenössisches Verständnis ergeben konnten. Daß dabei thematisch auch andere Probleme anklingen und die Rezeption beeinflußt haben werden, sollte nicht zu der Annahme verführen, solche Sekundäreffekte könnten in einer Weise ausgelegt werden, die vom Textinhalt her nicht zu rechtfertigen sind.

IV. 2 Die "Franzosen" in Strickers 'Karl'

IV. 2. 1 Terminologie

In der K-Forschung existieren Ansätze, in denen im Rahmen zeitgeschichtlicher Interpretationsversuche auch auf die deutsch - französischen Beziehungen zur Abfassungszeit als mögliches Auslösemoment für eine bestimmte Darstellung hingewiesen wurde. Am intensivsten hat sich SCHNELL mit diesem Problem auseinandergesetzt (s. dazu ausführlich IV.2.2).

Was bisher noch keine Beachtung gefunden hat, ist die vom dR abweichende Terminologie, die im K zur Benennung 'Frankreichs' und der 'Franzosen' (1) dient. Diese Abweichungen sollen im Folgenden beschrieben und in den Zusammenhang des Textes gestellt werden. Dabei ist vor allem zu fragen, inwieweit sie Einfluß auf die Textaussage nehmen und wo sich dadurch gegenüber dem dR neue Akzente ergeben.

Bzgl. der Terminologie haben wir uns auseinanderzusetzen:

- im K mit 'Francrîche', 'Francen', 'Kerlinc', 'Kerlingen',
- im dR mit 'francisch', 'Franken', 'Francriche', 'Karling', 'Karlingen'

jeweils inkl. Nebenformen, Ableitungen und Schreibvarianten.

In den Chansons de Geste hatte 'France' zwei Bedeutungen. Gemeint ist entweder das (fränkische) Reich Karls des Großen oder Francien, das Gebiet nördlich von Seine und Marne, seit den Kapetingern Krondomäne der frz. Könige vor den Zuerwerbungen Philipps II. August. In der Chanson de Ro-

1) Statt differenzierterer Begriffe werde ich auch i.F. meist die o.a. mit expliziten oder impliziten Anführungszeichen gebrauchen. Es geht im K zwar nicht um existierende politische Gebilde des 13. Jhs, sehr wohl aber um Bereiche, die in dieser Zeit Anklänge an den existierenden Nachfolgestaat hervorrufen können.

land (Hs. O) werden France/Franceis sowohl in der engeren als auch in der weiteren Bedeutung gebraucht, wobei im Einzelfall der Umfang nicht immer feststellbar ist. Gemeint ist mit France jedenfalls immer ein Territorium, das sich in Beziehung setzen läßt zu einem nationalen Inhalt von 'französisch'. Schwierigkeiten einer Abgrenzung zu dem Begriff 'fränkisch' bestehen daher nicht. So läßt sich trotz einiger Abweichungen feststellen, daß mit 'France' in der Chs. an Kernstellen die Bedeutung 'fränkisch-karolingisches Reich' verbunden ist (1).

Der Wortinhalt von 'Franchen' im dR ist komplizierter. Dies ist dadurch bedingt, daß diese Bezeichnung immer Doppeldeutungen unterliegt: 'fränkisch'/'Franken' bzgl. des karolingischen Frankenreiches? bzgl. des stammesgebundenen Kernbestandes dieses Reiches? bzgl. des fränkischen Stammes auf dem Boden des späteren Deutschen Reiches? 'französisch'/'Franzosen' bzgl. des ehem. Westreiches und des für die Rezipienten zeitgenössischen Frankreich?

Eindeutig 'französisch' bedeutet nur 'franczisch' im dR-Epilog, wo Konrad über seine Übersetzung berichtet.- In allen drei Fällen, wo für Franken als Personenbezeichnung die Schreibweise mit 'Ura-' vorliegt (ein zufälliges Zusammentreffen?) und in denen jedesmal ein Heide den Begriff nennt (dR 478, 622, 752), sind die Christen in ihrer Gesamtheit gemeint - bemerkenswert vielleicht deswegen, weil sich Konrad hier sowohl dem belegbaren pars-pro-toto-Gebrauch auf islamischer Seite anschließt (2) als auch den umfassenden alten fränkischen Reichsbegriff ins Spiel bringt (3).

Sonst werden die Franken im dR jedoch in stammesbezogener Hinsicht genannt (dR 7541) oder dort, wo zum Zweck der Beratung zunächst der Kreis der Franken zusammentritt (1166 ff.), wo eine Aufzählung von Völkern und Stämmen erfolgt (6849), spezifisch und nicht-generalisierend auch von den Heiden gebraucht dR 81o6.

dR 1346 und 846o sind mit Franken wieder alle Christen gemeint.

Man sieht also, daß Konrad nicht bemüht ist, die in dieser Namensgruppe angelegte Unschärfe zu beheben, wodurch das dR aber gleichzeitig 'historischer' wird.

<u>Francriche</u> dR 3749 meint das gesamte Reich Karls, nicht nur den fränkischen Teil: Marsilies Reich ist Spanien; die Unterwerfung dieses seines Reiches will er vergolten wissen durch die Eroberung von Karls Reich, eben des 'Francriche'. Auch dR 32o6 ist kaum eingegrenzt zu verstehen: Roland redet Karl zu, er möge unbesorgt 'haim' nach 'Francriche' reiten. Allerdings wäre auch eine ausgrenzende Bedeutung hier nicht unlogisch.

---

1) s. HOEFFT, C.Th.: France, Franceis und Franc im Rolandslied. Diss. Straßburg 1891. KIENAST/Dtld.u.Frkr. (s.S. 155 A 5) S. 135 f. BIELING (s.S. 11 A 2) S. 4o f. BRESSLAU/Rechtsalterthümer S. 292.

2) Unter 'Franci' verstanden aber etwa auch die Portugiesen "so ziemlich alle Nordwesteuropäer"; KURTH/Anteil (s.S. 76 A 2) S. 16o.

3) s. aber NELLMANN, E.: Die Reichsidee in den deutschen Dichtungen der Salier- und frühen Stauferzeit. Berlin 1963. S. 169 über die Spannweite von Konrads Reichsbegriff bzgl. 'riche', 'cristinhait' und 'Karlingen'.

'Karlingen' im dR

Zieht man alle Stellen in Betracht, dann läßt sich der Behauptung, Konrad sehe "hinter dem die Franken bezeichnenden Namen Karlinge (m.pl.) höchstwahrscheinlich den Namen Karls des Großen selber" (1), eine grundsätzliche Berechtigung nicht absprechen (s. aber unten zu einzelnen Stellen!). Es muß jedoch berücksichtigt werden, daß 'Karlinge(n)' usw. Bezeichnungen sind, die - nicht nur, aber hauptsächlich - im deutschen Sprachraum auf das Westreich und dessen Nachfolgestaat bzw. dessen Bevölkerung angewendet werden (2). Aktuell ist nämlich auf jeden Fall 'Karlingen' in dR 9o23, wo tatsächlich das zeitgenössische Frankreich als Heimat von Konrads Vorlage gemeint ist.

Mit der Eindeutschung von 'Karlingia', 'regnum Karoli' bzw. 'Karlingi' wird implizit die Inanspruchnahme Karls für die frz. Reichsidee unterstützt (3). Es ist aber zu fragen, ob sich nicht mit zunehmendem Wortgebrauch der ursprüngliche Zusammenhang verliert; dies würde etwa für den von LUGGE genannten Gottfried von Viterbo gelten, der sicher kein Interesse an der Förderung eines französischen Reichsgedankens hatte.

im K

Im Vergleich zum dR läßt sich zunächst feststellen, daß Stricker trotz seiner über 3ooo Mehrverse gegenüber Konrads 6o Belegen aus den Wortfeldern Francriche, Franken, Karlingen nur 39 präsentiert. Die Verhältnisse sind jedoch näher aufzuschlüsseln:

- Wortfeld 'Kerlingen': dR 44, K 33 Belege
- Wortfeld 'Francriche': dR 2, K 4 Belege; dR einmal 'franczisch', K -
- Wortfeld 'Franken': dR 13 Belege, K 1 Beleg.

Ein wichtiges Vorergebnis ist also, daß dort, wo das dR terminologisch die relativ größte Pluszahl zu verbuchen hat, bei 'Franken', die Bezeichnung bzgl. eines nationalen Inhaltes am unschärfsten ist.

Francrîche im K

Der Begriff taucht bei Stricker erstmalig auf, als sich der engere Kreis um Karl zur Beratung zusammenfindet, um über Marsilies Angebot abzustimmen (K 1736 ff.). Im dR steht an entsprechender Stelle (1166 ff.): 'Die Franchen gesament sich drate'. Durch dR 1175 (si besanden di geste) erhält die Stelle auf jeden Fall einen spezifischen Charakter; es ist aber nicht auszumachen, ob hier ein Gegensatz über den einzelner Stämme hinaus angesprochen ist (vgl. II.1). K 1742 setzt ebenfalls 'geste', also deutet sich auch hier ein Gegensatz an, der aber eine andere Dimension dadurch erhält, daß statt 'Franchen' 'herren von Francrîche' ('die da von' F) steht. Ein Stammesgebiet ist kein rîche!

1) BACKES, H.: Dulce France - suoze Karlinge. In: PBB(W) 9o/ 1968. S. 23-42. Hier S. 4o.

2) Was BACKES ebd. S. 35 ff. selbst darstellt.

3) Dies gilt nicht nur für den Beginn der Übernahme dieser Bezeichnung (LUGGE, M.: Gallia und Francia im Mittelalter. Bonn 196o. S. 1o8).

K 3739 ff. versucht Genelun Karl davon zu überzeugen, daß er auch ohne Roland sicher sei, und macht ihm Vorschläge für die Heeresgliederung. Dabei sagt er: 'so lât die von Francrîche/ ze iwerm rucke rîten' (K 3816 f.; 'ewer mogen von' F!). Ein Vergleich ist wegen der Lücke nach dR 3o82 nicht möglich. Deutlich ist auf jeden Fall die ausgrenzende Bedeutung (vgl. auch K 9266 f., s.u.).

K 4527 muß 'Francrîche' in seiner Bedeutung relativiert werden, weil es allgemein gebraucht ist; Marsilies meint lediglich: 'ich jage Karl dorthin, wo er hergekommen ist'. dR 372o f. steht: wir gefrumen aine heruart/unter di Karlinge'. Auf diese Stelle wird noch zurückzukommen sein, weil unmittelbar vorher (K 4523) ohne Parallele zum dR auch 'Kerlingen' erscheint.

K 9267 taucht 'Francrîche' wieder im Zusammenhang einer Heeresgliederung auf. Karl will 'mit den von F.' die mittlere Formation bilden. dR 7844 hat 'Karlinge'; daran zeigt sich, daß Karlinge im dR doch nicht immer Karls Leute insgesamt meint - der Begriff hat ja hier eindeutig ausgrenzende Funktion.

Zum letzten Mal erscheint 'Francrîche' K 11332. Die Kaufleute, die Genelun begegnen, kommen von dort. Diese Stelle beweist, daß für Stricker 'Kerlingen' und 'Francrîche' identisch sind - denn Genelun will 'in daz lant ze Kerlingen' (K 11327) (1).

<u>'Kerlingen' im K</u>

K 5567 wird Egeris als 'uzerwelter Kerlinc' bezeichnet. Eine Parallele fehlt im dR. Für den K ist ein personaler Anklang durch ein im unmittelbaren Umkreis befindliches 'Karl' nicht gegeben (2).

In genauer Entsprechung zum dR wird K 6773 berichtet, daß die Kerlinge Samsons Tod beklagen.

dR 1355 wird K 1956 übernommen (Karl fordert Turpin auf, nicht in die Beratung der Kerlinge einzugreifen). Daran zeigt sich, daß im K bei dieser Bezeichnung nicht immer das Frankreich des 13. Jhs bewußt mitgedacht ist, sondern auch nur dessen Kernland gemeint sein kann: der Erzbischof von Reims ist Vasall des frz. Königs, Reims liegt aber nicht in dessen Krondomäne (3). Möglich ist jedoch auch, daß Konrad und von ihm dann Stricker die Formulierung der Chs übernehmen, ohne sich über deren Sinn im Klaren zu sein.

K 3451 ist identisch mit dR 2932 (Genelun fordert die Kerlinge auf, die Führung der Nachhut keinem Nicht-Kerlinc zu überlassen). Auch bei Konrad steht also wieder der ausgrenzende

---

1) Daß Stricker Kerlingen und Francrîche identisch gebraucht, sagt auch FREITAG/Weihenstephaner Chronik (s.S. 126 A 2) S. 62, ohne allerdings Belege zu geben. Diese sind aber nötig, da eine unspezifische Verwendung ja auch aus dem dR belegbar ist.

2) Natürlich kann man einwenden, solches sei aus dem Zusammenhang des Epos immer gegeben. Die Verselbständigung von Einzelteilen ist aber nicht zu unterschätzen, zumal Karl im Roncevalles-Teil lange als handelnde Person ausfällt.

3) s. Karten bei ROHDEN/SIEBURG: Politische Geschichte Frankreichs. 2. Aufl. Mannheim 1959. S. 47, 57.

Charakter im Vordergrund; eine Gleichsetzung 'Karlinge' = 'Karls Leute' ist nicht möglich, weil Geneluns Argument ja gerade auf der Trennung beruht. Klar wird spätestens hier aber auch, daß Roland ein Kerlinc ist; da seine eigene Abteilung und die der anderen Pairs ebenfalls aus Kerlingen besteht, wird es in der kommenden Schlacht sinnvoll, die Christen immer als solche anzusprechen (K 5567, 6372, 6442, 7o6o).

K 9384 entspricht an keiner Stelle genau dem dR. Karl fragt dort die Kerlinge, wie ihnen sein Erkennungszeichen (Bart über der Rüstung) gefalle. Wie in K 9266 geschildert, besteht Karls Abteilung aus 'Franzosen', daher ist auch für 9384 dieser Bezug sinnvoll.

K 229 wird Kerlingen als Landesname benutzt. Dort läßt Diepold 'ze Kerlingen' bekanntmachen, daß Karl noch lebt. Die Bedeutung der Stelle hängt davon ab, inwieweit man Stricker auch in Nebensächlichkeiten 'historisches Bewußtsein' beim Handlungsaufbau unterstellen kann. Setzt man dies voraus, kann bei 'Kerlingen' hier nicht nur die Bedeutung 'Frankreich' vorhanden sein. Stricker würde dann damit das Herrschaftsgebiet bezeichnen, das Karl von Pippin erbt, stünde dabei dann aber nicht in Übereinstimmung mit dem Wortgebrauch der Chroniken - wohl aber mit dem mancher literarischen Darstellung, wie ja etwa des dR, das auch 'Karlingen' benutzt, wenn Karls Reich gemeint ist. Rekurriert Stricker jedoch auf das merowingisch-fränkische Kernland der Herrschaft Karls, dann hätte 'Kerlingen' K 229 keine aktuellere Bedeutung. Entscheidbar ist die Frage nicht. Nur läßt sich natürlich behaupten, daß der zeitgenössische Rezipient - falls er sich bei der Stelle aufhält! - den gleichen Deutungsschwierigkeiten unterliegt und Kerlingen - Frankreich assoziieren <u>kann</u>. Bemerkenswert ist, daß als Erzieher Diepold <u>von Troys</u> erwähnt wird, "in der Karlsepik in dieser Funktion nicht belegbar" (1). Troyes war seit dem 1o. Jh. Hauptstadt der Gft. Champagne. Dadurch, daß Karl einen 'französischen' Erzieher hat, wird die Interpretation bzgl. einer nationalen Komponente von 'Kerlingen' hier etwas gestärkt. Außerdem sind vom 1o. bis zum 13. Jh. 5 Grafen Theobald von Troyes/Champagne benennbar, von denen Theobald IV. (12o1-1253) als Erbe des Kgr. Navarra (seit 1234) besondere Bekanntheit erlangt hat (2).

Nicht erst durch den speziellen Zusammenhang erhält K 265 f. Gewicht: als Karl 'Kerlingen gewan/do tet er als ein wîse man' (265-74 fehlt F. 266 pider G.). Hier können sich keine Nebenassoziationen einstellen, es kann keine Identität mit Karls Reich vorliegen, denn dieses Reich entsteht ja erst durch eine von Stricker K 45o ff. als abgeschlossen dargestellte Kette von Eroberungen. Das Resultat der Eroberungen ist das 'roemesch rîche' - und diesen Begriff setzt Stricker auch K 46o3, wo Konrad dR 3749 'Francriche' schreibt! Zu betonen ist, daß 'rîche' in der Bedeutung 'Reich' gerade K 333 zum ersten Mal auftaucht. Der Herrschaftsbereich Pippins wird nur umschreibend als 'daz lant' bezeichnet (K 164, 174) oder eben als 'Kerlingen'. Und bevor Karl das römische Reich gegründet hat, ist er eben nur und ganz deutlich 'künec von Kerlingen' (K 27o; vgl. auch K 8263 gegen dR 693o; s.u.),

---

1) VON DER BURG/Diss. a.a.O. S. 164.

2) s. dazu KIENAST (s. S. 155 A 5) Register u. pass.

der 'erbeherre' dieses Landes (K 231). Letzteres ist m.E. eine Bezeichnung, die ein zusätzliches Licht auf die Verleihung des Wahlprivilegs an die <u>Deutschen</u> wirft: denn in der Person Karls werden damit verschiedene Funktions-, aber auch Nationalitätsschichten deutlich, die vielleicht den Zeitgenossen als nur in dieser Person integrierbar erschienen.

K 216o = dR 1629 wird Rolands Pferd als das schnellste in ganz Kerlingen bezeichnet.

K 3238 = dR 2747 verstärkt Genelun gegenüber Marsilies sein Versprechen, die Geiseln lebend wiederzubringen, mit der Formulierung 'ich verswüere ê Kerlingen'.

K 39o1 = dR 3153 hält der zum König von Spanien gekrönte Roland eine Rede an die Kerlinge. Aus dem Zusammenhang geht hervor, daß es sich um Rolands Heer handelt - das ja tatsächlich (s.o.) aus Kerlingen besteht.

K 4523 hat nur vordergründig eine Parallele in dR 3721. Es handelt sich um die Szene, in der Targis Marsilies den Sieg über Roland verspricht. Im dR antwortet Marsilies:

dR 3715 Machmet gebe dir die salde,
daz du mir diu niumare
bringest urolichin widere.
gelage Rǒlant da nidere,
umbe Karlen wurde sin gut rat:
wir gefrumen aine hereuart
unter di Karlinge;
si gewinnint bose gedinge:
si wurden alle deme tode ergebin,
sine wolten an Machmet iehin.

Im K liest sich das so:

K 4519 gît dir Mahmet die êre,
daz du die widerkêre
mit Ruolandes houbte getuost,
sô soltu dar nâch unde muost
künc sîn ze Kerlingen.
die wil ich dir betwingen.
gelît Ruolant der nider,
ich gejage Karlen hin wider
sô verre durch Francrîche,
daz si alle sicherlîche
tôt werdent gesehen,
od si müezen Mahmet ze gote jehen.
(4513-46 fehlt H.)

Trotz der Nähe der Begriffe Kerlingen (Land) und Karlinge (Personen) besteht hier zwischen dR und K in der Interpretationsmöglichkeit ein Unterschied. Zwei Verse nach der namentlichen Erwähnung Karls ist im dR die Rede von den Karlingen, so daß also schon von daher eine umfassende Bedeutung nahegelegt wird. Zudem wird durch den Zusammenhang mit der von Marsilies genannten Niederlage Rolands doch primär der Inhalt suggeriert: 'Wenn erst der hier als Nachhut zurückgebliebene Roland tot ist, dann greifen wir das Karl verbliebene Heer auf seinem eigenen Terrotorium an'. Dieser territoriale Gegensatz ist das, was in K 4525-27 ausgedrückt wird. Wenn Marsilies aber Targis verspricht, ihn nach dem Sieg zum König von 'Kerlingen' zu machen, kann damit nicht das gesamte Reich Karls gemeint sein. Nachdem Marsilies erst einmal die Chance sieht, sein eigenes Reich wiederzugewinnen, denkt er daran, Karls Reich zu unterwerfen; besonders deutlich wird dies K 46o2 ff. ('ichn kêre ouch wider niemer ê/ê danne ir roemesch rîche/gewinnet gewalteclîche/reht als er Spanje gewan'). Wenn Karls gesamtes Reich gemeint ist, drückt Stricker dies unmißverständlich aus, und wenn Teile dieses Reiches gemeint sind, ebenso - wie etwa K 4613 ff., wo Marsilies Margriez erst 'Rôme und Laterân' und dann 'allez roemesch rîche' verspricht. 'Kerlingen' kann also K 4523 n u r 'Frankreich' im ausgrenzenden Sinn bedeuten.

K 5o46 ersetzt Stricker die Roland zujubelnden 'Franchen' durch 'alle die von Kerlingen'. Ein Doppelsinn wird also ausgeschlossen; daß dagegen die Kerlinge ihrem Herrn Beifall zollen, scheint durch die Zusammenhänge (s.o.) nur gerechtfertigt.- Auch K 6756 = dR 57o2 verträgt noch diese Sonderbedeutung, weil über die Provenienz Rolands und seiner Leute keine Zweifel bestehen.

K 7325 = dR 62o2 finden sich innerhalb einer Aufzählung neben Turpin und anderen Pairs auch 'die von Kerlingen'. Durch ein im K vorausgesetztes 'und' (fehlt C) ergibt sich erneut die ausgrenzende Bedeutung, wenn natürlich für die Setzung sehr gut auch nur metrische Gründe bestimmend gewesen sein können. Im dR beginnt nach der Aufzählung der Einzelpersonen ein neuer Hauptsatz: 'wol uahten di chunen Karlinge'; hier liegt eine resümierende Bedeutung also nahe - die dann aber objektiv 'falsch' ist, da Turpin von Konrad ausdrücklich als Nicht-Karling dargestellt wurde.

In die Bitten seines Sterbegebets nimmt Olivier K 7633 auch die 'getriwen Kerlinge' auf. dR 6512 hat 'suzen Karlinge'. Stricker, der ja an keiner Stelle diesen zusammengesetzten Ausdruck von Konrad übernimmt, allein deswegen für 'Kerlinge' hier schon eine andere Bedeutungsdimension zuzuweisen, halte ich für nicht gerechtfertigt. Umgekehrt ist es für mich aber wahrscheinlich, daß durch die formelhafte Verwendung im dR, die religiösen Implikationen des 'suze' und den im Ganzen ja ambivalenten Gebrauch von 'Karlinge(n)' (z.T. verallgemeinernd, z.T. ausgrenzend) bei Konrad die nationale Assoziationsmöglichkeit erheblich an Gewicht verliert - dies unabhängig davon, daß es sich ja um eine modifizierende Rezeption des 'dulce France' der Chs handelt (1). In diesem Zusammenhang erhält aber die von BACKES gestellte Frage, "warum Konrad (...) nicht das (...) näherliegende Francriche bzw. Franken benutzt" (2), erneut Bedeutung - denn es wird jetzt endgültig deutlich, daß im dR Francriche/Franchen etwas anderes meint als Karlingen; bei Stricker dagegen können sich, wie gezeigt, die Begriffe Kerlingen und Francrîche ersetzen, Franken hat bei ihm nur noch eine auf den dt. Stamm bezogene Bedeutung.

---

1) "Eine stellenmäßige Abhängigkeit von der Chanson läßt sich (...)nur für die Verse 646o (Chs 2o17) und 69o9 (Chs 2379) ausmachen, ein Zeichen für die im ganzen freie Verwendungsweise Konrads."; BACKES/PBB (W) 9o S. 25 f. Einschränkend ist zu bemerken, das BACKES zum Vergleich die Fassung O verwendet, die ja nicht Konrads direkte Vorlage war!

2) BACKES/PBB (W) 9o S. 35.

K 8263 entspricht dR 693o; in beiden Fällen handelt es sich aber auch um ein pars pro toto, was aus dem beiderseits vorhandenen Gegensatz zu 'Spanje'/'Yspania' hervorgeht. Im dR wird jedoch Kerlingen als 'riche', im K wieder als 'lant' bezeichnet!

K 12115 beraten die Kerlinge über die Todesart Geneluns; eine genau entsprechende Stelle besitzt das dR nicht; dR 8999 findet man 'fursten'. Darauf wird noch zurückzukommen sein.

K 853o = dR 7113 träumt Karl, er sei in Kerlingen.

K 91o6 f. werden Wineman und Rapoto vor ihrer Beauftragung mit Rolands Nachfolger als Fürsten 'von Kerlingen' bezeichnet; dies fehlt im dR (etwa 7765 ff.). Wir konnten in anderem Zusammenhang feststellen, daß Stricker daran gelegen ist, Motive wieder aufzugreifen. Die in der Karlssage sonst nicht als Brüder Karls belegbaren Wineman und Rapoto erscheinen K 91o6 f. in der üblichen Funktion (wie schon im dR). Diese Stelle ist von der Jugendgeschichte durch mehr als 8ooo Verse getrennt, und daher ist wohl in dem Zusatz zum dR eine informierende Reminiszenz an die Herkunft der beiden zu sehen. Weshalb ihre Verwandtschaft mit Karl nicht mehr erwähnt wird, ist schwer zu sagen; immerhin wurde ja auch Leo, nachdem er eine offizielle Rolle übernommen hatte, nur noch mit seiner Funktion benannt. Bzgl. der Erwähnung von Kerlingen hat aber zu gelten, daß der Begriff erneut in ausgrenzender Bedeutung, als genaue Herkunftsangabe erscheint. Dieser Schluß scheint mir um so vertretbarer, als während der gesamten Schilderung der Heeresgliederung vor der Paliganschlacht die Einteilung nach Stämmen und Nationen erfolgt.

K 9133 steht ebenfalls in diesem Zusammenhang. Und während Karl im dR nur anordnet, Wineman und Rapoto sollten sich die Leute aussuchen, 'di u beste geuallen' (7775), sollen sie sich diese Leute im K 'under den Kerlingen' aussuchen. Dieser Auftrag, eine Art Leibgarde für Karl zu bilden, in Verbindung mit der ausdrücklichen Herkunftsangabe von deren Mitgliedern und (in K 91o7) auch ihrer Anführer, läßt Kerlingen wieder nur eindimensional ausdeutbar erscheinen. Natürlich ist die Beziehung mitzudenken, daß Karl von Kerlingen umgeben ist, aber im konkreten Zusammenhang wird dadurch eher noch umgekehrt auch die Herkunft Karls betont.

K 9292 entspricht stellenmäßig dR 7871 ff.; bei Konrad wird Karls eigene Abteilung aber nicht mehr wie dR 7844 gesondert bezeichnet (dort 'Karlingen'). Stricker hatte in der Parallelstelle zu dR 7844 'Karlingen' durch 'von Francrîche' ersetzt (K 9267). Anschließend schreibt er nun:

K 9281 Dô si sich sus bewarten
und sich vil wol gescharten,
dô hete Karl eine schar.
diu was ritterlîche gar,
mit den was er wol behuot.
si heten alle den muot,
daz si wolten ligen tôt,
ê si durch deheine nôt
von ir herren wolten kêren.
si wolten in wol mit êren
von dem strîte bringen.
si wâren von Kerlingen.

(9283 Karl) der chaiser F. 85-92 fehlt H.)

Aus dem Zusammenhang und wegen des Begriffs 'schar' ist deutlich, daß es sich immer noch um Karls eigene Abteilung handelt. Ein Blick auf K 9267 zeigt wieder, daß Kerlingen und Francrîche für Stricker identisch sind. Daher ist die Änderung von dR 3721 in K 4527 als terminologisch bedeutungslos anzusehen.

K 9267 (Karl: 'da enzwischen wil ich rîten/mit den von Francrîche'), ein Zusatz zum dR, ist als zweite, verschobene Parallele zu dR 7844 anzusehen (dort 'Karlinge'). Es handelt sich um eine strukturelle Änderung: Im dR wird Karls Abteilung als eine unter mehreren genannt; im K wird sie als Höhepunkt zum Schluß aufgeführt. Eine Betonung der 'Franzosen' erfolgt hier also nicht terminologisch, sondern implizit durch die Komposition. Der Zweck liegt natürlich in der Hervorhebung Karls; die damit verbundene Hervorhebung seiner Landsleute wird zumindest in Kauf genommen.

Beim Klang von Rolands Horn brechen die 'Karlinge' (dR 7938) in Tränen aus; Stricker setzt K 9377 'die von Kerlingen', eine nur scheinbare Identität, denn Konrads Formulierung legt wieder eher die Aussage 'Karls Leute' nahe, während dies im K wegen der aus der Gebietsbezeichnung hervorgehenden partitiven Konstruktion kaum der Fall sein kann. Einen Sinn erhält die Ausgrenzung dadurch, daß vorher Rolands kerlingische Herkunft mehrmals betont wurde.

K 9738 hilft Karl mit den 'Kerlingen' dem Schwabenherzog Gerold. Es handelt sich um einen Zusatz zum dR, der einerseits Karl mehr betont, andererseits eine Motivaufnahme darstellt, indem nämlich die Zusammensetzung von Karls Abteilung erneut ins Gedächtnis gerufen wird.

K 1o759 ist die verschobene Parallele zu dR 7622. Konrad erzählt, daß man die Gefallenen nach Karlingen bringen läßt. Stricker berichtet stattdessen von der besonderen Verehrung der 'von Kerlingen' für diese Gefallenen. Die Bedeutung ist genauso zu interpretieren wie in K 9377, nur daß wegen des veränderten Zusammenhangs der Unterschied zum dR kein zusätzliches Licht auf diese Bedeutung wirft.

K 11o79 steht innerhalb der von Stricker eingefügten Passage am Hof von 'Viannen'. Karls Boten richten aus, man solle Alite nach Blavi bringen; dort werde dann die Hochzeit stattfinden, anschließend werde Roland sie nach Kerlingen führen. Die Aussage ist klar, hat aber in dem eingeschränkten Textzusammenhang keinen besonderen Stellenwert. Dies ist dagegen der Fall K 11197, wo Karl Alite mit seinem Sohn verheiraten will. Von diesem Sohn sagt er, er sei 'künec ze Kerlingen'. Wie in K 4523 wird also die Teilreichkomponente betont. Damit wird in einem speziellen Zusammenhang Strickers auf 'Frankreich' festgelegter Kerlingen-Begriff wichtig: BUMKE hat festgestellt, daß im 'Willehalm' Loys als <u>deutscher</u> König konzipiert ist (1). Stricker legt darauf anscheinend keinen Wert, und dies wird m.E. in seiner Bedeutung nicht dadurch relativiert, daß Loys im Wh eine andere Rolle spielt. Das Assoziationspotential des Begriffs 'künec ze Kerlingen'

---

1) BUMKE, J.: Wolframs Willehalm. Studien zur Epenstruktur und zum Heiligkeitsbegriff der ausgehenden Blütezeit. Heidelberg 1959. S. 13o.

wird nämlich nicht dadurch angetastet, daß dieser König hier noch zu Lebzeiten seines Vaters als Nebenfigur erscheint. Denn einmal wird ja die Affinität seines Vaters zu den Kerlingen des öfteren erwähnt. Zum anderen aber erscheint der Sohn Karls, diesmal mit Namensnennung, im Epilog noch einmal in mehr herausgehobener Position: er ist derjenige, der in der nächsten Generation die Aufgabe des Heidenkampfes zu lösen hat. Wie in dR 87o6 (Karl will Alda zur Königin über 'al Karlinge' machen) wird also objektiv 'unhistorisch' gearbeitet; nur erscheint diese Unhistorizität im K wegen der sonstigen Gestaltung als eine sehr bewußt in Kauf genommene.- Bzgl. des dR wäre noch zu erwähnen, daß wir auch hier wieder ein Beispiel dafür haben, daß hinter den Karlingen doch nicht immer alle Leute Karls stehen; vielmehr hat der Name hier die gleiche ausgrenzende Bedeutung wie im K.

K 11327 (Genelun will 'in daz lant ze Kerlingen') wurde schon behandelt.

K 11672 steht am Beginn der Verhandlung gegen Genelun. Stricker kommentiert: 'do hete er (= Genelun) von Kerlingen/vil manegen rîchen mâc dâ'. Gegenüber dR 8732 f. (do wolten im di Karlinge/den lip gerne fristen) ist dreierlei festzuhalten: Erstens relativiert diese Stelle am stärksten die Behauptung, Konrad sehe hinter den Karlingen immer Karl selbst, denn dazu besteht hier nun wirklich kein Anlaß. Zweitens heißt das dann wieder, daß schon im dR die Kerlingen-Terminologie ausgrenzende Bedeutung haben <u>kann</u> (s.o.). Und drittens haben wir schon in Kap. II. 1 festgestellt, daß durch die Ersetzung der Pauschalisierung Konrads bei Stricker eine Entschärfung stattfindet.

Zum vorletzten Mal ist K 1179o von Kerlingen die Rede. Pinabel schwört, er wolle Genelun lebend nach Kerlingen zurückbringen (dR 8797 f.: 'ich wil mit mime swerte/sine triwe im erherte'). Deutlicher als im gesamten dR wird hier die 'Geographie' und die politische Zusammensetzung von Karls Reich: der Gerichtsort ist Aachen, und von dort will Pinabel Genelun wieder 'ze Kerlingen' bringen. Darin liegt ohne Zweifel ein aktuelles Verständnis, eine zeitgenössische Auffassung (vgl. oben zur Chs., wo Aachen ja 'en France' lag). Man kann die Stelle also als eine politische Aussage interpretieren - nicht aber als eine gegen Frankreich gerichtete: Erstens wird hier kein Anspruch verteidigt, der von der anderen Seite im 13. Jh. noch bestritten würde; und zweitens paßt der Gesamtinhalt des K, die partielle Französisierung Karls, die erheblich breiter ausfällt als die einmalige Erwähnung der Deutschen in der Wahlstelle, die Gestaltung eines, was die nationale Komponente angeht, problemlosen Miteinanders zu einer solchen Hypothese in gar keinem Fall. Aber es geschieht im K noch mehr, was eine solche Vermutung widerlegt:

Im dR taucht nach 8732 'Karlinge(n)' noch viermal auf: dR 8872, 8879, 89o4, 9o23. Die letzte Stelle ist in unserem Zusammenhang als neutral zu betrachten, da Konrad dort nur über die Herkunft seiner Quelle berichtet; der Vers erhärtet aber wieder unsere Feststellung über den durchaus heterogenen Wortgebrauch Konrads (die Person Karls ist ja hier nicht mehr betroffen).- dR 8872 freuen sich die Karlinge, daß Karl auch von Tirrichs Partei Geiseln nimmt, ein erneuter Hinweis auf die Herkunft der Verwandten Geneluns.- dR 8879 verlieren die 'fursten von Karlingen' alle Hoffnung, als sie Tirrichs Entschlossenheit bemerken.- dR 89o4 stellen sich die Karlinge um den Kampfplatz auf, und dadurch, daß vorher betont wird, daß 'der kaiser unt sine helde' (89o2) die andere Hälfte des Kreises bilden, werden beide Parteien auch örtlich scharf voneinander getrennt - hier der Kaiser mit s e i n e n Leuten, dort d i e Kerlinge, die im Gerichtskampf die Partei des 'Bösen' ergriffen haben. Die Karlinge erscheinen also im Schlußteil des dR in einem durchgängig sehr zwiespältigen Licht.

Daß Stricker mit K 1179o schon eine Entschärfung vorgenommen hat, haben wir bereits bemerkt. Kerlingen erscheint danach im K aber noch einmal in Vers 12115, eine Stelle, die hier erst kurz erwähnt wurde. Sie erhält jetzt einen wesentlichen zusätzlichen Aussagewert. Während bisher lediglich festgestellt wurde, daß im dR an entsprechender Stelle nur 'fursten' steht, zeigt sich jetzt, daß Stricker hier genau das vorgenommen hat, was im dR gerade zu Abschluß des Gerichtskampfes nötig gewesen wäre, um Mißdeutungen des Publikums letztmalig vor Ende des Epos korrigieren zu können: Wenn Stricker sich an seine Quelle halten wollte, dann konnte er die landsmannschaftliche Zugehörigkeit Geneluns nicht unterdrücken oder ändern; was er aber konnte, um Mißdeutungen zu vermeiden, das war zunächst, eine Reduzierung der 'verfänglichen' Stellen vorzunehmen (keine Parallelen zu dR 8872, 8879, 89o4; Ersetzung der Pauschalisierung in dR 8732). Und zum Schluß bezieht er dann im Gegensatz zum dR die Kerlinge noch einmal ausdrücklich ein und läßt s i e das Urteil über Genelun sprechen. Damit ist diese Gruppe endgültig exkulpiert - von Reintegration kann man nicht sprechen, weil im Gegensatz zum dR nie eine Disintegration stattgefunden hat!

ZWISCHENERGEBNIS

Von den 33 Stellen, in denen im K von Kerlingen die Rede ist, sind 16 direkt aus dem dR übernommen, weisen aber Veränderungen auf, die den Inhalt unmittelbar betreffen.

Bei den 17 Stellen, in denen Stricker Kerlingen nicht direkt aus der Vorlage übernommen hat, ist zu unterscheiden zwischen solchen, bei denen durch die Nennung des Begriffs im dR an anderer, in der Nähe liegender Stelle eine Setzung Strickers provoziert worden sein kann (K 4523, 9384, 1o759), und solchen, in denen im K zumindest eine deutliche Hervorhebung der nationalen Provenienz von Personen oder der politischen Geographie durch eigenständige Setzung erfolgt.

Man kann vor allem beobachten, daß in den Fällen, wo Stricker nur wörtlich übernimmt oder von sich aus ohne erkennbaren Grund 'Kerlingen' hinzufügt, die Terminologie und ihre vermutliche/mögliche Wirkung genau in das Bild paßt, das man aus den Änderungen gewinnen kann: 'Kerlingen' hat im K <u>immer</u> ausgrenzende Bedeutung, meint nie die Gesamtheit der Christen und öffnet sich so, mehr als im dR, Assoziationen in Richtung auf 'Frankreich'/'Franzosen'.

<u>'Karlingen' im dR ohne Übernahme im K</u>

Um Aussagen machen zu können, ob zwischen dR und K hinsichtlich des Gebrauchs 'politgeographischer' Termini tatsächlich signifikante Unterschiede bestehen, bedarf es jetzt natürlich der Untersuchung von Stellen, an denen Stricker den Begriff aus dem dR gestrichen hat. Es handelt sich um 24 solcher Stellen, wenn man K 4523, 9384, 1o759 außer Betracht läßt, wo durch dR 3721, 7943-45 und 7622 eine indirekte Beeinflussung durch unmittelbare Nähe zur bearbeiteten Stelle stattgefunden haben kann.

Während seines Gespräches mit Blanschandiz sagt Genelun im dR:

dR 1859 wir haben groz ungemach
von Rolante unde von Oliuir.
zware sage ich iz dir:
si sint des mûtes,
sine gesatent sich niemmir menschen blûtes.
die zwelue helfent in alle dar zû,
swaz si zwene wellent tûn,
unde alle Kaerlinge
habēt zu in minne,
alte unde junge.

In K 2358 ff. werden die Kerlinge ausgelassen, es ist nur noch von Roland die Rede, der von den anderen Pairs unterstützt werde. Dadurch werden m.E. zwei Publikumsreaktionen unmöglich gemacht:

1. Im dR wird Roland und den Pairs (wenn auch nur durch Genelun) eine absolut dominante Stellung in Karls Reich zugesprochen. Dies verträgt sich kaum mit Strickers Absicht, Karls Position zu verstärken und konnte u.U. auch schon auf Konrads Publikum störend wirken.

2. Sowohl im dR als auch im K wird vorher ausgesagt, daß Genelun selbst ein Kerlinc ist. Gegen Ende des Epos wird dann Kerlingen als Machtbasis Geneluns dargestellt. Ein 'aufmerksamer' Rezipient hätte es also wieder einmal mit einer Störstelle zu tun: zu Beginn eine von der Zustimmung aller Kerlinge getragene Gruppe um Roland, am Ende d i e Kerlinge als entschlossene Parteigänger Geneluns. Auch diese Störung wird im K ausgeschlossen.

Bzgl. des Problems einer bewußteren Gestaltung der Nationalitätenverhältnisse im K wäre also zusätzlich zu folgern, daß sich durch die Auslassung gleichzeitig eine klarere Präsentation der Zugehörigkeitsverhältnisse ergibt; denn bei Konrad steht sicher im Vordergrund: 'Alle Leute Karls unterstützen die Pairs und sind sich mit ihnen einig'. 'Alle Leute Karls' sind aber nicht nur die Kerlinge. Konrad hat hier wahrscheinlich einfach seine Quelle ausgeschrieben; in der Chs. antwortet Guenes auf die Frage Blancandrins, 'par quele gent' (O 395) Roland denn seine Eroberungspläne verfolge, mit 'par la franceise gent' (O 396). Konrad sah wohl die adäquate Übersetzung für 'franceise gent' in 'Kaerlinge'. Während aber die frz. Formulierung in der Chs. unproblematisch ist, weil später die Partei des Verräters in der Verhandlung nicht auf Grund von Volks- oder Stammeszugehörigkeit zustande kommt, sondern nur auf Grund von <u>Verwandtschaft</u>, führt Konrads verbal um Korrektheit bemühte, den Zusammenhang aber nicht berücksichtigende Übersetzung zu möglichen Mißverständnissen - die eben im K <u>nicht mehr</u> möglich sind.

dR 29o1 fordert Karl die Karlinge auf, den Führer der Besatzungstruppen zu bestimmen; K 3419 ist diese Forderung an die 'fursten' gerichtet. Es liegt aber keine Sinnänderung vor, da auch Stricker in der folgenden Beratung deutlich macht, w e r sich berät - nämlich die Kerlinge.

dR 5235 äußert Marsilies, lieber sterben zu wollen, als sich den Karlingen zu unterwerfen. Stricker arrangiert an entsprechender Stelle (etwa K 6297 ff.) um, läßt den machtpolitischen Aspekt fort und stellt statt dessen den Rachegedanken in den Vordergrund. Da der Begriff 'Kerlinge' bei ihm festgelegt ist auf einen Teil der Anhänger Karls, der zwar beachtet wird, aber nicht repräsentativ sein kann, würde eine Beibehaltung in der Stelle nicht mehr den Gegensatz zweier Großreiche bzw. ihrer Herrscher ausdrücken.

dR 58o7 redet Roland zu den 'suzen Karlingen'. Stricker beginnt K 6875 mit 'sît alle fro'.

dR 5945 kommentiert Konrad die Tapferkeit Rolands und Oliviers mit 'wol huluen in di Karlinge'. Stricker, der einerseits das Trifolium der Protagonisten mit Turpin komplettiert, berichtet andererseits nur speziell von Turpin, daß ihn 'die sîne' unterstützen.

dR 5976 ff. rufen die Christen Roland zu:

> owol du herre Ro̊lant,
> uoget der Karlinge,
> durch soteniu gimme,
> aller riter ere,
> ne spar si nicht mere.

Stricker bringt statt dessen K 7oo3 ff. einen verzweifelten Hilferuf der Christen an Roland. Kompositorisch hat das durchaus einen Sinn: während das dR ein Wechselbad der gegensätzlichsten Stimmungen bietet (1), bereitet Stricker das Ende Schritt für Schritt vor, wobei der Hilferuf an Roland geeignet ist, inhaltlich seine im Gegensatz zur früheren Zuversicht stehende Verzweiflung zu motivieren (2).- In unserem Zusammenhang bietet das Fortlassen von 'Karlinge' zunächst keinen Anlaß zur Interpretation; zu vermuten ist zunächst nur, daß die im dR noch genannte, von Roland in der aktuellen Lage aber objektiv nicht mehr erfüllbare Funktion des 'uoget' dem Strikkerschen Hang zum Wörtlichnehmen von Topoi zum Opfer fällt - denn der Begriff kann nicht mehr wörtlich genommen werden;

---

1) Unmittelbar an die oben zitierte Stelle fährt Konrad fort:

> dR 5981 also (!) Ro̊lant ersach
> der christen groz ungemach,
> er muose uor iamer wainen.

Im Anschluß daran erschlägt er 4oo Heiden, und direkt danach stimmt er wieder vor Olivier sein 'mea culpa' an.

2) Auch im K begibt sich Roland noch einmal in den Kampf und tötet eine Menge Gegner; diese Aktivität wird aber von Stricker als etwas bezeichnet, was sie mit dem Zusammenhang in Übereinklang stehen läßt: als Resultat von Rolands aus Verzweiflung herrührendem 'grimme' (K 7o16).

mit 'uoget' fällt dann natürlich auch das Objekt fort (1).

Nun ist dies nach dR 52o6, 5235, 58o7, 5945 schon das fünfte Mal, daß die Kerlingen-Terminologie innerhalb des Roncevalles-Teils von Stricker nicht benutzt wird. Wirft man einen Blick auf die Verteilung der Begriffe in diesem Teil, dann läßt sich feststellen, daß darauf im dR 18 von 44 Belegen fallen (rd. 41 %), im K 8 von 33 (rd. 23 %) - und damit ergibt sich ein deutlicher Schwerpunkt der Auslassungen Strickers. Der Kerlingen-Begriff hat im K, wie wir gesehen haben, immer ausgrenzende Bedeutung; auch da, wo eine Begrenzung auf Kerlinge als agierendes Personal nicht notwendig wäre, wo also ohne weiteres auch eine Bezeichnung verwendet werden könnte, die alle Christen einschließt, ist die Benennung im K als solche immer 'logisch' vertretbar (etwa wegen des Zusammenhangs der 'Kerlinge' mit einer deutlich als 'Kerlinc' dargestellten Person wie Karl oder Roland). Im dR dagegen kann der Begriff vereinzelt zwar auch diese ausgrenzende Bedeutung besitzen, in der Mehrzahl der Fälle ist er aber umfassend gemeint. Nun lassen sich jedoch auch Stellen finden, wo Stricker 'Kerlingen' streicht, obwohl eine Ausgrenzung von den vorhandenen Voraussetzungen her und auf Grund der Zusammenhänge möglich gewesen wäre. Weshalb diese Reduzierung speziell im Roncevalles-Teil, aber ja auch (in geringerem Maße) durchgängig, wenn die Beibehaltungen an sich und auch in speziellen Zusammenhängen (Affinität zu Karl) das Ziel einer 'Entfranzösisierung' unerreichbar machen? Es bietet sich m.E. nur eine Erklärung an: Die Kämpfe im K, besonders aber im größten zusammenhängenden Teil mit Kampfmotiven, eben der Roncevalles-Schlacht, sind stärker als im dR von Stricker als Stellvertreterkämpfe konzipiert. Das Thema gewaltsamer Auseinandersetzungen zwischen Christen und Heiden wird exemplarisch an einem literarisch eingeführten Stoff dargestellt. Exemplarisch kann aber nur sein, was nachvollziehbar, nicht an unwiederholbare Situationen gebunden und nicht n u r historisch ist. In einer Zeit, in der das Wort 'Kerlingen' unweigerlich Assoziationen hervorrufen muß (s. IV.2.2) u n d bei einem Dichter, der sein Epos aufmerksam bezüglich möglicher Neben- und Ablenkungseffekte inhaltlich durchformt, muß ein übermäßiger Zuschnitt auf eine besondere Gruppe disfunktional wirken. Worauf es ankommt, ist die Verbindung 'und bei einem Dichter...'. Denn eine Aufmerksamkeit bzgl. des Themas 'Kerlingen' ist sicher auch schon z.Z. des dR gegeben; nur sieht Konrad anscheinend seine Ziele nicht von seiner im Einzelnen gewählten Gestaltung bedroht. Für Stricker unumgänglich war natürlich die Nähe zur

---

1) Vermuten läßt sich m.E. ein gewollt anderer Einsatz des Begriffes 'voget'. Im K erscheint er viermal, im dR elfmal. Stricker reserviert die Bezeichnung für Karl und für Gott. Bei Konrad entfällt zwar auch die Mehrzahl der Belege auf diese beiden Subjekte, zweimal ist aber auch Roland gemeint.

Der auf Karl bezogene Titel 'voget' erscheint darüber hinaus bei Stricker n u r im Zusammenhang mit der imperialen Herrschaft (jedesmal wird auch Rom erwähnt); Konrad dagegen wechselt zweimal die Wertebene, indem er nämlich (was natürlich eine gängige Bezeichnung ist), Karl auch als 'uoget' der Witwen und Waisen bezeichnet.

karolingisch-fränkischen Geschichte. Unumgänglich war damit auch die Übernahme von Einzelzügen, die Assoziationen an Aktuelles möglich machten. Indem Stricker nun teilweise noch prononcierter, weil deutlicher und homogener, das kerlingische Element betont, verschafft er sich einen Aktualisierungseffekt; andererseits aber zieht er da die Grenze, wo sich dieses Element verselbständigen könnte. Das bedeutet: Reduzierung der Quantität und selektiver Gebrauch des Motivs – und genau das haben wir im K vorliegen.

Der gleichen Funktion lassen sich nun auch die Streichungen des Kerlingen-Begriffs aus dR 52o6, 6222, 6621, 6746 und 69o9 unterordnen.

Damit haben wir den Roncevalles-Teil verlassen und kommen zur Verwendung in den nachfolgenden Abschnitten. dR 7228 versichert Malprimes Paligan, der Sieg über die 'übermuten Karlinge' stehe fest. Stricker läßt ersatzlos fort; ein Sinn ist genauso wie bei den Streichungen von dR 37o1 und 7644 nicht zwingend interpretierbar - man muß sich nämlich davor hüten, alle Stellen gewaltsam hinsichtlich einer Absicht zu interpretieren, die der objektiven Funktion der Auslassungen entspricht. Immerhin läßt sich sagen, daß Stricker nach Roncevalles 16 seiner 33 Kerlingen-Belege aufzuweisen hat (rd. 48 %), Konrad 18 von 44 (rd. 4o %), daß Konrad also den Text ziemlich gleichmäßig mit dem Terminus durchsetzt, während Stricker im zweiten Teil einen Schwerpunkt bildet. Letzteres ist für uns nichts Neues, sondern stellt nur die Kehrseite der vorher konstatierten besonderen Kürzungen im Mittelteil dar. Aber: Es läßt sich feststellen, daß die o.a. Vermutung dadurch an Wahrscheinlichkeit noch gewinnt, nämlich daß Stricker im zweiten Teil auch einheitlicher kürzt. Im Roncevalles-Teil wurde zugunsten eines offensichtlich quantitativen Prinzips auch schon mehrmals da der Kerlingen-Begriff fortgelassen, wo dies von den Voraussetzungen her (Festlegung auf einen bestimmten Inhalt), nicht nötig gewesen wäre. Nach Roncevalles läßt sich aber ein qualitatives Prinzip beobachten: fortgelassen wird fast nur noch dort, wo der Begriff wegen seines ausgrenzenden Charakters tatsächlich fehl am Platze wäre. Ich möchte ausdrücklich betonen, daß es hier um (allerdings m.E. sehr deutliche) T e n d e n z e n geht - es wäre sicher verfehlt, offensichtliche Ausnahmen einfach umzuinterpretieren. Außerdem sind die Gründe der Schwerpunktbildung verschiedener Natur; so macht es z.B. die 'Rehabilitation' der Kerlinge im Schlußteil des K ja auch nötig, sie zu erwähnen - genauso wie im K eine relative Häufung in der Jugendgeschichte durch den Inhalt bedingt ist: es geht um Karls Biographie, und die spielt eben zunächst in Kerlingen. Schließlich möchte ich noch darauf hinweisen, daß die von mir gelieferten Prozentzahlen nur einen groben Anhalt bieten können, da die Verteilung innerhalb der Handlungsabschnitte ja auch noch in Relation zum Umfang dieser Teile gesetzt werden könnte; ich verzichte darauf, weil man sich bei sinkenden Basiszahlen damit bedenklich reinen Zahlenspielereien nähert; man kann aber sagen, daß eine solche Umrechnung die festgestellten Ergebnisse noch erhärten könnte, da die Jugendgeschichte den geringsten, der Teil nach Roncevalles den größten Umfang im K hat.

Zu weiteren Einzelstellen: K 9267 verhält sich zu dR 7844 wie K 4527 zu dR 3721 (in beiden Fällen Konrads Kerlingen-Terminologie durch 'Francrîche' ersetzt). Jedesmal steht im K 'Francrîche' in der ersten Zeile eines Verspaares, daher ist eine absichtliche Änderung zu vermuten. Mögliche Interpretation: Prinzipiell sind für Stricker 'Kerlingen' und 'Francrîche' identisch (s.o.); er sieht aber auch, daß die Kerlingen-Terminologie durch ihre semantische Nähe zum Namen 'Karl' viel von ihrer Prägnanz verlieren kann, und um dies zu umgehen, setzt er das in speziellen Zusammenhängen eindeutigere 'Francrîche'. In der zweiten Stelle (K 9259 ff.) wird der eindeutig nationalspezifische Charakter noch durch die veränderte Zusammenstellung mit Lothringen und Burgund betont - mit zwei Gebieten also, die (wie aber auch schon zur Zeit Konrads) an Frankreich grenzen, jedoch zum Reich gehören.

dR 853o sind alle 'Karlinge' besorgt, weil Paligans Rüstung Karls Angriffen standhält. Im K wird wieder gestrichen - warum sollte sich hier auch nur ein Teil des christlichen Heeres hier Sorgen machen? Die Möglichkeit, daß durch die Fortlassung Karl mehr als Held gezeichnet werden sollte, halte ich auf dem Hintergrund der ansonsten gleichen Darstellung, die das lange unentschiedene Hin und Her genauso breit wie im dR schildert, für relativ unwahrscheinlich.

dR 8683 wird berichtet, daß zu Karls Aachener Hoftag neben Fürsten, Bischöfen, Herzögen 'ouch die Karlinge' erscheinen. Stricker schreibt:

K 11661 der keiser und die sîne
die riten gein dem Rîne.
die von Spanje mit im quâmen
und ouch diez dâ vernâmen
die hiez er alle zÂche komen.
nu si daz hâten vernomen,
dô quâmen si mit alle dar.

Im dR scheint mir die gesonderte Erwähnung der Karlinge notwendig zu sein hinsichtlich der späteren Rolle, die sie als Partei Geneluns spielen. Da aber Stricker augenscheinlich an einer umschreibenden Darstellung der Vollständigkeit der Anwesenden gelegen ist, bei der der Schwerpunkt darauf liegt, daß sowohl die 'Augenzeugen' der Geschehnisse als auch die zu Hause Gebliebenen an der Verhandlung teilnehmen, ist eine gesonderte Erwähnung von Kerlingen überflüssig.

Zwischenergebnis

In den 24 Stellen, in denen im K ein 'Karlingen' der Vorlage nicht übernommen wird, ist objektive Folge der Auslassung eine Entfernung der Karlinge aus der pars-pro-toto-Bedeutung. Zweimal war eine sinnidentische Variation zu beobachten (durch 'Francriche'), viermal ein Heraushalten der Kerlinge aus einer prekären Situation (Gerichtsverhandlung). Eine Streichung ist schlicht dadurch bedingt, daß Konrad mit Kerlingen die Herkunft seiner Quelle bezeichnet.- Es ließ sich weiter erhärten, daß die Bezeichnung 'Kerlingen' im K nie eine unspezifische ist, sondern immer eine tatsächliche Angabe über die Geographie oder die Herkunft von Personen beinhaltet. Ein Schwerpunkt der Streichungen im Roncevalles-Teil erklärt sich gerade durch die Spezifität des Begriffes, die in einem auf Verallgemeinerung hin angelegten Handlungszusammenhang disfunktional wäre.

Damit finden die zur Wortgruppe 'Kerlingen' gehörenden Begriffe im K folgende Verwendung und zeichnen sich durch folgende Zusammenhänge aus:

1. Sie sind Bezeichnungen der Nationalitätszugehörigkeit und trotz der deutlich zu Tage tretenden kerlingischen Abkunft Karls nicht eindeutig auf das nomen proprium 'Karl' hin interpretierbar; das Gebiet, aus dem Karl stammt, wird ja auch schon im Bericht über Pippin 'Kerlingen' genannt.

2. Die Begrifflichkeit erscheint im K trotz des größeren Umfanges gegenüber dem dR in einer um ein Viertel reduzierten Häufigkeit, wobei sich ein Schwerpunkt der Kürzungen feststellen läßt (Roncevalles).

3. Die zugehörigen Begriffe werden sehr deutlich aus dem einzigen negativen Zusammenhang entfernt, in dem sie im dR auftreten (Genelunverhandlung).

4. Andererseits werden Kerlinge aber auch aus Zusammenhängen entfernt, in denen eine gesonderte Nennung eine überproportionale Wichtigkeit andeuten könnte.

5. Ein Blick auf wertbesetzte Epitheta zeigt schließlich noch, daß die Kerlinge von Stricker keine positive Aufwertung über die im dR angelegte hinaus erfahren. Absolut ist im K eine leichte Mehrzahl an neutralen Nennungen auszumachen; dies fügt sich gut in das insgesamt gewonnene Bild ein, ist aber isoliert wegen der geringen Vergleichsbasis nicht überzubewerten.

Strickers Rezeption von 'Franken' im dR

(Zu Einzelheiten s. schon o. pass.)

dR 478 rät Blanschandiz Marsilies, Geschenke und Geiseln 'ze eren den Uranchen' abzusenden. In der Parallelstelle K 1o46 ff. wird dies ganz gestrichen; man liest dort nur immer wieder davon, daß K a r l überzeugt werden soll. Über weite Strecken ist dies auch schon im dR so; Stricker entfernt aber aus der Unterredung den letzten Hinweis darauf, daß es außer Karl noch andere Personen gibt, die ins Kalkül zu ziehen wären. Fügt sich dies also nahtlos in das Konzept ein, ein Karlsepos zu präsentieren, so hat die Streichung hier noch einen zweiten Effekt: die (evtl. dem Rezipienten gar nicht immer bewußte) definitorische Unschärfe, die im Zusammenhang des Epos im Begriff 'Uranchen' liegt, wird aus der Welt geschafft. Die Fortlassung im K scheint mir um so bemerkenswerter, als der Begriff 'historisch' zu vertreten wäre und (von einem Heiden verwendet) ja auch durchaus islamischer Terminologie entspricht (s.o.).

Die Deutung einer Konzentration auf Karl ist auch auf das Verhältnis von dR 622 zu K 1188 ff. und dR 752 zu K 132o ff. zu übertragen.

dR 1166 treten die Franken auf Befehl Karls zusammen, um über das Unterwerfungsangebot zu beraten; die Ausgrenzung hat einen Sinn, weil erst später auch die 'geste' hinzugezogen werden. Die Einteilung in 'geste' und eine Kerngruppe hat Stricker übernommen, setzt aber K 1736 'herren von Francrîche' (s.o.). Er legt also dort, wo Konrad die Franken als exklusiven Begriff benutzt (sonst können 'Franken' im dR ja auch gleichbedeutend mit allen Christen sein!), die Bedeutung 'Franzosen'/'Frankreich' an, Bereiche, denen im speziellen Zusammenhang wieder Karl als zugehörig erscheint.

dR 1346 führt Turpin als Argument für seinen Vorschlag, ihn als Gesandten zu den Heiden zu schicken, u.a. an, die 'Franken' hätten während des Feldzugs schon 'michel arbeite irliden'. Stricker läßt das ersatzlos weg, zeigt also wieder, daß er 'Franken' als nicht geeignet für die Benennung der Kerlinge hält.

dR 2982 fügt sich Karl resigniert in den Beschluß der 'Franken', Roland in Spanien zurückzulassen. Stricker spricht statt dessen von einem Beschluß der 'fürsten' (K 35o2) - inhaltlich also wieder eine Verlagerung von der 'nationalen' auf die ständische Ebene, deutlicher noch als in K 1736 (s.o.), denn dort behält Stricker die nationale Bezeichnung als nähere Bestimmung noch bei. Daß dies hier nicht der Fall ist, stellt auch eine objektive Verbesserung dar, denn der Beschluß über den Führer der Nachhut wurde tatsächlich (auch schon im dR) nicht mehr von einer Gruppe, sondern von a l l e n Fürsten gefaßt.

dR 4o66 stimmen die Franken auf den Sieg Rolands hin ihr 'monsoy' an. In der gleichen Situation sind es K 5o47 'alle die von Kerlingen'. Auch dies zeigt wieder, daß Stricker dort, wo ihm eine nationale Eingrenzung berechtigt oder möglich erscheint, 'Franken' als nicht dafür geeignet ansieht.

dR 6849 steht im Zusammenhang von Rolands Resümee seiner Eroberungen: 'Franchen di chůnen/ne liez ich nie gerůwen/ unze si chom an ir rechten stam'. Diese Stelle fehlt im K. Weshalb, kann nicht eindeutig beantwortet werden; mag sein, daß Stricker mit dem versteckten Hinweis auf die Ursprungssage der Franken nichts anzufangen wußte, mag sein, daß er diesen Hinweis hier für zusammenhanglos hielt; objektiv unlogisch ist er im dR nicht, wenn man die Stelle interpretiert: 'bis sie nach Italien gekommen waren' - also in die neue Heimat der Troja-Flüchtlinge.

Der Vergleich dR 7541 - K 1o623 wurde schon in anderem Zusammenhang durchgeführt (1. Reduzierung auf 'herren'; 2. Nennung der Bewohner eines Gebietes im dR, der Territorien und ihrer Herrscher im K). Hier ist die einzige Stelle, in der Stricker aus dem dR ein 'Franken' als Bezeichnung eines deutschen Stammes übernehmen kann (für ihn identifizierbar durch die gleichzeitige Nennung von Schwaben und Sachsen).

dR 81o5 stellt Paligan eine Abteilung auf, die speziell gegen die 'Franken' kämpfen soll; 'Franken' hat hier wieder ausgrenzende Bedeutung bei Konrad - gemeint ist die vorher von Karl aufgestellte fränkische Abteilung, deren Mitglieder aber dR 7844 als 'Karlinge' bezeichnet werden (s.o.). Stricker vereinheitlicht die ganze Stelle insofern, als er nicht wie Konrad die Aufzählung der Abteilungen ohne konkreten Hinweis auf einen bestimmten Gegner zweimal unterbricht (zum zweiten Mal dR 81o8, wo die Deusen den 'Alemani' gegenübergestellt werden), sondern lediglich K 9612 ff. über die Abteilung von Imanse sagt: 'ez wirt hiut von ir künste/vil manec kristen sigelôs'. Diese Vereinheitlichung scheint mir hier im Vordergrund zu stehen. Durch die Streichung der 'Alemani' ergibt sich implizit noch eine Modernisierung (das alemannische Hztm. ist im 8. Jh. erloschen, spätestens nach Karlmanns Sieg bei Cannstatt 746 (1)); ob dies von Stricker beabsichtigt war, mag mit Recht bezweifelt werden - eher schien ihm vielleicht die Bezeichnung obsolet, da sie lateinisch auch zur Bezeichnung von Schwaben verwendet wurde, und dies ist im K ja schon terminologisch abgedeckt. Erst nach Zerfall des Karolingerreiches entsteht ein neues Hztm. Alemannien, das aber 1o96 unter Staufer und Zähringer aufgeteilt wird. So war schon im dR die Nennung einer eigenen Abteilung aus 'Alemannen' zwar historisch möglich, aber für den zeitgenössischen Rezipienten nicht gerade ein Anlaß, im Epos aktuelle Bezüge zu sehen. Das gleichzeitige Erscheinen von Schwaben und Alemannen mußte immer dann zur Verwirrung führen, wenn das Publikum nicht stammesgeschichtlich, sondern territorial dachte. Alemannien war Stammeshztm. im 8. Jh. und entstand als neues Stammeshztm. Schwaben. Das Hztm. Schwaben z.Z. Konrads und Strickers ist aber ein Territorialhztm.(2). Eine dahingehende mögliche Desorientierung des Publikums wird mit Strickers Darstellung verhindert.

dR 8855 äußert Tirrich in seiner Anklage gegen Genelun und seiner Bereitschaftserklärung zum Zweikampf gegen Pinabel: 'ich bin ain edeler Francke'. Stricker setzt K 11839 ff.: 'ich bin so edel benamen/dune darft dichs niemer geschamen/daz ich dir den kampf biute'. Dazu ist Folgendes zu bemerken: Daß bei Konrad 'Franken' und 'Karlinge' oft das Gleiche meinen, wurde schon festgestellt. Ebenfalls haben wir gesehen, daß Stricker 'Karlingen' oft beibehält, wenn es logisch vertretbar ist. An der genannten Stelle im dR wäre es ohne weiteres möglich, daß ein sich dem Wortgebrauch anschließender Rezipient Konrads 'Franke' mit 'Kerling' gleichsetzt, zumal der Sprecher im dR wegen seines Namens (Tirrich - Tierri) als 'Franzose' identifizierbar ist. Dies wäre aber dann unlogisch und könnte zu Konfusionen führen, weil bei Konrad ja vorher zu lesen ist, daß 'd i e Karlinge' Genelun das Leben retten wollen, und hier vertritt dann der Franke = Kerling Tirrich plötzlich die Anti-Genelunpartei. Dem aus Konrads uneinheitlicher Terminologie entspringenden möglichen Widerspruch beugt Stricker vor in doppelter Weise: durch Fortlassung einer nationalen Selbstkennzeichnung und Eindeutschung des Namens in 'Dietrich'. Im letzten Fall ist wohl tatsächlich von einer bewußten Eindeutschung zu reden, weil Stricker andere französische oder französisierende Namen wie Anteclere, Aschalpems, Venerant, Gilje (3) ja beibehält oder sogar (aus anderen Quellen?) ergänzt.

---

1) s. dazu LEVISON, W.: Die Zeit der Karolinger und die Ausbreitung des Christentums. In: Gebhardts Handbuch der deutschen Geschichte. Cambridge/Mass. o. J. S.132-195. Hier S. 151.

2) s. BOSL/Staat, Gesellschaft, Wirtschaft (s. S. 2o1 A 2) S. 96-1o3.

3) JECKLIN (s. S. 126 A 5) S. 2o meint allerdings, für Stricker sei wie im dR 'Egidius' anzusetzen, das in K 3545 die Hss. FGHK, in K 8239 die Hss. DEFH aufweisen.

Ergebnisse 'Franken'

An allen 13 Stellen, an denen Konrad die Franken-Terminologie benutzt, ändert Stricker. Dort, wo er sich noch am engsten an den Wortgebrauch des dR hält und selbst den einzigen Begriff im ganzen K aus diesem Wortfeld wählt, tauscht er die Personen- gegen eine Gebietsbezeichnung aus. An fünf Stellen des dR (487, 622, 752, 1346, 846o) ist 'Franken' allenfalls historisch berechtigt, deckt aber nicht alles ab, was damit im Zusammenhang gemeint ist. Hier stellt Strickers Bearbeitung also eine Aktualisierung dar. An zwei Stellen ist deutlich, daß Konrad mit 'Franken' das gleiche meint wie mit 'Karlingen' (dR 1166, 4o66); hier setzt Stricker den deutlicheren Begriff. In den übrigen Fällen ergeben sich aus Strickers Änderungen durchaus Folgen für ein verändertes Verständnis, die allerdings nur indirekt mit nationaler Problematik in Zusammenhang stehen. Nur bei der Änderung von dR 6849 (Ursprungsland der Franken) ist keine sichere Hypothese über Ursache und Folgen aufzustellen.

ZUSAMMENFASSUNG DER TERMINOLOGIE-UNTERSUCHUNG; PROJEKTIERUNG DES WEITEREN VERLAUFS

Die Unterschiede in der quantitativen Verwendung der einzelnen hier diskutierten Begriffe, die Möglichkeit, Strickers Änderungen in Kategorien zu fassen, die Tatsache, daß es sich keinesfalls um schematische Vorgehensweisen handelt (die im Ganzen reduzierten Termini werden ja an manchen Stellen der Vorlage hinzugefügt) - all dies würde schon genügen, um auf ein bewußtes Vorgehen zu schließen. Ein solcher Schluß wäre aber noch abzusichern dadurch, daß man unabhängig von Einzelgründen bzgl. der einen oder anderen Stelle einen übergeordneten Zweck oder zumindest Sinn des Gesamtvorgehens wahrscheinlich macht. Dieser müßte inhaltlich einer gemeinsamen F o l g e aller Einzeländerungen (oder doch zumindest der überwiegenden Mehrzahl) entsprechen. Eine gemeinsame Folge läßt sich jetzt schon feststellen: Da im K eine viel einheitlichere, deutlichere, z.T. modernere (Ersetzung von 'Franken'), nirgendwo formelhafte oder symbolische Verwendung der untersuchten Begriffe vorliegt, ist beim Publikum auch ggf. mit einem einheitlicheren Verständnis auf diesem Gebiet zu rechnen - ein Erkennen der Thematik und eine entsprechende Aufmerksamkeit gegenüber der Begrifflichkeit natürlich vorausgesetzt!

Da es jetzt um die Bedeutung der Terminologie auf dem Hintergrund der Zeitgeschichte geht, führt an einer geschichtlichen Betrachtung kein Weg vorbei. Diese mag dem Umfang nach vielleicht disproportional erscheinen, sie gewinnt ihre Proportionalität aber aus folgenden Überlegungen:

1. Allzu exkursorische Geschichtsabrisse in literaturwissenschaftlichen Arbeiten verführen dazu, die historischen Fakten auf das Ergebnis der Analyse zu trimmen. Damit wird die hergestellte Verbindung zwischen beidem entweder der Kritik entzogen o d e r eine Fehlkritik in der Form provoziert, daß ein der Gesamttendenz widersprechendes Einzelfaktum schon für die Disqualifizierung des Gesamtergebnisses herhalten zu können scheint (ein Einzelfaktum, daß dem jeweiligen Verfasser des Exkurses oft genug selbst bekannt ist).

2. Bzgl. unseres speziellen Untersuchungsgegenstandes liegen die Verhältnisse so, daß die Literaturwissenschaft von z.T. überholten geschichtlichen Gesamtdarstellungen ausgeht, während Einzelfakten nach wie vor Gültigkeit besitzen. Eine Einordnung kann aber nicht vermittels unverbundener Faktenreihung geliefert werden.

3. Es gibt Fälle, wo einzelnen Textinterpretationen einzelgeschichtliche Details gegenübergestellt werden können, wo eine Trennung in Blöcke also nicht erforderlich oder wo sie sogar hinderlich ist. In diesem Abschnitt ist das anders: der literarische 'Block' wurde erst zu einem solchen durch die Aufreihung der Einzelergebnisse, diese Aufreihung hat ein Bild ergeben. Ein Vergleich mit der Geschichte kann also nicht mehr auf dem Weg einer Konfrontation von 'Bild' und 'Detail' erfolgen, sondern dem 'Textbild' muß ein 'Geschichtsbild' gegenübergestellt werden.

Ich beginne mit einer Betrachtung der Rolle Karls des Großen innerhalb der Beziehungen zwischen Deutschland und Frankreich im MA. Daran anschließend soll ein Spektrum dieser Beziehungen innerhalb der Zeit entwickelt werden, die auf eine Gestaltung im K Auswirkungen gehabt haben könnte und in der vermutlich die Erstrezeption stattgefunden hat.

IV. 2. 2 Der Hintergrund

Das endgültige Reich Karls des Großen, das Reich, das seinen Ruf als Universalherrscher begründete und ihn zur 'Postfiguration' des antik-römischen, zur Präfiguration des mittelalterlichen imperialen Kaisertums gemacht hat, zeichnete sich durch eine große Heterogenität seiner Bestandteile aus. Diese Heterogenität betraf nicht einfach nur ein Nebeneinander verschiedener Stämme, die dann in einem 'Reich' aufgegangen wären. Obwohl nämlich ein solches Nebeneinander von Stämmen schon Zündstoff genug bieten kann, war die Ausgangslage für eine Integration innerhalb des Karolingerreiches noch ungleich schlechter. Dort herrschte kein einfaches Nebeneinander von Stämmen, sondern ein Nebeneinander von größtenteils gewaltsam unterworfenen und Siegerstämmen. Von der Bedeutung wirtschaftlicher Faktoren für disintegrationsüberwindende Interdependenzen einmal ganz abgesehen, spielt der psychologische Faktor eine bedeutende Rolle. Beide Faktoren beeinflussen sich gegenseitig natürlich; eine Trennung ist hier nur gerechtfertigt, weil die Durchschaubarkeit des ökonomischen Bereichs zum Zeitpunkt der Existenz des untersuchten Objektes nur rudimentär gegeben war, wir uns aber im weitesten Sinn mit Kommunikation beschäftigen und der Gegenstand der Kommunikation der damals Lebenden mangels Durchschaubarkeit nicht im ökonomischen Bereich lag, sondern in den bedingten Sachverhalten und psychischen Einstellungen - wenn man also so will, in Ideologien, aber natürlich wieder nicht durchschaubaren. Es handelt sich oft um das, was man heute im neutralen Sinn als 'Vor-Urteil' bezeichnen würde, Vorurteile allerdings mit ganz geringer Chance der Revidierbarkeit, die häufig genug als endgültige Einstellungen in die Kommunikation eingegangen sind und ausschlaggebend wurden für praktisches Verhalten. Wenn nun aber die psychische Einstellung in derart direkter Weise Wirkungen gezeitigt hat und unmittelbarer Gegenstand der Kommunikation gewesen ist, muß sie auch notwendig zum primären Gegenstand einer Untersuchung werden, die sich mit Trägern und Inhalten dieser Kommunikation beschäftigt.

Der psychologische Faktor, der so entscheidend war für die Heterogenität des aus Stämmen zusammengesetzten karolingischen Reiches, liegt gerade darin begründet, daß die Epochen stammesmäßiger Einzelexistenz und zunächst lediglich organisatorisch-administrativer Zusammenfassung so eng beieinander gelegen haben. Es mag selbstverständlich erscheinen, daß erst eine gewisse Dauer die ursprüngliche Heterogenität vergessen läßt und zu dem führt, was man (oft undifferenziert) als 'Gemeinschaftsgefühl' bezeichnet. Es besteht aber kein Automatismus zwischen Dauer der Existenz in einer gemeinsamen politischen Einheit und Zusammengehörigkeitsgefühl - und schon gar kein proportionaler Zusammenhang. Vielmehr muß der Zeitraum, an dessen Ende eine Integration steht, Inhalte aufweisen, die bei den zu integrierenden Gruppen erst einmal das Gefühl gemeinsam erlebter Geschichte entstehen lassen. Diese gemeinsam erlebte Geschichte allein kann das Bewußtsein ursprünglicher, vielleicht immer noch existierender Verschiedenheit substituieren, überlagern oder verdrängen. Für das psychische, nicht durch Maßnahmen steuerbare Zusammenwachsen von Stämmen mit intensiv erlebter eigener Geschichte, einer Geschichte, die ja dann oft genug bestimmt war vom Gegensatz zu anderen Stämmen, hat das Reich Karls nicht lange genug existiert. Das künstlich erzwungene Nebeneinander führte im Gegenteil oft zur Zerstörung bereits vorhandener Gemeinsamkeiten, realer und psychischer. Die Bezeichnung 'Stämme' schon führt in die Irre, ist nur berechtigt, wenn man damit Unterschiede auf unterer Ebene bezeichnen will. Der Zustand einer extremen Desintegration wurde bedingt durch und erzeugte andererseits auch wieder Unterschiede, wie sie nur mit dem heutigen Begriff 'national' gefaßt werden können. Die aus dem Großreich nach den Teilungen hervorgegangenen neuen politischen Gebilde wiesen die gleichen Probleme auf, allerdings in kleinerem Maßstab und dadurch für die jeweilige Zentralgewalt (sobald bzw. sofern eine existierte) leichter handhabbar. Auch innerhalb der neuen Organisationsformen herrschten massive Gegensätze, die nun aber auch durch den Gegensatz gegenüber der jeweils anderen Größe relativiert wurden. Es soll hier nicht gesprochen werden über die bekannten gegenläufigen Entwicklungen in Ost- und Westreich; wichtig ist hier nur, daß trotz der Disparitäten innerhalb jedes einzelnen Reiches der Gegensatz zum anderen durchaus bewußt war. Andererseits aber war auch das Bewußtsein einer ehemals gemeinsamen Geschichte vorhanden, bedingt natürlich gerade durch den Umstand, daß mit dem Fortfall einer beide Gebiete umgreifenden Führung erledigte Rechte entstanden, die jeder Teil für sich beanspruchte. Eine solche Beanspruchung aber läßt sich nur dann argumentativ vertreten, wenn irgendwie an die gemeinsame Tradition angeknüpft wird.

Bei der Beanspruchung solcher Rechte handelt es sich durchaus nicht nur um konkrete, sich materiell niederschlagende. Es geht auch um Dinge wie 'Prestige', die dann ihrerseits wieder sowohl konkretere Ansprüche argumentativ zu stützen imstande sind als auch auf der anderen Seite aus durchgesetzten realen Ansprüchen hervorgehen. Um einen Komplex aus diesem Bereich geht es hier: um die von beiden Seiten betriebene Inanspruchnahme Karls des Großen.

Eine solche Inanspruchnahme ist für uns fast nur noch aus Literatur erschließbar, Literatur, die in diesem Zusammenhang den Charakter reiner Unterhaltung verliert, wenn sie mit Abgabe einer klaren Stellungnahme eine Meinung darüber äußert, ob Karl nun als 'Deutscher' oder 'Franzose' zu betrachten sei. So sinnlos diese Frage heute ist - eine Untersuchung solcher Stellungnahmen einer Zeit, mit der wir uns beschäftigen, kann natürlich sehr wohl Auskünfte bzgl. übergreifender Fragestellungen geben; für Literaturgeschichte hat ja auch das Thema zu sein, was für die untersuchte Literatur augenscheinlich ein Problem gewesen ist. Und der Zusammenhang mit unserem speziellen Thema ergibt sich geradezu zwangsläufig: Wir untersuchen ein Epos, in dem Karl die Zentralfigur ist, ein Epos, zu dessen Entstehungszeit die Beziehungen zwischen den Herkunftsländern der Opponenten im o.a. Streitfall einen bestimmten Standard aufweisen - u n d in diesem Epos tauchen Bezeichnungen für Personengruppen auf, die vom Wortlaut her Begriffe nationaler Zuordnung sind. Schließlich haben wir dann noch feststellen können, daß gerade diese Terminologie mit zu den Bereichen gehört, in denen gegenüber der Vorlage deutlich geändert wurde.

Stricker gibt im K kein Urteil darüber ab, welcher Nation Karl zuzuschlagen sei. Zunächst möglich erscheinende Interpretationen einzelner Stellen erledigen sich von selbst dadurch, daß es andere Stellen gibt, die genau das Gegenteil auszusagen scheinen. Sicher wird in der Vorgeschichte erzählt, daß Karl aus 'Kerlingen' stammt; andererseits aber verleiht er den 'tiuschen liuten' ein Privileg, womit diese die einzige von ihm privilegierte Gruppe im ganzen Epos darstellen. Einerseits beauftragt ein Engel Karl, 'elliu tiuschiu lant' zu erobern, womit er also zu einem Sieger über die Deutschen wird, der selbst nicht aus ihren Reihen stammt; andererseits sind die Deutschen gerade d i e Ausführungsorgane seiner sonstigen Eroberungen ('daz hete er gar mit in getân'). Vielleicht ist schon dies mehr als Zufall, daß sich solche kurzen Bezüge Karls zu Deutschland und Frankreich gerade in der Vorgeschichte auffinden lassen, sich dort fast wie These und Gegenthese gegenüberstehen, letztlich aber doch keine Stellungnahme ergeben - e s s e i d e n n , man sieht die Stellungnahme gerade darin, daß diese Frage unentschieden bleibt und damit auch die in der geschichtlichen Wirklichkeit schon um den nationalen Besitz Karls konkurrierenden Gruppen im Epos konfliktfrei bleiben.

Über die deutsche oder französische Herkunft Karls streitet man seit dem 13. Jh.; den Propagandisten der aufsteigenden frz. Monarchie entsprechen auf dt. Seite diejenigen, die mit der Schilderung Karls die noch bestehende Reichsgröße legitimieren oder diese später damit wieder heraufbeschwören wollen (1). Die jeweiligen Ziele, die man mit einer Darstellung Karls verknüpft, wirken sich auf diese Darstellung und auf die Vorgehensweise aus; eine im neueren Sinn wissenschaftliche Beschäftigung mit dem Thema 'Karl' und eine Kritik an tradierten Karlsbildern setzt erst im Humanismus ein (2).

---

1) s. BORST, A.: Das Karlsbild in der Geschichtswissenschaft vom Humanismus bis heute. In: Karl der Große Bd. IV (s. S. 194 A 2) S. 364-4o2. Hier S. 365.

2) ebd. S. 365.

Die Beschreibung, die BORST von den Gründen der Inanspruchnahme gibt, scheint mir einer Folgerung zu bedürfen: Wenn Karl auf der einen Seite dem aufstrebenden frz. Zentralismus, auf der anderen Seite dem dt. Reichsgedanken dienen soll, dann heißt das doch, daß sich zunächst für das Verhältnis zwischen beiden Staaten kein Konfliktstoff ergibt. Dazu kann es erst kommen, wenn sich die Ziele, zu deren Erreichung die Berufung auf Karl herhalten muß, widersprechen, wenn sich also der dt. und der frz. Reichsgedanke ganz oder in Teilaspekten gegenüberstehen, wenn die geplante Ausführung des einen nur möglich ist, wenn der andere nicht realisiert wird, und umgekehrt. Soweit ist es aber, wie zu zeigen sein wird, zur Entstehungszeit des K noch nicht bzw. besser: noch nicht wieder. Daher darf etwa auch für das Verhältnis der beiden Reiche zueinander nicht überinterpretiert werden, daß die Chs. (O 1 u. pass.) von Karl als 'n o s t r e emperere' spricht. Sicher dient die Chs. einem frz. Reichsgedanken, sicher enthält sie utopische Elemente hinsichtlich des Wiedererstehens einer Staatsorganisation, wie sie unter Karl vorhanden war(1); n u r steht der Errichtung eines geschlossenen, zentralistischen frz. Reiches zur Zeit der Chs. nicht das dt. Reich entgegen, sondern die Haltung der frz. Fürsten, nicht Person und Institution eines dt. Kaisers, sondern die mangelnde Macht des frz. Königtums. Karl ist in der Chs. 'nostre emperere' vor allem deshalb, weil er sonst nicht als Folie für das vom Verfasser erwünschte frz. Königtum dienen könnte; daß natürlich die Einvernahme einer geschichtlichen Figur mit überragendem positiven Image der eigenen Seite Prestige verleiht, leuchtet auch ein. Da Karl aber nicht irgendeine positive Figur ist, sondern in der Literatur und im zeitgenössischen Bewußtsein bestimmte <u>Rollen</u> und <u>Funktionen</u> trägt, ist die Dekorierung der frz. Vergangenheit mit ihm nur ein <u>Sekundär</u>effekt. Daß sich im 12. Jh. in Frankreich noch kein Anspruch auf eine frz. Sukzession des Kaisertums gebildet hatte, daß man dieses Recht kommentarlos Deutschland zugesteht, zeigt z.B. die Chronik von Morigny (um 113o), wenn sie zweimal von Heinrich V. sagt, er sei 'per Caroli Magni regis Francorum successionem patricius Romanorum' (2).

Eine Anknüpfung an Karl hat es auf beiden Seiten immer dann gegeben, wenn auf Grund der Größe des jeweils beherrschten Gebietes ein solcher Bezug gerechtfertigt erschien. Das läßt sich etwa feststellen bei Karl d. Dicken, der noch einmal fast das ganze Reich Karls d. Gr. unter seiner Führung vereinigen konnte, oder bei Otto d. Gr., der im Süden und Osten Gebietserweiterungen erreichte und erstmals wieder zum Kaiser gekrönt wurde (3). Karlstradition ohne jeden Zusammenhang, der Interpretationen ermöglicht, ohne konkrete (i.S.v.: benennbare) Anknüpfungspunkte war unmöglich. Andererseits genügen aber auch schon solche Anknüpfungspunkte auf argumentativ niederem Niveau, um einen Bezug sinnvoll und gerechtfertigt erscheinen zu lassen.

D a ß Karl von Deutschland und Frankreich beansprucht wurde, bedarf keines Beweises. Interessant aber ist hier, an einigen Beispielen zu zeigen, daß auf beiden Seiten lange Zeit

---

1) s. vor allem KÖHLER/Conseil (s. S. 78 A 3).

2) ed. MIROT. Paris 1912. Mit d. Angaben zitiert nach KIENAST/Dtld. u. Frkr. (s. S. 155 A 5) S. 127.

3) s. HOFFMANN/Karl d.Gr. (s. S. 192 A 2) S. 18, 21 ff.

Darstellungen unterlaufen können, die der eigentlichen Absicht, Karl eindeutig zuzuordnen, widersprechen:

- Die Aachener Karlsvita von 1166, verfaßt im Auftrag Barbarossas zur Untermauerung seiner Karlsrenaissance, bezeichnet Karls Krieger als 'gens gallica' (1). Ist das Unfähigkeit oder zeigt das, daß das Verhältnis zu Frankreich es ermöglichte, eine deutsche Kaisertradition durch solche Herkunftsangaben nicht zu stören?

- Wolfram von Eschenbach sagt über die Titelfigur seines 'Willehalm' (3, 3o f.): 'âne den keiser Karlen nie/sô werder Franzoys wart erborn'.

- Rahewin ordnet in seiner Fs. der Gesta (III,2) Karl d. Gr. den Westfranken, Otto d. Gr. den Ostfranken zu - nur 'Unbedachtsamkeit', wie KIENAST meint (2), oder Anzeichen für einen noch fehlenden Zusammenhang zwischen eigener Traditionsbildung und 'Ausbootung' von Konkurrenz um das Bezugsobjekt dieser Tradition? KIENAST fährt fort:

> "Die nächste Generation, staufische Hofpoeten wie der Ligurinusdichter oder Gottfried von Viterbo, saß da fester im Sattel; sie halfen sich mit dem Namen der prima Francia, der primi Franci. Das sind die alten Franken, die am Rheine saßen, sie übertrugen ihren Namen auf die von Ihnen Besiegten, die Francigenae, die Bewohner der Francia parva. Mit dem Tode Barbarossas verstummten diese Auseinandersetzungen für längere Zeit, die Freundschaft mit den Kapetingern (...) schien solche Erörterungen überflüssig zu machen. Unwillentlich erkannte man sogar in Deutschland die bekämpften Gedankengänge an, indem man die Franzosen als Karlinge, ihr Land als 'Karlingia' bezeichnete." (3)

Die Bezeichnungen 'Karlinge' usw. sind aber kein Produkt der 'franzosenfreundlichen' Epoche z. Z. Friedrichs II., Philipps II. August, Ludwigs VIII. und Ludwigs IX. Mit gleichem Schlußakzent kann KERN für die Zeit der Salier feststellen:

> "Jenseits der Grenze, in Deutschland, nannte man die Bewohner Westfranciens 'Karlinge', ihr Land 'Kerlingen'. So bestätigte man die Auffassung, daß die Nachfolger Karls in Paris saßen, und unterstützte unwissentlich die französische Reichsidee, als lebe das Frankenreich mit seinen Gesamtansprüchen vorzugsweise in seiner westlichen Hälfte fort (...)." (4)

Mir will aber scheinen, daß man weder z.Z. der Salier noch z.Z. der Staufer, weder wissentlich noch unwissentlich, weder bewußt noch unbewußt etwas mit diesem Wortgebrauch unterstützte - weil man damit überhaupt nichts unterstützen konnte. Unterstützen konnte man auf dt. Seite nicht nur deshalb nichts, weil es in diesen Zeiten keine realen Bestrebungen gab, die einer ideologischen Untermauerung bedurft hätten, sondern auch deshalb nicht, weil frz. und dt. Reichsidee (s.o.)

---

1)s. BECKER, Ph. A.: Die Heiligsprechung Karls des Großen und die damit zusammenhängenden Fälschungen. In: SB d. sächs. Ak. d. Wiss. 96. Leipzig 1944-48. H. 3. S. 3-26. Hier S. 17.

2) KIENAST/Dtld.u.Frkr. (s.S. 155 A 5) S. 138.

3) ebd. S. 139.

4) KERN/Anfänge (s.S. 216 A 2) S. 11.

in wichtigen Punkten verschiedene, aber nicht gegensätzliche Inhalte hatten. Die Konkurrenz um den Besitz der Kaiserkrone war seit Otto d.Gr. für lange Zeit erst einmal entschieden. Diskussionen über eine evtl. Übertragung der Kaiserwürde auf Frankreich hat es erst wieder nach Ende der sächsischen Dynastie gegeben (1); sie stellen aber auch nur ein Intermezzo dar, zumal eine Realisierung wegen der politischen Implikationen des Kaisertums, das eine starke Zentralmacht verlangte, ohnehin kaum möglich gewesen wäre. Aussicht auf Erfolg hatte die Idee einer translatio imperii auf Frankreich erst nach Ende der staufischen Epoche; es dauerte aber auch dann noch immerhin zwanzig Jahre, bis sich mit Philipp III. ein frz. König mit solchen Gedanken trug (2). Zu der Zeit aber, in der in Frankreich neben eine immer schon vorhandene romantisierende Karlsverehrung eine politische Karlspropaganda trat, also seit Ende des 11. Jhs (3), waren die damit verbundenen Ziele noch nicht so weit gesteckt, daß man bei der Utopie einer Wiederherstellung des fränkischen Reiches gleich die Einvernahme des Nachbarstaates mitdachte. Es ging um viel näher liegende Ziele: Stärkung der eigenen Monarchie nach innen; Schaffung und Ausbau eines Nationalgedankens. Die Zeiten der Schlacht von Andernach (876), wo es zwischen Karl d. Kahlen und Ludwig III. um konkrete Hegemonieansprüche ging, waren vorbei (4). Ja gerade die Fixierung auf eine gemeinsame 'Vaterfigur' konnte auch die Trennung beschleunigen, nämlich als sichtbare Verbindungen zu dieser Tradition fortfielen und diese Tradition partiell nicht mehr als real fundiert entlarvten: in besonderem Maße entwickeln sich Frankreich und Deutschland auseinander, als in Frankreich 987 die karolingische Dynastie abgelöst wird; die dadurch veränderten Beziehungen werden spürbar, als in Deutschland der Übergang von den Sachsen zu den Saliern stattfindet (5).

Natürlich hat es nie an Konflikten gefehlt. Diese haben sich aber lange nicht als Folge etwa des Gegensatzes sich ausschließender Reichsideen geäußert, sondern waren Resultate eingegrenzter Konflikte zwischen Personen und Gruppen, die keineswegs als Repräsentanten von Staaten angesehen werden konnten. Auch solche kleinen Konflikte führten zwar zu Kriegsvorbereitungen, "niemals aber seit den Tagen Ottos II. bis auf Karl V. haben, abgesehen von Bouvines (...), deutsche Heere in feindlicher Absicht französischen Boden betreten" (6) - und bei Bouvines kämpfte ja nicht 'Deutschland' gegen 'Frankreich', sondern ein frz. König gegen einen deutschen im gleichzeitigen Interesse eines anderen dt. Königs.

---

1) s. KERN/Anfänge (s.S. 216 A 2) S. 1o.

2) s. DÜRRWÄCHTER, A.: Die Gesta Caroli Magni der Regensburger Schottenlegende. Bonn 1897. S. 1o8 A 2o1.- Selbst Karl von Anjou, Protagonist frz. Hegemoniebestrebungen, wollte nie für seine eigene Person die Kaiserwürde, sondern dachte an eine Teilung der frz. imperialen Macht zwischen Kapetingern und Angevinen - das Reich Karls d.Gr. ist also nur noch eine (überdies ungenaue) Schablone.

3) s. KIENAST/Dtld. u. Frkr. (s.S. 155 A 5) S. 124.

4) Der Sieg Ludwigs zeigt aber auch, daß sich spätere Traditionsbildungen in Frankreich nicht nur auf Karl d.Gr. berufen mußten.

5) Vgl. KIENAST/Dtld.u.Frkr. a.a.O. S. 45, 46 f.

6) ebd. S. 81.

Ein dt.-frz. Gegensatz ist nach der endgültigen Auseinanderentwicklung keineswegs mehr darin zu suchen, daß ein Kontrahent versuchen würde, das gesamte Territorium des anderen in seinen Besitz zu bringen. Worum es dagegen immer wieder einmal geht, das ist die Frage, welchem Teil in Fragen internationaler Politik mehr Entscheidungsbefugnis zukommt. So gab es etwa auf dem 2. und besonders auf dem 3. Kreuzzug ernsthafte Auseinandersetzungen. Eine englische Chronik kommentiert einen Bericht darüber: "nam veteri et pertinaci discidio ab Alemannis Franci dissident, cum regnum et imperium de primatu contendant." (1) 'vetus' und 'pertinax' ist die Entzweiung aber nur, wenn auf Alemannen und Franken als Stämme abgehoben sein sollte - was nicht gemeint ist und auch nicht gemeint sein konnte, weil in dieser Zeit weder regnum noch imperium existierten. Trotzdem wird zutreffend gekennzeichnet, worum es geht, auch wenn das Objekt des primatus nicht genannt wird: um die Frage, ob einer von zwei Herrschaftsbereichen, die mit Ausnahme lehnsrechtlicher Querverbindungen auf unterer und mittlerer Ebene unabhängig voneinander existieren, größere Befugnisse haben kann als der andere. Hier ist es dann verständlich, wenn die (jeweils interpretierte) Stellung Karls d.Gr. zum Argument wird: ist seine fränkische Herkunft eine 'französische', leiten sich damit Funktionen und Befugnisse einer Machtzentrale aus 'nationalem' Erbe ab; ist aber der Titel 'Kaiser' Träger der Funktion, ist das Land, das auch den Titel geerbt hat, in der Dispositionsbefugnis erbberechtigt.

Verfolgt man die Diskussion in Chroniken, Propagandaschriften, diplomatischen Texten usw., dann merkt man, daß die Opponenten sich sehr wohl bewußt waren, wo Argumentationsversuche anzusetzen hatten und wo dies nicht möglich war. Nicht möglich war es z.B., Karls fränkische Herkunft zu leugnen; also bemühen sich dt. Propagandisten zum einen, die Identifizierung von 'Franken' und 'Franzosen' zu widerlegen, zum anderen, den Besitz des Kaisertitels als das Entscheidende darzustellen. Nicht möglich war es auch, das Faktum eines dt. Kaisertums und die Nichtmehrexistenz eines französischen zu bestreiten; also bemüht sich die frz. Seite, die Bindung des Kaisertitels an eine bestimmte Nation als nicht zwangsläufig darzustellen o d e r den Status eines Kaisers als nicht ausschlaggebend für bestimmte Rechte zu erklären. Am letzten Fall sieht man deutlich, daß 'Karl' weder das einzige noch das entscheidende Argument in der Auseinandersetzung zu sein braucht; läßt doch auch, wie erwähnt, Salimbene von Parma die Franzosen ihre Ablehnung des vom Papst angebotenen Kaisertitels damit begründen, daß ihr durch Erbrecht legitimierter König höher stehe als ein von Fürsten über die Position des Königs zum Kaiser gewählter Herrscher (s. IV. 1). Ein weiteres Argument, das nichts mit Karl zu tun hat, hört man in Frankreich seit Ende des 12. Jhs, wenn nämlich behauptet wird, Frankreich sei von Gott bevorzugt und der frz. Herrscher habe daher Vorrang vor allen anderen (2).

---

1) Itinerarium peregrinorum et Gesta regis Ricardi. ed. STUBBS. London 1864. Mit d. Ang. zit. nach KIENAST/Dtld. u. Frkr. a.a.O. S. 1o2.

2) So z.B. in Jean Bodels Sachsenlied.- Otto von Freising erzählt von Gerüchten über einen Brief Gottes an den Franzosenkönig und kritisiert diese. Vgl. KIENAST/Dtld.u.Frkr. S. 114 f.

Solche Streitigkeiten um Primate sind aber kein deutsch - französisches Spezifikum; seit der gleichen Zeit sind auch in englischen und spanischen Texten Attacken gegen eine Vorrangstellung des dt. Kaisers gegenüber anderen Monarchen belegbar (1). Friedrich I. und sein Kanzler pflegen umgekehrt nicht nur angelegentlich die frz., sondern auch die englischen Könige als reguli oder reges provinciarum zu bezeichnen (2) - und die britischen Inseln waren nie Bestandteil des Karlsreiches.

Es kann also gar nicht oft genug betont werden, daß die Berufungen auf Karl nicht Anlaß, sondern Folge von Interessendivergenzen waren und daß solche Divergenzen überall entstanden, wo Ansprüche von Machtzentralen aufeinandertrafen, also nicht nur dort, wo diese Zentralen eine gemeinsame Vorgeschichte oder gar eine ehemalige organisatorische Zusammenfassung in einem übergeordneten politischen Gebilde aufzuweisen hatten. Dies ist z.B. zu berücksichtigen, wenn KIENAST bei der Aufzählung von Gründen für dt.-frz. Differenzen seit Anfang des 12. Jhs auch den Streit um die Nachfolge Karls nennt (3); man beansprucht aber auf beiden Seiten Vorrechte nicht primär deshalb, weil Karl sie besessen hatte, sondern man leitet sie aus dem 'individuell' verstandenen Verhältnis Karls zur eigenen Seite theoretisch ab, weil man sie praktisch besitzen will. Natürlich ist mal. Traditionsgefühl nicht zu unterschätzen, aber das direkte Interesse bestand auch in dieser Zeit an inhaltlichen Dingen - und das Interesse an der Begründung einer sich von Karl herleitenden Tradition ist ein abgeleitetes. Karl als Objekt der Bemühungen von beiden Seiten ist nur deshalb nicht beliebig austauschbar, weil er in bestimmten Bereichen genau das repräsentierte, wonach eine Zentralgewalt streben muß, wenn sie ihre reale Macht behalten, auf- oder ausbauen will.

Der Zusammenhang der politischen Bemühungen mit der Institution, nicht der Person 'Karl' wird besonders deutlich, wenn man sich die Unterschiede zwischen der dt. und der frz. Karlstradition bewußt macht. Daß Karl in der frz. Literatur des MAs Gegenstand zahlreicher Epen war, in Deutschland dagegen mit wenigen Ausnahmen über ihn nur einzelne Sagen und Legenden existiert zu haben scheinen, ist bekannt. Epenliteratur ist im MA Literatur der Führungsschichten. Da man nicht bzw. nur in geringem Maß über Zeugnisse eindeutig als solche identifizierbarer 'Volks'literatur verfügt, kann man aus der Produktionsperspektive her zwar Sage und Legende nicht automatisch einer solchen Volksliteratur zuordnen; man kann aber sehr wohl unter reproduktions- und rezeptionsbezogenen Fragestellungen konstatieren, daß es sich dabei um Gattungen handelt, die sich für mündliche Weitergabe besonders eignen und damit auch Illiteraten eher offenstehen. So ist also zunächst zu schließen, daß das Interesse an Karl in Frankreich von Anfang an ein politisches war. Auch wo die Geistlichkeit - oft entscheidend - an der Formung des frz. Karlsbildes beteiligt war (4), ergibt sich aus der Stellung der frz. Kirche

---

1) KIENAST/Dtld. u. Frkr. a.a.O. S. 1oo f.

2) ebd. S. 1oo f. 3) ebd. S. 37

4) So hat St.Denis sich für eine Kanonisierung Karls ähnlich stark eingesetzt wie Friedrich I.; vgl. zuletzt PETERSOHN, J.: Saint Denis - Westminster - Aachen. In: Dt.Archiv f. Erforschung des MAs. 31/1975. S. 42o-45o.

der politische Aspekt: der frz. Klerus war meist Anhänger eines monarchischen Zentralismus (1).

Die frz. Karlstradition war aber nicht nur stark, sondern auch kontinuierlich und hat von Anfang an politische Implikationen, die über einen bloßen zentralistischen Impetus herausgehen. So nennt sich schon Karl d. Einfältige (893-929) wieder 'rex Francorum', und dies bleibt der offizielle Titel der frz. Könige (2) - womit also über die Personen der Bezug zu der organisatorischen Einheit hergestellt wird, in der die 'Franci' zusammengefaßt waren, und darüber wieder zu der Person, mit deren Namen sich dieses Frankenreich verbindet. Unter dem Zwang, ihren Zentralismus zu legitimieren, nutzen auch die Kapetinger seit dem 12. Jh. mit Unterstützung des Klerus die karolingische Tradition. Der Sprachgebrauch erleichtert dies: lat. 'Francia' wird fast nur noch verwendet zur Bezeichnung des ehem. Westreiches; in Deutschland verwendet man 'Carlingia' (3).

Älter als die Anknüpfung der Kapetinger an Karl ist natürlich die Karlstradition in Frankreich überhaupt - sie muß älter gewesen sein, weil sie nur dadurch zu einem erfolgversprechenden Mittel kapetingischer Politik werden konnte. Besonders seit dem 11. Jh. erfahren die Karlslegenden und auf Karl bezogene Prophezeiungen eine rapide Vermehrung - woran u.a. die Chs. entscheidend beteiligt gewesen sein dürfte (4). Für die kirchliche Mitwirkung an der frz. Karlstradition sind die wohl bekanntesten Zeugnisse der Pseudo-Turpin und die 'Descriptio' (Descriptio qualiter Carolus Magnus clavum et coronam Domini a Constantinopoli Aquisgrani detulerit qualiterque Carolus Calvus hec ad Sanctum Dyonisium retulerit); durch letztere wird man deutlich auf die Rolle von St. Denis innerhalb der frz. Karlstradition verwiesen.

In einer Zusammenfassung seiner Ergebnisse schreibt KÖSTER:

> "Wir haben gesehen, daß sich das Karlsbild der geistig und politisch selbständigen deutschen Dichter von Anfang an (Kaiserchronik!) im Gegensatz zur französischen Auffassung Karls befindet. Dieser Gegensatz ist, in weitestem Sinn genommen, ein p o l i t i s c h e r. Denn hinter der französischen Beschwörung des Kaisers steht der Gedanke einer imperialistischen Vorherrschaft Frankreichs in Europa, im deutschen Aufruf aber lebt die Idee des Reiches. Es spiegelt sich hier die verschiedene Auffassung der zwei Völker von Art und Form der abendländischen Ordnung wieder, die bis heute noch nicht hat überbrückt werden können und wohl immer vorhanden sein wird, solange Frankreich und Deutschland bestehen. Unselbständige Dichter übernehmen kritiklos das fremde, französische Bild Karls, aber wo immer Deutsche, die die Kraft eigener Überzeugung besitzen, die Gestalt des Kaisers beschwören,

---

1) s. BIELING (s. S. 11 A 2) S. 35.

2) s. KERN/Anfänge (s. S. 216 A 2) S. 6.

3) s. PELTZER, R.A.: Die Beziehungen Aachens zu den französischen Königen. In: Zs d. Aachener Geschichtsvereins 25/19o3. S. 139.

4) ebd. S. 14o.

> geschieht es im Namen des Reiches. (...) Entsprechend sem Reichsgedanken überhaupt verschärft sich stetig das nationaldeutsche Bild des Kaisers; der wichtigste Punkt in diesem Prozeß ist die Umwandlung aus einem Franzosen zu einem Deutschen, die die in ihrer Richtung stark von Frankreich beeinflußte höfische Kultur noch nicht vollführte, und die der nach dem Interregnum folgenden Zeit vorbehalten blieb. Der nationale deutsche Humanismus hat sie zur reifsten Entfaltung gebracht. Immer und immer steht leuchtend hinter der mächtigen Gestalt des Kaisers das Reich." (1)

Dies würde heute in gleicher Diktion niemand mehr schreiben. Man könnte hinter solchen Sätzen den Einfluß eines 'Zeitgeistes' sehen und nicht weiter darüber diskutieren. Mir scheint dies jedoch nicht zu genügen:

Zunächst einmal gehört KÖSTER, was den Bereich der Karlsdichtung angeht, immer noch zu den nicht zu umgehenden Standardautoren. Er bietet einen umfassenden Überblick, ist z.T. Ersatz für nur noch schwer zugängliche Texte oder verstreute Quellen. Würde sich sein Werk auf die Lieferung von 'Fakten' beschränken, wäre ein Benutzung (intersubjektive Faktenauswahl und Faktenselektion nach rationalen Maßstäben vorausgesetzt) ungefährlich. Aber natürlich zieht KÖSTER wie jeder Wissenschaftler Schlüsse, stellt Verbindungen her, wertet. Mit seinem Schlußwort versucht er, der Ausprägung der dt. Karlsdichtung des MAs eine Tendenz zuzuordnen. Sein Resümee, sein Ergebnis enthält gewichtige Einzelzüge, die es nicht gerechtfertigt erscheinen lassen, es nur als Konzession an den Zeitgeist zu deklarieren und aus dem Zusammenhang der gesamten Untersuchung hinauszudefinieren (2). Sein Ergebnis ist zu messen an den Einzelbeobachtungen ("wir haben gesehen").

K. behauptet für die Karlsdichtung und Karlshistorie zwei bzw. drei Lager: das französische, das der "geistig und politisch selbständigen" und das der "unselbständigen" deutschen Dichter. Man mag dies geschickt nennen oder ideologisch - auf jeden Fall ist es unzulässig, weil es eine Analyse von Einzelautoren nicht mehr zuläßt und mit falschen Voraussetzungen arbeitet: Keineswegs lassen sich alle frz. Autoren eo ipso einer bestimmten Tendenz zuordnen (man denke nur an die Extremfälle burlesker oder negativer Karlsdarstellungen in der 'Pélérinage' bzw. dem 'Huon de Bordeaux'). Kann es sich KÖSTER aus thematischen Gründen hier noch leisten, auf Differenzierungen zu verzichten, so ist dies aus den gleichen Gründen auf der deutschen Seite nicht mehr möglich. Dort wird von ihm dann aber durch die Hypostasierung einer (nur sporadisch durch Belegversuche untermauerten) 'Unselbständigkeit' bzw. andererseits einer 'Kraft der eigenen Überzeugung' jede abweichende Interpretation unmöglich gemacht. Es wird nicht von der Ursache (einer jeweils erst zu ermittelnden Abhängigkeit eines Autors von Quellen oder politischen Mächten) auf

---

1) KÖSTER/Karl der Große (s. S. 75 A 2) S. 126. Sperr. i. Orig.

2) Es sei z.B. an Adolf BARTELS erinnert, der zwar den Höhepunkt seiner Laufbahn z.Z. des Nationalsozialismus erreichte und sich mit diesem in wesentlichen Punkten berührte, der aber weder als Entdeckung der NS-Zeit angesehen werden kann noch selbst seine Maximen erst zu dieser Zeit entdeckte.- Um Mißverständnissen vorzubeugen: KÖSTER kann natürlich mit BARTELS nicht verglichen werden.

die Wirkung (eine französisch 'gefärbte' Karlsdarstellung) geschlossen, sondern eine Darstellung von Karls frz. Herkunft wird als parteiisch oder unbedarft erklärt. Die Ergebnisse dieser auf falschen Voraussetzungen beruhenden Verfahrensweise müssen nicht immer falsch sein: Wer die These einer frz. Herkunft Karls vertritt, unterstützt natürlich i m p l i z i t das Bild vieler frz. Dichtungen. Damit ist über die Interessen dt. Dichter, die ein solches Bild entwickeln, aber noch nichts gesagt. Es sind nicht nur politische Abhängigkeiten individueller Art wichtig für eine Interpretation des Stellenwertes, den ein Text in einer bestimmten Zeit besitzt, sondern ganz entscheidend ist auch die politische 'Großwetterlage' - allerdings nur in dem Teil, der davon an die Öffentlichkeit gelangt.

Auf keinen Fall halten läßt sich KÖSTERs Behauptung von der 'stetigen Verschärfung' des nationaldeutschen Bildes; sie wird nicht nur durch andere als die von ihm herangezogenen Textstellen widerlegt (1), sondern auch durch viele seiner eigenen Einzelergebnisse: sowohl in der Zeit unmittelbar nach den Reichsteilungen als auch im späten 13., im 14., 15. und 16. Jh. gibt es auf deutscher Seite Autoren, welche die These einer frz. Provenienz Karls vertreten oder weitergeben. In diesen Zeiträumen befinden sich solche Autoren natürlich in der Minderheit. Entscheidend ist, und dies wird von KÖSTER nicht zur Sprache gebracht, welche Aktualität ein bestimmtes Karlsbild in den politischen Konstellationen einer jeweiligen Epoche besitzt. Die besonders im 12. Jh. und in der 1. Hälfte des 13. Jhs verbreitete Identität des dt. und des frz. Karlsbildes gerade bei den intellektuellen und kulturellen Eliten läßt sich nicht schlechthin mit dem kulturellen Einfluß Frankreichs auf Deutschland erklären - auch dieser ist eine <u>Folge</u> der neutralen, wenig affektiven oder sogar positiven Beziehungen in diesem Zeitraum. Eine Verschärfung theoretischer Auseinandersetzungen kann nur Resultat einer Verschärfung realer Interessengegensätze sein, und diese hat es in <u>stetiger</u> Form, wie KÖSTER behauptet, nicht gegeben. Man muß nur an eine Untersuchung wie KIENASTs 'Deutschland und Frankreich in der Kaiserzeit' denken, um zu sehen, daß trotz des für beide Werke herrschenden 'Zeitgeistes' und trotz gleicher verbaler Konzessionen an diesen KÖSTERs Schlußwertung nicht einfach eine Folge davon sein kann. Denn KIENAST legt sehr deutlich die Veränderungen in den Beziehungen zwischen den beiden Reichen dar, die sicher auch in einer dem Zeitgeist mehr huldigenden Form hätten formuliert werden können - aber eben nicht so formuliert worden sind.

Nicht nur KÖSTERs Argumentationsstruktur, seine teilweisen Fehldeutungen und Verstümmelungen der politischen Geschichte (Nichteingehen auf Zeiten neutraler und positiver Beziehungen) sind zu kritisieren. Schon der erste Satz enthält mit der Kennzeichnung 'geistig und politisch selbständig' für den

---

1) So zitiert etwa EICKE (Zur neueren Literaturgeschichte der Rolandsage in Deutschland und Frankreich. Diss. Marburg 1891. S. 9) Erpoldus Lindenbruchs Chronik (1593) mit dem Bericht über die Niederlage und den "schaden, so die <u>Frantzosen</u> bey dem Berg Pyrenäo empfangen". - Auch KÖSTERs Formulierung von einem 'nationalen' dt. Humanismus muß erheblich relativiert werden.

Verf. der Kaiserchronik einen geradezu groben Fehler. Allenfalls haltbar wäre die Behauptung, wenn man den Akzent auf 'deutsch' legt, wenn man also KÖSTER so interpretiert: 'Deutsche Dichter, die von Frankreich politisch und geistig unabhängig waren, wie der Verf. der Kchr. ...'. Diese 'Rettung' verbietet sich aber - die (auch schon z.Z. KÖSTERs hinlänglich bekannten) regionalen und weltanschaulichen Abhängigkeiten der Kchr. in Verbindung mit der Existenz andersartiger Dichtungen zur gleichen Zeit lassen es nicht zu, hier schlechthin von einem deutschen Standpunkt zu sprechen.

Der Gegensatz zwischen dem hinter dem frz. Karlsbild stehenden Ziel einer "imperialistischen Vorherrschaft Frankreichs" und der hinter der dt. Karlsauffassung stehenden "Idee des Reiches" ist zumindest irreführend akzentuiert. Der Gegensatz liegt nicht in den Inhalten der Absichten, sondern in den zur Realisierung nötigen Veränderungen des internationalen politischen Gefüges; die dt. Reichsidee ist nicht weniger imperialistisch als die geplante frz. Vorherrschaft, nur steht hier ein existenter einem zu schaffenden Imperialismus gegenüber.

Die "Umwandlung" Karls "aus einem Franzosen zu einem Deutschen" schließlich blieb n i c h t "der nach dem Interregnum folgenden Zeit vorbehalten". Entgegengesetzte Anschauungen hat es schon vorher gegeben - nur war eben deren Stellenwert nach dem Interregnum ein ganz anderer.

Die Rolandsage war "um 12oo ein europäischer Sagenstoff"(1). Diese Feststellung ist nicht nur wichtig für die Stoff- und Motivforschung; aus ihr folgt auch, daß wegen der internationalen Verfügbarkeit der Inhalte nicht sofort eine engagierte Stellungnahme des jeweiligen Autors zu Problemen auszumachen ist, welche die literarischen Aussagen transzendiert. Über in diesem Sinn transzendente Aussagen entscheidet auch das Publikum; erst seine Auffassung des Textes verleiht diesem sogar Tendenzen, die nicht in ihm selbst angelegt sind. Dies mag zunächst überpointiert erscheinen: man denkt an Walthers politische Dichtung, an den Ludus de Antichristo, an die Darstellungen z.B. Heinrichs IV. oder Lothars III. in der Kaiserchronik usw. und glaubt, daß doch hier politische Wirkung primär durch die Autorenintention in Gang gesetzt wird. In den genannten und anderen Fällen trifft dies auch zu; aber die völlige Realisierung wird erst durch zwei weitere Faktoren ermöglicht: durch Zeitgeschichte, die Auslöser der dichterisch geäußerten Meinung und damit Verständnishintergrund für das Publikum ist, und durch ein verstehendes Publikum, das im Text eine Stellungnahme zu dieser Zeitgeschichte erkennt. Für Fälle wie die o.a. (Walther usw.) klingt eine solche Aussage entweder banal oder spitzfindig: banal, weil sie nur eine speziellere Fassung der Binsenweisheit enthält, daß es kein objektloses Verstehen gibt, spitzfindig, weil man nicht an die Berechtigung glauben will, aus Selbstverständlichkeiten eine Einschränkung (hier: der Autorenrolle) zu konstruieren. Aber so selbstverständlich auch

---

1) LEJEUNE, R. und J. STIENNON: Die Rolandsage in der mittelalterlichen Kunst. 2 Bde. Brüssel 1966. Bd. I. S. 453.

die Kenntnis kommunikativer Abläufe geworden zu sein scheint, ihre Anwendung ist es keineswegs. Dies zeigt ein Blick auf die immer noch latent vorhandene Dominanz der Dichterpersönlichkeit in Interpretationen, dies zeigt aber auch das manchmal unreflektierte Bemühen, Interpretate und vordergründige Parallelen zwischen Text und Geschichte als engagierte Stellungnahmen der Autoren auszugeben, ohne darauf zu achten, ob die Parallele für das zeitgenössische Publikum überhaupt eine solche sein konnte. Daß bestimmte Inhalte für das Publikum zu Anspielungen oder Stellungnahmen werden, kann durch zwei Umstände verhindert werden: durch mangelnde Kenntnis vom intendierten Objekt der Anspielung (vgl. wieder K 1o2 über die Karlsverehrung, die 'alrêrst ane gât') oder durch Überlagerung des aktuellen Bezugs durch einen durchaus konventionellen Charakter des diesen Bezug enthaltenden Textteiles.

Bevor ich nun versuche, eine kurze Darstellung des Verhältnisses zwischen Deutschland und Frankreich zu liefern, möchte ich noch auf einen Ansatz SCHNELLs eingehen, der sich mit der Frankreichthematik des K beschäftigt, um einige methodische und axiomatische Unterschiede zu meiner eigenen Konzeption offenzulegen.

Auch SCHNELL untersucht Änderungen und Besonderheiten, die der K im Vergleich zum dR aufweist, und versucht von dort zu einer Neubewertung des K zu kommen, was dessen literarhistorischen Stellenwert und seine Beziehungen zum politischen Umfeld angeht. SCHNELL hat neben J. SINGER, GEITH und VON DER BURG die neuere K-Forschung in Gang gebracht, und von dieser Vierergruppe ist er derjenige, der sich am engagiertesten um eine zeitgeschichtliche Interpretation bemüht und dazu auch theoretische Überlegungen vorgelegt hat. Er greift die spärlichen und oft in Vergessenheit geratenen Ansätze bzgl. eines zeitgeschichtlichen Zugangs zum K wieder auf und stellt sie unter drei methodische Prämissen:

1. Das Erkennen von historisch Fixierbarem darf nicht einseitig zu einem Schluß auf die Wirklichkeit führen; es ist weiter zu fragen, ob und wie Realität verändert dargestellt wurde.

2. Der zeitliche Rahmen für historische Ereignisse, die möglicherweise in einem Text verarbeitet wurden, muß von vornherein sehr weit gespannt sein.

3. Nicht jede Abweichung von einer (bekannten) Vorlage darf als zeitgeschichtliche Anspielung verstanden werden; es kann sich auch um Anregungen aus unbekannten Quellen handeln. (SCHNELL/ZfdPh 93 S. 54)

Bzgl. meiner eigenen Absichten ist dem hinzuzufügen, daß eine Quelle nicht den zeitlichen Stellenwert eines mit ihrer Hilfe entstandenen Textes relativiert; wir haben dies schon am Beispiel der Kreuzzugsthematik gesehen, wo gerade <u>wegen</u> der engen Nähe zum dR Strickers K in seiner Zeit innerhalb eines völlig anderen Spektrums einzuordnen ist. Wollte man, wie das zu bestimmten Zwecken unumgänglich ist, die Quellenproblematik <u>grundsätzlich</u> zum Kriterium über die zeitgeschichtliche Bedeutung von Inhalten und Aussagen erklären, würde historische Literaturbetrachtung zum Vabanquespiel degenerieren: Solange keine Quelle gefunden wird, gelten die Ergebnisse; findet man dann doch eine solche, werden sie hinfällig. Die Nichtauffindbarkeit kann aber zwei Ursachen haben - entweder es gab nie eine Quelle oder es existiert keine Quelle m e h r (Überlieferungsproblem). Der letzte Fall, der ja theoretisch nie auszuschließen ist, würde also die Berechtigung historischer Interpretation von vornherein in Frage stellen; und einer solchen Restriktion kann man sich nicht unterwerfen.

Ferner möchte ich SCHNELL dahingehend ergänzen, daß nicht immer nur von einem literarischen Einfluß die Rede sein kann. Der Aufweis einer Parallele in einem zeitlich vorausgehenden Text besagt noch nicht, daß dieser oder überhaupt ein anderer Text Quelle gewesen ist. Wenn nun die Information, die der Autor des jüngeren Textes aus einem nicht mehr vorhandenen Text bezogen hat, dort in einem ganz anderen (inhaltlichen, argumentativen usw.) Zusammenhang gestanden hat als in dem erhaltenen Text, dann bekommt die Rezeption durch dessen Autor (und das Publikum) u.U. einen qualitativ neuen oder zumindest anderen Stellenwert.- Und schließlich ist auch immer die Möglichkeit freier Verfügbarkeit über Kenntnisse einzukalkulieren, also eine Rezeption, die ggf. gar keine bestimmten Absichten impliziert außer der einen, allgemeine Kenntnisse dort einzubringen, wo sich dies inhaltlich anbietet. Aus diesen Begrenzungen durch reale und hypothetische Möglichkeiten kann man sich nur befreien, wenn man den historischen Stellenwert und den zeitgenössischen Aussagewert eines Textes als letztlich von der Autorenintention auch unabhängig begreift.

Die Änderungen und Ergänzungen Strickers gegenüber dem dR, die SCHNELL ausmacht, ordnet er vier Komplexen zu: der Darstellung der Karlsfigur, dem Anspruch auf Weltherrschaft, dem Reichsbegriff und der Darstellung der Schwaben (S. 55 ff., 61 ff., 68 ff., 76 ff.). Auf den uns hier interessierenden Fragenkomplex der Frankreichthematik kommt er, bedingt durch seine Untersuchungsschwerpunkte, nur punktuell zu sprechen, gibt aber Hinweise und zieht Schlüsse, die es vorab einzubeziehen gilt. So stellt er zunächst fest, daß bei der Nennung der von Karl eroberten Länder zwischen dR und K gravierende Unterschiede bestehen (S. 63 ff.); auf einige seiner Interpretationen wurde schon in anderem Zusammenhang Bezug genommen. Uns interessiert hier SCHNELLs Feststellung, daß "Stricker die im Westen liegenden französischen Länder unterschlagen hat"(S. 64). Als möglichen ersten Grund gibt er an, die Streichung könne durchaus aus der Überlieferung heraus vorgenommen worden sein, "Karl habe ja die frz. Länder schon besessen" (S. 64); er fährt aber fort, es lasse sich "noch ein anderer Grund denken":

> "Am 19. November 1212 kam zwischen Friedrich II. und Philipp August, dem französischen König, ein Bündnis zustande, in dem sich Friedrich verpflichtete, nicht ohne Zustimmung des französischen Königs mit dem englischen König und Otto IV. irgendeinen Vertrag zu schließen. Der Sieg des französischen Königs über Otto IV. am 27. Juli 1214 bei Bouvines schuf überhaupt erst die Voraussetzungen für Friedrichs Herrschaft in Deutschland. Es hätte nicht von politischem Taktgefühl gezeugt, wenn Stricker in seinem Länderkatalog auch die Eroberung der französischen Gebiete genannt hätte. Vielleicht wollte er aber auch jeden direkten Hinweis auf die französische Herkunft Karls vermeiden (...)." (S. 64)

An anderen Stellen macht SCHNELL weitere Äußerungen zu unserem Thema:

- Im K werde "die genaue Lage von Karls Stammland, Karlingen, im Unbestimmten gelassen" (S. 68).
- Stricker versuche, "einige national-französische Vorstellungen zu unterdrücken" (S. 68 ff.): Gegenüber der gleichrangigen Nennung von Paris, Aachen und Rom in dR 7229 ff. wird in K 8659 ff. Rom in den Mittelpunkt gestellt und werden durch Erwähnung der 'stete ze berge bî dem Rîne' "diese Rheingegend und die dort bei den Bergen liegenden Städte aufgewertet" (S. 69).- Die viermalige Nennung von St. Denis im dR wird im K nirgendwo übernommen; auch sonst kommt St. Denis im K nicht vor.
- Die Betonung des Wahlrechts, das den 'tiuschen liuten' verliehen wird, stelle eine Meinungsäußerung im Streit zwischen den dt. Kaisern einerseits und dem Papst sowie ausländischen Königen, besonders den französischen, andererseits dar (S. 71 ff.).

Ich glaube, SCHNELLs Meinung hier zusammenfassend so interpretieren zu dürfen, daß nach seiner Ansicht Stricker die Aussagen seiner Vorlage 'verdeutscht', Reminiszenzen an den spezifisch französischen Geschichtskern ausschaltet, damit Partei nimmt im Streit um die dt. oder frz. Provenienz Karls und so bzgl. der materiellen Implikationen dieses Streites (Herleitung von Rechten) auf die Seite der deutschen bzw. kaiserlichen Partei tritt.

Über den Sinn einer gezielten Stellungnahme gegen Frankreich kann erst entschieden werden, wenn wir die politischen Beziehungen eingehender und im Zusammenhang dargestellt haben. Hier möchte ich lediglich einige Einzelvermutungen SCHNELLs diskutieren, auf die sich sein zusammenfassendes Urteil gründet:

Daß "die genaue Lage von Karls Stammland, Karlingen, im Unbestimmten gelassen" wird, kann nach unseren bisherigen Beobachtungen nicht mehr in dieser Form gesagt werden. Gerade in der Jugendgeschichte wird Karls kerlingische Herkunft betont - stärker als im dR. Eine Kenntnis der genauen Lage Kerlingens kann man beim Publikum wohl voraussetzen und ist nicht von der Nennung von Orten wie St. Denis oder Paris abhängig. Strickers radikale Kürzung der 'Franken'-Terminologie und ihre Verdeutlichung durch Begriffe der Bereiche 'Francrîche' oder 'Kerlingen' vertieft die nationale Dimension eher noch.

Daß jedoch im K "einige national-französische Vorstellungen" zu kurz kommen, ist sicher richtig. Nur: dies war schon im dR gegenüber der Chs. so, ohne daß allein dies Anlaß für ähnliche Interpretationen geben könnte. Man muß auch bedenken, daß sich mit der Streichung von St. Denis und der zwischen Paris (1), Aachen und Rom eingeführten Rangordnung auch eine

---

1) Wobei Paris im dR nur zweimal, im K viermal erwähnt wird. Im dR wird Paris auch nur von Heiden genannt, wobei es jedesmal um die Drohung des 'zestoren' geht. Bemerkenswert ist, daß K 6758 und 8755 die Formulierung '<u>beidiu</u> Paris und Âche' gewählt wird, daß also von beiden Zentren die Rede ist; Paris und Aachen gehören für Stricker zusammen wie Rom und Lateran (s. K 8757). K 3677 ist dann schließlich die Rede davon, Karl träume, in Paris zu sein - und das heißt hier: in der Heimat!

gewisse historisch 'korrektere' Darstellung sowie eine Vermeidung antiquierterer Inhalte, also eine partielle Aktualisierung ergibt, zwei Folgen, die sich bei Stricker auch in anderen Zusammenhängen beobachten lassen (s. bes. Kap. III). SCHNELLs eigene Hypothese von der durch politisches Taktgefühl hervorgerufenen Streichung als Argument gegen ihn zu verwenden, halte ich dagegen nicht für gerechtfertigt, da diese Annahme nicht weiterführt. "Politisches Taktgefühl" in einem über den Rahmen des eigenen Lebensbereiches hinausgehenden Maß ist keine Haltung, die Stricker bei der doch relativ eingeschränkten Öffentlichkeit, für die der K ja zunächst nur gedacht sein konnte, beizulegen ist. Man müßte dann etwa auch andererseits von einer Verspottung des frz. Königshofes reden, wenn Stricker den Pfaffen Amis dort seinen Betrug mit den Gemälden durchführen läßt. In einem 'politischen Ort' ist aber in Literatur nur dann ein Sinnobjekt zu sehen, wenn sich konkretere Hinweise finden lassen.

Die Grundlage, auf die SCHNELL seine Vermutung stellt, ist m.E. nur eingeschränkt tragfähig: Die von ihm als die "im Westen liegenden französischen Länder" bezeichneten Gebiete dR 6831 ff., Petuwe (Poitou), Provincia (Provence), Progetanea (Aquitanien) und Aiune (Anjou), verdienen diese Benennung nicht ohne ganz erhebliche zeitliche Einschränkungen:

Die Gft. Provence gehört zum Arelat und damit zum Reich (SCHNELL stellt ja selbst die Aktualität der Nennung des 'rîche zArle' im K heraus), kommt 1246 an das Haus Anjou und erst 1481 an die frz. Krone (1). Zwar sind frz. Einflußnahmen nie ausgeschlossen, aber die rechtliche Zugehörigkeit zum Reich war z.Z. Strickers unbestritten. Das deckt sich auch mit dem Bewußtsein der Öffentlichkeit: Die provençalischen Troubadours sprechen oft vom dt. Kaiser als ihrem Herrscher (2), sie stehen gegenüber der Geistlichkeit fast ausnahmslos auf Seiten der Staufer (3); die Provencalen sehen im Krieg Ludwigs VIII. gegen die Albigenser (1226-29) "eine Verletzung des deutschen Reiches" (4), und Ludwig entschuldigt sich auch mehrmals bei Friedrich II. wegen dieser Grenzverletzungen (5); Raimund Berengar IV. von Provence und Raimund III. von Toulouse rufen noch 1235/36 Friedrich II. als Schiedsrichter um den Besitz der Provence an (6), nachdem der Streit entschieden ist, leistet Raimund Berengar Friedrich den Lehnseid (7). Letzteres ist umso bemerkenswerter, als Raimund Berengar schon seit 1234 Schwieger-

---

1) s. Karte bei ROHDEN/SIEBURG (s.S. 233 A 3) S. 57.

2) s. WITTENBERG, F.: Die Hohenstaufen im Munde der Troubadours. Diss. Münster 1908. S. 9.

3) s. ebd. S. 11, 64.

4) ebd. S. 22.

5) s. KIENAST/Dtld. u. Frkr. (s. S.155 A 5) S. 180 ff., 182. Als nach dem 1. Albigenser'kreuzzug' Philipp II. August über die Länder Simons von Montfort verfügt, wird die Provence nicht erwähnt - weil sie eben zum Reich gehörte; s. MADAULE, J.: Das Drama von Albi. Freiburg 1964. S. 122 f.

6) s. BIEHRINGER (s. S. 72 A 2) S. 138.

7) s. PFISTER (s. S. 69 A 2) S. 273.

vater Ludwigs IX. von Frkr. war und im allgemeinen nicht mehr die Reichsinteressen vertrat, sondern die Frankreichs (1).- Beweis dafür, daß die theoretischen Abhängigkeiten damals auch noch real waren. Einen Verzicht auf die Nennung der Provence innerhalb der Auflistung von Karls Eroberungen mit "politischem Taktgefühl" gegenüber F r a n k r e i c h erklären zu wollen, entbehrt also mindestens bis 1246 der Grundlage. Zudem weist auch das dR nur einmal an der genannten Stelle 'Prouinciam' auf, so daß sich hier auch auf dem Weg des Vergleichs keine besondere Absicht Strickers konstruieren läßt. Es ist sogar möglich (wie z.B. GEITH vermutet; s.o. IV.1), daß Konrad mit 'Prouincia' genau das meint, was Stricker mit 'rîche zArle' bezeichnet: Das niederburgundische Königreich (gegr. 879) wurde nach seiner Hauptstadt Arelat, nach seiner südlichsten Landschaft auch 'Provence' genannt (2). Allerdings ist zu bezweifeln, ob Konrad den Namen bewußt gesetzt hat; er folgt in der ganzen Stelle fast wörtlich der Chs. (O 2322 ff.), wo sich eben auch 'Provence' findet.
Das Bewußtsein von einer Verbindung zwischen Arelat und Provence zeigen etwa 'Meier Hembrecht' V. 76 oder 'Willehalm' 221, 18 (Karl als Eroberer von 'Provenz und Arle'; Tybald fordert 'halp Provenz unt Arle'); die Kenntnis, daß die Provence nicht zu Frankreich gehört, zeigt sich z.B. 'Willehalm' 15, 27 (Unterschied zwischen 'Provenzal und Burgunjoys und der rehten Franzoys') und auch noch in Suchenwirts Gedicht 'Von zwei Päpsten' V. 69 ('Provintz und Franchreich'). Daß natürlich die Reichszugehörigkeit nationale Besonderheiten nicht verwischt, zeigt 'Willehalm' 827, 9 f., wo Wolfram von seiner Quelle berichtet, sie sei 'von Provenz in tiuschiu lant' gekommen.

Das Hztm. Aquitanien gehört wie die Gft. Poitou, die ursprünglich sein Kernland war, seit 1154 zum englischen Festlandsbesitz unter einer zunächst nur sehr theoretischen frz. Lehnshoheit (3).- König Ludwig VII. hatte Aquitanien durch die Heirat mit der Erbin Eleonore 1137 an die frz. Krone gebracht(4), nach der Scheidung und der Heirat Eleonores mit dem engl. König Heinrich II. (1154) kam dieser in den Besitz Aquitaniens, des Poitou und der Gascogne. Anjou hatte Heinrich schon vorher von seinem Vater geerbt(5). Zum frz. Kronbesitz wurden Aquitanien, Poitou und Anjou erst wieder 12o6 nach dem Waffenstillstand von Thouars, realiter sogar erst nach Bouvines (6)! Die Erwähnung einer Eroberung dieser Gebiete wäre also gerade nach Bouvines nicht nur nicht taktlos gewesen, sondern geradezu eine Aktualisierung im Lichte frz. Erfolge - und nicht nur im Lichte französischer: Otto IV. war ja Herzog von Aquitanien und Graf von Poitou gewesen (7).

---

1) s. KIENAST/Dtld. u. Frkr. a.a.O. S. 185.

2) s. KRAUT, O.: Die politischen Beziehungen zwischen Deutschland und Frankreich. Heilbronn 1868. S. 2.

3) s. KIRN, P.: Politische Geschichte der deutschen Grenzen. Leipzig 1934. S. 57 (Karte).

4) s. CARTELLIERI, O.: Abt Suger von St. Denis. Vaduz 1965. S.33 ff.

5) s. SEIGNOBOS, Ch.: Geschichte der französischen Nation. München, Berlin 1935. S. 93.

6) s. CARTELLIERI, A.: Die Schlacht bei Bouvines im Rahmen der europäischen Politik. Leipzig 1914. S. 21.

7) s. WISSOWA, A.F.: Die politischen Beziehungen zwischen England und Deutschland bis zum Untergang der Staufer. Diss. Breslau 1889. S. 47.

Nach solchen Einschränkungen scheint es mir auch fraglich, ob Stricker politische Intentionen verfolgt, wenn er St. Denis fortfallen läßt. Auch im dt. Reich gab es eine Anzahl von Dionysiuskirchen und -klöstern, und zwar schon recht lange (vgl. z.B. die Jbb. von Magdeburg ad a. 968); der Hl. Dyonisius gehörte zu den Vierzehn Nothelfern, genoß nicht nur in Frankreich Verehrung, sondern hatte etwa auch Ortpatronate in Arles (!), Esslingen, Lüttich, Neustadt (!) und Regensburg (!) (1). Unter solchen Umständen konnte eine Unterdrükkung dieses Bestandteils unter ausgesprochen nationalen Gesichtspunkten nur dann motiviert sein, wenn die aktuelle politische Lage dazu Veranlassung gab. Diese Lage gilt es im Folgenden darzustellen, wobei der Zeitraum der Untersuchung wegen der unsicheren Datierung des K nicht zu knapp bemessen sein darf.

> swie daz der Kriech ein keiser sî,
> der von Frankrîch ist im wol mit
> mehte bî.
>
> ('Lohengrin' 6591 f.)

Die Vergangenheit, die Deutschland und Frankreich geteilt hatten, war ohne Zweifel nach dem Verständnis beider Seiten eine 'große'. Indem man ursprünglich auch das Kaisertum gemeinsam bessen hatte, war dieses als Institution sakrosankt. Nach der Trennung des gemeinsamen Gebietes, nicht aber dieser Institution, **mußten sich dann Probleme** ergeben, wenn für den Erben der Institution damit Ansprüche verbunden waren, welche die organisatorische und politische Autonomie der anderen Seite in Frage stellten.

> "Staatsrechtlich wurde Frankreich während des ganzen Mittelalters bis ins 18. Jahrhundert als Glied des Imperium Romanum betrachtet; theoretisch ist sein König ein Vasall des Kaisers. Im Unterschied zu den Königen Englands und Spaniens haben die französischen Könige nie ausdrücklich diese Zugehörigkeit zum Reich abgestritten. Nur erfüllten sie nicht mehr die persönlichen Verpflichtungen, die sich aus ihrer Lage gegenüber dem Kaiser ergaben." (2)

In Fällen wie Spanien oder England konnten Hegemonieprobleme von der um Selbständigkeit bemühten Seite auch dadurch argumentativ bewältigt werden, daß die grundsätzliche Funktion eines Kaisers bestritten wurde. Da dies im Falle Frankreichs nicht opportun war, blieb die praktikabelste Lösung die Neglektion (nicht die völlige Negation) der Ansprüche. Die Neglektion als Mittel des Widerstandes, so ist das o.a. Zitat zu ergänzen, um keine falschen Akzente zu setzen, teilt Frankreich aber mit England und Spanien.

Die Herkunft Deutschlands und Frankreichs aus einer ursprünglichen politischen Einheit war beiden Seiten bis weit in die Neuzeit bewußt, und gerade im Mittelalter ist es verständlich, daß eine solche quasi genealogisch bedingte Gleichartigkeit

---

1) s. KERLER/Patronate (s. S. 194 A 2) S. 2o7 f.

2) BÖHM/Bild Barbarossas (s. S. 114 A 3) S. 12.

nicht nur Probleme schafft, sondern die theoretisch höherrangige Seite auch zu Konzessionen bereit macht, die manchen Problemen dann wieder etwas von ihrer Schärfe nehmen. So kann MICHAEL bei seiner Untersuchung des diplomatischen Schriftwechsels feststellen:

> "(...) zwischen dem Kaiser und dem französischen Könige ist ein kleinerer Abstand als zwischen dem Kaiser und dem Könige von England." (1)

Ein deutsches 'Nationalbewußtsein' ist bzgl. seiner Entstehung so umstritten (2) wie Begriff und Entstehung einer Nation überhaupt. Wenn in dieser Arbeit von 'Nation', 'national' usw. die Rede ist und war, dann wird dem als Kriterium ein Bewußtsein zugrundegelegt, das auf Grund sprachlicher, großpolitischer und geographischer Gegebenheiten bei den Betroffenen ein Wir-Gefühl gegenüber anderen politischen Großorganisationen zeitigt (3), unbeschadet sonstiger Abgrenzungsbestrebungen innerhalb der eigenen Gruppe. Die Grenze für eine auf das Mittelalter anwendbare Kategorie 'Nation' dürfte damit etwa bei der Institution eines Königs und dem von diesem rechtstheoretisch und annähernd praktisch beherrschten Gebiet liegen und zwar bezogen auf solche Fälle, in denen sich die betroffenen Personengruppen zu den vorliegenden Herrschaftsverhältnissen neutral bis zustimmend stellen. Ich bin mir der Schwächen einer solchen Begriffsbestimmung bewußt, glaube aber, den tatsächlichen mal. Verhältnissen mit der Nichtvermeidung von Unschärfen näher zu kommen als mit einer Lexikon-Definition, die versucht, 'unverzichtbare' Kriterien zusammenzustellen (4).

Sicher gab es auch zwischen Frankreich und Deutschland schon immer die üblichen Vorurteile zwischen Nachbarvölkern (5). Dies ist also Resultat einer geographischen Lage und keinesfalls von vornherein Ergebnis eines spezifischen gesamtpolitischen Verhältnisses - eher wird dieses umgekehrt von der politischen Geographie mitbestimmt. Mit manchen Vorurteilen bzgl. gegenseitiger Geringschätzung hat schon 191o ZIMMERMANN (6) aufgeräumt. Seine Arbeit wird relativ selten benutzt; für uns ist sie deswegen interessant, weil sie für die frz. Seite das zeigt, was ich als Grund für die Opportunität des Strickerschen Bildes der 'Kerlinge' darzulegen ver-

---

1) MICHAEL/Formen (s. S. 215 A 6) S. 131.

2) s. HUGELMANN, K.G.: Die deutsche Nation und der deutsche Nationalstaat im Mittelalter. In: HJb 51/1931. S. 1-29.

3) Dies scheint mir auch HUGELMANNs Vorstellungen Genüge zu leisten (s. HUGELMANN/Nation a.a.O. S. 9 f.).

4) Die gängigen Kriterien (Sprache, Tradition, Bewußtsein, geographische Umgrenzbarkeit) sind in meinem Ansatz auch enthalten, werden von mir aber nicht als nur in diesem Miteinander gültig aufgefaßt: Sprache und Zugehörigkeitsgefühl können sich widersprechen (Flandern - Lothringen; s. KIENAST/Dtld. u. Frkr. S. 21); die geographische Umgrenzbarkeit ist bei der mal. Lehnsorganisation ohnehin nur eingeschränkt gegeben; unter dem Kriterium der Feststellbarkeit scheint mir 'Tradition' noch der praktikabelste Indikator zu sein.

5) s. KERN/Anfänge (s. S. 216 A 2) S. 86 u. pass.

6) ZIMMERMANN, K.: Die Beurteilung der Deutschen in der französischen Literatur des Mittelalters mit besonderer Berücksichtigung der Volksepen. Erlangen 1911 (auch Diss. Münster 191o).

suche: Mindestens bis zur Mitte des 13. Jhs sind Gegensätze oft trivialer Natur, bei weitem geringer als oft angenommen, weniger prinzipiell als vielmehr okkasionell (wenn auch natürlich nicht zufällig); und dies alles beweist sich an einem literarischen Gesamtbild, das bis in einzelne Texte hinein ambivalent sein kann. Deutsche gehören mit zum Personal der frz. Gestendichtung, oft in hervorragender Stellung (daß dies in anderen Gattungen seltener ist, leuchtet ein, weil diese ihren Stoff ja gerade nicht aus der gemeinsamen Vergangenheit beziehen). Positive Urteile finden sich auch in der Chronistik bis ins 16. Jh., auch bei einem Suger von St. Denis (!), bei einem Jean Bodel (!), einem Froissart (!), einem Commynes (!) (1) - die wiederholten Ausrufungszeichen möge affektiert finden, wer diese Namen n i c h t als Paradebeispiele für kontinuierliche, homogene, undifferenzierte literarische Ausprägungen eines konstanten deutsch-französischen Gegensatzes ab ovo kennengelernt hat. Wohlgemerkt: es geht mir hier und im Folgenden nicht darum, das Verhältnis beider Nationen radikal umzufunktionieren; es geht nur um eine Umwertung mancher Schlußfolgerungen. Außerdem darf man positive Kennzeichnungen natürlich auch nicht überschätzen, aber nicht deswegen, weil sie selten wären (das sind sie ja gerade nicht), sondern weil sie mit zum Darstellungsrepertoire gehören. Das heißt dann aber auch, daß literarische Darstellung der Deutschen weitgehend unbeeinflußt von politischer Theorie vor sich gehen konnte.

Die Ergebnisse ZIMMERMANNs sind unter methodischen Gesichtspunkten vor allem deshalb so brauchbar, weil meist sehr sauber unterschieden wird zwischen Charakteristiken von Personen, die nur eben Deutsche sind, und tatsächlichen Charakteristiken d e r Deutschen. Die scheinbare Paradoxie, daß sich positive Meinungen auch noch ohne erkennbare Abschwächungen in Zeiten fortsetzen, in denen in Frkr. politische Ambitionen gegenüber dem dt. Reich entstehen, kann ZIMMERMANN für den Bereich der Gestenliteratur bezeichnenderweise damit erklären, daß die 'Deutschen' zur Zeit Karls ja Teil des Gesamtreiches waren und somit in vielen Fällen Bundesgenossen der Franzosen (2). Wir erhalten also wieder eine Bestätigung für die Vermutung, daß sich mit der Wahl eines bestimmten Themas für den Dichter bzgl. seiner Darstellung Verpflichtungen ergeben. Und daraus läßt sich eine wichtige Folgerung ziehen, die für die dt. Literatur genauso gilt wie für die frz.: Wer zentrale Bestandteile der Karlsvita aufgreift, kann das kaum unter dem Gesichtspunkt getan haben, in den Streit um die dt. oder frz. Herkunft Karls einzugreifen oder gegen die Deutschen bzw. die Franzosen in toto zu polemisieren. Jedem Publikum war bekannt: Karls gloire war auch mit Deutschen, Karls Ruhm auch mit Franzosen erkämpft worden. Ein idealer Herrscher braucht ideale Untertanen, zur überpersonalen Kontrastierung eine institutionalisierte Feindgruppe (im K: die Heiden), zur personalen Kontrastierung einzelne, deutlich konturierte Negativfiguren (Genelun). Einen Großteil der Untertanen ins Zwielicht zu rücken, ist für die Glaubwürdigkeit des Herrscherbildes kaum tragbar (im 'Willehalm' liegt der Fall anders, weil Loys nicht die Zentralfigur ist!) - und einen Großteil von Karls Untertanen

---

1) s. ZIMMERMANN/Beurteilung (s. S. 268 A 6) S. 14, 19.

2) s. ebd. S. 1o, 13 f.

bildeten nun einmal Deutsche und Franzosen. Auch dies ist eine Erklärung wenn nicht des Motivs, so doch der Funktionalität von Strickers Umformung der Genelunpartei von 'den Karlingen' zu den 'mâgen von Kerlingen' und der schließlichen völligen Exkulpierung durch Übernahme des Richterspruchs (s.o.). Ein grundsätzlicher Streit um Karl wird nicht in der Karlsepik ausgefochten; zu solchen Zwecken muß Karl aus den gewohnten Handlungszusammenhängen entfernt werden (was nicht ausschließt, daß er je nach Stellung des Autors auch in einem Epos Züge erhält, die dem einen oder anderen Anspruch eher Rechnung tragen). So kann er bei Wolfram als 'werder Franzoys', in frz. Chansons de geste als 'empere re d'Alemaigne' (1) erscheinen.

Ein deutscher Kaiser taucht in der Gestenliteratur selten auf, und wenn, dann manchmal als zum frz. König in einem vasallitischen Dienstverhältnis stehend (2). Die dahinter stehende Absicht ist klar, denn gerade die Chansons sind ja ausgesprochen nationale Literatur. Sehr viel realistischer sind die höfischen Epen (3); sie haben andere Themen, und m. E. sind es **besonders zwei Gründe, die eine so** tendenziöse Darstellung in diesem Bereich nicht zulassen:

1. Das Publikum des höfischen Romans ist ständisch homogener und selbst allzu sehr in politische Vorgänge involviert, als daß es auf dergleichen eingehen würde.

2. Soweit es sich beim Publikum des frz. höfischen Epos um den Hochadel handelt, ist es an den Souveränitätsproblemen des frz. Königs nicht interessiert, weil sich die einzelnen Dynastien ja oft genug zum frz. Königtum in Interessengegensätzen befinden und ihrerseits mit ihm solche Souveränitätsprobleme haben.

Positiv dargestellt werden an deutschen Königen und Kaisern in der frz. Chronistik und Geschichtsschreibung u.a. Heinrich I., Heinrich II., Heinrich V., Otto d. Gr., Friedrich I. (4). Es handelt sich also auch um Personen und Zeiträume, die sich wieder mit traditionellen Vorstellungen von 'dem' Deutschenbild' und seinen angeblichen oder tatsächlichen Auslösern nicht vertragen:

- Unter Heinrich I. kam es 92o zum Kampf um Lothringen, in dem der frz. König besiegt wurde; der folgende Vertrag besiegelte eigentlich erst rechtlich die Selbständigkeit des dt. Reiches (5).

- Otto d. Gr. und Ludwig IV. von Frkr. unterstützten lange wechselseitig die Fürstenoppositionen im Machtbereich des Gegenspielers (6).

---

1) Beispiele bei ZIMMERMANN/Beurteilung a.a.O. S. 6.
2) s. ebd. S. 28 f. 3) s. ebd.
4) s. ebd. S. 32 ff.- Natürlich werden nicht alle diese Personen bei allen Schriftstellern durchgängig positiv dargestellt; aber schon die (nicht seltenen) Einzelerscheinungen sind wichtig.
5) s. KRAUT/Polit. Beziehungen (s. S. 266 A 2) S. 3.
6) s. ebd. S. 4 f.

- Wenn sich "die direkten Beziehungen zu Frankreich (...) unter Kaiser Heinrich II. günstig (gestalteten)" (1), so gerieten sie unter Heinrich V. teilweise wieder auf einen Tiefpunkt, wobei der frz. König sich einer englisch-deutschen Koalition gegenüber sieht und unter dem frz. Adel große Solidarität mit Ludwig VI. zu beobachten ist (2). Also sogar ein dt. Kaiser, dessen Politik Auslöser war für eine Stärkung des frz. Nationalgedankens, kann in frz. Literatur positiv dargestellt werden.

- Und auch Friedrich I. kam erst spät zu einem neutralen bis positiven Verhältnis zu Frankreich, nachdem er sich durch die Ablehnung Papst Alexanders III. mit dem frz. König entzweit hatte, nachdem sein Versuch fehlgeschlagen war, mit der Initiierung der Heiligsprechung Karls durch den Gegenpapst Paschalis III. Frankreich auf seine Seite zu bringen (3), nachdem es noch 1186 den Versuch gegeben hatte, durch eine Koalition zwischen Frankreich, Dänemark, England und Heinrich d. Löwen Friedrich zu einem Nachgeben in der Frage des Spolienrechtes zu zwingen (4), nachdem Friedrichs Heirat mit der burgundischen Erbin Beatrix bei Ludwig VII. Widerstand ausgelöst hatte und nachdem eine Zusammenkunft der Monarchen bei St. Jean de Losne (1162) zur Lösung des Schismas spektakulär geplatzt war (5).

---

1) s. KRAUT/Polit. Beziehungen a.a.O. S. 1o; vgl. S. 11 f.

2) s. CARTELLIERI, O./Suger (s. S. 266 A 4) S. 17; vgl. KIENAST/Dtld.u.Frkr. S. 59 ff. und KIRN/Grenzen (s. S. 266 A 3) S. 3o f.

3) s. BÖHM/Bild Barbarossas (s. S. 114 A 3) S. 1o3. Wenn BÖHM ebd. meint, die Resonanz auf Karls Kanonisation sei in Frkr. gleich Null gewesen, so stimmt dies nicht: St. Denis griff die Gelegenheit schnell auf und arbeitete bei der Beschaffung von Karlsreliquien sogar mit Aachen zusammen; s. BECKER/Heiligsprechung (s. S. 254 A 1) S. 9.

Die Interpretation KIENASTs, die Kanonisation Karls sei ein "auf Frankreich gezielter Schlag" gewesen, mit dem Friedrich "die französische Karlslegende an der Wurzel" habe treffen wollen (Dtld.u.Frkr. S. 77), muß als überholt gelten; an der Wurzel wurde mit der Heiligsprechung überhaupt nichts getroffen, weil auf die nationale Provenienz Karls gar nicht eingegangen wurde - man vergleiche nur den französischen Einschlag der Aachener Karlsvita, die ja diese Heiligsprechung propagandistisch unterstützen sollte.

4) s. JORDAN/Investitutrstreit (s. S. 2o2 A 1) S. 158.

5) s. MICHAEL/Formen (s. S. 215 A 6) S. 29 ff.- Vgl. Helmold von Bosau (I) 9o/91; Albert von Stade ad a. 1163 (!); Jahrbücher von St. Jakob zu Lüttich ad a. 1162; Kölner Königschronik ad a. 1162.

Die Interessenlagen Deutschlands und Frankreichs waren bis ins 13. Jh. hinein oft ungleich, aber nur in Einzelfällen prinzipiell entgegengesetzt; daher fehlen auch grundsätzliche Konfliktstoffe (1). Die wenigen militärischen Zusammenstöße z.B. zumal während des 11. - 13. Jhs betont ZIMMERMANN (2), und auch KIENAST äußert sich ähnlich über das weitgehend friedliche Nebeneinander (3). Die von MICHAEL festgestellte geringe Anzahl "der auf uns gekommenen Briefe deutscher an französische Könige bis 1197" (4) ist wahrscheinlich auch ein Indikator für dieses oftmalige Fehlen von Berührungspunkten auf oberer politischer Ebene. Auseinandersetzungen wie die o.a. sind kein Beweis gegen die Tendenz; gerade das Auf und Ab, das Sporadische sowohl in den positiven als auch in den negativen Beziehungen zeigt, wie lange es kein festes Verhältnis und keine Einordnung in eine nicht nur von tagespolitischen Ereignissen und gruppenspezifisch - dynastischen Anlässen abhängige Mächtekonstellation gegeben hat. Solange es kein starkes, innen- und außenpolitisch handlungsfähiges und auch handlungswilliges frz. Königtum gab, konnte ein lediglich geographisch und lehnstheoretisch bestimmbares politisches Großgebilde 'Frankreich' seinen Platz noch nicht finden. Damit konnte es aber (abgesehen von Einzelfällen, die keiner übergeordneten politischen Logik gehorchten) auch nicht in grundsätzliche Konflikte mit dem Reich geraten.

Neben der gemeinsamen Geschichte, den Verhältnissen, die durch eine gemeinsame Grenze bedingt sind, den Spezifika einer mittelalterlichen "Streugrenze" (KIENAST) und den genealogischen Verbindungen der führenden Schichten sind es vor allem die kulturellen Beziehungen, die Einfluß auf das besondere Verhältnis zwischen Deutschland und Frankreich nehmen. Wie alle genannten Faktoren ist natürlich auch dieser letzte auf verschiedene Weise mit den anderen verbunden - wie diese auch untereinander. Die Geschichte bestimmt viele Inhalte der Kultur, die Grenzlage erleichtert den Kulturtransfer, und die genealogischen Beziehungen verweisen darauf, daß es sich um eine relativ einheitliche Standeskultur handelt. Die Folgen, Funktionen und Chancen, die sich aus der Existenz großer, Grenzen negierender Vermittlungsgebiete (Niederlande, Niederrhein, Flandern, Brabant, Lothringen, Burgund) ergeben, sind den Zeitgenossen durchaus bewußt. So weiß Otto von Freising (Chron. V, 5) über Gottfried von Bouillon zu berichten: "Hic etiam inter Francos Romanos et Teutonicos (...) tamquam in termino utriusque gentis nutrius utriusque linguae scius medium se interposuit (...)." Und 'Lohengrin' 6421 ff. dolmetscht der Herzog von Lothringen, 'wan er beide sprâche, franzeis und diutsch wol kunde'.

In kultureller Beziehung spielt es eine besondere Rolle, daß Frankreich in der mal. deutschen Staatstheorie quasi

---

1) s. KERN/Anfänge (s. S. 216 A 2) S. 86.

2) ZIMMERMANN/Beurteilung (s. S. 268 A 6) S. 84.

3) KIENAST/Dtld.u.Frkr. (s. S. 155 A 5) S. 212.

4) MICHAEL/Formen (s. S. 215 A 6) S. 126.

offiziell das 'studium' als Domäne zugewiesen erhielt wie Deutschland das imperium und Italien das sacerdotium. Stehen hinter dieser (theoretischen) Aufgabenverteilung natürlich auch handfeste Interessen dahingehend, daß der deutsche Anspruch auf Suprematie abgesichert werden soll, so zeigt sich doch darin andererseits, daß Frankreich für die dt. Theoretiker auf Grund seiner Vergangenheit als Teil des ehem. Großreiches genau wie dessen anderen Teile eine Sonderstellung beanspruchen und an Vorrechten partizipieren kann. Gegenüber anderen politischen Einheiten ist Frankreich auch vom dt. Srandpunkt aus ein Staatsgebilde sui generis. Die theologische Elite erfährt ihre Ausbildung dort, und solche Studienaufenthalte werden nahezu regelmäßig in Viten erwähnt. Die Internationalität der kirchlichen Organisation begünstigt neben den genealogischen Verbindungen des Adels auch den personalen Austausch zwischen den Ländern.

Der Höhepunkt des kulturellen Einflusses Frankreichs auf Deutschland liegt bekanntnlich im 12. Jh. Dieser Kultur- und Bildungsvormacht wird in Deutschland Anerkennung gezollt, und sie bildet einen Bestandteil der positiven Einschätzung, der selbst da zum Tragen kommt, wo aus anderen Gründen gegen Frankreich polemisiert wird. Der Respekt vor den militärischen Qualitäten der Deutschen auf frz. Seite, der aus den o.a. Belegen ZIMMERMANNs hervorgeht, beruht durchaus auf Gegenseitigkeit und ist ebenfalls nicht abhängig von der sonstigen Einstellung der Autoren: der 'Ludus de Antichristo' läßt den dt. Kaiser seine Vormacht gegenüber dem rex Francorum durchsetzen, läßt diesen Kaiser aber auch sagen: 'in militia valet gens Francorum' (1). Die gleiche Hochachtung bezeugt später Ottokars Reimchronik (2), und im 'Lohengrin' wird der frz. König, nachdem er sich wegen nicht adäquater militärischer Funktionen beschwert hat, von Kaiser und Papst beschwichtigt, worauf dann eine lobende Erwähnung der frz. Kampfqualitäten folgt (Loh. 4417 ff.); später führen der dt. Kaiser und der frz. König je eine der 5 Abteilungen, womit sie also auch funktional gleichgestellt sind (Loh. 4157 ff.). Sicher sind viele lobende Äußerungen Topoi - aber zum Topos kann nur werden, was als communis opinio anerkannt ist.

Es gibt also eine Reihe von Gebieten, auf denen sich Frankreich und Deutschland bis ins späte 13. Jh. hinein konfliktlos, neutral oder gar positiv gegenüberstehen. Das, was oft als Grund für Gegensätze angesehen wird, der beiderseitige Anspruch auf Karl d.Gr., ist kein solcher, sondern nur ein Indikator für und eine Folge von anderen Meinungsverschiedenheiten. Grundsätzlich erkennt man die gegenseitige Karlstradition an: Der frz. Verfasser der 'Descriptio' berichtet ausführlich über die durch Karl nach Aachen verbrachten Reliquien, bei Wolfram, in Ottes 'Heraclius' (3), in Veldekes 'Servatius' (4)

---

[1] Ludus de Antichristo. ed. R. Engelsing. Stuttgart 1968. V. 57. Der Ludus bezeichnet übrigens die Franzosen nicht etwa als Francigeni, sondern als Franci - ein Beispiel dafür, daß die Terminologie wohl doch nicht immer eine so bedeutende Rolle gespielt hat.

[2] s. KERN/Anfänge (s. S. 216 A 2) S. 53.

[3] s. KÖSTER/Karl der Große (s. S. 75 A 2) S. 34 A 11o.

[4] s. ebd. S. 35.

wird Karls frz. Herkunft so deutlich wie im obd. Servatius, wo Paris als Hauptstadt Karls bezeichnet wird (1) - oder eben auch, wie wir gesehen haben, in Strickers 'Karl'. Mindestens bis ins 14. Jh. scheint die dt. Geschichtsschreibung von der Frage überfordert gewesen zu sein, wie sich dt. Hegemonieansprüche und das Recht auf die Kaiserwürde mit der ursprünglichen gemeinsamen Herkunft Deutschlands und Frankreichs aus dem Karolingerreich vereinbaren ließen; "die Geschichtsschreibung blieb (...) voller Widersprüche, vermochte den Wirrwarr der Völker- und Ländernamen nicht zu klären" (2). Man vgl. etwa Otto von Freising, bei dem immer dann Formulierungen wie 'quidam supputant', 'mihi videtur', 'quidam asserunt', 'alii dicunt', 'nos vero medium in his limitem servantes, in quantumque possumus ac ex eorum dictis' u.v.a.m. auftauchen, wenn von diesbezüglichen Problemen die Rede ist (Chron. VI, 17 + 18 u. pass.).

Eigentlich interessant für unsere Untersuchung wird das Verhältnis zwischen Deutschland und Frankreich zu dem Zeitpunkt, als Frankreich ein politisch einheitlicheres und handlungsfähiges Gebilde wird und so, als Teilhaber der europäischen Mächtekonstellation, zum potentiellen Konkurrenten des dt. Reiches wird. Dies ist endgültig der Fall seit Philipp II. August (118o-1223) und erhält zwischenzeitlich einen besonderen Akzent dadurch, daß Deutschland wegen der Doppelwahl von 1198 und fast zur gleichen Zeit England nach dem Tod Richards I. für eine Weile als einheitliche politische Akteure ausscheiden. In das entstehende Vakuum stieß Frankreich zwar nicht in dem Sinne hinein, daß es die gesamten freigewordenen Funktionen übernommen hätte, aber es ist auf jeden Fall zunächst einmal 'da', auch im Bewußtsein der dt. Öffentlichkeit. Erst in einer solchen Situation können frz. Herrschaftsansprüche Bedeutung gewinnen; gegeben hat es sie schon immer, erstmalig seit dem 9. Jahrhundert sind sie aber wieder realisierbar. Es fragt sich also, wie sich die dt.-frz. Beziehungen etwa bis 123o unter den veränderten Bedingungen gestalten, wie publik sie waren und welche Anlässe es ggf. für eine Gestaltung wie die im K geben konnte.

Zunächst ist darauf hinzuweisen, daß der frz. Handlungs<u>fähigkeit</u> zumal gegenüber Deutschland nicht auch permanente Aktivitäten entsprechen. SIEVERS kann feststellen:

> "Philipp II. August (...) hat zuerst unter Frankreichs Königen in die deutschen Angelegenheiten eingegriffen (...). Doch dürfte man nicht glauben, dass seine Nachfolger diesem Vorbild stets nachgeeifert hätten, vielmehr haben sich schon sein Sohn und sein Enkel (...) einer derartigen Einwirkung auf das Nachbarland enthalten." (3)

---

1) KÖSTER/Karl d. Gr. a.a.O. S. 37

2) GRUNDMANN, H.: Das deutsche Nationalbewußtsein und Frankreich. In: Jb der Arbeitsgemeinschaft der Rhein. Geschichtsvereine 2/1936. S. 51-6o. Hier S. 53.

3) SIEVERS, G.: Die politischen Beziehungen Kaiser Ludwigs des Baiern zu Frankreich in den Jahren 1314-1337. Nachdr. d. Ausg. Berlin 1896. Vaduz 1965. S. 1.

Diese Feststellung ist vor allem wichtig, weil es Tendenzen in der Geschichtswissenschaft gegeben hat, theoretisch vielleicht mögliche Konstellationen in langfristig geplante Entwicklungen umzumünzen.

Mit der neuen Machtposition des frz. Königs kam auch eigentlich erst in Deutschland wieder das Gefühl für ein einheitliches Gegenüber 'Frankreich' auf. Denn ab jetzt repräsentiert der König sein Land zunehmend nicht mehr nur theoretisch; Handlungen seiner Vasallen sind solche von 'Franzosen' und nicht nur solche des Herzogs von Burgund, des Grafen von Flandern usw. Wenn SIEVERS für den Zeitraum vor Ludwig dem Baiern feststellt:

> "Man kann in einigen Untersuchungen über die politischen Beziehungen Deutschlands und Frankreichs unter früheren Herrschern ganze Abschnitte lesen, ohne auch nur ein einziges Mal dem Namen des deutschen Königs zu begegnen. Seine Person tritt ganz zurück, die Beziehungen betreffen lediglich die Grenzen, von hoher Politik ist da keine Rede." (1),

dann läßt sich das fast genauso für die Zeit vor Philipp II. für die Rolle des französischen Königs sagen. Der Grund ist in beiden Fällen gleich: Da der dt. König gegenüber dem frz. keine territorialen Interessen hat (2), ist die Ursache für Gebietsstreitigkeiten "oft nur der Tatendrang lokaler Machthaber (...). Nicht hinter jeder (...) Veränderung steht der bewußte politische Wille des (frz.; R.B.) Königs." (3)

Beim Regierungsantritt Philipps II. ist Friedrich I. deutscher Kaiser. Zur Zeit dieses Regierungsantritts sind die z.T. ernsthaften Differenzen (s.o.) seit drei Jahren durch den Vertrag von Venedig zwischen Friedrich und Papst Alexander III. definitiv gegenstandslos geworden. Die Auseinandersetzungen zwischen Philipp II. und Graf Philipp von Flandern, die wegen der Doppelrolle des Grafen als dt. und frz. Vasall für die Beziehungen problematisch werden könnten, belasten das Verhältnis zunächst nicht, da Friedrich Ambitionen seines Sohnes zur Unterstützung Flanderns bremst (4). Philipp II. tritt mit dem Kaiserhof in Verbindung, und die staufische Vermittlung bewirkt eine Beilegung des Konflikts (5). Zwei Jahre später ist Friedrich I. allerdings bereit, zugunsten des flandrischen Grafen militärisch einzugreifen - hier lenkt aber der frz. König vorher ein (6). Beigelegt ist damit die

---

1) SIEVERS/Polit. Beziehungen (s. S. 274 A 3) S. V.

2) "Das deutsche Reich (...) hatte im Westen eine so weit vorgeschobene Grenze, daß ihm mehr daran lag, sie festzuhalten als zu erweitern." KIRN/Grenzen (s. S. 266 A 3) S. 28; vgl. S. 15.

3) ebd. S. 33, wo auch darauf hingewiesen wird, daß sich die frz. Krondomäne nur an wenigen Stellen unmittelbar mit dt. Gebiet berührte.

4) s. KIENAST/Dtld.u.Frkt. (s. S. 155 A 5) S. 8o ff.

5) s. ebd.

6) s. GIESEBRECHT, W.v.: Geschichte der deutschen Kaiserzeit. 6 Bde. Hrsg. u. fortges. von W. SCHILD. Meersburg 1929 f. Bd. 6 S. 1o7.

Angelegenheit noch nicht, inzwischen sind auch der Graf von Hennegau und der Hz. von Brabant involviert. Wieder sind es Vasallenkämpfe, diesmal aber erhalten sie einen Akzent auf höherer politischer Ebene: aus Furcht vor einer Koalition Flanderns mit England sieht sich Philipp II. genötigt, mit Friedrich I. in Verbindung zu treten (1). Die dt. Kriegspartei zählt zu ihren Mitgliedern vor allem König Heinrich und den Erzbischof von Köln. Beide müssen jedoch auf Intervention des Kaisers sich mit Frankreich verständigen (2). Der zwischen den Parteien 1185 geschlossene Vertrag wird "ausdrücklich von der Zustimmung des Kaisers abhängig gemacht" (3). Es handelt sich von Friedrichs Seite aus um Reichspolitik und, soweit in dieser Zeit trennbar, nicht um dynastische Interessenpolitik. Und auch Philipp II. vollzieht seine Politik in diesem übergeordneten Rahmen, indem er nämlich hier seine Verhaltensweise trotz des Konflikt mit regionalen Mächten an übergeordnete Konstellationen anbindet. Dies erweist sich auch an den Folgen, welche die Beilegung der flandrischen Angelegenheit für Frankreich bedeutet: Philipp II. kann sich ungehindert gegen England wenden und betreibt gleichzeitig dem Reich gegenüber eine Politik der Annäherung (4). Das zahlt sich aus, als Friedrich I. durch seine Vermittlung 1187 Frankreich vor einem Zweifrontenkrieg gegen England und den Kölner Erzbischof bewahrt (5). Im gleichen Jahr findet ein Treffen zwischen Philipp und Friedrich bei Ivois statt, auf dem auch die Frage eines gemeinsamen Kreuzzuges behandelt wird.(6).

Die Annäherung zwischen Frankreich und Deutschland in den letzten zwei Jahrzehnten der Regierung Friedrichs I. ist sicher ein Produkt des frz.-englischen Gegensatzes. Dieser war nicht neu, gewann aber durch die gestärkte, wenn auch noch keineswegs gefestigte Position des frz. Königs eine andere Qualität. Als die frz.-engl. Feindschaft 1173 offen ausbricht, beginnt die vielzitierte 'staufisch - kapetingische Freundschaft' (7), wobei der Begriff 'Freundschaft' natürlich die Hintergründe verschleiert, vielleicht aber durchaus den Eindruck wiederzugeben imstande ist, den dieses Verhältnis auf die zeitgenössische Öffentlichkeit gemacht hat.

Hat das dt. Königtum, wie erläutert, an der frz. Grenze keine Gebietsinteressen, so kann Frankreich trotz seiner gewachse-

---

1) s. GIESEBRECHT Bd. 6 (s. S. 275 A 6) S. 117.

2) s. KIENAST/Dtld.u.Frkr. a.a.O. S. 83.

3) GIESEBRECHT Bd. 6 a.a.O. S. 121.

4) s. ebd. S. 122.

5) ebd. S. 19o. Friedrich ist auch bereit, in seine aus diesem Vertrag resultierenden militärischen Pflichten einzutreten; s. JORDAN/Investiturstreit (s. S. 2o2 A 1) S. 159; BIEHRINGER (s. S. 72 A 2) S. 27; PFISTER (s.S. 69 A 2) S. 1o1.- Zum Vertrag s. CARTELLIERI, A.: Das deutsch-französische Bündnis von 1187. In: HistVjs 27/1932. S. 111-123.

6) s. RUNCIMAN/Kreuzzüge (s. S. 218 A 2) S. 777 ff., 78o f.

7) s. HAMPE/Kaisergeschichte (s. S. 223 A 1) S. 184; KIENAST/Dtld.u.Frkr. S. 78 sieht den Beginn schon 1171.

nen Macht an eine Ausdehnung nach Osten nicht denken, weil England seine Kräfte in Anspruch nimmt (1). Auch Friedrich I. betrieb seine Politik des 'disengagement' nicht absichtslos; er konnte so seinen innerdeutschen und italienischen Plänen ungehinderter folgen. Auf diesem Hintergrund erhalten frz. Stimmen, die eine eigene nationale Kaiseridee vertreten, ein anderes Gewicht; sie richten sich zwar auch gerade seit der Zeit Philipps II. wieder gegen Deutschland (2), aber sie bilden noch nicht d e n oder auch nur einen Hintergrund der vom frz. König betriebenen Politik. Nach Deutschland dringt aber weitgehend nur das, was eben diese königliche Politik ausmacht, die 'Realitäten', die konkreten Handlungen, die (zugegeben oft äußerlichen) Ereignisse.

Unter der folgenden Regierung Heinrichs VI. tritt eine gewisse Entfremdung ein. Gleiche Konstellationen veranlassen zwar zunächst beide Seiten zur Verfolgung der bisherigen Politik; Heinrichs Gegensatz zu Richard Löwenherz läßt ihn das Bündnis von 1187 bei einem Treffen mit dem frz. König in Mailand 1191 erneuern (3). Als jedoch der Gegensatz zu England zurücktritt, lockern sich auch die Beziehungen zu Frankreich und werden wieder anfällig für politische Tagesereignisse (4). Die latenten Gefahren einer deutsch-englischen Annäherung erkennend, versucht Philipp II. auf die kaiserliche Umgebung Einfluß zu nehmen; er belehnt z.B. Markward von Annweiler mit einem elsässischen Dorf und empfängt dafür dessen Huldigung (5).

Daß sich die veränderte Politik Heinrichs gegenüber Frankreich in konkreten Handlungen niederschlagen kann, wird jedoch durch seine Inanspruchnahme durch akutere Probleme verhindert (Fürstenopposition; Kampf um Sizilien; Bemühungen um den Erbreichsplan; Divergenzen mit dem Papst; Kreuzzugsvorbereitungen) (6). Auch Heinrichs relativ kurze Regierungszeit gerade im Verhältnis zu der seines Vaters führt dazu, daß im Bewußtsein der Öffentlichkeit vieles episodenhaft bleibt oder gar nicht erst in dieses Bewußtsein dringt. Zumal die Doppelwahl von 1198 und die sich anschließenden Auseinandersetzungen engen die Perspektive ein; wo Rückschau gehalten wird, bietet sich eher die Zeit Friedrichs I. als Objekt der Erinnerung an.

Bezüglich der Problematik der fränkisch-karolingischen Tradition und ihrer Fortführung

> "waren Machtfragen und Geschichtsfragen so eng miteinander verknüpft, daß seit der plötzlichen Wendung

---

1) s. BÖHM/Bild Barbarossas (s. S. 114 A 3) S. 9.

2) s. ebd. S. 13.

3) s. JORDAN/Investiturstreit (s. S. 2o2 A 1) S. 165.

4) Beispiele bei TOECHE, Th.: Kaiser Heinrich VI. Nachdr. d. Ausg. Leipzig 1867. Darmstadt 1965. S. 3o2. KIENAST/Dtld. u. Frkr. (s. S. 155 A 5) S. 88 f.

5) Erster bekannter Versuch einer Einflußnahme auf den dt. Hof durch Lehnsvergabe; s. KIENAST/Dtld.u.Frkr. a.a.O. S. 9o, 154.

6) s. TOECHE (s.o. A 4) S. 191, 232, 3o1, 383, 396, 418, 447 (jeweils ff.).

der weltpolitischen Lage beim Tode Heinrichs VI. (1197) auch die Erörterung der fränkischen Grundlagen Deutschlands und Frankreichs zunächst verstummte. Die Erschütterung der Reichsmacht in den staufisch - welfischen Thronkämpfen der nächsten zwanzig Jahre, mit denen sich der Kampf des französischen Königtums gegen Englands Macht auf dem Festland verquickte, hat den deutsch-französischen Gegensatz zunächst vergessen lassen." (1)

Dieses Zitat bedarf des Kommentars: Der Tod Heinrichs markiert ohne Zweifel eine"Wendung der weltpolitischen Lage": die in seiner Folge ausbrechenden Kämpfe bewirken den Fortfall einer (mit den üblichen Einschränkungen) einheitlich agierenden politischen Größe 'Deutsches Reich'. Eine Verquickung des staufisch-welfischen Gegensatzes mit dem englisch-französischen ist gegeben, weil Philipp II. eine Umklammerung durch England und ein welfisches Deutschland befürchtet und daher die staufische Partei unterstützt, umgekehrt England in den Welfen seine gegebenen Verbündeten sieht. Aber gerade das zeigt wieder, daß es den von GRUNDMANN angesprochenen deutsch-französischen "Gegensatz" mit Vorsicht zu nennen gilt: so wie es vorher keine emotionale deutsch-französische, sondern eine politische staufisch-kapetingische 'Freundschaft' gegeben hatte (s.o.), geht es auch in den literarischen Kontroversen (die im Übrigen ja selten aufeinander Bezug nehmen!) um politische Fragen, die nicht national bedingt sind, sondern letztlich ihre Fragestellungen aus der - in dieser Hinsicht im Grunde zufälligen - Verteilung politischer Kompetenzen auf staatliche Organisationen beziehen. 'National' kann im MA nur eine Kategorie sein, die sich auf bestimmte (s.o.) Bewußtseinsinhalte stützt. Die annähernd adäquat die Dimension dieder Kategorie beschreibenden Ausdrücke sind in unserem Fall 'deutsch' und 'französisch'. Diese aber decken nicht das ab, worum es in der politischen Kontroverse geht. Der politische Gegensatz zwischen frz. Königtum und dt. Kaisertum nimmt zwar Einfluß auf das Nationalbewußtsein, stellt aber keinesfalls dessen einziges Movens dar. Man sieht das z.B. deutlich daran, daß einerseits zwischen Deutschland und Italien auch im MA schon als national zu bezeichnende Unterschiede bestehen, die auch Bewußtseinsinhalte darstellen, o h n e daß ein politischer Gegensatz analog dem zwischen Deutschland und Frankreich besteht (2) - Italien ist auch praktisch ein Teil des Imperiums; andererseits sind etwa die nationalen Gegensätze zwischen Deutschland und nicht zum Imperium gehörigen Reichen (Dänemark, England) weitgehend durch die gleichen Faktoren bedingt wie im Fall Italiens und Frankreichs: Sprache,Kultur, gemeinsame oder nichtgemeinsame Grenze sowie jeweilige politische Aktualitäten. Insofern also das Bewußtsein nationaler Gegensätzlichkeiten im MA mangels adäquater staatlicher Organisation weitgehend n i c h t von einem politischen Gegeneinander bestimmt ist, kann auch für das Verhältnis von politischer Handlungseinheit und Gefühl

---

1) GRUNDMANN/Nationalbewußtsein (s. S. 274 A 2) S. 54.

2) Die Autonomiebestrebungen italienischer Städte rufen zwar weitaus manifestere Kontroversen als der bis ins 14. Jh. weitgehend theoretisch geführte Streit zwischen Dtld. und Frkr. hervor; sie werden aber vom Kaiser nicht anders behandelt als Insurrektionen in Deutschland.

für nationale Gegensätze kein unbedingter Kausalzusammenhang angesetzt werden, wie GRUNDMANN dies offensichtlich versucht. Eine ganz andere Frage ist es, ob das Gefühl nationaler Gegensätzlichkeit nicht in seiner Intensität abhängig ist von anderen, um die Aufmerksamkeit der Öffentlichkeit konkurrierenden Ereignissen. Dies ist sicher der Fall, betrifft dann aber auch genauso Zeiten politischer Einheitlichkeit.

Schließlich ist m.E. GRUNDMANNs Äußerung auch noch dahingehend zu relativieren, daß die Verbindung von staufisch - welfischem und englisch - französischem Gegensatz keine Besonderheit erst der Zeit nach 1197 ist; also besteht auch kein negativer Zusammenhang zwischen Bündnispolitik und ideologischer Auseinandersetzung.

Wir haben nun zu verfolgen, wie sich die Beziehungen Frankreichs zu den beiden in Deutschland agierenden politischen Hauptparteien gestalten. Die Reaktion der Öffentlichkeit an sich auf frz. Aktivitäten ist dabei zunächst als unabhängig vom politischen Standort des jeweiligen Betrachters anzusehen; dieser Standort entscheidet aber natürlich über die A r t der Reaktion. Im Hinblick auf die Interpretation des K, der ja die ganze Untersuchung dienen soll, können wir dabei allerdings schon einen Schwerpunkt setzen: seine Entstehung fällt auf jeden Fall in eine Zeit, in der der Thronstreit mindestens de facto, wahrscheinlich aber auch offiziell beendet ist (Otto IV. stirbt 1218). Ferner weiß man über Stricker wenigstens so viel, daß seine Tätigkeit keinesfalls in einem dem welfischen Interessenbereich zugeordneten Herrschaftsgebiet zu suchen ist (1). Diese Koinzidenz von neutraler bis evtl. positiver Einstellung des Autors zur Siegerpartei und positiver Beziehung der Siegerpartei zu Frankreich im untersuchten Zeitraum legt also auch die Untersuchungsrichtung fest.

Nach 1197 und vor dem Beginn der Regierung Friedrichs II. war Frankreich die "einzige politische Macht von selbständiger Entschlußfähigkeit" (2). Präzisiert man (und relativiert damit gleichzeitig) diese Aussage dahingehend, daß Frankreich die einzige politische weltliche und die einzige politische Großmacht mit dieser Fähigkeit war - nichts anderes wird HAMPE gemeint haben - dann stellt man wieder fest, daß auf die Kategorie des Nationalen trotz aller Einschränkungen und definitorischen Schwierigkeiten auch für das MA nicht verzichtet werden kann: Der Begriff 'Großmacht' impliziert auch im MA Quantität an Fläche und Bevölkerung; Macht kann nur ausgeübt werden, wenn es gelingt, die potentiell verfügbare Menge

---

1) Es existiert in Ansätzen eine Theorie, die HKR-Gruppe der K-Überlieferung sei prowelfisch. Diese Theorie stützt sich auf die Auslassung des Paligan-Feldzeichens K 9631 ff. und die Auslassung des Kerlingen-Lobs K 9285 ff.; s. dazu VON DER BURG/Diss. (s. S. 3 A 3) S. 59, 64. Daß der Fahnenwagen kaum sinntragende Bedeutung haben dürfte, wurde schon festgestellt, also kann auch die Auslassung nicht politisch motiviert sein. Bzgl. der Kerlingen-Streichung ist zu sagen, daß diese Tendenz in HKR keineswegs einheitlich verfolgt wird.

2) HAMPE/Kaisergeschichte (s. S. 223 A 1) S. 255.

an handelnden Personen und Gruppen zusammenzufassen und relativ geschlossen einzusetzen. Diese Zusammenfassung erfolgt im Fall einer Großmacht auf einer Ebene, deren einzelnen Konstituentien Züge des Nationalen aufweisen - nicht nur, aber eben auch. Und durch diese Züge unterscheiden sich Großmächte von Mächten territorialer Art. Die nationale Geschlossenheit im heutigen umfassenden Sinn findet sich zwar im MA gerade bei kleineren Mächten in höherem Maß; aber die Unterordnung mehrerer kleinerer Mächte unter eine höhere Organisationsform und Leitung, auch wenn diese Unterordnung durch feudale Mechanismen bedingt ist, schafft ein Zusammengehörigkeitsgefühl, dessen reale oder auch nur ideologische Begründungen oft auf das hinauslaufen, was der Nationalitätsbegriff meint.

Indem es nun im besprochenen Zeitraum in Europa im wesentlichen drei Mächte gibt, die ihren Großmachtcharakter durch Umfang des Territoriums, Zusammenfassung unterer Einheiten, Existenz einer Zentrale und Fähigkeit zu relativ geschlossenem Handeln schon unter Beweis gestellt haben, und indem zwei dieser Mächte aus teils gleichen, teils verschiedenen Gründen die Fähigkeit zu geschlossenem Handeln verloren haben, kann also davon gesprochen werden, daß nur noch Frankreich selbständige Entschlußkraft besitzt. Diese Fähigkeit ist selbständig in zweierlei Hinsicht: nach außen gegenüber anderen Mächten und nach innen gegenüber den untergeordneten Einheiten.

Der Verlust der Fähigkeit, Großmachtfunktionen wahrzunehmen, bedeutet noch nicht den Verlust des nationalen Charakters. Im Bewußtsein der Öffentlichkeit kann die politische Misere sogar zu einer Betonung verbindender Elemente führen. Betrachtet man die Zeit der Thronstreitigkeiten zwischen Philipp von Schwaben und Otto IV. und auch zwischen Otto und Friedrich II. im Zusammenhang mit den Beziehungen zwischen Deutschland und Frankreich aus der Perspektive der Zeit, in der diese Streitigkeiten entschieden sind, dann muß man bzgl. eines evtl. Frankreichbildes Strickers Folgendes festhalten: Da Frankreich von vornherein das staufische Königtum unterstützte, dieses sich später durchsetzte, die staufische Partei also wieder die Person und Funktion stellte, in der sich ein wesentlicher Bestandteil des Nationalen verkörperte, war Frankreich in einer nicht ausgesprochen pro-welfischen deutschen Öffentlichkeit zumindest nicht diskreditiert bzw. spielte eher noch eine äußerst positive Rolle. Der Einwand, daß Frankreich diese Unterstützung nur aus Eigeninteresse vollzogen hat und Philipp II. teilweise überhaupt nicht an einer Beilegung der Streitigkeiten gelegen war (1), betrifft das öffentliche Bild von seiner Rolle nicht. Denn (auch) mal. Geschichtsschreibung und Publizistik leben von einer Darstellung dessen, was erreichbar für Kommentare ist, bieten selten Informationen über Interna. Ein politischer Dichter wie Walther etwa erwähnt Frankreich überhaupt nicht. Man kann also keine allzu verbreitete Kenntnis von der tatsächlichen Rolle Frankreichs erwarten.

Dieses Frankreich wird also seit 1198 in die Reichspolitik hineingezogen bzw. schaltet sich aktiv in diese Politik ein. Es ergeben sich nähere Beziehungen zu deutschen Fürsten aus

---

1) s. WINKELMANN/Philipp von Schwaben (s. S. 2o5 A 6) Bd. I S. 439. 441, 529 ff.; Bd. II S. 376.

dem Reichsgebiet, die durch Lehen (meist Geldlehen) in vasallitische Abhängigkeiten geraten und die Stauferpartei verstärken sollen (1). Das staufisch-kapetingische Bündnis von 1187 wird auch von Philipp von Schwaben erneuert (1198) (2); es richtet sich vor allem gegen den englischen König, Otto IV., Balduin von Flandern und den Kölner Erzbischof. Verstärkt wird diese Beziehung nicht zuletzt dadurch, daß sowohl Philipp von Schwaben als auch Philipp II. in einem angespannten Verhältnis mit der Kurie leben, letzterer vor allem wegen seiner Scheidungspläne (3). So scheitern auch Versuche des Papstes, Philipp II. zu einer Anerkennung Ottos zu bewegen.
Das, was immer wieder, teils stark ideologisch gefärbt, teils aber von den realen Fakten her nicht zu Unrecht als Beginn der frz. Expansion und Einflußnahme auf die Innenpolitik des Reiches interpretiert wird, nämlich die Einbindung deutscher Fürsten an der frz. Grenze in das französische Lehnssystem, nimmt seit 1198 zu (4). Für das dt.-frz. Verhältnis ist dies jedoch aus zwei Gründen vorläufig unproblematisch: Die Beeinflussung erfolgt immer implizit auch zugunsten der mit Frankreich verbündeten Staufer, da sie die betreffenden Fürsten aus Koalitionen mit Otto und England fernhalten soll; diese Fürsten werden daher dem Reich also noch nicht entfremdet, da zumindest dessen Idee (unbeschadet der oft eigenwilligen Territorialpolitik) noch zu stark ist. Weil diese Idee aber noch nicht verlorengegangen ist, und weil die institutionellen und 'verfassungs'mäßigen Voraussetzungen für den Zentralismus noch existieren (5), besteht im Prinzip die Möglichkeit, diesen Zentralismus auch zu praktizieren, wofern nur ein starkes Königtum sich dieser Aufgabe unterzieht. Für das öffentliche Bewußtsein können damit die Beziehungen zwischen Frankreich und einzelnen deutschen Fürsten sogar an einem positiven Frankreichbild mitwirken, solange diese Beziehungen nicht merkbar (!) zu Lasten des Reiches gehen.

In den letzten Jahren Philipps von Schwaben findet eine leichte Abkühlung des staufisch-kapetingischen Verhältnisses statt: Philipp II. befürchtet einen staufisch-welfischen Kompromiß und schließt seinerseits 12o6 mit England einen zweijährigen Waffenstillstand (6). Dies hat jedoch keine Folgen, die sich in realen Handlungen niedergeschlagen hätten und in das öffentliche Bewußtsein gedrungen wären. Auch über die Mißstimmungen selbst ist man nur durch ein Schreiben Innozenz' III. an den frz. König unterrichtet, worin jener auf nicht überlieferte diesbezügliche Mitteilungen Philipps II. antwortet; es ist sogar fraglich, ob Philipps Mitteilungen überhaupt der Wahrheit entsprochen haben oder ob er sich nicht vielmehr aus politischen Gründen von Bindungen an die Stauferpartei freisprechen wollte - Philipp von Schwaben ist zum Zeitpunkt die-

---

1) s. KIENAST/Dtld.u.Frkr. a.a.O. S. 144.

2) s. PFISTER (s.S. 69 A 2) S. 1o1.

3) s. WINKELMANN/Philipp von Schwaben (s.S. 2o5 A 6) Bd. I S. 214 f.; Bd. II S. 154, 251 ff.

4) s. KIENAST/Dtld.u.Frkr. S. 144-149.

5) Zumindest bis zu den Privilegien Friedrichs II. an die geistlichen (122o) und die weltlichen Fürsten (1232).

6) s. KIENAST/Dtld.u.Frkr. S. 156.

ses Schreibens im übrigen schon tot (1). Wie glaubhaft dies bei der Kurie gewirkt haben mag, könnte man auf dem Hintergrund der früheren Parteinahmen für Philipp von Schwaben gegenüber dem Papst (2) oder der Bestimmungen des englisch-französischen Waffenstillstandes von 12oo beurteilen, in welchem sich Johann ohne Land verpflichten mußte, die Unterstützung Ottos IV. einzustellen (3).

Von 12o8 bis etwa 121o regiert Otto IV. ohne Thronrivalen. Von seiner politischen Ausgangslage und seiner ganzen politischen Vita her hat er als ausgesprochener Frankreichfeind zu gelten. Es läßt sich jedoch feststellen, daß bei ihm mit der unangefochtenen Übernahme der Funktion des Königs (seit 12o9 auch des Kaisers) diese Funktion ein Eigengewicht bekommt und ihren Träger in seinem politischen Handeln - soweit möglich - aus der Sphäre partikularer Interessen und partikularer Rücksichtnahmen entfernt. Otto vertritt nach 12o8 für kurze Zeit nicht mehr nur die welfische Partei, sondern das ganze Reich. Und wie den Fürsten daran gelegen ist, sich mit dem nun vorübergehend konkurrenzlos dastehenden Reichsoberhaupt zu arrangieren, beweist die wachsende Zahl seiner Anhänger. Auch Ottos veränderte Politik gegenüber dem Papst, dessen Protégé er ja gewesen war, läßt sich kaum mit Kategorien wie 'Wankelmut', 'Stolz', 'Treulosigkeit' usw. fassen, sondern ist Resultat der Übernahme reichspolitischer Aufgaben. Diese beeinflußt auch die Haltung anderer Staaten: die Bindung an England wird lockerer, das Verhältnis zu Frankreich entspricht nicht den äußerst negativen Vorbedingungen. Zwar versucht Frankreich 12o8 zum ersten Mal, mit finanziellen Zuwendungen an dt. Fürsten einen Gegenkandidaten zu lancieren (Heinrich von Brabant) (4) und einige dt. Bischofsstädte an der Grenze in Besitz zu nehmen (5). Beides ruft aber in der Öffentlichkeit keine Resonanz hervor. Zudem ist der Gegenkandidat auch nicht wie in späteren Fällen 'Ausländer', sondern ein Reichsfürst, so daß der Plan bei der im MA ohnehin verbreiteten unemotionalen Haltung gegenüber Bestechungen u.ä. keine nationalen Regungen hervorzurufen imstande ist. In der kurzen Zeit, in der Otto IV. fast allgemein als dt. König anerkannt ist, in der er die Interessen des Reiches zu vertreten hat, das Reich nach innen und außen repräsentiert, spielt sich n i c h t s ab, was öffentlich den Eindruck einer deutsch-französischen Feindschaft entstehen lassen kann. Natürlich besteht zwischen dem äußeren Bild und den Vorgängen hinter den Kulissen wie meist ein Gegensatz. So vollzieht sich etwa eine Annäherung zwischen Frankreich und der Kurie, als Otto die staufische Italienpolitik fortsetzt; die Bitte des Papstes aber, Philipp II. möge ihn militärisch unterstützen, lehnt

---

1) s. KIENAST/Dtld.u.Frkr. S. 156 A 4.

2) s. WINKELMANN/Philipp von Schwaben Bd. I S. 157.

3) s. ebd. S. 161.

4) s. KIENAST/Dtld.u.Frkr. S. 157 f.

5) s. ebd. S. 158 f.- Vor Spekulationen hinsichtlich weiterreichender 'Machtgelüste' warnt A. CARTELLIERI/Bouvines (s. S. 266 A 6) S. 12, der diese Maßnahme als Sicherung gegen Angriffspläne Ottos interpretiert.

dieser ab (1).

Die Neutralität in den dt.-frz. Beziehungen soll von mir nicht überbewertet werden. In Verbindung mit dem schon angesprochenen Faktum, daß die Alleinregierung Ottos wegen ihrer Kürze nur episodenhaft bleibt und daß unmittelbar danach eine Fortsetzung der staufisch-kapetingischen Beziehungen zu konstatieren ist, muß jedoch hinsichtlich unserer Untersuchung gefolgert werden, daß die Kontinuität des seit ca. 118o bestehenden neutralen bis positiven Verhältnisses nicht gefährdet worden ist. Außerdem verläßt Otto durch seine Italienaktivitäten seit 12o9 und dann bis 1212 den unmittelbaren dt.-frz.-engl. Spannungsbereich; einer frz. Deutschlandpolitik, die ohnehin nur in den verborgenen Winkeln geheimer Diplomatie, noch ohne weitreichende Ziele und vor allem ohne weitreichende territoriale Ansprüche betrieben wird, fehlt in dieser Zeit also ein direkter Widerpart. In diesem Sinn findet eine deutsch-französische Politik vorerst wieder einmal nicht statt.

Das ändert sich, als mit Friedrich II. ein neuer Konkurrent für Otto auftritt. Friedrich, der schließliche Sieger, wird von Anfang an durch Frankreich unterstützt. Philipp II. plädiert bei der Kurie für seine Kandidatur (2) und sorgt durch Bestechung für entsprechende Anhängerschaft im Reich (3). Natürlich geht Friedrich auf diese Unterstützung ein. Und erneut entspricht die entstehende Verbindung "dem Bündnissystem, das in der europäischen Staaten Welt des 12./13. Jahrhunderts bereits voll ausgeprägt war" (4). 1212 trifft Friedrich mit dem frz. Dauphin zusammen (5). Der dabei geschlossene Vertrag beinhaltet im Wesentlichen Bestätigungen früherer Abkommen und verpflichtet die Vertragspartner, keine Bündnisse mit Otto IV. oder England zu schließen. Folge der Zusammenkunft ist wohl auch eine Zahlung von angeblich 2o.ooo Mark Silber an Friedrich, die er zur Werbung von Anhängern verwendet.

1214 kommt es in B o u v i n e s zwischen Philipp II. und Otto zur Schlacht, der Schlacht, die Friedrichs Stellung sichert, ohne daß er selbst daran teilnimmt. Seit rd. 2oo Jahren kämpfen hier wieder 'Deutsche' und 'Franzosen' gegeneinander, Deutsche allerdings, die mit Engländern verbündet sind und unter dem Befehl eines Monarchen stehen, der 'Deutschland' kaum noch und nach der Schlacht überhaupt nicht mehr repräsentiert. Auch indem der Sieg Frankreichs für das dt. Reich keine negativen territorialen Folgen hatte und der neue dt. König in seiner Souveränität keinen Schaden erlitt, konnte die zeitgenössische deutsche Öffentlichkeit den Ausgang

---

1) s. KIENAST/Dtld.u.Frkr. a.a.O. S. 161.

2) s. HALBE, M.: Friedrich II. und der päpstliche Stuhl bis zur Kaiserkrönung. Berlin 1888. S. 7.

3) s. BIEHRINGER (s. S. 72 A 2) S. 28.

4) BLOCH/Stauf. Kaiserwahlen (s. S. 212 A 1) S. 1oo.

5) s. dazu und zum Folgenden WINKELMANN/Philipp von Schwaben a.a.O. Bd. II. S. 331 f.; KIENAST/Dtld.u.Frkr. S. 162 f.

nicht als Niederlage Deutschlands interpretieren. Eine andere Sache ist es, daß diese Schlacht nicht unbedingt als glanzvoller Einstieg Friedrichs II. in die Politik empfunden wird. Die Lauterberger Annalen kommentieren Bouvines mit den Worten: "Ex quo tempore nomen Theutonicorum satis constat apud Gallicos viluisse."(1) Das widerspricht sicher nicht völlig den Tatsachen. In Philipp Mouskets Reimchronik wird Philipp II. (nach Bouvines: Philipp II. August) als der gegenüber Friedrich aktivere, befehlende Partner gekennzeichnet (2), Wilhelm Brito sieht Bouvines als Wiederholung des Sieges der Franken über die Sachsen (!) (3), eine Inschrift an einem Stadttor von Arras erinnert daran, daß Lothar v. Frkr. 236 Jahre vorher Otto II. besiegt hat (4). Auch ZIMMERMANN kommt auf Grund seiner Untersuchungen zu dem Ergebnis, daß das Deutschlandbild in der frz. Literatur sich nach 1214 verschlechtert (5) - für Frankreich war der Gegner bei Bouvines eben ein deutscher Kaiser. Soweit jedoch ZIMMERMANN zu entnehmen ist, stammen negative und total abqualifizierende Urteile über Friedrich II. überwiegend aus der Zeit, in der in Italien ein staufisch-angevinischer Gegensatz entstanden war, stellen also sehr deutlich Nach- und Zweckurteile dar. Auf staufischer Seite konnte nach Bouvines dem aber keine Abqualifizierung der Franzosen entsprechen, ja nicht einmal Neid o.ä., weil sich der frz. Sieg kurz- und sogar noch mittelfristig nicht negativ auf die deutschen Verhältnisse ausgewirkt hat. Die gern zitierte Stelle aus der Braunschweiger Reimchronik, die in V. 7o36 davon spricht, daß durch Ottos Niederlage 'daz Roemesch rîche gescant' worden sei, stellt eher eine Ausnahme dar und wird durch die landsmannschaftliche und damit politische Provenienz des Verfassers ohnehin entscheidend relativiert. Es war vielmehr eher so, daß durch Ottos Niederlage die Beendigung der Thronstreitigkeiten entscheidend forciert wurde, und die Partei, die sich als Verlierer zu fühlen hatte, war nicht mehr besonders groß.

Bleibt darzustellen, wie sich das Verhältnis zwischen Deutschland und Frankreich nach 1214 und bis etwa Mitte der dreißiger Jahre gestaltete. Wenn von "im ganzen (...) freundlichen Beziehungen" (6) gesprochen wird, so bezieht der einschränkende Ton der Formulierung seine Berechtigung erst aus der Abkühlung nach 1235, nämlich nach Friedrichs Heirat mit Isabella von England (7); aber die frz. Besorgnis wurde, nicht zuletzt durch die Vermittlung Gregors IX. (8), sehr bald zerstreut. Interessant ist in diesem Zusammenhang ein Schreiben Friedrichs an Ludwig IX. von Frkr. (9), in dem

---

1) MG SS XXIII S. 186. Zit. nach KIENAST/Dtld.u.Frkr. S. 174.

2) s. TEICHMANN, E.: Aachen in Philipp Mouskets Reimchronik. In: Zs d. Aachener Geschichtsvereins 25/19o3. S. 269-3oo. Hier S. 294.

3) KIENAST/Dtld.u.Frkr. S. 133. 4) ebd. S. 43.

5) ZIMMERMANN/Beurteilung (s. S. 268 A 6) S. 88.

6) KRAUT/Polit. Beziehungen (s. S. 266 A 2) S. 19.

7) s. KIENAST/Dtld.u.Frkr. S. 186 f.

8) s. GRUNDMANN/Wahlkönigtum (s. S. 2o2 A 2) S. 56.

9) Übers. bei HEINISCH (s. S. 2o9 A 2) S. 289 ff.

er die Motive der Heirat schildert, die Rolle des Papstes darstellt, Bedenken Frankreichs als unbegründet bezeichnet und sogar ein persönliches Treffen zwecks Aussprache vorschlägt. Dieses Schreiben enthält Formulierungen, die auf das Verhältnis zwischen Frankreich und Deutschland bzw. zwischen den regierenden Dynastien, also zwischen den Staufern und den Kapetingern, Bezug nehmen. Da ist die Rede von der "Beständigkeit der Liebe" (1) Friedrichs zum frz. König, davon, "wie die gegenseitige Zuneigung von Unseren und Euren Vorfahren bewährt wurde und Wir mit Eurem Großvater (= Philipp II. August; R.B.) und Vater (= Ludwig VIII.; R.B.) (...) verbürgte Freundschaft hielten", von der "gewohnte(n) und gleichsam von den Vorfahren verankerte(n) Huld und Liebe", der "Festigkeit der gewohnten Zuneigung" u.a.m. Handelt es sich einerseits um typischen Kanzleistil, der mit feinen Abstufungen bei fast jedem Adressaten verwendet wird, so ist doch andererseits die inhaltliche Aussage zu spezifisch, um ignoriert werden zu können. Das Verhältnis zwischen beiden Ländern ist ein besonderes, ist - mit den geschilderten Ausnahmen - ein neutrales bis positives, und es ist ein Verhältnis, das in der Politik zu einem Faktor geworden ist: nicht nur die direkt beteiligten Seiten operieren damit, sondern auch Dritte wie etwa der Papst, wenn er Ludwig IX. an "die besondere Freundschaft, die zwischen seinen (= Friedrichs II.; R.B.) und Deinen Vorfahren von alters her blühte" (2) erinnert. Mit den letzten Beispielen bewegen wir uns natürlich schon in einer Zeit, die für die Abfassung des K kaum noch in Frage kommt. Aber gerade, weil sie aus einer Zeit der Krise stammen, wird die zeitgenössische Bespiegelung der unmittelbaren und der schon bis zu 6o Jahren zurückliegenden Periode für uns zum Beweis der Richtigkeit der bisher gemachten Beobachtungen <u>und</u> zum Beweis der Richtigkeit eines entsprechenden zeitgenössischen Bewußtseins. Würde man noch weiter fortschreiten, könnte man feststellen, wie lange sich der Standard der erreichten Beziehungen auch unter politischen Belastungen und Bedingungen hält, die der einen Seite (Frankreich) das Verlassen der gewohnten Gleise ermöglichen würde: Ludwig IX. und seine Mutter Blanca von Kastilien nehmen eine ablehnende Haltung gegen den vom Papst propagierten 'Stauferkreuzzug' ein (3); Ludwig bemüht sich um einen Ausgleich zwischen Kaiser und Papst (4); noch als Frankreich von den Päpsten quasi dazu aufgefordert wird, "die Liquidation der römisch-deutschen Kaisermacht (zu) vollstrecken" (5), weigert sich Ludwig, ernsthaft gegen das Reich Partei zu ergreifen und Karl von

---

1) Diese und die folgenden Übersetzungen bei HEINISCH (s. S. 2o9 A 2) S. 29o.

2) Übersetzung ebd. S. 289.

3) s. WENTZLAFF-EGGEBERT/Kreuzzugsdichtung (s. S. 21 A 1) S. 36o. Erst recht wird ein Ersuchen der Kurie abgelehnt, eigene Kreuzzugsvorbereitungen abzubrechen und gegen Friedrich Krieg zu führen; s. WAHL (s. S. 72 A 3) S. 379.

4) s. GRAEFE/Publizistik (s. S. 228 A 2) S. 225. Daß Ludwig dies aus Erwägungen heraus tat, die bilaterale Probleme transzendieren, ist kein Gegenargument: hier zählen nur Handlungen und ihr Effekt in der Öffentlichkeit.

5) KERN/Anfänge (s. S.216 A 2) S. 58.

Anjou ernsthaft zu unterstützen (1). Und noch z.Z. Rudolfs von Habsburg und Philipps III. (der stark unter dem Einfluß Karls von Anjou stand), zu einer Zeit, in der Konfliktursachen genug vorhanden waren (Arelat, Italien, Lothringen), kam es außerhalb Italiens nicht zu akuten Zusammenstößen, und was die Information der Öffentlichkeit angeht, so waren zumindest in Deutschland diese Konfliktursachen erst relativ spät allgemein bekannt (2).

Ein persönliches Treffen zwischen einem dt. (Heinrich VII.) und einem frz. König (Ludwig VIII.) findet letztmalig vor 1299 (3) 1224 statt, wieder im in dieser Hinsicht schon traditionellen Vaucouleurs (4). Nach dem Thronwechsel in Frankreich (1226) wird der alte Vertrag von 1223 erneuert (5) und, als in Frankreich Adelsaufstände ausbrechen, erweitert: beide Seiten gehen die Verpflichtung ein, Personen ihres eigenen Machtbereiches an der Unterstützung von Gegnern des Partners zu hindern (6). Dies ist insofern wichtig, als sich darin eine Art (natürlich zweckgebundener) monarchischer Solidarität zeigt, die sehr deutlich die staufisch-kapetingischen Beziehungen über den von den Monarchen repräsentierten Herrschaftsbereich auf eine staatliche Ebene hebt - wieder Beweis dafür, daß die Bezeichnung '<u>deutsch</u> - <u>französische</u> Beziehungen' auch in dieser Zeit schon angemessen ist. Auch für Friedrich II. waren diese Vertragsbedingungen wichtig, da Gregor IX. ja 1229 die frz. Bischöfe zum Krieg gegen ihn aufgefordert hatte (7).

Zusammenfassend kann gesagt werden, daß die Beziehungen zwischen Deutschland und Frankreich z.Z. Friedrichs II. eine qualitative und quantitative Steigerung erfahren haben, quantitativ insofern, als es sich um mehr Berührungspunkte handelt, qualitativ, weil vor allem das Verhältnis Friedrichs zu Philipp II. August durch eine Verflochtenheit der politischen Positionen gekennzeichnet ist, welche über den persönlichen und den dynastischen Rahmen hinaus auch das Verhältnis der repräsentierten Staaten in eine neue Dimension rückt. Denn obwohl das politische Beziehungsgefüge zwischen Deutschland, Frankreich und England sich bis in die dreißiger Jahre des 13. Jhs zumindest nicht grundlegend ändert, ist die Richtung der Einflußnahme zwischen 1198 und etwa 1214 etwas grundsätzlich Neues; diese Dominanz Frankreichs hält zwar während der Regierung Friedrichs nicht an, verleiht jedoch der Existenz eines politischen Gebildes 'Frankreich' und dessen Möglichkeiten für seinen östlichen Nachbarn zusätzliche, bisher unbekannte Konturen. Seine spezifische Qualität erhält dies aber erst dadurch, daß sich das Ganze vorerst nicht zwischen deutlich rivalisierenden Mächten abspielt.

---

1) s. KERN/Anfänge (s. S. 216 A 2) S. 63.
2) s. ebd. S. 74.
3) s. MICHAEL/Formen (s. S. 215 A 6) S. 25.
4) s. ebd. S. 24.
5) s. WISSOWA (s. S. 2o5 A 5) S. 57.
6) s. KIENAST/Dtld.u.Frkr. a.a.O. S. 184.
7) s. ebd. S. 184.

Wie ist nun auf diesem Hintergrund die Darstellung Strickers einzuordnen? Die Antwort auf diese Frage soll, entsprechend der immer wieder zu machenden Einschränkung, daß über die Autorenintention nur vorsichtige Äußerungen gemacht werden können, in einer Form gegeben werden, die auf die Position des Textes in einer (nämlich der eben dargelegten) geschichtlichen Situation (1) Bezug nimmt.

Da die Bezeichnung 'Kerlinge' im ersten Drittel des 13. Jhs ohne Zweifel mehr und speziellere Assoziationen, zumindest aber a n d e r e hervorrufen muß als um 117o, der Entstehungszeit des dR, ist Strickers speziellerer Gebrauch des Begriffes, seine Verwendung nur noch da, wo eine pars-pro-toto-Bedeutung sich aus dem Zusammenhang nicht mehr ergeben kann, sicher eine mögliche Ursache für die Konkretisierung solcher möglichen Assoziationen. Den Grund für die Reduzierung der Kerlingen-Terminologie sollte man daher auch nicht in einer 'Nationalisierung' des Epos suchen – schon deshalb nicht, weil die 'Karlinge' im dR wegen des besonderen Wortgebrauchs nur selten als Franzosen assoziierbar sind. Aber auch die im K verbleibenden Belege machen deutlich genug, daß 'Franzosen' an der Handlung beteiligt sind; eine Verdrängung des kerlingischen Elements findet nicht statt. Ihre Funktion erhält die Reduzierung der Begrifflichkeit vielmehr dadurch, daß Konrads Gebrauch nicht überall sinnvoll, notwendig, einsichtig oder erforderlich erscheint. Nimmt man an, daß schon das Publikum des dR wenigstens teilweise (2) an der Frankreichthematik interessiert war, dann ist Konrads Gebrauch sogar als inflationär zu bezeichnen: wenn nicht erkennbar ist, was Personen oder Gruppen als 'Kerlinge' qualifiziert, dann verliert die Kennzeichnung einen wichtigen Teil ihres Aussagewertes.

Daß die geschichtlichen Ereignisse nicht notwendig auf Strickers Darstellung Einfluß genommen haben, kann nicht eindringlich genug betont werden. Die Berechtigung für diesen Hinweis ergibt sich sehr schnell, wenn man sich zwei Umstände klar macht:

1. Die Gestaltung des dR entspricht in keiner Weise (also weder in einem abgrenzenden noch in einem vereinnahmenden Bezug) dem Verhältnis zwischen Deutschland und Frankreich zu seiner Zeit. Auch hier gilt: Das spezielle Interesse des Autors hat darüber entschieden, was und wie er gestaltet.

2. Es gibt kein durchgängiges 'Bild' von den Kerlingen im K, das über die durch Vorlage und Stoff geforderte Grundcharakterisierung hinausgeht. Als Anhängerschaft und Gefolge eines positiven Protagonisten kann die Gruppe der Kerlinge von vornherein nicht anders als selbst positiv sein;

---

1) Oder – selektiver ausgedrückt –: unter den Einflüssen von für eine Berührung mit Literatur in Frage kommenden Bestandteilen der geschichtlichen Situation. Denn natürlich gewinnt nicht jedes in einem Text aufscheinende Thema unter allen solchen Aspekten einen besonderen Charakter; so verschließt sich etwa die Betrachtung des in diesem Kapitel behandelten Themas einer Befragung auf dem Hintergrund religiöser oder wissenschaftlicher Standards.

2) 'Teilweise' meint sowohl 'Teile des Publikums' als auch 'neben anderen Themen'.

Konrads implizite Diskreditierung der Kerlinge im Schlußteil ist mit einigem Recht als Lapsus zu bezeichnen - schon allein deswegen, weil bei ihm ja immer die Bedeutung 'Kerlinge' = 'alle Leute Karls' naheliegt. Auch im dR sind die Kerlinge im Ganzen positiv gekennzeichnet, und dieses Bild wird im K nicht verstärkt, wohl aber übernommen und unter Ausschaltung von Mißverständnissen klarer präsentiert. Die Anforderungen von Stoff und Vorlage unterscheiden Strickers Ausgangslage etwa von der Wolframs im 'Willehalm': für Wolfram ist Frankreich zwar 'der wâren riterschefte lant', aber das hindert ihn nicht daran, Franzosen als lustlose Kämpfer, ja Feiglinge darzustellen (z.B. Wh. 321-327) und den frz. König als Weichling. Aber Mittelpunktperson ist im Wh. ja auch nicht Loys, sondern die Titelfigur - und d e r e n Anhänger sind so vorbildhaft wie ihr Anführer. (Wieder anders liegt der Fall z.B. im 'Moriz von Craûn'; dort entwickelt der Autor eine regelrechte Translation des Rittergedankens von den Griechen über die Römer auf die Franzosen, aber die Handlung spielt auch im <u>zeitgenössischen</u> Frankreich.)

Das genauere Bild Strickers davon, was 'Kerlinge' sind, welche Rolle sie z.Z. Karls d. Gr. gespielt haben und welchem politischen Bereich sie nach der Reichsteilung angehören, fügt sich jedoch sehr wohl in die Gedankenwelt einer Epoche ein, in der die Deutschen in neue und besondere Kontakte mit Franzosen kommen. Indem die Kerlinge ihre Rolle deutlicher als im dR ausfüllen (ausgrenzende Bedeutung des Terminus), wird implizit auch ein Geschichtsbild entworfen, das der gemeinsamen Vergangenheit von Ost- und Westreich einen spezielleren Akzent verleiht. Sicher wäre es übertrieben, wollte man den K als Beschwörung der alten Zusammengehörigkeit interpretieren; aber indem im K der 'französische' Bestandteil des Karlsreiches klarer hervortritt, wird auch sein Verhältnis zu anderen solcher Bestandteile interessant. Gerade im Zusammenhang der übergeordneten Kreuzzugsthematik wäre dann aber auch darauf hinzuweisen, daß das dargestellte Zusammenwirken verschiedener Nationen zugunsten des religiösen Zieles angesichts der nationalen Rivalitäten bei solchen Unternehmen in der Historie ein Idealbild ist, das durchaus adhortativen Charakter annehmen und vielleicht auch in diesem Sinne konzipiert worden sein kann.

Insgesamt entspricht die Darstellung im K dem tatsächlichen Standard der deutsch-französischen Beziehungen in seiner Zeit: diese sind vergleichsweise sehr unproblematisch, aber lebhaft. So, wie man in dieser Zeit Frankreich Beachtung schenkt (schenken muß), schenkt Stricker den ihm in der Quelle präsentierten Franzosen Beachtung, indem er sie aus ihrer unklaren Stellung herauslöst. Da Stricker zu keiner Stellungnahme im Kampf um die nationale Provenienz Karls gezwungen ist, ja eine solche sogar im Sinn seiner Hauptabsicht vermeiden muß, muß er dessen kerlingische Herkunft auch nicht verschweigen und kann genauso zwanglos dessen spätere Überparteilichkeit und gleichzeitige partielle Affinität zu den 'tiuschen liuten' (Wahlprivileg) erwähnen. Daß Stricker weder als pro- noch als antifranzösisch gelten kann, zeigt seine Rezeption in späterer Zeit; daß seine Schilderung des kerlingischen Elements in Karls Herrschaftsbereich keine widerspiegelnde Stellungnahme zu aktueller Politik sein soll, erweist sich daran, daß man vergeblich nach einer vom dR unterschiedenen Darstellung Englands sucht.

Weder Gottfried von Viterbo noch die Dichter des 'Ligurinus' oder des 'Ludus de Antichristo', kein Alexander von Roes, kein Jordan von Osnabrück und kein Engelbert von Admont können oder wollen das gemeinsame karolingische Erbe leugnen. Ihnen geht es nur um die Konsequenzen, die sich daraus ergeben. Stricker dagegen schreibt ein Epos, dessen Appellcharakter auf ganz andere Ziele gerichtet ist, nämlich auf religiöse und kreuzzugsgebundene. Wenn er 'Franzosen' darstellt, Franzosen in einer Zeit, in der es noch kein Frankreich gab, dann kann es ihm genügen, Unterschiede klarzumachen, ohne Probleme aufzuwerfen, die sich zu seiner eigenen Zeit nicht mehr oder noch nicht wieder stellen und die hinsichtlich seiner übergeordneten Ziele nur als Störfaktor zu gelten haben. Der eigentliche theoretische und politische Streit um Vorrechte entsteht erst, seit der vage, deshalb aber auch von der Gegenseite nie allzu engagiert bekämpfte auctoritas-Gedanke der Kaiseridee abgelöst wird durch konkrete, aber zu diesem Zeitpunkt dann schon utopisch gewordene Weltherrschaftstheorien - nämlich seit der Mitte des 13. Jhs (1).

Nicht das "Vorhandensein der Lilien-Embleme des Königshauses Frankreich (in K 3148; R.B.) ist sehr merkwürdig" (2), sondern der Versuch, an den K Probleme herantragen zu wollen, die seine Zeit und seine Themenstellung überhaupt nicht betreffen.

---

1) s. HOLTZMANN, R.: Der Weltherrschaftsgedanke des mittelalterlichen Kaisertums und die Souveränität der europäischen Staaten. Nachdr. d. Ausg. Tübingen 1953. Darmstadt 1964. S. 29.

Gegen HOLTZMANNs auctoritas-Begriff wendet sich K. F. WERNER (Das hochmittelalterliche Imperium im politischen Bewußtsein Frankreichs. 1o. - 12. Jahrhundert. In: HZ 2oo/1965. S. 1-6o). WERNER kommt aber ebd. S. 49 zu ähnlichen Beobachtungen wie HOLTZMANN, wenn er schreibt: "Das Imperium wurde (um die Mitte des 13. Jhs; R.B.) stärker beachtet und diskutiert und vor allem, wenigstens theoretisch, als Universalidee begriffen, als in der Zeit, in der es noch eine nenneswerte und bedeutende Machtstellung innehatte."

2) LEJEUNE/STIENNON (s. S. 261 A 1) S. 292 A 17.- Über die Fragwürdigkeit der eindimensionalen Ausdeutung eines so vielschichtigen und häufigen Symbols soll hier nicht mehr räsoniert werden.

Bemerkungen über ein kaum verfaßbares Schlußwort

Der Schluß einer Untersuchung bietet Gelegenheit, Ergebnisse zusammenzufassen, Beobachtungen unter einen gemeinsamen Nenner zu bringen, Forschungsaufgaben für die Zukunft zu formulieren.

Zusammenfassungen sind in einer notgedrungen heterogenen Arbeit wie der vorliegenden (s. Einl.) eine ärgerliche Wiederholung, eine Beleidigung der Merk- und Nachschlagefähigkeit des Lesers, weil sie am zugehörigen Ort, am Ende der Abschnitte und Kapitel ihren Ort haben.

Die Formulierung von Forschungsaufgaben setzt (gerade im Rahmen einer Dissertation) einen gewissen Masochismus voraus, wenn man sich vor Augen hält, wie wenig darauf erfahrungsgemäß Bezug genommen wird.

Bliebe der 'gemeinsame Nenner'. Einen solchen zu finden, gehört im Prinzip zur Aufgabe jeder wissenschaftlichen Arbeit und zumal einer mit monographischem Charakter. Im Fall des K und angesichts der Forschungslage zu diesem Epos ist jedoch m.E. eine solche Einordnung momentan kaum zu verantworten:

Die (immer noch) wenigen vorliegenden inhaltlichen Untersuchungen weisen untereinander bzgl. eines Gesamtbildes vom Text zu wenig Berührungspunkte auf. Falls sich die Forschungslage nicht bessert, ist zu befürchten, daß jede neue Einordnung entweder ein Privatissimum und also folgenlos bleibt o d e r allein auf Grund ihres Vorhandenseins im Positiven oder Negativen einen überproportionalen Stellenwert gewinnt. GEITH, SCHNELL und VON DER BURG haben sich aus zeitlichen Gründen untereinander nicht benutzen können; ich mußte aus thematischen Gründen auf eine mehr als sporadische Nutzung verzichten, wobei dann auch noch meist die Kritik im Vordergrund stand, ich dem Wert dieser Arbeiten also in keiner Weise gerecht werden konnte.

Das verbindende Element der Arbeiten zum K seit der Dissertation J. SINGERs war ein negatives: Ziel war es, andere Ansatzpunkte als die bisherigen zu finden. Dies ist wichtig, für eine Einordnung des Textes auf Grund der so zustande gekommmenen Ergebnisse zu wenig. Es hat sich m.E. gezeigt, daß überall da, wo man solche neuen Ansatzpunkte gefunden hat, auch neue Ergebnisse zu Tage getreten sind; und das zeigt, daß die K-Forschung noch zu sehr von (salva venia) Zufällen abhängig ist. Ort und Art der Ergebnisse waren kaum von akzeptierten vorgegebenen, unumgänglichen Zielrichtungen abhängig, sondern vom jeweiligen Ansatzpunkt des jeweiligen Interpreten. Daher sind diese Ergebnisse zumindest vorläufig und aus methodischen Gründen als Einzelergebnisse anzusehen, die zwar manche Gemeinsamkeiten aufweisen, eine Einordnung, ein Resümee aber gerade deshalb verbieten. Dem Wunsch GEITHs, daß die K-Forschung 'nu alrêrst ane gât' (AfdA 87 S. 127), wird jeder beipflichten, der erfahren hat, welche Probleme und Fragen dieser Text allein und für seine Zeit noch aufwirft. Einer Gesamtbewertung fehlt jedoch momentan noch jede Basis.

Wenn ich trotzdem hier einen kleinen 'Ausblick' anschließe, dann kann dies also nur unter einem Aspekt geschehen

hen, der den K nicht alleine betrifft:

Falls sich das Ergebnis halten und ausbauen läßt, daß Strikker in diesem Epos auf eine seriöse und überzeugte Weise den Kreuzzugsgedanken in einer gesamthistorisch und ideengeschichtlich zu seiner Zeit objektiv überholten Form vertritt, dann wird der K zum Bestandteil einer (noch ausstehenden) Materialsammlung über die 'Gleichzeitigkeit des Ungleichzeitigen' in der Literatur des MAs. Eine solche Materialsammlung wäre notwendig, um den theoretisch evidenten Vorwurf zu untermauern, daß unsere nicht unangefochtene, aber bisher unersetzte Chronologie der literarisch-geistigen Entwicklung des MAs der tatsächlichen Erscheinungsvielfalt nicht gerecht wird und der Forschung manche vielleicht ertragreichen Perspektiven verstellt. Es läßt sich absehen, daß diese Sammlung gerade solche Texte enthalten wird, die weder für die Zeitgenossen noch für die Literaturwissenschaft normbildend gewesen sind. Der K würde darin dann sicher eine besondere Rolle spielen können, vielleicht gar zum Paradigma werden, weil für ihn eine breite und langdauernde Rezeption belegt ist. Von der Überlegung ausgehend, daß diese Rezeption sich in späterer Zeit mit der Rezeption normsetzender Literatur überschneidet und sich bzgl. der Wirkung qualitative Gleichgewichte herstellen, könnte man zu einer funktionsbestimmten Unterscheidung von nur normsetzender und normtragender Literatur kommen, könnte zeigen, daß letztere eine für die Gesamtentwicklung der Literatur bisher grotesk unterschätzte oder nicht ausgewertete Bedeutung besitzt. M.E. würde sich dann der Einfluß der 'Klassiker' mehr als ein v e r m i t t e l t e r herausstellen. Und das bietet der Literaturwissenschaft die Chance, den Einfluß von Literatur genauer verfolgen und feststellen zu können. Die 'Klassiker' wären einerseits, gespiegelt in der Dialektik ihrer aktiven und passiven Rezeption, neu und sicherer zu würdigen; andererseits könnte man auch ihre nicht wegzudiskutierenden Bedeutung angemessener relativieren, ohne zur Verlegenheitslösung unreflektierter Bilderstürmerei greifen zu müssen.

LITERATURVERZEICHNIS

Benutzte Ausgaben

ALBERT VON STADE. Die Chronik des Albert von Stade. Nach der Ausg. d. MGH übers. von F. Wachter. 2. Aufl. Leipzig 194o. (GDV 72)

'ALEXANDER'. Rudolf von Ems: Alexander. Hrsg. von V. Junk. 2 Bde. Leipzig 1928. (Bibl.Lit.Verein 272, 274)

ANNOLIED. Das Annolied. Hrsg. und übers. von E. Nellmann. Stuttgart 1975.

ARNOLD VON LÜBECK. Die Chronik Arnolds von Lübeck. Nach der Ausg. d. MGH übers. von J.C.M. Laurent. 2. Aufl. neu bearb. von W. Wattenbach. Leipzig 1896. (GDV 13. Jh. Bd. 3)

CHANSON DE ROLAND. La chanson de Roland. Hrsg. und übers. von H.W. Klein. München 1963. (Klassische Texte des romanischen Mittelalters in zweisprachigen Ausgaben 3)

'FRAUENEHRE'. Der Stricker: Die Frauenehre. In: Die Kleindichtung des Strickers. Hrsg. von W.W.Moelleken. Bd.1 (s.u.)

(dies.). Strickers 'Frauenehre'. Hrsg. von K. Hofmann. Marburg 1976.

HELMOLD VON BOSAU. Helmold von Bosau: Slawenchronik. Nach d. Ausg. von B. Schmeidler hrsg. und übers. von H. Stoob. Darmstadt 1973. (Frhr.-vom-Stein-Ged.-Ausg. 19)

JAHRBÜCHER VON MAGDEBURG. Die Jahrbücher von Magdeburg (Chronographus Saxo). Nach d. Ausg. der MGH übers. von E. Winkelmann. Neu bearb. von W. Wattenbach. 3. Aufl. Leipzig 1941. (GDV 63)

JAHRBÜCHER VON ST. JACOB IN LÜTTICH. Die Jahrbücher von St. Jacob in Lüttich. Die Jahrbücher Lamberts des Kleinen. Die Jahrbücher Reiners. Nach d. Ausg. d. MGH übers. von C. Platner. 2. Aufl. Leipzig 1941. (GDV 7o)

JAHRBÜCHER VON PÖHLDE. Die Jahrbücher von Pöhlde. Nach d. Ausg. d. MGH übers. von E. Winkelmann. Neu bearb. von W. Wattenbach. 3. Aufl. Leipzig 1941. (GDV 61)

KAISERCHRONIK. Die Kaiserchronik nach der ältesten Hs. des Stiftes Vorau. Hrsg. von J. Diemer. Wien 1849.

(dies.). Die Kaiserchronik eines Regensburger Geistlichen. Hrsg. von E. Schröder. Hannover 1892. (MGH Dt. Chroniken I, 1)

'KARL DER GROßE'. Karl der Große von dem Stricker. Hrsg. von K. Bartsch. Mit e. Nachwort von D. Kartschoke. Nachdruck d. Ausg. Quedlinburg und Leipzig 1857. Berlin 1965. (Dt. Neudrucke. Reihe: Texte des Mittelalters)

Probeedition der ersten 941 Verse in der Dissertation von J. Singer (s.d.).

KÖLNER KÖNIGSCHRONIK. Die Kölner Königschronik (mit den Fss.). Nach d. Ausg. d. MGH übers. von K. Platner. Neu bearb. und vermehrt von W. Wattenbach. 5. Aufl. Leipzig 1941. (GDV 69)

LOHENGRIN. Cramer, Th.: Lohengrin. Edition und Untersuchung. München 1971.

'LUDUS DE ANTICHRISTO'. Ludus de Antichristo. Lat. und Dt. Übers. und Nachw. von R. Engelsing. Stuttgart 1968.

OTTO VON FREISING. Otto Bischof von Freising: Chronik oder die Geschichte der zwei Staaten. Übers. von A. Schmidt. Hrsg. von W. Lammers. 3. Aufl. Darmstadt 1974. (Frhr.-vom-Stein-Ged.-Ausg. 16)

(ders.). Otto Bischof von Freising und Rahewin: Die Taten Friedrichs oder richtiger Cronica. Hrsg. und übers. von F.J. Schmale. 2. Aufl. Darmstadt 1965. (Frhr.-vom-Stein-Ged.-Ausg. 17)

OTTO VON ST. BLASIEN. Die Chronik des Otto von St. Blasien. Mit e. Auszug aus der Chronik des Martin von Troppau und dem 'Brief über den Tod des Kaisers Friedrich'. Nach d. Ausg. d. MGH übers. von H. Kohl. 2. Aufl. Leipzig 1941. (GDV 58)

'PARZIVAL'. Wolfram von Eschenbach: Parzival. Studienausgabe. Gedruckt nach d. 6. Ausg. von K. Lachmann. Berlin und Leipzig 1926. Berlin 1965.

ROLANDSLIED. Das Rolandslied des Pfaffen Konrad. Hrsg. von C. Wesle. 2. Aufl. besorgt von P. Wapnewski. Tübingen 1967. (ATB 69)

(dass.). Ruolandes Liet. Hrsg. von W. Grimm. Göttingen 1938.

(dass.). Das Rolandslied des Pfaffen Konrad. Hrsg. und übers. von D. Kartschoke. Frankfurt a.M. 197o.

SACHSENSPIEGEL. Eike von Repgow: Sachsenspiegel (Landrecht). Hrsg. von Cl. Frhr. v. Schwerin. Eingel. von H. Thieme. Stuttgart 1974.

SALIMBENE VON PARMA. Die Chronik des Minoriten Salimbene von Parma. 2 Bde. Nach d. Ausg. d. MGH übers. von A. Doren. Leipzig 1914. (GDV 93, 94)

STRICKER (Kleindichtung). Die Kleindichtung des Strickers. Hrsg. von W.W. Moelleken (u.a.). 5 Bde. in 6 Tln. Göppingen. Bd. 1 1973. Bd. 2 1974. Bd. 3,1 und 3,2 1975. Bd. 4 1977. Bd. 5 1978. (GAG 1o7, I - V)

'TRISTAN'. Gottfried von Straßburg: Tristan. Text und kritischer Apparat. Hrsg. von K. Marold. Unveränd. 4. Nachdr. nach dem 3. Auf Grund von F. Rankes Kollationen verb. Apparat besorgt von W. Schröder. Berlin 1977.

WALTHER VON DER VOGELWEIDE. Die Gedichte Walthers von der Vogelweide. Hrsg. von K. Lachmann. 13., auf Grund der 1o. von C. v. Kraus bearb. Ausg. neu hrsg. von H. Kuhn. Berlin 1965.

'WILLEHALM'. Wolfram von Eschenbach: Willehalm. Urtext und Übersetzung. Text der 6. Ausg. von K. Lachmann. Übers. und Anmerkungen von D. Kartschoke. Berlin 1968.

Untersuchungen

a) Zu Strickers 'Karl'

AMMANN, J.J.: Das Verhältnis von Strickers Karl zum Rolandslied des Pfaffen Konrad mit Berücksichtigung der Chanson de Roland. Wien und Leipzig 19o2.

VON DER BURG, U.: Strickers Karl der Große als Bearbeitung des Rolandsliedes. Göppingen 1974. (GAG 131). Auch Diss. Bochum 1974.

(ders.): Strickers Karl und die jüngere altfranzösische Rolandsliedtradition. In: Archiv f.d. Studium d. neueren Sprachen und Literaturen 213/1976. S. 241-25o.

(ders.): Konrads Rolandslied und das Rolandslied des Karlmeinet. In: RhVjbl. 39/1975. S. 321-341.

(ders.): Niederlothringisch-niederrheinische Überlieferungen in einem mainfränkischen Epos. In: RhVjbl. 38/1974. S. 54- 73.

(ders.): Indizes zu Strickers Karl der Große. Wortindex, Reimpaarindex, Häufigkeitsindex. Göppingen 1974. (GAG 143)

EDER, G.: Die Reimverhältnisse im Karlsepos von dem Stricker. Diss. Wien 1952.

HAACKE, D.: Konrads Rolandslied und Strickers Karl der Große. In: PBB (W) 81/1959. S. 274-294.

HALL, C.D.: Ritter, fröude, ere and saelde in Konrad's Rolandslied and Stricker's Karl der Grosse. University of Michigan. Diss. DA 28/1967. 63o A.

(ders.): The saelde-group in Konrad's Rolandslied an Stricker's Karl der Grosse. In: Monatshefte 61/1969. S. 347-36o.

JECKLIN, C.v.: Zu des Strickers Karl. Diss. Leipzig 1877. auch in: Germania 22/1877. S. 129-166.

SCHNELL, R.: Strickers 'Karl der Große'. Literarische Tradition und politische Wirklichkeit. In: ZfdPh 93/1974. Sonderheft. S. 5o-8o.

SINGER, J.: Untersuchungen zur Überlieferungsgeschichte von Strickers Karl dem Großen. Diss. Bochum 1971.

(ders.): Der Eingang von Strickers 'Karl dem Großen'. In: ZfdPh 93/1974. Sonderheft. S. 8o-1o7.

----

b) sonstige literaturwissenschaftliche Anhandlungen

ACKERMANN, O.: Germanische Gefolgschaft und ecclesia militans im Rolandslied des Pfaffen Konrad. In: GRM 26/1938. S. 329-341.

AUERBACH, E.: Mimesis. 2. Aufl. Bern 1959.

AVANZIN, A.: Anmerkungen zu den Strickerischen bîspels der Melker Handschrift. In: Germanist. Abhandlungen. Innsbruck 1959. S. 111-127.

BACKES, H.: Bibel und Ars praedicandi im Rolandslied des Pfaffen Konrad. Berlin 1966. (PSQ 36)

(ders.): Dulce France - suoze Karlinge. In: PBB (W) 9o/ 1968. S. 23-42.

BAIER, C.: Der Bauer in den Dichtungen des Strickers. Diss. Tübingen 1938.

BARTSCH, K.: Über Karlmeinet. Ein Beitrag zur Karlssage. Nürnberg 1861.

(ders.): Zum Karlmeinet. In: Germania 6/1861. S. 28-43.

BECKMANN, G.A.: Der Bischof Johannes im deutschen Rolandslied - eine Schöpfung des Pfaffen Konrad? In: PBB (W) 95/1973. S. 289-3oo.

BERTAU, K.: Das deutsche Rolandslied und die Repräsentationskunst Heinrichs des Löwen. In: DU 2o/1968. S. 4-3o.

BIELING, A.: Das deutsche Rolandslied im Spiegel des französischen Rolandsliedes. Diss. Göttingen 1936.

BODE, F.: Die Kampfesschilderungen in den mittelhochdeutschen Epen. Diss. Greifswald 19o9.

BOESCH, B.: Die Kunstanschauung in der mittelhochdeutschen Dichtung von der Blütezeit bis zum Meistersang. Nachdr.d. Ausg. Bern und Leipzig 1936. Hildesheim und New York 1976.

DE BOOR, H.: Die höfische Literatur. Vorbereitung, Blüte, Ausklang. 9. Aufl. München 1974. (Geschichte der deutschen Literatur II.)

(ders.): Das späte Mittelalter. Zerfall und Neubeginn. Erster Teil: 125o-135o. München 1973. (Geschichte der deutschen Literatur III,1)

(ders.): Der Daniel des Stricker und der Garel des Pleier. In: PBB (W) 79/1957. S. 67-84.

(ders.): Der Wandel des mittelalterlichen Geschichtsdenkens im Spiegel der deutschen Dichtung. In: ZfdPh 83/1964. S. 6-22.

BRACKERT, H.: Rudolf von Ems. Heidelberg 1968.

BRALL, H.: Strickers Daniel von dem blühenden Tal. Zur politischen Funktion späthöfischer Artusepik im Territorialisierungsprozeß. In: Euph. 7o/1976. S. 222-257.

BRESSLAU, H.: Rechtsalterthümer aus dem Rolands-Liede. In: Herrigs Archiv 48/1871. S. 291-3o6.

BÜRGER, P.: Zur ästhetischen Funktion mittelalterlicher Dichtung. In: DVjs 45/1971. S. 24-34.

BUMKE, J.: Die romanisch-deutschen Literaturbeziehungen im Mittelalter. Heidelberg 1967.

(ders.): Strickers 'Gäuhühner'. Zur gesellschaftsgeschichtlichen Interpretation eines mittelhochdeutschen Textes. In: ZfdA 1o5/1976. S. 21o-232.

(ders.): Studien zum Ritterbegriff im 12. und 13. Jahrhundert. Heidelberg 1964. (Beihefte zum Euphorion 1)

(ders.): Wolframs Willehalm. Studien zur Epenstruktur und zum Heiligkeitsbegriff der ausgehenden Blütezeit. Heidelberg 1959.

(ders.): Wolfram von Eschenbach. 4. Aufl. Stuttgart 1966.

CRAMER, Th.: Normenkonflikte im 'Pfaffen Amis' und im 'Willehalm von Wenden'. In: ZfdPh 93/1974. Sonderheft. S.124-14o.

(ders.): Soziale Motivation in der Schuld-Sühne-Problematik von Hartmanns 'Erec'. In: Euph. 66/1972. S. 97-112.

CURTIUS, E.R.: Über die altfranzösische Epik IV. In: Romanische Forschungen 62/195o. S. 294-349.

CYSARZ, H.: Art. 'Epigonendichtung' in: Reallexikon der deutschen Literaturgeschichte. 2. Aufl. Hrsg. von W. KOHLSCHMIDT und W. STAMMLER. Bd. 1. Berlin 1958. S. 372-373.

DENECKE, L.: Ritterdichter und Heidengötter. Diss. Greifswald 1929. (auch Leipzig 193o. Form und Geist 13).

DÜRRWÄCHTER, A.: Die Gesta Caroli Magni der Regensburger Schottenlegende. Bonn 1897.

EGGERS, H.: Vom Formenbau mittelhochdeutscher Epen. In: DU 11/1959. H. 2. S. 81-97.

EICKE, Th.: Zur neueren Literaturgeschichte der Rolandsage in Deutschland und Frankreich. Diss. Marburg 1891.

FÄRBER, E.: Höfisches und 'Spielmännisches' im Rolandslied des Pfaffen Konrad. Diss. Erlangen 1934.

FISCHER, H.: Strickerstudien. Diss. masch. München 1953.

FLIEGNER, G.: Geistliches und weltliches Rittertum im Rolandslied des Pfaffen Konrad. Breslau 1937. (Deutschkundliche Arbeiten. Allg. Reihe 9)

FOLZ, R.: Le souvenir et la légende de Charlemagne dans l' Empire germanique médiéval. Paris 195o.

FREITAG, O.: Die sogenannte Chronik von Weihenstephan. Halle 19o5. (Hermaea 1)

GAEDE, F.: Realismus von Brant bis Brecht. München 1972.

GEARY, P.: Songs of Roland in twelfth century Germany. In: ZfdA 1o5/1976. S. 112-132.

GEITH, K.E.: Carolus Magnus. Studien zur Darstellung Karls des Großen in der deutschen Literatur des 12. und 13. Jahrhunderts. Bern und München 1977.

GERNENTZ, H.J.: Die gesellschaftliche Stellung des Künstlers um 12oo. In: WZUR 9. Gesellschafts- und sprachwiss. Reihe. H. 1. S. 121-125.

GLATZ, G.: Die Eigenart des Pfaffen Konrad in der Gestaltung seines christlichen Heldenbildes. Diss. masch. Freiburg 1949.

GOLDIN, F.: Die Rolle Ganelons und das Motiv der Worte. In: Beiträge zum romanischen Mittelalter. Hrsg. von K. BALDINGER. Tübingen 1977. (Sonder-Band der ZfromPh)

GROSSE, S.: Zur Frage des 'Realismus' in den deutschen Dichtungen des Mittelalters. In: WW 22/1972. S. 73-89.

HAACK, D.: Geschichtsauffassungen in deutschen Epen des 12. Jahrhunderts. Diss. masch. Heidelberg 1953.

HAACKE, D.: Weltfeindliche Strömungen und die Heidenfrage in der deutschen Literatur von 117o-123o. Diss. masch. Berlin FU 1951.

HARMS, W.: 'Epigonisches' im Reinfried von Braunschweig. In: ZfdA 94/1965. S. 3o7-316.

HARRIS, K.: Das Problem der Spiegelbildlichkeit im Rolandslied. In: Neoph. 48/1964. S. 3o5-312.

HEISIG, K.: Die Geschichtsmetaphysik des Rolandsliedes und ihre Vorgeschichte. In: ZfromPh 55/1935. S. 1-87.

HERZMANN, H.: Zum 'Realismus' in der deutschen Literatur des Spätmittelalters. In: Daphnis 5/1976. H. 1. S. 1-36.

HINTERKAUSEN, S.: Die Auffassung von Zeit und Geschichte in Konrads Rolandslied. Diss. Bonn 1966.

HOEFFT, C. Th.: France, Franceis, Franc im Rolandslied. Diss. Straßburg 1891.

HOFFMANN, H.: Karl der Große im Bilde der Geschichtsschreibung des frühen Mittelalters (8oo-125o). Nachdr. d. Ausg. Berlin 1919. Vaduz 1965.

IBACH, H.: Reckentum und Reichsdienst. Beobachtungen am deutschen Rolandslied. In: Neues Abendland 8/1953. S. 68o - 686.

JENSEN, L.: Über den Stricker als Bîspeldichter, seine Sprache und seine Technik unter Berücksichtigung des 'Karl' und 'Amis'. Als Einleitung zu einer Ausgabe der kleineren Strikkerschen Gedichte. Marburg 1886. (auch Diss. Marburg 1885)

KARTSCHOKE, D.: Die Datierung des deutschen Rolandsliedes. Stuttgart 1965. (auch Diss. Heidelberg 1963)

KELLERMANN, W.: Altdeutsche und Altfranzösische Literatur II. In: GRM 26/1938. S. 239 - 317.

KERN, P.: Rezeption und Genese des Artusromans. Überlegungen zu Strickers 'Daniel vom blühenden Tal'. In: ZfdPh 93/1974. Sonderheft. S. 18-42.

KLIBANSKY, E.: Gerichtsszene und Prozeßform in erzählenden deutschen Dichtungen des 12.-14. Jahrhunderts. Berlin 1925. (Germ. Studien 4o)

KLINNERT, E.: Freude und Leid im Rolandslied des Pfaffen Konrad. Diss. Frankfurt a. M. 1959.

KÖHLER, E.: 'Conseil des barons' und 'jugement des barons'. Heidelberg 1968.

KÖSTER, R.: Karl der Große als politische Gestalt in der Dichtung des deutschen Mittelalters. Hamburg 1939. (Hansische Forschungen 2)

KOHL, St.: Realismus. Theorie und Geschichte. München 1977.

KRAY, A.: Der Glaubenskrieg und seine Darstellung in den Kreuzzugsepen des Mittelalters. Diss. masch. Freiburg 195o.

LEITZMANN, A.: Strickerstudien. In: ZfdA 81/1944. S. 69-84.

(ders.): Rolandstudien. In: PBB 43/1917-18. S. 26-47.

MAGER, E.: Zum Rolandslied des Pfaffen Konrad. In: PBB (o) 86/1964. S. 225-246.

NAUMANN, H.: Der wilde und der edle Heide. In: Fs. für G. Ehrismann. Hrsg. von P. MERKER und W. STAMMLER. Berlin und Leipzig 1925. S. 8o-1o1.

NELLMANN, E.: Die Reichsidee in deutschen Dichtungen der Salier- und frühen Stauferzeit. Berlin 1963. (PSQ 16)

(ders.): Walthers unzeitgemäßer Kreuzzugsappell. In: ZfdPh 98/1979. Sonderheft. S. 22-6o.

NÖTHER, I.: Die geistlichen Grundgedanken im Rolandslied und in der Kaiserchronik. Hamburg 197o. (auch Diss. Hamburg 197o)

OHLY, F.: Die Legende von Karl und Roland. In: Studien zur frühmittelhochdeutschen Literatur. Cambridger Colloquium 1971. Hrs. von P. JOHNSON (u.a.). Berlin 1974. S.292-343.

PARIS, G.: Histoire poétique de Charlemagne. Paris 1865.

PÖRSKEN, U.: Der Erzähler im mittelhochdeutschen Epos. Berlin 1971. (PSQ 58)

RAUSCHEN, G.: Die Legende Karls des Großen im 11. und 12. Jahrhundert. Leipzig 189o. (Publ.d.Ges.f.Rhein.Geschichtskunde 7)

RICHTER, H.: Das Hoflager Karls des Großen. In: ZfdA 1o2/1973. S. 81-1o1.

RÖHR, H.: Die politische Umwelt des deutschen Rolandsliedes. In: PBB 64/194o. S. 1-39.

ROSENHAGEN, G.: Untersuchungen über Daniel vom blühenden Tal. Diss. Kiel 189o.

RÜNGELER, J.: Das Bild Karls des Großen in der zeitgenössischen Annalistik und in der Gedichts- und Briefliteratur. Gütersloh 1937.

RUH, K.: Höfische Epik des deutschen Mittelalters. Bd.1. 2., verb. Aufl. Berlin 1977. (Grundlagen d. Germanistik 7)

RUPP, H.: Rudolf von Ems und Konrad von Würzburg. Das Problem des Epigonentums. In: DU 17/1965. H. 2. S. 5-17.

SCHULZE, E.: Wirkung und Verbreitung des deutschen Rolandsliedes. Diss. Hamburg 1927.

SENGLE, F.: Die Patrizierdichtung 'Der gute Gerhard'. Soziologische und dichtungsgeschichtliche Studien zur Frühzeit Rudolfs von Ems. In: DVjs 24/195o. S. 53-82.

STACKMANN, K.: Karl und Genelun. In: Poetica 1976. S. 258-28o.

STAMMLER, W.: Ideenwandel in Sprache und Literatur des deutschen Mittelalters. In: DVjs 2/1924. S. 753-769.

STEIN, S.: Die Ungläubigen in der mittelhochdeutschen Literatur von 1o5o-125o. Nachdr. d. Ausg. Diss. Heidelberg 1932. Darmstadt 1963.

STRAUSS, D.: Redegattungen und Redearten im Rolandslied sowie in der Chanson de Roland und in Strickers Karl. Göppingen 1972. (GAG 64). (auch Diss. Bochum 1971)

TEICHMANN, E.: Aachen in Philipp Mouskets Reimchronik. In: ZAGV 25/19o3. S. 269-3oo.

TELLENBACH, G.: Germanentum und Reichsgedanke im früheren Mittelalter. In: HJb 62-69/1942-49. S. 1o9-135.

VIËTOR, K.: Die Kunstanschauung der höfischen Epigonen. In: PBB 46/1922. S. 85-124.

WALTZ, M.: Rolandslied, Wilhelmslied, Alexiuslied. Heidelberg 1965.

WENK, I.: Der Tod in der deutschen Dichtung des Mittelalters. Diss. masch. Berlin FU 1956.

WENTZLAFF-EGGEBERT, K.-F.: Kreuzzugsdichtung des Mittelalters. Berlin 196o.

WENZEL, H.: Frauendienst und Gottesdienst. Berlin 1974. (PSQ 74)

WESLE, C.: Kaiserchronik und Rolandslied. In: PBB 48/1924. S. 223-258.

WINDFUHR, M.: Der Epigone. Begriff, Phänomen und Bewußtsein. In: Archiv für Begriffsgeschichte. Bd. 4. Bonn 1959. S. 182-2o9.

WISBEY, R.A.: A complete concordance to the Rolandslied (Heidelberg manuscript). With word-indexes to the fragmentary manuscripts by C.D. HALL. Leeds 1969. (Compendia 3)

WITTENBERG, F.: Die Hohenstaufen im Munde der Troubadours. Diss. Münster 19o8.

WOELKER, E.M.: Menschengestaltung in vorhöfischen Epen des 12. Jahrhunderts. Berlin 194o. (Germ.Studien 221)

----

c) Literatur zu Kapitel IV.1 (Wahl, Translatio)

BLOCH, H.: Die staufischen Kaiserwahlen und die Entstehung des Kurfürstentums. Leipzig und Berlin 1911.

BUCHNER, M.: Die Entstehung und Ausbildung der Kurfürstenfabel. Freiburg 1912.

(ders.): Die deutschen Königswahlen und das Herzogtum Bayern vom Beginn des 1o. bis zum Ende des 13. Jahrhunderts. Nachdr. d. Ausg. Breslau 1913. Aalen 1971.

BRUNNER, W.: Die deutsche Königswahl nach dem Schwabenspiegel. Diss. masch. Wien 1947.

DECKER-HAUFF, H.: Die Reichskrone, angefertigt für Kaiser Otto I. In: SCHRAMM/Herrschaftszeichen (s.u.) Bd.2 S. 56o-637.

DÖLLINGER, I. v.: Karls Kaiserkrönung in der Historiographie und Publizistik des Mittelalters. In: Münchener Histor. Jb 1865. S. 384-416.

EICHMANN, E.: Die Kaiserkrönung im Abendland. 2 Bde. Würzburg 1942.

FINKE, H.: Weltimperialismus und nationale Regungen im späteren Mittelalter. Freiburg 1916.

GOEZ, W.: Translatio Imperii. Tübingen 1958.

GRUNDMANN, H.: Sacerdotium - Regnum - Studium. In: Archiv für Kulturgeschichte 34/1952. S. 5-21.

HUGELMANN, K.G.: Die deutsche Königswahl im Corpus Iuris Canonici. Neudr.d.Ausg. Breslau 19o9. Aalen 1966.

(ders.): Die Wahl Konrads IV. zu Wien 1237. Weimar 1914.

KAMPERS, F.: Vom Werdegange der abendländischen Kaisermystik. Nachdr.d.Ausg. Leipzig und Berlin 1924. Hildesheim 1973.

KEMPF, F.: Papsttum und Kaisertum bei Innozenz III. Rom 1954.

(ders.): Das mittelalterliche Kaisertum. In: Das Königtum. Vorträge und Forschungen 3. München 1956.

(ders.): Der favor apostolicus bei der Wahl Friedrich Barbarossas und im deutschen Thronstreit (1198-12o8). In: Fs. J. Spoerl. Hrsg. von C.BAIER (u.a.). München und Freiburg 1965. S. 469-478.

KIENAST, W.: Die deutschen Fürsten im Dienste der Westmächte bis zum Tode Philipps des Schönen von Frankreich. 2 Bde. Utrecht, Leipzig, München 1924. 1931.

KIRN, P.: Aus der Frühzeit des Nationalgefühls. Leipzig 1943.

KRAMMER, M.: Rechtsgeschichte des Kurfürstenkollegs I. Breslau 19o3.

MACHETANZ, G.: Deutsche Königskrone und römische Kaiserkrone in symbolgeschichtlicher und verfassungsrechtlicher Betrachtung. Diss. masch. Göttingen 1956.

MITTEIS, H.: Die Krise des deutschen Königswahlrechts. SB der bayr. Ak. d. Wiss. Phil.-hist. Kl. 195o. H. 8. München 1951.

(ders.): Die deutsche Königswahl. Ihre Rechtsgrundlagen bis zur Goldenen Bulle. 4., unveränd. reprogr. Nachdr. d. 2., erw. Aufl. Brünn, München Wien 1944. Darmstadt 1977.

SCHNEIDER, R.: Königswahl und Königserhebung im Frühmittelalter. Stuttgart 1972.

SCHRAUB, W.: Jordan von Osnabrück und Alexander von Roes. Heidelberg 191o.

SPILLE-MENSLAGE, R.: Geblütsrecht und Wahlrecht im Mittelalter, gezeigt an den staufischen Königswahlen. In: Genealog. Jb 4/1964. S. 15-48.

STENGEL, E.E.: Der Heerkaiser. In: Abhandlungen und Untersuchungen zur Geschichte des Kaisergedankens im Mittelalter. Köln und Graz 1965. 1-169.

ULLMANN, W.: Schranken der Königsgewalt im Mittelalter. In: HJb 91/1971. S. 1-21.

TELLENBACH, G.: Vom Zusammenleben der abendländischen Völker im Mittelalter. In: Fs. G. Ritter. Tübingen 195o. S.1-6o.

----

d) Literatur zu Kapitel IV.2 (Deutschland-Frankreich); Sonstiges

BECKER, Ph.A.: Die Heiligsprechung Karls des Großen und die damit zusammenhängenden Fälschungen. In: Berichte über d. Verhandlungen d. sächs. Ak.d.Wiss. 96. H.3. Leipzig 1944/48. S. 3-26.

BEISSEL, St.: Die Verehrung der Heiligen und ihrer Reliquien in Deutschland im Mittelalter. Nachdr.d.Ausg. Maria Laach 189o, 1892. Darmstadt 1976.

BENDER, K.H.: Das Verhältnis von König und Vasall im Spiegel der Chansons de Geste des 12. Jahrhunderts. Diss. msch. Heidelberg 196o. (auch Heidelberg 1967 u.d.T. 'König und Vasall')

BENNA, A.H.: Der Kaiser und der König von Frankreich im Recht des späten Mittelalters. In: Zs d. Savigny-Stiftung d. Rechtsgeschichte. Germanist. Abtlg. 68/1951. S. 397-41o.

BIEHRINGER, F.J.: Kaiser Friedrich II. Berlin 1912.

BÖHM, F.: Das Bild Friedrich Barbarossas und seines Kaisertums in den ausländischen Quellen seiner Zeit. Nachdr. d. Ausg. Berlin 1936. Vaduz 1965.

BORST, A.: Das Karlsbild in der Geschichtswissenschaft vom Humanismus bis heute. In: Karl der Große. Lebenswerk und Nachfolge. Bd. IV: Das Nachleben. Hrsg. von W. BRAUNFELS und P.E. SCHRAMM. Düsseldorf 1967. S. 364-4o2.

BOSL, K.: Staat, Gesellschaft und Wirtschaft im deutschen Mittelalter. München 1973. (Gebhardts Handbuch der deutschen Geschichte 7)

BRUNNER, H.: Grundzüge der deutschen Rechtsgeschichte. 4. Aufl. Leipzig 191o.

CARTELLIERI, A.: Das deutsch-französische Bündnis von 1187 und seine Wandlungen. In: HistVjs 27/1932. S. 111-123.

CARTELLIERI, A.: Die Schlacht von Bouvines im Rahmen der europäischen Politik. Leipzig 1914.

CARTELLIERI, O.: Abt Suger von St. Denis. 1o81-1151. Nachdr. d. Ausg. Berlin 19o8. Vaduz 1965.

CRAM, K.G.: Iudicium belli. Münster 1955. (Beihefte zum Archiv für Kulturgeschichte 5)

ERDMANN, C.: Die Entstehung des Kreuzzugsgedankens. Nachdr. d. Ausg. Stuttgart 1935. Darmstadt 1955.

GANSHOF, F.L.: Was ist das Lehnswesen? 5.Aufl. Darmstadt 1977.

GIESEBRECHT, W.v.: Geschichte der deutschen Kaiserzeit. 6 Bde. Hrsg. u. fortges. von W. SCHILD. Meersburg 1929 f.

GRAEFE, F.: Die Publizistik in der letzten Epoche Kaiser Friedrichs II. Heidelberg 19o9.

GRIMM, J.: Deutsche Rechtsalterthümer. 2 Bde. Nachdr.d. 4., verm. Aufl. Leipzig 1899. Darmstadt 1974.

GRUNDMANN, H.: Wahlkönigtum, Territorialpolitik und Ostbewegung im 13. und 14. Jahrhundert. 3. Aufl. München 1977. (Gebhardts Handbuch der deutschen Geschichte Bd. 5)

(ders.): Das deutsche Nationalbewußtsein und Frankreich. In: Jb der Arbeitsgemeinschaft der Rhein. Geschichtsvereine 2/ 1936. S. 51-6o.

HABERKERN, E. und J.F. WALLACH: Hilfswörterbuch für Historiker. 2 Bde. 5. Aufl. München 1977.

HADANK, K.: Die Schlacht bei Cortenuova. Diss. Berlin 19o5.

HALBE, M.: Friedrich II. und der päpstliche Stuhl bis zur Kaiserkrönung. Berlin 1888.

HAMPE, K.: Deutsche Kaisergeschichte im Zeitalter der Salier und Staufer. 11. Aufl. Heidelberg 1963.

HEINISCH, K.J.: Kaiser Friedrich II. in Briefen und Berichten seiner Zeit. 5. Aufl. Darmstadt 1977.

HINTZE, O.: Feudalismus - Kapitalismus. Hrsg. von G. OESTREICH. Göttingen 197o.

HOLDER-EGGER, O. und K. ZEUMER: Indices eorum quae monumentorum Germaniae historicorum tomis hucusque editis continentur. Berlin und Hannover 189o.

HOLTZMANN, R.: Lothar und die Hohenstaufen. In: Gebhardts Handbuch d. deutschen Geschichte. Neu bearb. von R. HOLTZMANN. Cambridge/Mass. o.J. S. 3o6-379.

(ders.): Der Weltherrschaftsgedanke des mittelalterlichen Kaisertums und die Souveränität der europäischen Staaten. Nachdr.d.Ausg. Tübingen 1953. Darmstadt 1964.

HOTZ, W.: König und Verschwörer. Bremen 194o.

HUGELMANN, K.G.: Die deutsche Nation und der deutsche Nationalstaat im Mittelalter. In: HJb 51/1931. S. 1-29.

JACOBS, W.: Patriarch Gerold von Jerusalem. Diss. Bonn 19o5.

JORDAN, K.: Das Eindringen des Lehnswesens in das Rechtsleben der römischen Kurie. In: Archiv f. Urkundenforschung 12/ 1932. S. 13-11o.

JORDAN, K.: Investiturstreit und frühe Stauferzeit. 4. Aufl. München 1978. (Gebhardts Handbuch der deutschen Geschichte Bd. 4)

KANTOROWICZ, E.: Kaiser Friedrich II. 3. fotomech. Nachdr. d. 4. Aufl. 1936. Düsseldorf und München 1973.

KERLER, D.H.: Die Patronate der Heiligen. Ulm 19o5.

KERN, F.: Die Anfänge der französischen Ausdehnungspolitik bis zum Jahre 13o8. Tübingen 191o.

KIENAST, W.: Deutschland und Frankreich in der Kaiserzeit. Leipzig 1943.

(ders.): Der Herzogstitel in Frankreich und Deutschland. München und Wien 1968.

KIRN, P.: Politische Geschichte der deutschen Grenzen. Leipzig 1934.

KRAUT, O.: Die politischen Beziehungen zwischen Deutschland und Frankreich bis zur höchsten Machtentfaltung des Kaisertums unter Heinrich III. Heilbronn 1868.

KROESCHELL, K.: Deutsche Rechtsgeschichte. 2 Bde. Reinbek 1972.

KURTH, F.: Der Anteil niederdeutscher Kreuzfahrer an den Kämpfen der Portugiesen gegen die Mauren. In: MIÖG 8. Erg.-Bd. H. 1. Innsbruck 19o9. S. 131-251.

LEVISON, W.: Die Zeit der Karolinger. In: Gebhardts Handbuch der deutschen Geschichte. Neu bearb. von R. HOLTZMANN. Cambridge/Mass. o. J. S. 132-195.

LEJEUNE, R. und J. STIENNON: Die Rolandsage in der mittelalterlichen Kunst. 2 Bde. Brüssel 1966.

LUGGE, M.: 'Gallia' und 'Francia' im Mittelalter. Bonn 196o.

MADAULE, J.: Das Drama von Albi. Der Kreuzzug gegen die Albigenser und das Schicksal Frankreichs. Freiburg 1964.

MICHAEL, W.: Die Formen des unmittelbaren Verkehrs zwischen den deutschen Kaisern und souveränen Fürsten vornehmlich im X., XI. und XII. Jahrhundert. Hamburg und Leipzig 1888.

MICHAUX, Th.: Die Hauptentscheidungen des 1. Kreuzzuges Ludwigs IX. in ihrer politischen Bedingtheit. Diss. Köln 1954.

NETTE, H.: Friedrich II. von Hohenstaufen in Selbstzeugnissen und Bilddokumenten. Reinbek 1975.

PELTZER, R.A.: Die Beziehungen Aachens zu den französischen Königen. In: ZAGV 25/19o3. S. 112-141.

PETERSOHN, J.: Saint Denis - Westminster - Aachen. Die Karlstranslatio und ihre Vorbilder. In: Dt. Archiv 31/1975. S. 42o-454.

PFISTER, K.: Kaiser Friedrich II. München 1942.

RASSOW, P.: Honor Imperii. Durch d. Text d. Konstanzer Vertrages erg. Neuausg. Darmstadt 1961.

ROHDEN, P. und H.O. SIEBURG: Politische Geschichte Frankreichs. 2. Aufl. Mannheim 1959.

RUNCIMAN, S.: Geschichte der Kreuzzüge. Sonderausg. in 1 Bd. 2. Aufl. München 1975.

SCHNEIDER, R.: Innozenz III. Köln 196o.

SCHRAMM, P.E.: Herrschaftszeichen und Staatssymbolik. 3 Bde. Stuttgart 1954-1956. (Schriften der MGH 13, 1-3)

SEIGNOBOS, Ch.: Geschichte der französischen Nation. München und Berlin 1935.

SIEVERS, G.: Die politischen Beziehungen Kaiser Ludwigs des Bayern zu Frankreich in den Jahren 1314-1337. Nachdr. d. Ausg. Berlin 1896. Vaduz 1965.

VON DEN STEINEN, W.: Staatsbriefe Kaiser Friedrichs II. Breslau 1923.

TOECHE, Th.: Kaiser Heinrich VI. Nachdr.d.Ausg. Leipzig 1867. Darmstadt 1965.

VEHSE, O.: Die amtliche Propaganda in der Staatskunst Kaiser Friedrichs II. München 1929.

WAAS, A.: Geschichte der Kreuzzüge in zwei Bänden. Freiburg 1956.

WAHL, R.: Wandler der Welt. Friedrich II., der sizilische Staufer. 2. Aufl. München 1949.

WERNER, K.F.: Das hochmittelalterliche Imperium im politischen Bewußtsein Frankreichs. In: HZ 2oo/1965. S. 1-6o.

WINKELMANN, E.: Philipp von Schwaben und Otto IV. von Braunschweig. 2 Bde. Nachdr. d. Ausg. Leipzig 1837. 3. Aufl. Darmstadt 1968.

WISSOWA, A.F.: Die politischen Beziehungen zwischen England und Deutschland bis zum Untergange der Staufer. Diss. Breslau 1889.

ZENDER, M.: Räume und Schichten mittelalterlicher Heiligenverehrung. Düsseldorf 1959.

(ders.): Die Verehrung des Heiligen Karl im Gebiet des mittelalterlichen Reiches. In: Karl der Große. Bd. IV (s.o.). S. 1oo-112.

ZIMMERMANN, K.: Die Beurteilung der Deutschen in der französischen Literatur des Mittelalters mit besonderer Berücksichtigung der Vokksepen. Erlangen 1911. (auch Diss. Münster 191o)

Über den Verfasser

Geboren am 3. September 1949 in Düren.

Seit dem WS 1971/72 Studium der Germanistik und Politikwissenschaft an der RWTH Aachen. 1977 Erste Staatsprüfung für das Lehramt an Gymnasien.

Schuldienst. Lehrtätigkeit an den Universitäten Essen, Aachen, Düsseldorf und Köln.

Die Arbeit an der Dissertation wurde gefördert durch ein Graduiertenstipendium.

Veröffentlichung: Deutsche Literatur des Mittelalters (Hg. und Übers.). Stuttgart 1982.

GÖPPINGER ARBEITEN ZUR GERMANISTIK

herausgegeben von

ULRICH MÜLLER, FRANZ HUNDSNURSCHER, CORNELIUS SOMMER

GAG 233: DES STRICKERS 'PFAFFE AMIS', Hsg. von **K. Kamihara.** (1978).

GAG 234: FESTGRUSS HELLMUT ROSENFELD zum 70. Geburtstag 24. VII. 1977, herausgegeben von **F. Brévart.** (1977).

GAG 235: **R. Natt,** Der 'ackerman aus Böhmen' des Johannes von Tepl. Ein Beitrag zur Interpretation. (1977).

GAG 236: **A. Mißfeld,** Die Abschnittsgliederung und ihre Funktion in mittelhochdeutscher Epik. Erzähltechnische Untersuchungen zum "König Rother", Vorauer und Straßburger "Alexander", "Herzog Ernst" (B) und zu Wolframs "Willehalm" unter Einbeziehung altfranzösischer Laissentechnik. (1977).

GAG 237: **K. Hilgemann,** Semantik der Eigennamen. Untersuchungen zu Struktur der Eigennamenbedeutung anhand von norwegischen Beispielen. (1978).

GAG 238: **B. Jäger,** "Durch reimen gute lêre geben". Untersuchungen zu Überlieferung und Rezeption Freidanks im Mittelalter. (1978).

GAG 239: **K.P. Pilz,** Phraseologie. Versuch einer interdisziplinären Abgrenzung, Begriffsbestimmung und Systematisierung. (1978).

GAG 240: OSWALD VON WOLKENSTEIN-LIEDERBUCH. Eine Auswahl von Melodien. Hsg. von **H. Ganser** und **R. Herpichböhm.** (1978).

GAG 241: **J. E. Tailby,** Der Reimpaardichter Peter Schmieher: Texte und Untersuchungen. (1978).

GAG 242: **J. Schneider,** Mittelhochdeutsche Liebeslyrik im Schulunterricht. Erfahrungsbericht über die praktische Durchführung einer Unterrichtseinheit in einer Oberstufenklasse. (1978).

GAG 243: **G. Schmeisky,** Die Lyrikhandschriften m (Berlin mgq 795) und n (Leipzig, Rep.II fol. 70a). Abbildung, Transkription, Beschreibung. (1978).

GAG 244: **H. Finger,** Untersuchungen zum "Muspilli". (1978).

GAG 245: **F. Simmler,** Die politische Rede im deutschen Bundestag. (1978).

GAG 246: **R. Küster,** Militärmetaphorik im Zeitungskommentar. (1978).

GAG 247: **G. Hindelang,** Auffordern. Die Untertypen des Aufforderns und ihre sprachlichen Realisierungsformen. (1978).

GAG 248: **A. Edelmann-Ginkel,** Das Loblied auf Maria im Meistersang. (1978).

GAG 249: **C. Gray,** Topoi of the Minnesang.

GAG 250: WOLFRAM VON ESCHENBACH, TITUREL, LIEDER. Mittelhochdeutscher Text und Übersetzung. Hsg. von **Wolfgang Mohr.** (1978).

GAG 251: **F. Schubert.** Sprachstruktur und Rechtsfunktion. Untersuchung zur deutschsprachigen Urkunde des 13. Jahrhunderts. (1978).

GAG 252: **J. Strippel,** Schondochs "Königin von Frankreich". Untersuchungen zur handschriftlichen Überlieferung und kritischer Text. (1978).

GAG 253: LORENGEL. Hsg. von **D. Buschinger.** (1979).

GAG 254: **J. Bellitz,** Studien zur Parodie in Heinrich Wittenwilers "Ring". (1978).

GAG 255: **H. Becker,** Die "Neidharte". Studien zur Überlieferung, Binnentypisierung und Geschichte der Neidharte der Berliner Handschrift germ. fol. 779 (c). (1979).

GAG 256: **H. Hoven,** Studien zur Erotik in der Deutschen Märendichten. (1979).

GAG 257: **W. Diercks,** Empirische Untersuchungen zur Stilkompetenz von Grundschulkindern. (1979).

GAG 258: **L. Jillings,** "Diu Crône" of Heinrich von dem Türlein: The Attempted Emancipation of Secular Narrative. (1979).

GAG 259: **D. Baumgartner,** Studien zu Individuum und Mystik im "Tristan" Gottfrieds von Straßburg. (1979).

GAG 260: **D.K. Rosenberg,** The "Schleiertüchlein" of Hermann von Sachsenheim: A Critical Edition with Introduction and Notes.

GAG 261: **H. Kuntz,** Zur textsortenmäßigen Binnendifferenzierung des Fachs Kraftfahrzeugtechnik. (1979).

GAG 262: **G. Ehrmann,** Georg von Ehingen "Reisen nach der Ritterschaft". Edition, Untersuchung, Kommentar. (1979).

GAG 263: **H.D. Mück,** Untersuchungen zur Überlieferung und Rezeption spätmittelalterlicher Lieder und Spruchgedichte im 15. und 16. Jahrhundert: Die "Streu-Überlieferung" von Liedern und Reimpaarrede Oswalds von Wolkenstein in den Handschriften a, ß, D, G, G1, K, o, r, t, u, v. Mit einer synoptischen Edition der gesamten Streuüberlieferungstexte. (1979).

GAG 264: **A. Faugère,** Les origines orientales du Graal chez Wolfram von Eschenbach. Etat des recherches. (1979).

GAG 265: **I. Wild,** Zur Überlieferung und Rezeption des "Kudrun"-Epos. Eine Untersuchung von drei europäischen Liedbereichen des "Typs Südeli". (1979).

GAG 266: **W. Schmidt,** Untersuchungen zu Aufbauformen und Erzählstil im "Daniel von dem blühenden Tal" des Stricker. (1979).

GAG 267: **I. v. Tippelskirch,** Die Weltchronik des Rudolf von Ems. Studien zur Geschichtsauffassung und politischen Intention. (1979).

GAG 268: **J. Splett,** Samanunga-Studien, Erläuterung und lexikalische Erschließung eines althochdeutschen Wörterbuches. (1979).

GAG 269: **F. Zajadacz,** Motivgeschichtliche Untersuchungen zur Artusepik: Szenen an und auf dem Meer. (1979).

GAG 270: **Heinrich von Freiberg, Tristan.** Hsg. von D. Buschinger.

GAG 271: **K. Kossuth,** A Case Grammar of old Icelandic. (1979).

GAG 272: **E. Schäufele,** Normabweichendes Rollenverhalten. Die kämpfende Frau in der deutschen Literatur des 12. und 13. Jahrhunderts. (1979).

GAG 273: **D. Duckworth,** The influence of biblical Terminology and Thought on Wolframs Parzival. With special Reference to the Epistle of St. James and the Concept of "Zwivel". (1980).

GAG 274: **B. Niles,** Pragmatische Interpretationen zu den Spruchtönen Walthers von der Vogelweide. Ein Beitrag zu einer kommunikationsorientierten Literaturwissenschaft. (1979).

GAG 275: **Wolfgang Mohr,** Wolfram von Eschenbach-Aufsätze. (1979).

GAG 276: **D. Buschinger,** Eberhard von Cersne, Der Minne Regel. Edition.

GAG 277: **J. Putmans,** Verskonkordanz zum "Herzog Ernst". (1980).

GAG 278: **P. Hölzle,** Die Kreuzzüge in der okzitanischen und deutschen Lyrik des 12. Jahrhunderts. Das Gattungsproblem "Kreuzlied" im historischen Kontext. (1980).

GAG 279: **N. Perrin,** Reification and the Development of Realism in Late Minnesang.

GAG 280: **I. Cannon-Geary,** "The Bourgoisie Looks at Itself": The Sixteenth Century in German Literary Histories of the Nineteenth Century. (1980).

GAG 281: **H. Janssen,** Zum Problem mittelalterlicher literarischer Gattungen. Das sogenannte "genre objectif". (1980).

GAG 282: **S. Wetekamp,** Petrus Dasypodius "Dictionarium latino germanicum et vice versa. Untersuchungen zum Wortschatz. (1980).

GAG 283: **Jean Fourquet,** Parzival. Cours d·Agrégation de 1963-1964. Edité par **J.-P. Vernon** (1979).

GAG 284: Choix de poésies lyriques du moyen âge allemand (Minnesang). Traduction francaise de **Jean Fourquet**. Editée par **D. Buschinger** à l·occasion de son quatre-vingtième anniversaire. (1979).

GAG 285: **H. Tervooren,** MINIMALMETRIK zur Arbeit mit mittelhochdeutschen Texten. (1979).

GAG 286: MITTELALTER-REZEPTION. Gesammelte Vorträge des Salzburger Symposions "Die Rezeption mittelalterlicher Dichter und ihrer Werke in Literatur, Bildender Kunst und Musik des 19. und 20. Jahrhunderts". Hsg. von **J. Kühnel, H.-D. Mück** und **U. Müller**. (1979).

GAG 287: **P. Stein,** Literaturgeschichte-Rezeptionsforschung-"Produktive Rezeption": Ein Versuch unter mediävistischem Aspekt anhand von Beobachtungen zu Günter de Bruyns Nachdichtung von Gottfried von Straßburgs Tristan im Kontext der wissenschaftlichen und kulturpolitischen Situation der DDR. (1979)

GAG 288: **S. Hartmann,** Altersdichtung und Selbstdarstellung bei Oswald von Wolkenstein: Die Lieder Kl. 1-7 im spätmittelalterlichen Kontext. (1980).

GAG 289: **R. Walker,** Peter von Staufenberg. (1980).

GAG 290: GOTTFRIED VON STRASSBURG, TRISTAN UND ISOLD. Nach der Übertragung von H. Kurtz, bearbeitet von **Wolfgang Mohr**. (1979).

GAG 291: HARTMANN VON AUE, EREC. Übersetzt und erläutert von **Wolfgang Mohr.** (1980).

GAG 292 - 294: Verskonkordanz zur Kleinen Heidelberger Liederhandschrift (Hs.A). Hsg. von **G.F. Jones, U. Müller** und **F.V. Spechtler** unter Mitwirkung von **J.A. Bennewitz** und **R. Schaden-Turba**. 3 Bde, (1979).

GAG 295: **I. Singendonk-Heublein,** Die Auffassung der Zeit in sprachlicher Darstellung. (1980).

GAG 296: **K. Jürgens-Lochthove,** Heinrich Wittenweilers "Ring" im Kontext hochhöfischer Epik. (1980).

GAG 297: **I. Hänsch,** Heinrich Steinhöwels Übersetzungskommentar in "De Claris Mulieribus" und "Äsop". Ein Beitrag zur Geschichte der Übersetzung.

GAG 298: **Ryszard Lipczuk,** Die Stellung der Zahlwörter im Rahmen der Wortarten. Eine Deutsch-Polnische Konfrontation.

GAG 299: **P.H. Arndt,** Der Erzähler bei Hartmann von Aue. Formen und Funktionen seines Hervortretens und seine Äußerungen. (1980).

GAG 300: **W. Mohr,** Gesammelte Aufsätze II: Lyrik.

GAG 301: **Chr. Schmid,** Die Lieder der Kürenberger-Sammlung. Einzelstrophen oder zyklische Einheiten? (1980).

GAG 302: **O. Gouchet,** Hagen von Tronje. Etude du personnage à l'aide des différents textes du Moyen-Age.

GAG 303: **M.-B. Halford,** Illustration and Text in Lutwin's "Eva und Adam". Codex Vindobonensis 2980. (1980).

GAG 304: SPRACHE - TEXT - GESCHICHTE. Beiträge zur Mediävistik und germanistischen Sprachwissenschaft aus dem Kreis der Mitarbeiter 1964-1979 des Instituts für Germanistik an der Universität Salzburg. Hsg. von **P.K. Stein** unter Mitwirkung von **R. Hausner, G. Hayer, F.V. Spechtler, A. Weiss.** (1980).

GAG 305: Frühneuhochdeutsche Rechtstexte II: Die Salzburger Landesordnung von 1526. Mit Einleitung, Register und Sacherklärungen hrsg. von **F.V. Spechtler** und **R. Uminsky.** Landesgeschichtliche Einführung von **H. Dopsch.** Rechtsgeschichtliche Einführung von **P. Putzer.** (1981).

GAG 306: **R. Leppin,** Studien zur Lyrik des 13. Jahrhunderts: Tanhuser, Friedrich von Leiningen. (1980).

GAG 307: **S. Brinkmann,** Die deutschsprachige Pastourelle (13. bis 16. Jahrhundert).

GAG 308: **O. Käge,** Motivation: Probleme des persuasiven Sprachgebrauchs, der Metapher und des Wortspiels. (1980).

GAG 309: **G. Brinker-Gabler,** Poetisch-wissenschaftliche Mittelalter-Rezeption. Ludwig Tiecks Erneuerung altdeutscher Literatur. (1980).

GAG 310: **Bert Nagel,** Kleine Schriften. (1981).

GAG 311: **D. Buschinger** (Hsg.), Der "Basler Alexander"

GAG 312: **St. Szlek,** Logisch-semantische Untersuchungen zu ausgewählten Handlungsverben im Deutschen.

GAG 313: **R. Bradley,** Narrator and Audience in Wolfram s "Parzival".

GAG 314: **G. Ecker,** Einblattdrucke von den Anfängen bis 1555. Untersuchungen zu einer Publikationsform literarischer Texte (mit Bildband). (1981).

GAG 315: **N. Gutenberg,** Formen des Sprechens.

GAG 316: **H.-D. Mück/L. Okken,** Die satirischen Lieder Oswalds von Wolkenstein wider die Bauern. Untersuchungen zum Wortschatz und zur literarhistorischen Einordnung.